HOUSING PLANNING
주택계획이론과 설계

강영환 서금홍 신용재 오기환 우신구 유재우 이강주
이상준 이승헌 전채휘 조영행 홍성민 황덕현

기문당

머리말

주거란 인간의 기본적인 생활을 담기 위한 핵심적이며 필수적인 시설로서 건축의 시작입니다. 또한 역사와 더불어 변화, 발전되어 왔고, 인간 사회가 존속하는 한 영원히 지속될 건축학의 주제입니다. 주거는 가족들의 주생활을 담는 그릇인 동시에, 자연환경에 대응하는 구조물이며, 미의식과 가치를 표현하는 상징물이며, 커뮤니티와 도시의 기본적인 구성요소이기도 합니다. 따라서 주거학을 비롯한 건축학, 실내디자인, 조경학, 심지어 도시학에 이르기까지 다양한 학문분야에서 핵심적인 주제로서 연구되어 왔습니다.

특히 건축학에서 주택은 단순히 주거학의 이론적 이해만이 아니라 건축설계 교육의 중요한 주제로 다루어지고 있습니다. 저학년의 주택설계로부터 고학년의 공동주택 단지에 이르기까지 주택설계는 설계능력을 배양하기 위한 필수적 과제로 부여되고 있습니다. 이 과제를 통해 기대되는 학생수행능력도 대단히 다양하고 넓은 범위를 요구하는 것이 현실입니다.

이러한 설계를 진행하기 위해서 학생들은 주거의 사회적, 문화적 의미를 이해하고 역사적 변화과정을 인식하면서, 도시로부터 단지에 이르기까지 대지와 장소를 해석하고, 합리적인 프로그래밍 과정과 디자인 프로세스에 따라 계획할 것을 요구하게 됩니다. 또한 사용자의 조건과 요구에 부응하고, 친환경적 방법과 경제적, 공학적 설계안을 창출하도록 요구하기도 합니다.

그러나 학생들이 이와 같은 문제를 해결하기 위해 도움을 받을 수 있는 교재는 그리 흔치 않습니다. 대부분이 어느 한 분야에 치우친 이론서이거나 자료집성류의 계획 각론이 대부분입니다. 주택에 관련된 이론으로부터 계획방법, 설계방법을 포괄적으로 다루는 교재는 보기 어렵습니다. 학생들은 많은 참고도서를 찾아 설계에 도움이 될 지식과 정보를 뒤지는데 설계시간의 많은 부분을 소비하는 것도 현실입니다.

이 책은 주거단지와 주택설계에 도움이 되게 하기 위해 기획되었습니다. 부분적인 이론만이 아니라 설계과정에서 실질적인 지식과 정보를 제공하여 명실 공히 주택설계 텍스트북을 만들고자 하는 취지로 부산·울산·경남 지역의 전공학자들이 모여 지난 2년간 각고의 노력을 기울였습니다. 주거의 이론과 계획 및 설계를 전공하고 현장에서 설계교육을 담당하는 학자들이 그간의 경험을 바탕으로 새로운 교재를 저술한 것입니다.

편집과정에서 많은 갈등과 조정이 있었습니다. 그러나 주거와 주거단지에 관련된 이론과 계획, 설계방법을 총망라하자는 원칙은 변함이 없이 지켜졌습니다. 이에 통시적으로는 고대로부터 현재와 미래에 이르기까지 주거의 변화가 다루어졌고, 공시적으로 한국은 물론이거니와 서양의 사례가 망라되었습니다. 사용자 요구나 무장애 계획의 방법뿐만 아니라 친환경적, 공학적 이슈까지 다루게 되었습니다.

다양한 전공분야의 많은 필자들이 참여하다 보니 부분적으로 중복되거나 문맥이나 필체가 서로 다른 부분도 없지 않았습니다. 그러나 완벽을 기하기보다는 지속적으로 개정해 간다는 취지를 위안삼아 서둘러 초판을 발행하게 되었습니다. 향후 지속적인 개정을 통하여 보다 내실 있는 교재가 되도록 노력할 것을 약속드립니다.

이 책이 출간되기까지 수고를 아끼지 않으신 집필위원과 지회장님께 머리 숙여 경의를 표합니다. 특히 개성있는 집필위원들을 아우르느라 마음고생이 많았던 위원장 유재우 교수님께 진심으로 고마운 마음을 전합니다. 마지막으로 건축교육에 깊은 관심을 가지고 이 책을 발간할 수 있도록 지원해주신 기문당 강해작 사장님께도 집필진을 대표하여 감사드리는 바입니다.

2010년 2월

집필위원 대표　강영환

차 례

제 1 장

주거의 의미와 이해

제 1 장

주거의 의미와 이해

1-1 주거란 무엇인가?

집이란 무엇일까? 집을 짓는 행위는 비단 인류사회에서만 볼 수 있는 고유한 행위는 아니다. 새들도 둥지를 만들며, 개미는 굴을 파고, 벌은 벌집을 만들고, 비버는 목재와 흙과 돌을 이용해 훌륭한 집을 만든다. 이러한 동물계의 집짓기 행위는 학습된 것이라기보다는 마치 유전자처럼 주어진 본능이라고 할 수 있다.

그러나 인류는 역사발전에 따라 자신의 삶의 환경을 부단히 개발해 왔다. 집을 짓는 방법만이 아니라 집을 짓는 목적 또한 시대에 따라 다르게 변화해 왔다. 사회발전에 따라 집의 의미가 어떻게 달라지는지 살펴보기로 하자.

1-1-1 주거의 시작

인류를 비롯한 동물계에서는 왜 집이 필요했을까? 두말할 나위 없이 생존을 위해서이다. 집이 없다면 생명을 유지하기 어렵다. 자연의 혹독한 기후나 포식자들은 생존을 위협하기에, 이에 대응할 수 있는 안전한 은신처(shelter)가 필요했기 때문이다. 그러나 자연적으로 주어진 은신처가 있다면 굳이 집을 지을 필요가 없을 것이다. 인공적으로 집을 짓기 전에 인류도 자연동굴이나 바위그늘을 거처로 삼았다는 사실은 구석기 시대 유적에서 쉽게 발견할 수 있다.

그림 1-1 | 새둥지 : 생존과 번식을 위한 집짓기는 동물계의 본능이다.

인간이 인공적으로 집을 짓기 시작한 것은 약 185만 년 전이라고 알려진다. 동아프리카에 있는 올드바이 계곡에서 발견된 원형 돌돌림 유구(stone-circle)는 가장 오래된 인공주거의 유적이다. 우리나라에서도 공주 석장리 유적을 비롯한 인공주거의 유적들이 발견되는 것으로 보아 이미 구석기 시대부터 인공주거가 시작되었음을 증거하고 있다.

인공적으로 집을 만들게 된 것은 생활영역의 확장이나 이동에서 그 이유를 찾을 수 있다. 일정한 서식지에서 활동을 하던 인류가 은신처에서 좀 더 먼 곳으로 먹이활동을 나갔다가 혹독한 기후나 포식자에 생존의 위협을 경험하게 되었을 것이다. 낯선 곳에서 자연적인 은신처를 쉽게 찾을 수 있다면 다행이지만, 그렇지 않다면 인공적인 은신처를 만들 수밖에 없다. 인위적으로 만든 은신처, 그것이 바로 집의 시작이라고 할 수 있다.

그러나 집은 단지 생존을 위한 은신처의 기능만 하는 것은 아니다. 동물계에서 둥지나 우리는 번식을 위한 장치라는 사실을 알 수 있다. 대개 집을 짓는 동물들은 짝짓기를 시작할 때 집을 짓게 된다. 갓 태어난 새끼들은 기후나 포식자에 대응하는 능력이 약하기 때문이다. 새끼들이 성장하여 독립할 때까지 집은 어린 생명을 보호하고 가족생활을 이루는 서식처의 구실을 하게 된다. 즉, 생존과 번식을 위한 인공환경의 조성은 집의 원초적 목적이며, 기능이라고 할 수 있는 것이다.

1-1-2 사회발전과 주거의 의미변화

앞서 살펴 본 바와 같이 초기의 주거들은 생존과 번식을 위한 은신처로서 시작되었고, 그 모습도 다양하지 않았다. 그러나 인류는 동물계와는 달리 문명과 문화를 발전시켰고, 이에 따라 주거의 모습도 변화하게 되었다. 이는 주거형태나 형식의 발전만을 이룬 것이 아니라 주거의 의미와 개념의 변화를 유도하였다.

주거의 발전을 이루는 첫 번째 요인은 생산양식이라고 할 수 있다. 인간들은 여타의 동물계와 달리 다양한 생산양식을 개척해 왔다. 수렵 · 채

집생산의 단계로부터 어로, 농경, 유목, 상업, 산업생산에 이르기까지 다양한 생산양식을 개발하였다. 생산양식은 생활양식의 핵심적인 부분이기에 생산양식의 변화에 따라 집에 대한 요구도 달라지게 마련이다. 예를 들어 농경은 정착생활에 따른 정착형 주거를 요구하게 된다. 유목은 이동생활이 전제되기에 이동생활에 편리한 주거를 발전시키게 되는 것이다.

두 번째 요인은 가족제도의 발전이라고 할 수 있다. 인간은 비교적 긴 육아기간을 가지며 독특한 가족의 형태를 형성하게 된다. 결혼한 자식이 독립하지 않고 한 집에서 생활하는 경우는 동물계에서 흔히 볼 수 없는 인류사회의 고유한 모습이기도 하다. 문화권에 따라 다르기는 하지만 가족은 부모와 자식만이 아니라 조부모까지 확대되기도 하고, 일처다부나 일부다처의 집단을 이루기도 한다. 이에 집은 생활공동체로서의 가족들이 생활을 영위하는 무대가 된다. 가족이 공유하는 의식주의 기본적 생활만이 아니라 가족관계를 유지하고 발전시키는 행위가 집이라는 생활무대를 중심으로 이루어진다. 개인생활과 가족생활, 일상적 행위와 의식적 행위를 수용하기 위해 다양한 주거형식이 발전하게 된 것이다.

세 번째 요인은 신분제도의 발전이라고 할 수 있다. 고대국가시대 이래로 인류는 계층분화와 더불어 신분사회를 형성해 왔다. 고대국가시대의 가사규제나 복식제도에서 볼 수 있듯이 집이나 옷은 신분을 상징하는 수단이었다. 왕궁은 왕의 권위와 위엄을 표현하기 위한 왕의 집이듯이, 귀족들 또한 자신들의 신분을 나타내기 위한 집을 지었고 하위계층과 차별되기 위하여 집의 계층별 수준을 제도화한 것이다. 여기에서 집을 더 높고 크게 짓거나 화려하게 장식하기 위한 기술적 방법들이 발전하게 된다.

네 번째 요인은 종교와 신앙체계의 발전이라고 할 수 있다. 여러 문화권에서 나타나듯이 집은 우주의 모습을 상징화하거나 종교적 성소의 의미를 갖는다. 집은 성소(sacred space)로서 자신의 존재와 삶을 거룩하게 하는 장소인 것이다. 그러하기에 집 지을 장소를 구별하여 선택하며, 집의 방향이나 배치를 결정하는 독특한 규범들이 만들어진다. 집안에는 성스러운 장소나 설비가 갖추어지고 그 모습 또한 초월적인 신, 또는 우주와 교접하기 위한 형태를 갖는다.

다섯 번째로 사회체계(social system)의 변화를 들 수 있다. 사람들이 모여 사회를 이루게 되면서 주거는 더 이상 한 가족을 위한 생활무대가 아니라 사회의 한 구성요소로 발전하게 된다. 작은 취락으로부터 읍성을 거쳐 큰 도시에 이르기까지 커뮤니티의 규모가 커지고 생활양식이 복잡해짐에 따라 사회제도와 사회체계의 확립이 필연적으로 뒤따르게 된다. 한정된 지역에 많은 인구를 수용하기 위한 제도, 도로와 교통체계, 지역계획이나 도시계획들은 새로운 주택유형을 만들게 하고, 주택건축 디자인에도 많은 영향을 미치게 된다.

마지막으로, 기술과 미학의 발전 또한 주거형식을 발전시키는 주요한 요인이라고 할 수 있다. 주거의 건설은 자력생산단계로부터 전문가에게 위탁생산 단계를 거쳐 상품생산의 단계로 발전해 왔다. 전문가들은 기술적 진보를 바탕으로 새로운 기술과 디자인을 발전시켰다. 보다 더 안전하고 쾌적한 집을 짓기 위해 구조와 환경설비가 개발되었다. 보다 더 아름다운 집을 짓기 위해 지속적으로 주거디자인을 변화시켜 왔다.

이처럼 집은 생존과 번식을 위한 은신처로 출발하여 생산과 가족생활의 무대로 발전하였고, 사회적 신분의 상징이며, 우주의 중심으로서 거룩한 장소이며, 마을과 도시를 구성하는 핵심요소이며, 안전하고 쾌적한 삶을 위한 구조물이며, 아름다운 예술작품으로 발전해 왔다. 심지어 자본주의 경제체제에서 집은 부동산의 일부로서 경제적 재화의 의미를 갖

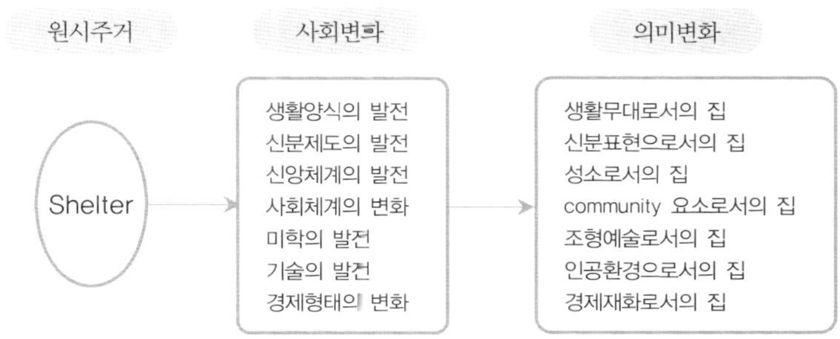

그림 1-2 | 사회발전에 따른 주거의 의미변화

기도 한다. 다음 시대에는 또 어떤 의미가 첨가되고 삭제될지 알 수가 없다. 다만 집이란 시대에 따라 개념적 변화를 거쳐 왔다는 사실은 분명하다.

1-1-3 주거문화를 이해하는 관점들

문명과 문화의 발전에 따라 주거의 개념과 형식이 변화하면서 각 사회마다 독특한 주거형식을 개발하게 된다. 사회마다 그들이 처한 자연환경의 성격, 생활양식이나 생산양식, 사회체계, 신앙체계, 기술체계 등이 달랐기 때문이다. 각 사회는 자신들이 처한 총체적 환경에 적응하는 가운데 주거를 만드는데 필요한 여러 지식들을 개발하게 된다. 이러한 지식들은 시간의 흐름에 따라 축적, 변화의 과정을 거치면서 세대를 통하여 전달되고 구성원들 사이에 널리 알려지게 된다.

주거를 문화의 영역으로 본다면 한 사회에서 주거문화의 형성과정은 문화를 이해하는 관점에 따라 여러 측면으로 설명될 수 있다. 그 첫째는 생태학적 관점이다. 인간집단이 특정한 자연환경에 적응하고 대응하는 방식에서 고유한 주거문화를 형성하게 된다는 관점이다. 기후라든가, 지형, 식생 등이 지역에 따라 다르기 때문에 각기 그 환경에 대응하는 방식이 다르고, 이에 따라 고유한 주거문화가 형성된다는 것이다.

둘째는 전파, 전수주의적 관점이다. 한 사회에서 창조된 문화요소는 민족의 이동과 접촉을 통해 다른 지역, 집단으로 전해져서 확산된다는 것이다. 이는 자연환경이 다른 사회집단이 동일한 주거문화를 가지게 되는 과정을 설명하는데 유효한 시각이다. 여기에서 특정한 문화요소의 지리적 분포를 통하여 주거문화권이 설정되기도 하고 주거문화의 기원과 이동, 전파, 변이 등이 설명되기도 한다.

셋째, 역사주의적 관점도 있다. 한 사회의 문화는 각 집단의 특수한 역사적 배경과 과정에 의해서 결정된다는 시각이다. 즉, 어떤 시기에 동일한 주거문화가 형성되었다고 하더라도 전란이라든지 식민지배와 같이 역사적 경험이 다르면 주거문화도 다른 방향으로 변화한다는 것이다. 건축사나 주거사와 같은 학문은 역사를 통하여 건축이나 주거문화를 이해하려는 역사주의적 관점이라고 할 수 있다.

넷째, 기능주의적 관점을 들 수 있다. 말리노프스키(Malinowski)의 기능주의에 따르면 "모든 사회제도와 문화적 요소들은 통합적인 전체(integrated whole)를 구성하는 부분들이며, 그 전체를 형성하고 유지하기 위하여 각기 적절한 기능을 가지고 있다"고 한다. 예를 들면 한 사회의 신분제도가 있고, 이 신분제도를 유지하기 위한 수단으로서 주거형식을 제한하는 가사제도가 만들어지며, 이 가사규제의 틀 안에서 각각의 주거형태가 결정된다는 것이다.

이 밖에도 이해하는 다양한 관점들이 존재하지만 중요한 것은 어느 하나의 요소가 주거문화를 결정한다고 보기는 어렵다는 사실이다. 따라서 한 사회의 주거문화를 이해하기 위해서는 그들의 자연환경, 역사적 과정, 사회체계, 신앙체계, 기술체계 등 다양한 배경요인들을 복합적으로 살펴야 한다는 것이다.

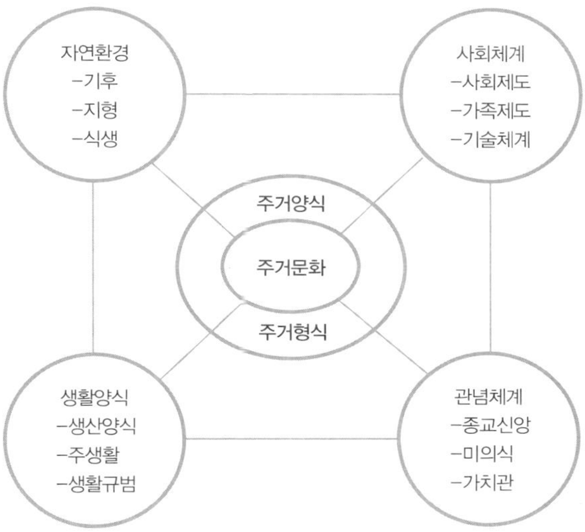

그림 1-3 | 주거문화와 배경요인들

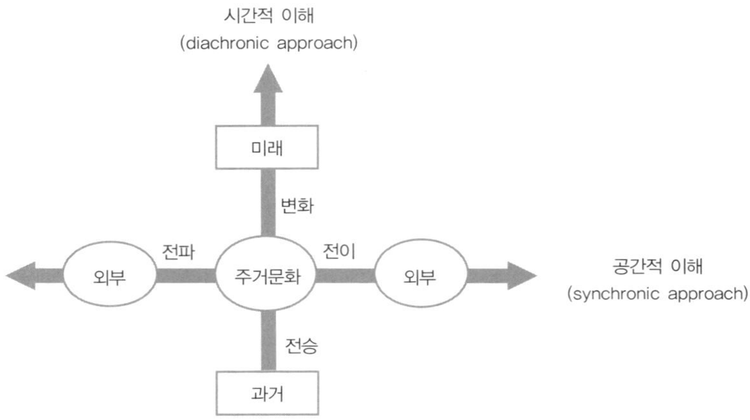

그림 1-4 | 주거문화의 시간적, 공간적 이해

1-2 주거의 생태학적 이해

물체들이 다양한 서식환경 속에서 생존과 번식을 위한 독특한 모습을 갖듯이, 인간도 그들이 처한 자연환경에 대응하는 방식으로서 주거를 발전시켜 왔다. 생물들은 특정한 생태조건에서 서식하지만, 인간은 새로운 생태환경을 극복하면서 서식지를 폭넓게 개척해 왔다. 극지에서도, 사막에서도, 열대우림에서도 다양한 인간집단이 살게 되었고, 그들이 처한 자연에 대응하기 위해 독특한 방식을 발전시켰다. 따라서 인류사회가 만든 주거의 다양성은 우선 그들의 자연환경과 어떠한 관계를 갖는지를 이해하는 것이 필요하다.

1-2-1 기후와 주거

오랫동안 기후는 주거의 다양성을 설명하는데 가장 보편적인 배경요인으로 사용되어 왔다. 다른 생물체와 마찬가지로 인간도 생존을 위한 기후적 조건이 있고, 자연기후는 그 조건과 크게 다르기 때문에 자연상태에서는 생존을 보장받기 어렵다. 인간은 주거건축을 통하여 기후를 조절하는 능력을 개발해 왔다. 더 나아가 보다 쾌적한 생활환경을 만들기 위해 주거건축을 발전시켰다. 자연의 기후조건은 지역마다 크게 다르기 때문에 이를 조절하여 쾌적한 기후환경을 만드는 방식도 지역마다 다르게 마련이다.

추운 지역에서는 추위에 대응하는 방식이, 더운 지역에서는 더위에 대응하는 방식이 개발되었다. 바람이 센 지역에서는 바람을 막는 장치가 발전하고, 덥고 습한 지역에서는 오히려 바람을 잘 통하게 하는 방식이 개발되었다. 라포포트(A. Rapoport)는 기후적 변수로서 기온, 습도, 바람, 비, 복사와 빛 등을 들고 그에 대응하는 주거디자인을 다음과 같이 설명하였다.

1) 고온건조한 기후

그림 1-5 | 동남아시아의 고상주거 : 열대우림의 무더위에 대응하는 디자인을 보여준다.

이 기후의 특징은 낮에는 온도가 높고 밤에는 온도가 낮은 것이다. 이에 대응하기 위해 가능한 한 외부의 기온이 실내에 늦게 전달될 수 있도록 외부 열기의 침입을 지연시킨다는 것이다. 벽돌이나 진흙, 돌 그리고 이것들의 조합재료 등과 같이 열용량(heat capacity)이 큰 재료를 사용하여, 낮에는 열을 흡수하고 밤에는 열을 다시 복사하는 '열저장소(heat sink)'의 기능을 갖게 한다. 또한 정밀한 기하학적 형태를 취하여 외부열에 노출되는 표면적을 최소한 줄이는 동시에 내부공간을 최대로 확보하기도 한다. 또는 건물을 밀집시켜 그늘을 만들거나 건물군 전체의 질량을 증가시키고, 아울러 시간을 지연시켜 태양에 노출되는 부분을 감소시키는 방법도 있다. 주택의 열용량을 증가시키기 위해 지하주거를 만든 사례로서 라포포트는 이집트의 시와족, 중국 산서성의 야오동, 사하라의 마트마타족, 캐리포니아 프레스노의 '지하정원'을 들었다.

2) 고온다습한 기후

이 기후의 특징은 비가 많고 습도가 높으며, 일교차나 계절적 변화가 거의 없고 기온이 온화하며 복사가 강한 것이다. 이에 대응하는 방법은 최대의 그늘과 최소의 열용량이다. 이를 위해서는 가능한 개방적으로 환기가 잘되게 하고 열용량이 낮은 건물이 필요하다. 최소한의 벽을 가진 좁고 긴 모양의 기하학적인 형태가 나타나고, 건물을 널리 분산 배치하여 최대한의 환기가 이루어지도록 한다. 가장 극단적인 예는 콜롬비아 인들의 미니주거인 해먹(hammock)인데, 거의 무시해도 좋을 만큼 열용량이 낮을 뿐만 아니라 환기와 통풍을 극대화한 것이다. 플로리다의 세미놀(seminole)처럼 고상구조로서 바닥이 들려 있으며 벽이 개방되어 있는 사례는 고온다습한 지역에서 흔히 나타나는 주거형식이다.

3) 한랭한 기후

그림 1-6 | 에스키모의 이글루 : 추위와 눈보라에 대응하는 디자인을 보여준다.

한랭한 기후의 특징은 대개 눈이 많거나 바람이 센 성격을 갖는다. 실내를 따뜻하게 하려는 시도로서 보통 주택의 중심부에 큰 난로 같은 것이 있게 되고, 취사열, 사람이나 가축에게서 나오는 열을 이용하기도 한다. 열손실을 막기 위해서는 조밀한 평면의 사용, 외부에 노출되는 건물 표면적의 최소화, 단열효과가 큰 재료의 사용, 그리고 통풍과 공기누출의 방지 등을 꾀한다. 에스키모의 이글루는 심한 추위와 세찬 바람에 대응하는 디자인을 보여주며, 시베리아 야쿠트(yakut)족들도 목구조 주택이나 아일랜드의 석조주택들도 구조는 다르지만 한랭한 기후에 대응하는 방식을 잘 보여준다.

이 밖에도 습도와 바람, 비, 태양광선과 복사열 등은 주거디자인을 결정하거나 선택하는 요인으로 작용해 왔다. 기후적 변수에 대응한 방식의 다양성만큼 독특한 주거디자인들이 개발되어 왔다. 그러나 이러한 기후적 변수들이 주거문화를 결정하는 것은 아니다. 다른 배경요인들, 예컨대 사회체계나 역사적 경험, 신앙체계, 미의식 등이 복합적으로 작용하면서 사회마다 고유한 주거문화와 형식을 만들게 된 것이다.

1-2-2 지형과 주거

대지의 지형적 성격도 주거디자인을 선택하는데 큰 영향을 주곤 한다. 그러나 실상 주거의 대지도 선택된 결과이다. 대지를 선택하는 것은 생산양식과 밀접한 관련이 있다. 농경민족들은 경작지 주변에 대지를 선택하며, 어로생활을 하는 집단은 강가나 해안가에 대지를 선택할 수밖에 없다. 이러한 선택은 기능적 측면에서 볼 때 식량과 식수공급의 용이성, 풍향, 방어능력, 농경지의 가능 여부, 교통 등이 중요한 배경요인으로 손꼽힌다.

그러나 좀 더 정밀하게 살펴보면 '대지로 사용하기에 적절한 장소'와 '적절하지 않은 장소'를 구별하는 규범이 존재하는 것을 알 수 있다. 이러한 규범들은 대개 장소를 구별하는 관념의 체계에서 만들어진다. 즉, 종교나 신앙, 우주관, 지리관 등 관념적 사고를 통하여 장소를 구분하고 집짓기에 적절한 대지가 결정되곤 한다. 결국 대지의 선택은 사회문화적 가치에 크게 의존한다.

적절한 장소가 대지로 결정되면 그 대지에서 집을 짓는 방식은 지형적 조건을 무시할 수가 없다. 경사가 급한 산악지형에서는 경사지에 대응하는 방식을 생각해야 하고, 물가에 대지를 선택한 집단에서는 물 위에 집짓는 방식을 개발해야 하기 때문이다. 대지의 지질이나 식생도 주거디자인을 선택하는데 중요한 역할을 한다. 동굴을 만들 수 있는 가능성이나 구조체의 재료를 선택할 수 있는 가능성을 제공하기 때문이다.

그림 1-7 | 중국 동족마을 주거 : 산악 경사지에 대응하는 방식을 보여준다.

일반적으로 경사가 급한 산악지대에서는 단동의 다층구조가 많이 사용된다. 대지를 넓게 사용하려면 대지를 깎거나 기단을 쌓아 평평한 터를 마련해야 하기 때문이다. 좁은 대지에 넓은 평면을 확보하기 위해서는 다층구조를 만드는 것이 경제적 방법이다. 경사지면을 그대로 이용하기 위해서는 필로티 구조도 흔히 사용된다. 이 경우 1층에는 가축우리나 창고와 같은 용도로 사용되고 생활공간은 2층 이상에 마련된다.

급한 경사지라 하더라도 지질에 따라 다른 디자인이 채택되기도 한다. 그리스의 해안지역에서 볼 수 있는 것처럼 계단식으로 터를 조성하고 테라스 형식의 주거를 만드는 경우도 있다. 땅을 파기 쉬운 지질이라는 조건, 건조한 기후로 지면이 습하지 않다는 조건, 바다를 조망할 수 있는 평평한 외부공간이 필요하다는 조건을 충족했기 때문이다.

터키의 카파도키아에서는 더욱 극단적인 예를 볼 수 있다. 절벽에 가까운 가파른 암벽에 동굴도시와 주거를 만든 사례이다. 로마제국과 이슬

그림 1-8 | 동남아시아의 수상 주거 : 수면에 대응하는 방식을 보여준다.

람으로부터 피해 온 그리스도교인들이 만든 것으로서 은신처와 같은 도시를 건설한 것이다. 화산재가 퇴적된 응회암층으로서 동굴을 파기 쉽다는 점과 덥고 건조한 기후로서 동굴생활이 불편하지 않다는 조건이 동혈주거를 가능하게 한 요인이라고 할 수 있다.

동남아시아에서는 큰 호수 안에서 생활하는 집단을 흔히 볼 수 있다. 이들은 어로생활뿐만 아니라 수초를 이용하여 호수 안에서 농사를 짓기도 한다. 이에 호수 안에 취락을 만들어 뭍으로 나오지 않고도 생활을 영위한다. 물 위에 집을 짓기 위해서는 필로티 구조가 필수적이다. 수면의 변화에 대응하기 위한 전략이다. 심지어 선상주거를 만들어 수상에서 이동생활이 가능하도록 하는 사례도 볼 수 있다.

1-2-3 지형과 주거

자연적으로 주어진 식물과 동물, 심지어 광물까지도 주거디자인에 중요한 영향을 준다. 그것은 주거의 구조체를 만드는데 유용한 재료가 되기 때문이다. 물론 재료의 유용성이나 선택이 건축의 형태를 결정한다고 보기는 어렵다. 그것은 기후에 대응하거나 공간, 구조의 필요조건을 충족시키기 위한 수단에 지나지 않는다. 그럼에도 불구하고 재료의 특성에 따라 다양한 디자인이 개발되었고 형태적 다양성을 창출한 것이다.

그림 1-9 | 시베리아의 귀틀집 : 목구조라도 지역에 따라 형식이 달라진다.

삼림이 울창한 지역에서는 당연히 목구조의 주택이 발달해 왔다. 목재는 구하기 쉬울 뿐만 아니라 가공과 조립이 용이하기 때문이다. 기둥과 보를 조립하여 만드는 가구식 구조는 목구조의 일반적 방식으로 적은 노동력으로 짧은 시간에 큰 공간을 만들 수 있었다. 그러나 같은 목구조라 하여도 시베리아의 귀틀집처럼 기둥 없이 목재를 횡으로 쌓은 내력벽으로 구조체를 만드는 사례도 있다. 세찬 눈보라나 적설하중을 견디기 위한 기술적 선택인 것이다.

돌이 많은 지역에서는 석조주택이 발달한다. 석재는 자중이 크고 내구적이기 때문에 횡력에 견디는 힘이 강하다. 한국의 제주도와 같이 바람이 많은 지역에서 담이나 벽을 돌로 쌓는 것은 비단 돌을 구하기가 쉬

그림 1-10 | 중앙아시아의 유목민주거 : 텐트구조는 유목생활에서 선택된다.

울 뿐만 아니라 구조적 이유가 있기 때문이다.

그러나 목재가 풍부한 지역에서도 석구조가 발달하는 경우를 흔히 볼 수 있다. 대부분의 종교건축이 석조건축이라는 사실은 석구조가 훨씬 더 웅장하고 거룩하고 권위있는 조형을 만들 수 있다는 관념에 기초한다. 이집트의 피라미드나 캄보디아의 앙코르 유적 등은 목재의 구입 용이성과 관계가 없다는 사실을 알 수 있다. 심지어 그리스의 신전들은 석재를 사용하여 목구조를 모방하기도 한다. 비록 운반과 가공, 시공이 어렵고 비경제적이기는 하지만 권위적인 조형을 위해 석재를 사용한 것이다.

중앙아시아 초원지대에서 유목생활을 하는 민족들은 이동에 편리한 주거를 필요로 한다. 운반이 가능한 재료를 사용해야 하는 제약으로부터 그들은 약간의 목재와 천으로 만든 막을 가지고 조립이 용이한 텐트형 주거를 만들었다. 시베리아의 유목민들은 짐승 가죽을 사용하기도 한다. 페루의 티티카카 호반에 사는 우루족과 이락의 늪지 주민들은 갈대만을 가지고 집을 지었다. 이처럼 지역의 식생은 건축재료의 가능성을 열어주었고, 이를 통하여 독특한 주거디자인을 개발해 온 것이다.

1-3 주거의 사회문화적 이해

주거는 사람들이 살아가는 생활무대이다. 마치 연극의 무대처럼 배우들이 있고, 일정한 행위가 연출되고, 무대장치가 있게 마련이다. 주거에서 배우는 주로 가족구성원들이고 그들의 행위는 주생활이며, 그들의 행위가 적절하게 벌어질 수 있도록 공간과 시설을 갖추게 된다. 그러나 사회마다 한 집에서 거주하는 사람들의 수나 관계가 다르고, 그들이 연출하는 주생활도 지극히 다양하다. 심지어 성스럽거나 아름다운 공간에 대한 관념도 다르다. 따라서 가족제도나 생활양식, 신앙체계 등 사회문화적 요소와 주거의 관계를 이해하는 것은 대단히 중요한 일이다.

1-3-1 가족과 주거

앞서 설명한 바와 같이 집이란 가족의 생활무대가 된다. 사전적 정의에서 가족이란 근친관계를 중심으로 하여 구성되는 최소한의 거주집단이라는 의미를 가지고 있다. 한 집에서 사는 혈연관계의 사람들을 의미하는 것이다. 그러나 산업화 이전의 계급사회에서는 한 집에 혈연과 관계가 없는 하인들도 함께 거주했고, 산업혁명 이후에는 가족이라 하여도 다른 집에서 사는 경우도 있어 거주집단과 가족을 동일시하기는 어려운 것이 사실이다. 따라서 근래에는 '일상시에 주거와 생계를 함께 하는 생활집단'으로서 가구(家口 ; household)라는 표현을 사용하기도 한다.

여하튼 동물계에서 짝짓기를 시작할 때 거처를 마련하는 것처럼 인류사회도 결혼을 통한 가족의 형성으로부터 집을 짓는 것이 보편적인 현상이다. 그러나 인류사회에서는 부부와 아이들로 이루어진 부부가족만이 아니라 손자대로 이어지는 확대가족으로부터 어머니의 형제들과 동거하는 모계가족, 아버지의 형제들과 동거하는 부계가족에 이르기까지 다양한 가족형태를 이루어왔다. 심지어 일부다처나 일처다부 등 독특한 형태의 가족을 이루기도 한다.

가족형태의 다양성처럼 가구원수도 다르고 가족관계도 다양하다. 가족구성원 간의 위계관계와 역할, 행동규범, 성과 세대의 구분도 사회마다 독특하여 고유한 주생활문화를 이루게 된다. 이에 따라 내부공간의 구성이나 공간의 구획, 사용방식이 만들어져 독특한 주거형식을 창출하게 된다.

그림 1-11 | 중국 남부지방의 토루 : 친족체계를 반영한 공동주택이다.

중국의 주거는 확대가족(extended family)의 주생활을 수용하기 위한 주거형식의 예를 잘 보여준다. 위계가 가장 높은 부모세대의 침실과 거실은 중앙건물에 배치된다. 결혼한 자식부부는 중심건물 양옆의 건물을 사용한다. 부모자식 간의 위계를 반영한 것이다. 확대가족은 결혼한 형제들이 분가하지 않고 동거하는 경우가 많기 때문에 여러 채의 건물이 필요하다. 같은 세대라고 하더라도 성에 따라 구별되는 것도 주생활문화의 한 부분이다. 여자아이들의 침소는 중앙 근처에 할당되고 남자아이들은 중심에서 먼 곳에 배치된다.

한국과 같은 직계가족(stem family)에서는 장자부부와 손자부부로 가계가 계승되는 것이 확대가족과 다른 점이다. 장자를 제외하고 결혼한 형제들은 분가하고, 여자들은 결혼 후 출가외인, 즉 다른 가족집단의 구성원이 된다. 한국 가족제도에서 가장 특이한 점은 내외(內外)라는 규범이다. 내외란 부부라고 할지라도 서로 회피하는 행동규범이다. 이에 부부도 서로 다른 침실을 사용해야 할 만큼 독립적인 생활영역을 가지게 된다.

그림 1-12 | 인도네시아의 long house : 공동주택이지만 가족별 구분이 없다.

인도네시아 자바 섬의 사라와크(sarawak) 주택은 아주 독특한 사례를 보여준다. 이것은 혈연관계가 없는 여러 가족들이 함께 사용하는 공용주택(communal house)이다. 주거공간은 한 건물에서 세 구역으로 나눠지는데, 취침구역과 식량과 가축을 위한 저장구역, 그리고 일상생활구역이다. 침실구역은 여러 가족들이 사용하는데 그 중심은 가장이나 추장이 차지하게 된다. 일상적 생활구역은 아무나 사용할 수 있는 공동공간이다.

1-3-2 주생활과 주거

주거에서는 의식주를 포함한 주생활이 이루어진다. 먹고, 자고, 휴식하는 일상적 행위 이외에도 접객이나 의례와 같은 비일상적 행위가 이루어진다. 식량의 종류도 다양하지만 식량을 가공, 조리하는 방법도 다르고 저장하는 방식도 달라진다. 이러한 주생활 역시 문화권마다 독특한 모습을 갖는다.

카메룬의 모운당(moundang) 주거에서는 곡물창고를 중요시 여겨 주거의 중심부에 배치한다. 반면 마사이족은 가축우리를 중심에 배치한다. 라포포트의 설명에 의하면, 마사이족에 있어서 가축은 그들의 경제적 가치를 넘어서 마사이 문화의 기반을 형성해주는 기반일 뿐만 아니라, 신비하고 종교적이며 의식적인 중요성을 갖는다. 따라서 가축들은 주거의 중심부에 자리 잡으며 그 결과 공간조직상 매우 다른 규모와 변화를 나타내게 된다.

그림 1-13 | 한옥의 온돌방 : 좌식생활에 따른 공간규모, 가구, 창 높이 등을 보여준다.

그림 1-14 | 중국주택의 당 : 입식생활에 따른 공간규모, 가구, 창 높이 등을 보여준다.

의식장소를 배열하는 방법도 다양하다. 에스키모인의 방사형 평면은 그들 주거의 가장 특징적인 형태이며, 춤의 의식적·계층적 측면과 밀접한 관계를 갖는다. 중국 주택에서 사당은 주거의 중심축에서 북쪽에 배치되지만 한국에서는 중심축 선상에 사당을 배치하는 경우가 거의 없다.

조리와 식사장소의 배열도 다양하다. 아즈텍족의 주택에서는 부엌이 독립된 건물로 지어지고 잉카족들은 개방된 중정에서 조리를 했으며, 투아렉족은 천막 속에 난방용 불이 있음에도 밖에서 조리를 했다. 아메리카 인디언들 사이에는 환대하는 관례, 하루에 한 끼만 먹는 습관, 남자가 먼저 그리고 여자와 어린이가 나중에 식사하는 습관이 지배적인 요소였다. 식구들과 함께 식사하는 중국의 관습, 남자가 먼저 먹고 여자가 나중에 식사하는 일본의 관습 역시 그들의 주택에 영향을 주었다.

입식생활과 좌식생활의 차이도 주거공간에 깊은 영향을 미친다. 신발을 벗거나 신기 위한 공간이 필요할 뿐만 아니라 앉을 수 있는 바닥재료를 선택하게 된다. 입식생활을 위해서는 입식가구가 필수적이며 그 가구를 수용할 만한 공간의 넓이와 높이를 요구하게 된다. 의자에 앉는 높이에 따라 창의 위치와 형태, 정원의 유형까지도 영향을 받게 된다.

1-3-3 이념과 주거

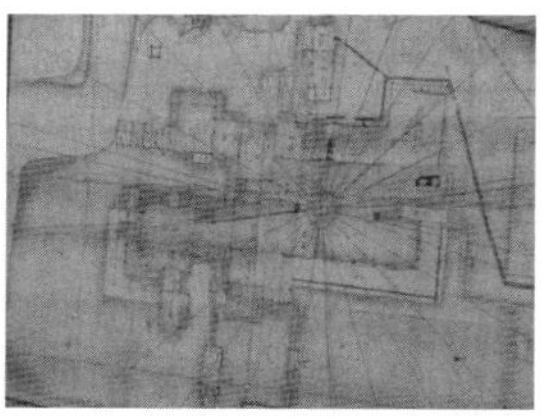

그림 1-15 | 일본주택의 가상도 : 공간의 배치를 결정하는 중심에는 신단이나 불단 등 성소가 있다.

우주관이나 신앙과 같은 관념의 체계는 주거디자인에 엄격한 규범으로 작용해 왔다. 앞서 언급한 바와 같이 여러 문화권에서 집은 우주의 모습을 상징화하거나 종교적 성소의 의미를 갖는다. 그러하기에 집 지을 장소를 구별하여 선택하며, 집의 방향이나 배치를 결정하는 독특한 규범들이 만들어진다. 집안에는 성스러운 장소나 설비가 갖추어지고 그 모습 또한 초월적인 신, 또는 우주와 교접하기 위한 형태를 갖는다.

중국을 비롯한 동북아시아에서 발전한 풍수사상은 동양의 우주관이나 자연관으로부터 시작되었다. 풍수는 땅의 성격을 판별하는 토지관이나 지리관으로 발전하여 도시나 마을, 집과 무덤의 장소를 선택하는 데 적용되어 왔다. 그 사상적 요체는 우주적 조화와 질서를 갖춘 거룩한 장소를 선택하는 원리이며 규범이었다. 풍수에서 주산(主山)은 하늘세계와 지상세계를 연결하는 우주적 축(cosmic axis)이며, 그 중심에 있는 혈과 명당은 세계의 중심(center of the world)이 되어 소우주(microcosm)를 형성한다는 의미를 가지고 있다.

그림 1-16 | 인도네시아 슬라웨시 주거 : 실용성과는 상관이 없는 거대한 지붕을 갖는다.

우주의 모습(imago mundi)을 닮은 소우주를 건설하는 것은 비단 대지의 선택에만 적용된 것이 아니다. 중국의 도성계획 규범은 우주의 도식적 형상을 바탕으로 만들어졌고, 도로와 성곽의 형상, 왕궁과 관청, 주거의 배치를 이루는 골간이 되었다. 인도에서는 '우주의 십자형(cosmic cross)을 기초로 하여 각 방위가 우주의 각이 되고 도시 전체와 사원이 천상의 도시를 상징하는 사례도 볼 수 있다. 이렇게 우주의 상이 도시계획으로 재현되는 사례는 잉카 페루, 가나와 이집트 등 여러 문화권에서 나타나고 있다.

주거건물의 형상도 우주의 모습에 근거를 두는 사례를 많이 볼 수 있다. 아시아 유목민들의 텐트는 소우주의 상징으로서, 천장 중앙에 뚫린 배연구는 하늘의 구멍(sky hole)이며, 기둥은 천상계와 연결하는 수직축으로 표현된다. 포오니족의 오두막집 역시 유사한 상징을 가지고 있는데, 돔은 아치형 하늘이고 바닥은 평야이며, 중앙의 개구부는 극점으로서 보이지 않는 힘이 사는 곳이다.

공간이나 시설의 배치도 각 방위의 우주적 상징과 의미에 근거를 두는 사례가 흔히 나타난다. 신성시하거나 특권이 있는 공간 혹은 벽면은 거의 보편적으로 어디에서나 볼 수 있다. 피지 제도에서 동쪽 벽은 추장을 위한 것이다. 중국에서는 서북쪽을 가장 신성시한다. 몽고의 유르트에서는 침대 왼편에 제단을 설치한다. 마다가스카르 인들은 주택의 내부 구획을 12태음력에 따라 분류된 12구간의 별자리에 따른다. 동북쪽 모서리를 가장 신성시하여 북쪽 벽을 조상숭배의 장소로 삼는다.

많은 문화권에서 주거에 신앙과 관련한 공간이나 시설을 갖추는 것은 흔히 나타난다. 중국 주택에서 조당은 조상의 위패를 모시는 곳이며, 불교나 도교의 신들도 모셔진다. 한국에서 대청은 가택신의 우두머리인 성주신의 거처로 인식되었다. 일본에서도 주택의 중심부에 신단이나 불단을 두는 종교적 공간이 있다. 종교와 의식의 다양성은 사회마다 독특한 주거문화를 이루는데 큰 역할을 해 왔다.

한 사회 안에서도 신분제도에 의해 다양한 주거형식이 만들어지고 선택이 제한되었다. 가사규제는 신분에 따라 주택디자인을 제한하는 제도로서 신분질서를 유지하는 수단이었다. 중국에서는 영조법식에 따라 주택건축의 등급이 만들어졌고, 한국에서도 이미 고대국가시대로부터 주택건축의 계급별 제한을 위한 가사규제가 시행되었다. 보다 고급스러운 주택은 규모만 큰 것이 아니라 그 형태가 권위적이고 아름다운 건축을 의미한다. 이에 어떤 것이 더 아름답고 권위적인가를 판단하는 그 사회의 미의식에 따라 다양한 디자인이 만들어진 것이다.

1-4 주거의 기술적 이해

자연환경이나 사회문화적 환경이 주거디자인에 대한 요구조건을 제공한다면 건축기술은 이러한 요구를 실현시켜주는 수단이라고 할 수 있다. 인류의 주거가 동물계의 집들과 다른 점은 주거를 건설하는 건축기술을 지속적으로 발전시켜 왔다는 점이다. 건축에 사용되는 재료의 가능성을 확대하였고, 그 재료를 사용하는 구축법을 발전시켰으며, 건설방법을 전문화함으로써 다양한 주거디자인을 창출한 것이다. 따라서 다양한 주거형식은 건설기술의 진보단계를 반영한다. 그러나 앞서 설명한 사회문화적 요인 때문에 동일한 기술적 수준으로도 전혀 다른 형식의 구조와 형태가 디자인되곤 한다. 따라서 서로 다른 문화권의 주거형식을 진보단계로 이해하기는 어렵다.

1-4-1 산업화 이전 시대의 건축기술과 주거

앞서 설명한 바와 같이 초기의 인류는 동굴생활로부터 시작했다. 자연동굴이 있는 지역에서는 그것을 이용하는 것으로 쉽게 은신처를 구했지만 그렇지 못한 곳에서는 인공주거를 건설해야만 했다. 경사지에 땅을 파기 쉬운 곳에서는 인공동굴을 만들었고, 흙이나 돌이 많은 곳에서는 그것을 쌓아 구조체를 만들었다. 눈이 많은 지역에서는 눈을 이용하기도 하고, 나무가 많은 지역에서는 목재를 이용하여 골격을 만들었다.

그러나 재료의 가능성이 곧 일정한 구조형식이나 건물형태를 의미하는 것은 아니다. 대응해야 하는 자연환경에 따라 다른 구조가 필요하기 때문이다. 바람이 거센 지역에서는 횡력에 대응하는 구조가 필요하며, 눈이 많은 지역에서는 눈의 무게를 지탱할 수 있는 구조가 요구된다. 예를 들어 에스키모 인들의 여름 집은 천막집이다. 눈이 없는 여름에 눈으로 만드는 이글루를 지을 수도 없고 지을 필요도 없었던 것이다.

원시시대의 은신처들은 단순한 기능을 만족시키는 차원에서 천연재료와 원시적 기술만으로 구조체를 만들었다. 도구와 기술의 발달은 보다 크고 높은 건축물을 가능하게 했다. 역으로 크고 높은 공간과 복잡한 공간구성의 필요성이 그것을 만들 수 있는 도구와 기술의 발달을 촉진시켰다고 볼 수도 있다. 이것은 결국 어떤 구조와 공간을 필요로 하는가 하는 그 사회의 요구와 관련이 있다.

건설기술의 발달은 기술자 집단의 분화와 관계가 깊다. 자신의 집을 스스로의 기술과 노동력에 의지해서 짓던 단계로부터 기술자 집단에게 위탁하여 짓는 단계로 이행하게 된 것이다. 기술자들은 축적된 지식과 많은 경험을 바탕으로 재료와 도구, 기술들을 발전시킬 수 있었다. 이런 기술적 발달은 주거디자인의 가능성을 확대시켰다.

그러나 기술적 발달이 곧 창의적인 주거디자인으로 연결되지는 않았다. 적어도 산업화 이전시대까지는 그 사회에서 가능한 주거유형이 한정되어 있었다. 사용자는 이 유형 중에 하나를 주문하였고, 기술자는 그것을 만들어 주는 수준에 머물렀다. 약간의 개별적인 변형은 가능했지만 그 사회의 전형적 표준을 벗어나는 일은 드물었다.

이러한 전형적 표준설계들은 산업화 시대가 도래할 때까지 오랫동안 지속되었다. 그것은 그 사회의 자연환경과 사회문화적 환경에 대응하는 가운데 만들어진 것이기에 생태학적, 문화적 적절성을 가지고 있었다.

따라서 전통이라는 이름으로 계승되었고, 그 사회의 고유한 전통주거문화를 형성하게 되었다.

1-4-2 산업화 이후의 변화

그림 1-17 | 홍콩의 아파트단지 : 주거문화의 근대화, 도시화, 서구화를 반영한다.

18세기 영국에서 시작된 산업혁명은 전 세계로 확산되면서 산업기술만이 아니라 경제, 정치 등 인류사회 전반에 걸쳐 획기적인 변화를 가져왔다. 산업화의 여파로 인구가 도시로 집중하고 도시적인 생활양식이 시작되는 것은 주거에도 큰 영향을 줄 수밖에 없었다. 좁은 지역에서 많은 인구가 모여들게 됨으로써 주택이 부족하게 되고 주택문제를 해결하기 위해 고층, 고밀화된 주택을 대량으로 공급하는 일이 요구되었다. 이로써 고층의 집합주거라는 새로운 주거양식이 등장하게 된다.

상업자본주의의 발달에 따라 주택도 주문생산의 시대에서 상품생산의 시대로 들어서게 되었다. 즉, 사용자들이 자신의 집을 위탁생산하는 것이 아니라 이미 생산된 주택을 시장에서 구입하는 시대로 전환한 것이다. 기술혁신에 따라 새로운 철, 유리, 시멘트와 같은 근대적 건축재료들이 개발되었다. 이러한 건축기술의 발달은 도시주거에서의 새로운 요구들, 즉 고층화, 집합화, 대량건설, 환경조절 등을 가능하게 했다.

서구에서 발달한 산업혁명과 근대화의 여파는 서세동점(西勢東漸)의 식민지 개척을 통하여 제 3세계 국가로 파급되었다. 새로 개척된 식민지에서 서구인들은 그들의 전통건축만이 아니라 근대화 이후에 서구에서 발달한 건축양식을 전파시켰다. 이는 근대화 이전까지 지속되어 오던 전통주거문화를 단절, 혹은 변질시키고 서구적 주거문화를 이식하는데 기여했다.

20세기 이후에는 근대화에 대한 반동으로서 탈근대(탈근대 ; post-modernism), 혹은 후근대(後近代 ; late-modernism)라는 사회현상이 출현하였다. 소품종 대량생산으로부터 다품종 소량생산으로의 전환은 소비자 요구의 다양화에 기인한 것으로서 주거부문에서도 다양한 디자인의 개발이 촉진되었다. 주택생산에서 디자인 업무가 분화한 것도 개성에 따른 새로운 디자인을 개발하는데 밑거름이 되었다. 국적과 문화를 초월하는 개성적 주거의 시대가 열린 것이다.

그림 1-18 | 중국 장성주거단지의 주택 : 국적과 문화를 초월하는 건축가의 독창적 개념을 보여준다.

그러나 지역의 환경과 문화를 배제한 주거디자인의 범람은 새로운 문제를 남기고 있다. 환경적 적절성을 무시한 디자인은 생태계에 미치는 부작용, 과도한 에너지의 사용, 순환과 지속 가능성 문제로 파급되었다. 도시적 맥락은 무시되어 무질서한 도시경관을 만들었고, 주거의 문화적 가치가 해체되면서 문화적 정체성을 훼손하거나 상실케 하는 일들이 빈번하게 일어나고 있다. 전통에 대한 새로운 해석은 과거로의 회귀가 아니라 현재적 문제를 해결하기 위한 방향으로서 힘을 얻기도 한다.

오늘날 우리는 정보와 통신, 교통의 혁신적 변화의 시대를 앞두고 있다. 국제화, 정보화 시대의 변혁들은 실상 20세기를 초월하는 생활양식의 대변혁을 예고한다. 오토패브(auto-fab)를 중심으로 하는 생산양식의 변화, 홈 오토메이션(home automation)에 의한 주생활의 변화, 경제활동의 국제화와 재택근무 등 새로운 삶의 환경과 새로운 생활양식이 가시화된 지 오래이다. 이러한 변화는 분명 주거에 대한 새로운 개념과 양식을 요구하게 될 것이다.

참고문헌

1. 강영환, 『집으로 보는 우리문화 이야기』 웅진닷컴 2001.
2. 강인호, 한필원, 『주거의 문화적 의미』, 세진사, 2001.
3. 송민구, 『한국의 옛 조형의 미』, 기문당, 1987.
4. 예술원 편, 『한국미술사』, 예술원, 1984.
5. 이광규, 『한국가족의 구조분석』, 일지사, 1981.
6. 이융조 외 4인, 『우리의 선사문화(I)』, 지식산업사, 1994.
7. 최창조, 『한국의 풍수사상』, 민음사, 1984.
8. 한상복 외 2인, 『문화인류학 개론』, 서울대학교 출판부, 1985.
9. 布野修司, 世界住居誌, 昭和堂, 2005.
10. Amos Rapoport, 『House From and Culture』, 『Foundation of Cultural Geography Series』, Prentice-Hall, Inc, 1969.
11. Irwin Altman, 『Culture and Environment』, Brooks/Cole Publishing Company, 1980.
12. Jean-Paul Bourdier and Nezar Alsayyad ed., 『Dwellings and Settlements and Tradition』, University Press of America, 1989.

제 2 장

한국 주거문화의 변천

제 2 장

한국 주거문화의 변천

2-1 선사시대의 주거문화

2-1-1 주거의 시작

한반도에서 가장 오래된 인류의 흔적은 평양 상원군(祥原郡)에서 발굴된 검은모루 유적이라고 한다. 이 유적은 60~40만 년 전 정도의 것인데 전기 구석기인(前期 舊石器人)이 살았던 것으로 알려진다. 이 시기의 인류는 곧선사람(Homo erectus)으로서 주먹도끼를 만들어 사용하였고 불을 능숙하게 사용하였으며, 수렵이나 채집으로 생활을 영위하면서 계절에 따라 거주지를 옮겨 다니는 이동생활을 하였을 것으로 추정된다.

그림 2-1 | 석장리 구석기시대 주거 복원상정도 : 일시적 거처로 사용된 평지형 막집이다(출전 : 손보기, 석장리 선사유적, 79쪽)

한반도 구석기인들의 유적 또한 주로 자연동굴이나 바위그늘 등에서 발견되고 있다. 이를 근거로 구석기인들은 아직 인공적인 주거가 아닌 자연동굴이나 바위그늘 등 자연적으로 주어진 은신처에 일시적인 거처를 만들었다고 알려져 왔다. 그러나 고고학적 발굴이 진전됨에 따라 한반도의 구석기 시대에도 인공주거가 건설되었다는 증거가 발견되었다. 웅기 굴포리 유적을 비롯하여 공주 석장리(石壯里), 제천 창내, 화순 대전 등의 구석기시대 유적에서 인공주거의 흔적이 발견된 것이다. 이러한 유적들의 내부에서는 그들의 생활도구(대부분 석기)들과 함께 당김돌, 누름돌, 문돌 등 건축용 부재가 발견되었다.

그러나 이러한 인공주거들은 지금까지 발굴된 구석기 유적들이 주로 동굴인 점을 감안할 때 일상적인 생활 근거지로서의 주거라고 보기는 어렵다. 아마도 근거지였던 동굴을 떠나 먼 곳까지 사냥을 나갔다가 야영지에서 만든 임시적인 거처이거나 이동 중에 잠시 머물렀던 주거로 보인다. 그것이 일시적이든 또는 장기적인 것이든 간에 그들이 혹독한 기후와 사나운 짐승으로부터 자신의 생명을 보존하기 위하여, 또한 불을 보호하기 위하여 이러한 인공적 주거를 만들었다는 점은 분명하다.

기원전 약 5000년쯤부터 한반도에는 신석기(新石器) 주민이 들어와 살기 시작한다. 이들은 석기 제작기술을 혁신하여 갈아 만든 석기를 사용하였기에 신석기 인으로 명명되었다. 신석기시대의 가장 큰 변화는 식량생산을 시작하였다는 점이다. 어로생활은 신석기 인들의 주요한 식량생산방법이었다. 그들은 정교한 낚시 바늘까지 만들어 어로작업에 사용하였다. 기원전 3000년경에 이르면 농경의 증거도 나타난다. 물론 당시의 농경은 원시적인 수준이었겠지만 농경의 시작과 함께 정착생활이 유도되었을 것이다. 이러한 도구와 생활의 변화는 주거문화에도 혁신적인 변화를 가져오게 된다.

그림 2-2 | 암사동 신석기시대 주거 복원모형 : 어느 정도의 정착성을 갖는 움집이다.

이 시기에는 인공주거가 본격적으로 건설되기 시작한다. 신석기 인들은 움집을 지었는데, 움집이란 땅을 파고 위에 지붕을 덮는 구조를 말한다. 동결선 이하의 지하는 온도변화가 적기 때문에 움집은 비록 어둡고 습하기는 해도 혹독한 추위나 더위를 견딜 수 있었다. 즉, 기후를 조절할 수 있는 기술이 발전한 것이다.

이들의 움집은 원형이나 정방형에 가까운 평면으로서 원추형이나 사각추형의 형태로 만들어졌다. 구조는 수직 기둥을 세우고 보와 도리를 사용하여 튼튼한 구조체를 만들었다. 또한 바닥에는 진흙을 깔고 불을 놓아 습기가 없는 마른 바닥을 만든 것도 있다. 중앙에는 화덕을 두고 집안에서 불을 지필 수 있었고 화덕 주변에는 자갈돌을 둘러 불이 번져 나가는 것을 방지했다. 이러한 움집의 성격들은 오래 머물 수 있는 정착형 주거로 발전되어 갔음을 의미하는 것이다.

2-1-2 정착형 주거로의 발전

청동기와 민무늬 토기의 사용으로 대표되는 청동기 문화는 한반도에서 기원전 1000년경부터 시작된 것으로 알려진다. 청동기 문화에서 가장 중요한 사실은 본격적인 농경정착생활이 시작되었다는 점이다. 농경의 시작은 주거문화에도 혁명적 변화를 가져오게 된다. 우선 농사가 잘되는 토지를 찾아 거처를 마련하였을 것이며, 파종으로부터 수확할 때까지 한 곳에 머물며 기다려야 하기 때문에 정착생활이 필요했을 것이다. 협업을 통한 생산의 증대를 꾀하기 위하여 취락의 규모가 점차 커지면서 마을단위의 영역계획이 이루어진다. 또한 장기간의 정착생활을 위하여 보다 튼튼한 주택의 건설이 필요하게 된다.

그림 2-3 | 울산 검단리 청동기시대 마을 유적 : 마을 주변을 둘러 환호를 만든 사례이다.

청동기 시대의 집터는 대부분 강 언저리나 계곡이 내려다보이는 낮은 구릉지대에서 나타난다. 바람을 막아주는 작은 산을 뒤로하고 식수를 얻을 수 있는 하천을 내다보는 오늘날의 자연마을과 비슷한 입지조건을 가지고 있다. 집터는 한 곳에서 적게는 10기에서부터 많게는 100여 기 이상 무리지어 발견됨으로써 이전 시기에 비해 규모가 큰 취락이 만들어졌음을 알 수 있다.

지금까지 발견된 주거유적만으로 당시의 마을계획을 정확히 알 수는 없지만 울산 검단리 유적에서 발견된 환호(環濠)의 흔적은 마을 단위의 계획이 이루어졌음을 보여주는 중요한 증거가 된다. 환호란 마을을 둘러 판 수로형태의 시설을 의미하는데, 이는 마을의 경계이면서 방어시설이라는 점에서 주목할 필요가 있다. 이 밖에 마을 중앙에는 공동시설로 여겨지는 건물이 있고, 입구부분에는 망루와 같은 시설이 있으며, 철제 농기구를 제작하기 위한 가마시설도 발견되었다. 이러한 시설들은 세대단위의 시설이 아니라, 마을의 공동체적 생활을 위한 영역의 설정, 방어, 공동생산을 위한 시설이라는 점에서 마을단위의 계획을 보여준다.

그림 2-4 | 울산 옥현지구 청동기시대 주거 유적 : 반움집으로서 배수구의 발달을 볼 수 있다.

이 시기의 주택건축에서도 상당한 변화를 볼 수 있다. 반움집이라고 불리는 청동기 시대의 집들은 우선 바닥의 깊이가 더 얕아지고, 규모가 더 크며, 장방형 평면을 가지고 있다는 점에서 신석기시대의 움집과 차이가 있다. 물론 수직벽체가 사용되고 보다 튼튼한 구조체로 발전하는 모습도 볼 수 있다. 뿐만 아니라 집 주변에 배수로를 파고 화덕시설도 발전하는 등 내부환경이 크게 개선되었음을 보여준다.

2-1-3 지상주거의 출현과 온돌의 시작

철기시대에 이르면 집의 바닥 면은 점차 지상으로 올라오기 시작한다. 지상주거로 발전한 것은 우선 땅 속으로 오르내리는 출입의 불편함을 개선하였다는 점에서 의미가 있다. 또한 집안으로 물이 침투하기 쉽고 배수가 어려운 움집의 문제를 해결해 주었을 것이다. 움집이 지하의 습기를 막기 어려운 구조라는 점을 감안한다면 지상주거는 보다 건조한 공간을 제공하게 된다. 지상주거가 되면 수직 벽체가 사용되고 여기에 창호를 낼 수 있었다. 이러한 창호는 눈, 비를 피하면서도 환기 및 채광이 가능하여 움집보다 쾌적한 거주공간을 제공해 주게 된다.

지상주거의 출현은 바람[風荷重]에 견딜 수 있는 구조기술의 발전을 의미하는 동시에 난방법의 발전을 시사해 준다. 지열(地熱)을 이용하지 않고도 겨울기후에 대응할 만한 난방법이 개발되지 않았다면 지상주거로 발전하기는 어려웠을 것이다. 철기시대의 유적에는 돌로 고래를 만들어 바닥을 데우는 원시적인 온돌이 나타난다.

온돌의 발달은 단순히 난방기술의 발전만을 의미하는 것이 아니라, 가사노동의 절약과 기거양식의 변화, 공간환경의 개선이라는 측면에서 의미 있는 변화를 가져다주었다. 그 첫째는 난방연료의 절감이다. 온돌은 돌에 열을 가하면 일정기간 동안 열을 보존하고 있다가 서서히 방출한다는 축열성능을 이용하는 난방법이다. 화덕에 비하여 같은 양의 연료로 보다 장시간의 난방이 가능하다. 따라서 온돌의 발달은 난방연료를 획기적으로 절감하게 하는 계기가 마련된 것이다.

둘째, 가사노동의 절약을 들 수 있다. 온돌난방은 일정한 시간만 가열해 주면 난방이 가능하기 때문에 난방이 필요한 시간만큼 가열할 필요가 없다. 이에 가열작업에 드는 가사노동을 획기적으로 줄였을 것이다. 특히 온돌난방은 가열시간대와 난방시간대가 다르다는 점에서 장시간의 난방을 요하는 겨울에 밤새도록 불 때기 작업을 해야 할 이유가 없어진 것이다.

셋째, 온돌난방은 기거양식의 변화를 수반하였을 것이다. 단실형 내부 공간에서 일부 바닥에 온돌이 설치되었다고 가정할 때, 그 장소는 취침이나 기거를 위한 특별한 공간으로 차별화되기 때문이다. 나아가 공간 전체에 온돌이 시설되고 아궁이가 외부에 설치되는 단계에서 무연의 청결한 공간이 제공된다. 연기가 없이도 난방이 되는 쾌적한 주거공간은 바로 온돌의 발전으로부터 얻어진 것이다.

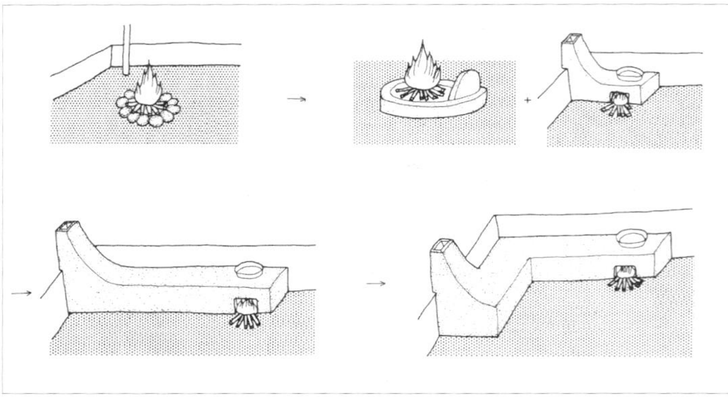

그림 2-5 | 구들의 발전과정(출전 : 장경호, 한국의 전통건축, 73쪽)

그림 2-6 | 김해 장유 철기시대 주거유적 복원모형 : 고상주거로 이루어진 마을이다.

한편, 이 시기에는 바닥을 지표면에서 들어 올려 판재로 마감한 고상건축과 마루구조도 발전하게 된다. 마루의 발달은 건축발달사에 있어서 중요한 의미를 가진다. 우선 바닥 면을 지표면에서 분리시킬 만큼 목조가구기술이 진보했다는 사실이다. 바닥 면이 상승하게 되면 건물이 높아져 풍압에 견딜 만큼 튼튼한 구조가 요구되기 때문이다.

두 번째는 바닥 면이 지표와 분리됨으로써 지표상태에 관계없이 건축이 이루어질 수 있었다는 점이다. 이에 따라 저습지나 경사지도 대지로 활용할 수 있었을 것이다. 이는 주거입지의 지형적 조건을 획기적으로 완화시켜 주었다는 점에서 의미가 있다.

세 번째는 실내의 환경조건을 개선했다는 점이다. 마루는 지표의 습기를 차단하고 통풍에 유리한 바닥재료로서 고온다습(高溫多濕)한 하절기 기후에 대단히 효율적인 구조가 된다. 즉, 계절별 기후에 대응하는 능력이 높아졌다는 점에서 의미가 있다. 이러한 관점에서 마루의 발달은 한국주거사의 시대를 구분할만한 지표적 사건이라고 보아도 무리가 없을 것이다.

2-2 고대국가시대

2-2-1 도시주거의 출현

기원 전후로 한반도에는 삼국의 고대국가체제가 형성된다. 국가라는 대단위의 사회적 조직체제가 형성되면 이를 유지하기 위한 시설들이 필요하게 된다. 왕궁이나 관청 등 지배와 행정을 위한 시설뿐만이 아니라, 이를 보호하기 위한 성곽 등이 만들어지고 도성을 중심으로 도시문명이 형성된다. 도시 안에서는 대지의 제약이 따르기 때문에 독특한 주거형태가 만들어진다.

고대국가의 체제에서 가장 필수적 시설은 도성(都城)이다. 도성은 지배권력의 근거지인 동시에 국가문명의 중심을 형성하게 된다. 여기에는 왕궁이나 행정시설만이 아니라 많은 인구가 집중하여 상주하기 때문에 이를 효율적으로 담을 수 있는 계획이 필요하게 된다. 성곽을 축조하여 영역을 만들고, 왕궁과 관청을 배치하며, 도로망과 주거지를 구획함으로써 고대도시의 모습을 갖추게 되는 것이다.

이러한 도시계획의 기법은 중국으로부터 유입된 것으로 알려진다. 수(隨)나라와 당(唐)나라의 도성이었던 장안성(長安城)의 계획은 그 모델이었다. 중국 장안성은 도시 전체를 4각형으로 잡고 동서를 18개 리(里), 남북을 15개 리로 나누어 네 가로로 둘러싸인 거주지역을 방(坊)이라고 하였다. 바둑판 모양의 도로망으로 방(坊)과 리(里)를 구획하였다고 하여 이를 방리제(坊里制)라고 부른다.

그림 2-7 | 동천동 유적의 담장과 우물유구

사서에 의하면 신라의 왕경도 방리제에 의해 도성계획이 이루어졌다고 한다. 근래에 발굴되고 있는 신라 왕경의 모습은 도성을 중심으로 한 고대도시가 계획적으로 건설되고 도시주거가 발달하는 시대적 변화를 잘 보여준다. 동서변 약 125미터, 남북변 약 160미터 정도의 규모를 갖는 방들이 폭 7~8미터의 도로(방로)로 구획되었다. 도로는 자갈층을 두어 하수시설까지 갖추었다. 질서정연하게 구획된 도로와 택지들이 만들어지고 여기에 주택들이 건설되었던 것이다.

이 지역에서 발굴된 주거유적은 도시적인 성격을 잘 보여준다. 인구가 밀집된 도시에서 영역을 구분하기 위한 담장이 발달하게 되고, 사유화(私有化)된 마당과 우물이 만들어지며, 도로를 통한 공공 배수시설이 만들어졌다. 아직 건물배치나 평면의 모습이 확연하게 드러나지는 않았지만 ㄱ자형 건물로 도로에서 안마당이 직접 노출되지 않도록 배치된 사례를 볼 수 있다. 이는 도시적 입지에서 도시형 주거로의 발전을 보여주는 증거라 할 수 있다.

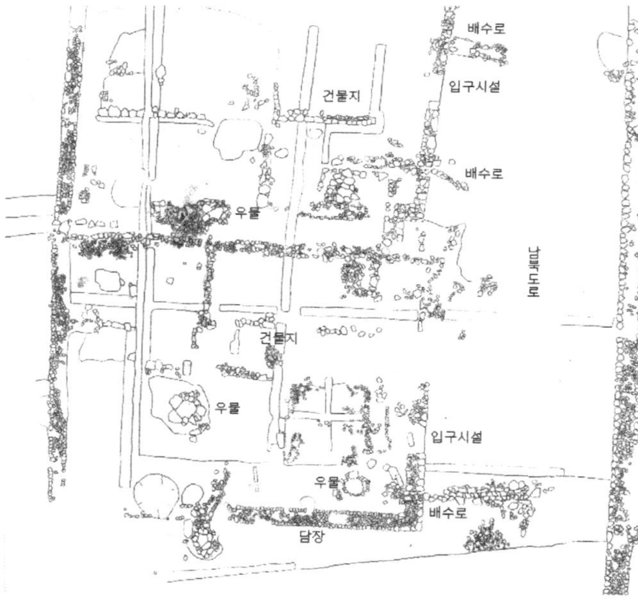

그림 2-8 | 경주 동천동 유적 : 도시주거의 모습을 보여준다.

2-2-2 건축기술의 발달

고대국가체제의 형성에 따라 사회계층이 분화하면서 지배계층이 등장하고, 이들은 위엄과 권위를 표현하기 위하여 이른바 '권위건축'을 요구하게 된다. 이러한 건축들은 국가적인 공공시설이나 사찰, 그리고 궁궐을 비롯한 상류계층의 주거에서 지배계층의 권위를 표현하기 위해서 건설되었다. 그들의 권위와 위엄을 표현하기 위해서는 보다 크고, 높고, 화려한 건축을 요구하게 마련이므로, 이러한 요구를 실현할 수 있는 건축재료나 건축기술의 발전을 유드하게 된다.

고급 건축기술들은 중국 한나라를 통하여 전수되었다. 당시 중국의 한나라는 중국을 통일한 강대국가로서 기술이나 제도, 문물 등 모든 면에서 뛰어난 고대국가의 문명을 가지고 있었다. 따라서 한사군 지역에서 사용된 중국의 건축이나 토목기술을 새로 형성되는 한반도의 고대국가들이 쉽게 배울 수 있었을 것이다.

한편, 사회계층과 직능이 분화함에 따라 건설분야에서도 전문화가 이루어진다. 또한 대규모 공사를 효과적으로 수행하기 위해서 건설인력의 조직화가 이루어졌을 것이다. 당시의 건설조직을 알 수 있는 자료는 6세기경에 작성되었다고 인정되는 남산신성비와 황룡사찰주본기 등이다. 이러한 기록의 판독결과 6세기 신라의 각 지방에는 뚜렷하게 분업화된 기술자들이 다수 존재했다는 사실이 알려졌다.

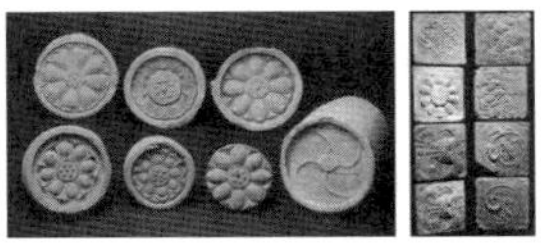

그림 2-9 | 삼국시대의 와당과 문전

권위건축의 건설을 가능케 했던 건설의 전문화와 조직화는 결국 인공적인 건축재료의 생산과 대규모 목조가구법(木造架構法)의 발달을 촉진함으로써 주거건축의 장식화, 그급화에 초석이 되었을 것으로 생각된다. 이 시기에는 이음과 맞춤, 장두로 목재를 깎아 맞추는 목조가구법이 발달한다. 또한 공포(栱包)를 사용하여 기둥머리에서 구조부재를 결합시키는 기법이 사용된다. 포(包), 공포(栱包), 두공(枓栱) 등으로 불리는 이 기법은 중국으로부터 전래된 것으로 알려진다.

삼국시대에는 목조가구법의 발달뿐만 아니라 석재(石材) 가공기술의 발달도 두드러지게 나타난다. 삼국시대의 건물 터에서는 원형, 사각형, 팔각형으로 정교하게 가공된 주초들이 수없이 출토되었다. 석재가공기술은 기단의 판석이나 계단석에서도 보이는데, 축조기술만이 아니라 예술적인 부조기술까지 나타난다.

기와와 문전 등 새로운 재료가 생산, 사용된 것도 고대국가시대의 일이다. 권위건축에서 기와의 사용이 보편화되면서 기와는 건축부재의 차원을 넘어 장식부재로 발전된다. 특히 마구리기와인 막새기와는 지붕의 처마선을 구성하는 부재로서 문양을 넣어 장식하는 기법이 발전한다. 이를 와당(瓦當)이라 하는데, 와당의 문양은 삼국이 각기 달라 고구려, 백제, 신라의 독특한 예술성을 이해하는 자료로 이용되기도 한다.

2-2-3 주거의 계층적 분화

신분적 차별성이 강화된 고대국가사회에서 주택은 복식과 마찬가지로 신분상징의 도구가 된다. 다시 말해 당시의 상류계층들은 그들의 주택을 보다 크고 화려하게 건설함으로써 지배계층으로서의 위엄과 권위를 표현하게 된다. 또한 그들 주택의 권위적 요소들을 하위계층에서 모방하거나 사용하지 못하도록 제한하는 제도적 장치를 만들게 된다.

이러한 제도적 장치를 가사제한(家舍制限)이라고 하는데, 그것이 성문법이었든 또는 불문율이었든 삼국이 모두 이러한 규제를 두었을 것으로 추정된다. 그러나 현재로서는 흥덕왕 9년(834)에 제정되었다고 알려진 신라의 가사제한만이 〈삼국사기〉 권33 잡지 제2 옥사조(屋舍條)에 남아 있을 뿐이다.

이 가사제도는 주택건축에 대한 지나친 사치를 억제하고 신분질서를 유지하기 위한 것이었다. 신라의 신분제도인 골품제(骨品制)에 따라 진골(眞骨)에서부터 백성에 이르기까지 계급별로 규제가 이루어졌다. 규제는 주택의 규모로부터 재료, 구조, 장식에 이르기까지 건축 전반에 걸친 내용이 다루어진다. 가사규제의 내용은 다음과 같다.(표 2-1)

표 2-1 • 삼국사기 옥사조의 가사제한 내용 일람표

	진골(眞骨)	육두품(六頭品)	오두품(五頭品)	사두품 - 백성
정침의 전면폭	24척 이내	21척 이내	18척 이내	15척 이내
기와	고급기와 금지	고급기와 금지	고급기와 금지 장식기와 금지	고급기와 금지 장식기와 금지
박공장식	현어장식 금지	현어 금지	현어 금지	현어 금지
처마구조	부연 금지	부연 금지	부연 금지	부연 금지
천장				우물반자 금지
건축재료	금, 은, 유석 금지	백랍 금지	동랍 금지	산느릅나무 금지
채색	단청 금지	단청 금지	단청 금지	단청 금지
계단	세 폭 계단 금지 석재가공 금지	두 폭 계단 금지, 건계, 석재가공 금지	석재가공 금지	화강석 섬돌 금지
담장	회랑, 석회칠 금지	회랑, 석회칠 금지 높이 8척 이내	회랑, 석회칠 금지 높이 7척 이내	회랑, 석회칠 금지 높이 6척 이내
대문		누문, 사방문 금지	솟을대문, 사방문 금지	솟을대문, 사방문 금지
발과 병풍장식	고급직물 금지	고급직물 금지	고급직물 금지	
침상재료	대모, 침향 금지	대모, 침향, 자단, 황양 금지		
말의 수		5필 이내	3필 이내	2필 이내

신라의 가사규제는 당시 상류계층의 주택이 얼마나 고급스러웠는지를 설명해 준다. 고급주택들은 높은 담장이나 회랑을 두르고, 높은 대문을 달았으며, 큰 마구간을 두기도 하였다. 매끈하게 돌을 갈아 만든 기단 위에 공포라는 목구조 방식을 사용하여 건물을 만들고, 부연으로 아름다운 추녀곡선을 만들었으며, 고급기와와 금, 은, 단청으로 치장된 호화로운 모습이었다. 이러한 주택의 모습은 부분적으로 고분벽화에 그려지기도 하여 그 모습을 짐작하게 한다.

2-3 고려시대

2-3-1 귀족주거의 발달

그림 2-10 | 경주 안압 : 고려시대 귀족들의 조원수법을 추정할 수 있다.

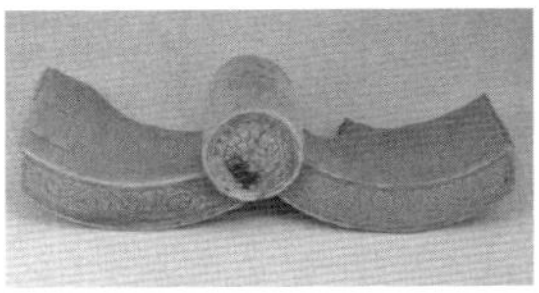

그림 2-11 | 고려시대 청자기와 : 고급건축의 화려함을 보여준다.

고려시대에 관한 한 주거형태를 정확히 파악할 수 있는 문헌적 근거나 유물, 유적 등 역사적 자료는 대단히 부족한 실정이다. 역사적으로는 신라 말의 지방호족들이 지배계층이 되어 대농장을 소유한 문벌귀족들로 성장했고, 이들이 문벌귀족사회와 문화를 형성했다는 사실이 알려져 있을 뿐이다. 주택과 관련된 문헌의 기록도 이들이 가사제한을 무시하고 신라의 궁성을 모방한 사치스러운 주택을 건설했다는 사실을 기록하고 있다.

고려시대 귀족들의 집에는 호화스러운 정원이 조성되었다는 기록이 많이 나타난다. 정원을 꾸미는 것은 이미 고대국가시대에 시작된 일이나 주로 궁궐에 조성되었고, 고려시대에 들어서는 귀족들의 주택에까지 유행되었다고 볼 수 있다. 규모가 수십 리에 달하는 것도 있고 먼 곳에서 귀한 나무를 옮기어 심은 사례도 보인다. 이러한 원림은 정자와 연못, 기암괴석(奇巖怪石), 기화요초(琪花瑤草) 등으로 꾸며져 마치 신라왕궁의 안압지와 같은 조경을 연상하게 한다.

호화로운 정원의 건립이 확산되면서 누정건축도 획기적으로 발전하게 된다. 누정이란 자연경관을 감상하면서 유흥을 즐기기 위한 건물이다. 누정건축은 이미 삼국시대로부터 시작되기는 했지만 민간으로 널리 확산된 것은 고려시대라고 할 수 있다. 고려시대에는 누정이 인공적으로 꾸며진 정원 안에서만 건립되는 것이 아니라 산의 경사지나 계곡, 강변 등 자연경관에 세워졌다. 이로써 불규칙한 지형을 이용하는 건축방법이 발전하는 계기가 된다.

2-3-2 풍수사상의 전래

고려시대에는 풍수사상이 크게 유행하여 주택건축에 영향을 주게 된다. 풍수는 본래 고대 중국의 우주관, 자연관에 바탕을 두고 발전한 것이다. 풍수에서는 땅 속에 생기(生氣)가 흘러 다니며 땅위의 생물에게 생명력을 준다고 생각하였다. 생기는 바람을 만나면 흩어지고 물을 만나면 모인다고 했으니, '바람을 막고'[藏風], '물을 얻을 수 있는'[得水] 장소가 바로 생명력이 충만한 땅이었다. 이러한 장소에 집이나 마을, 도시를 만들면 그곳에 사는 사람들이 생기를 받아 생명력이 충만한 삶, 즉 행복한 삶을 누릴 수 있으니, 건축에 앞서 땅을 선택하는 것은 운명을 좌우할만한 중요한 일이었다.

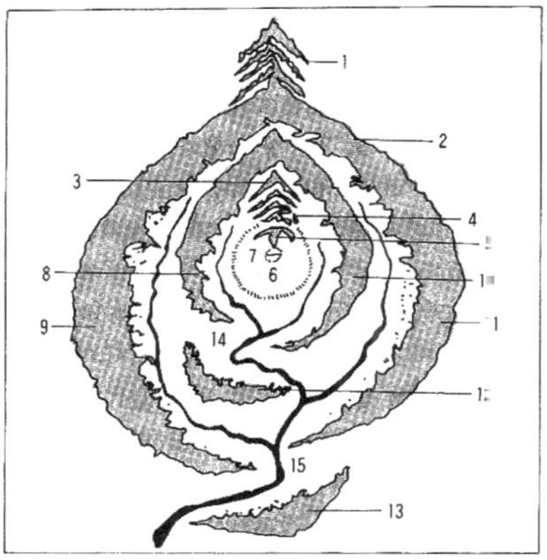

1. 조종산(祖宗山)
2. 주산(主山)
3. 입수(入首)
4. 두뇌(頭腦)
5. 미사(眉砂)
6. 명당(明堂)
7. 혈(穴)
8. 내백호(內白虎)
9. 외백호(外白虎)
10. 내청룡(內菁龍)
11. 외청룡(外菁龍)
12. 안산(案山)
13. 조산(朝山)
14. 내수구(內水口)
15. 외수구(外內水口)

그림 2-12 | 풍수 산국도

그림 2-13 | 양동마을 전경 : 산과 들, 수류가 조화를 갖춘 풍수상의 길지이다.

신라 말에 중국으로부터 전래되었다고 하는 풍수는 고려시대에 들어 귀족계층에 널리 신봉되면서 건축문화에 많은 영향을 미치게 된다. 도시나 주택을 세우기에 적절한 땅을 선택하는 안목이 발전했을 뿐만 아니라 자연과 조화될 수 있는 건축적 방법도 발전한다. 풍수는 단순한 사상이나 이념만이 아니라 한반도의 생태환경에 대한 자연과학적인 이해와 적용이라고 할 수 있다. 풍수에서 좋은 땅이란 자연재해의 피해를 최소화하고 지형적 조건을 잘 이용하여 안전하고 쾌적한 생활을 영위할 수 있는 장소를 의미하기 때문이다. 즉, 인간사회의 이익을 위해 자연을 개발하기보다는 자연과 인간이 공존할 수 있는 적응방법을 찾은 것이다.

2-3-3 온돌과 마루의 확산

고려시대에는 온돌이 지역적으로는 남부지방에까지, 계층적으로는 상류계층에까지 널리 확산되는 양상을 볼 수 있다. 발해의 궁궐 안에서 발견된 온돌의 유구는 왕족들의 집에서조차 온돌이 사용되었음을 보여준다. 또한 감은사 터라든지 완도 청해진 유적과 같이 한반도의 남부지방에서도 온돌유적이 발견되어 지역적으로도 널리 확산된 것을 알 수 있다.

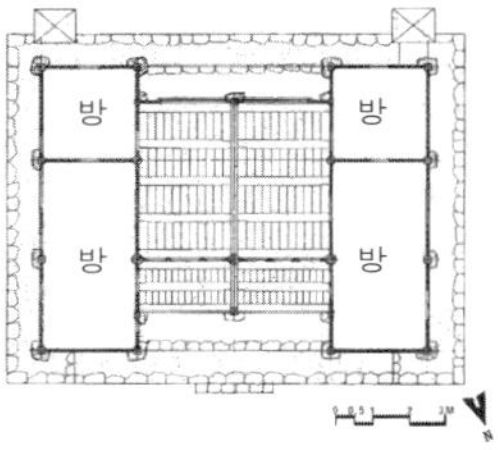

그림 2-14 | 아산 맹씨행단 평면도 : 온돌과 마루가 겸비된 주거형식을 보여준다.

이 시기에는 온돌구조도 크게 발달하게 된다. 고려시대 건물 터에서 발견되는 온돌시설은 쌍줄, 또는 4줄 고래 등 고래의 수가 증가되어 있음을 알 수 있다. 온돌에 있어서 고래수의 증가는 난방면적의 증대를 의미한다. 이는 또한 방 일부분에 설치되었던 원시형 온돌이 방바닥 전체를 데우는 시설로 발전하였음을 시사해 준다.

고려시대 온돌유적들은 비단 전면온돌의 출현만이 아니라 아궁이와 온돌의 분리, 즉 부엌과 방이 벽체로 구획된 모습을 보여준다. 난방공간과 불 때는 아궁이가 벽체로 구획되었다면 난방공간은 무연(無煙)의 청결한 공간이 되었을 것이다. 온돌방으로의 발전은 이 시기로부터 한국 주거문화의 중요한 특징으로 정착된다.

그림 2-15 | 아산 맹씨행단 외관 : 조선초기에 중수된 것으로 알려져 있지만 여러 부분에서 고려시대 건축요소들이 남아 있다.

한편, 고려시대의 주택은 온돌과 함께 마루도 시설되었을 것으로 추정된다. 사서와 문집의 기록 중에는 욱실(燠室)과 냉청(冷廳), 혹은 온실(溫室)과 냉재(冷齋), 욱실과 냉헌(冷軒) 등의 용어 등이 자주 등장한다. 이러한 용어들은 한 집에 시설된 다른 용도의 공간으로 묘사되고 있다. 여기에서 욱실, 또는 온실로 표현된 용어들을 따뜻한 방, 즉 온돌방으로 해석할 때 냉청, 냉재, 냉헌 등은 마루였을 가능성이 높다. 이를 온돌과 마루로 해석한다면 따뜻한 방과 시원한 마루가 겸비된 주거형식의 출현을 의미하는 것이다.

2-4 조선시대

2-4-1 성리학적 생활문화의 정착

조선시대에 이르면 성리학적 생활문화를 반영하는 양반주택이 발달하게 된다. 조선시대의 양반은 기본적으로 유학(儒學)을 공부하는 사대부(士大夫) 계층이다. 양반관료사회가 정착됨에 따라 양반들은 관료로 등용될 수 있는 정치적 특권을 소유하여 지배계층을 이루게 된다. 뿐만 아니라 이들은 국가로부터 받은 토지[科田]나 개인 사유지(私有地)의 경영 등을 통하여 경제력을 축적할 수 있었다. 이러한 경제력과 지배계층으로서의 권위, 유학자로서 성리학적 규범에 따른 생활방식 등은 양반계층의 주거를 특징짓는 배경이 된다.

나라를 다스리기에 앞서 자신과 가정을 다스려야 한다고 믿었던 사대부들의 생활이념과 규범은 가정생활에 있어서 새로운 생활문화를 이루어 갔다. 삼강오륜(三綱五倫)은 사회 속에서 지켜야 할 인간관계의 가치덕목이었으며, 주자가례(朱子家禮)는 이러한 가치를 실현하기 위해 가정에서 이루어지는 의례의 기준이었다. 이러한 규범들을 실천하고 의례를 실행하기 위해서는 그에 따른 주거생활의 방식이 요구되었다. 사대부 계층을 중심으로 새로운 유교적 생활문화와 그에 따르는 주거형식이 정착되어 갔으며 독특한 양반주택의 성격을 형성하게 된다.

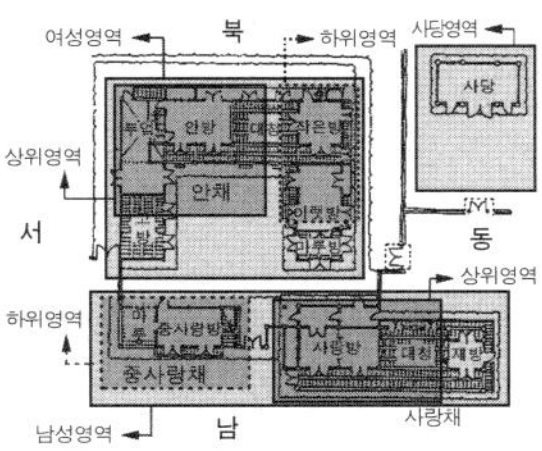

그림 2-16 | 양반주택에서 영역의 구분

조선시대의 양반주택은 주거영역이 여러 채의 건물과 많은 공간으로 분화되는 것이 특징이라 할 수 있다. 이는 기본적으로 대가족을 수용하기 위함이지만 유교적 가족관계를 유지하기 위한 것이기도 하다. 남녀의 구별[內外], 어른과 아이의 구별[長幼], 학문과 접객 등 사대부로서 성리학적 규범들을 준수하기 위해 생활공간이 구별되고, 이에 따라 많은 건물과 공간이 조성되었다. 기본적으로 행랑영역과 사랑채영역, 그리고 안채영역이 구분되며 각 영역들은 건물과 마당을 갖추게 된다.

상류주거로서 반가(班家)의 건축적 특징은 우선 행랑채에서부터 찾아볼 수 있다. 조선후기에 노비(奴婢)의 면천(免賤)이 이루어지기까지 사대부가에서는 노비를 거느리는 것이 보편화되어 있었다. 행랑채는 노비들의 거처이자 생산 및 작업공간으로 이루어진다. 이는 주거의 전면외곽에 배치되며, 대문채를 겸하여 출입을 통제하는 기능도 갖는다. 주인의 영역을 보호하는 관문이자 방호막이라 할 수 있다. 따라서 행랑채의 규모는 그 집의 사회적 신분이나 경제력을 상징하는 것으로 인식되었다. 거대한 행랑채와 솟을대문은 상류주거임을 나타내는 표현요소로 사용된 것이다.

사랑채는 남성, 특히 가장(家長)의 영역이다. 유교적 가족제도에서 가장은 가족을 통솔하고 가사를 감독할 뿐만 아니라 집안을 대표하여 손님을 맞고 제사를 지내야 하는 권리와 의무가 부여되었다. 또한 부부라고 하더라도 내외의 구별에 따라 서로 다른 영역에서 생활해야 했기에 안채와 구별되는 사랑채를 만드는 것은 양반가의 필수적인 조건이었다. 이에 사랑채는 안채로의 출입을 통제할 수 있는 위치에 세워지며, 가족의 신분과 위엄, 격조를 나타낼 수 있도록 계획되었다. 또한 자연경관을 즐길 수 있도록 정원을 가꾸기도 하였다.

양반주택에서 주부의 생활영역을 흔히 '안채'라고 부르는데, 이는 주생활의 중심으로서의 의미와 내부로서의 의미를 동시에 가지고 있다. 주부는 집안의 안주인으로서 주거의 중심이며, 내부에 위치하여 외부로부터 격리, 보호되어야 했기 때문이다. 안채가 여러 겹의 중문을 통해 출입할 수 있을 만큼 은밀하게 은폐되어 있고, 영역의 배치가 폐쇄적인 모습을 갖는 것도 이 때문이다. 주부와 며느리, 아이들의 침실만이 아니라 가사생활에 필요한 부엌, 창고 등을 포함하는 것도 안채의 특징이라 할 수 있다.

그림 2-17 | 양동 서백당의 사당 모습

양반가의 종가에서는 사당을 두는 것이 원칙이었다. 사당이란 조상의 신주를 모시고 제사를 지낼 수 있도록 주택 안에 세워진 건물을 의미한다. 충효사상(忠孝思想)은 성리학에 있어서 가장 중심이 되는 가치덕목으로서 선조에 대한 제사는 이를 실현하는 가장 중요한 실천적 행사였다. 사당은 비단 제례뿐만 아니라 주자가례에 따른 사례[冠婚喪祭]가 모두 이루어지는 장소를 의미하고 있었다. 따라서 사당의 설치는 가례(家

禮)를 실행하는 전제적 요건이었던 것이다.

2-4-2 씨족마을의 형성

조선중기 이후 성리학적 유교문화가 정착하면서 사대부들은 농촌에 씨족(氏族)마을을 형성해 갔다. 조선시대의 씨족마을이란 남자 쪽 가계를 중심으로 공동의 조상을 가진 일단의 씨족이 한 마을에 대를 이어 거주하면서 혈연(血緣)과 지연(地緣)을 겸하는 친족공동체(親族共同體)를 형성하는 것을 의미한다. 경상북도 안동의 하회마을과 안강의 양동마을은 조선시대 씨족마을이 어떻게 형성되었고 어떤 모습을 가지고 있는지를 보여주는 대표적인 사례이다.

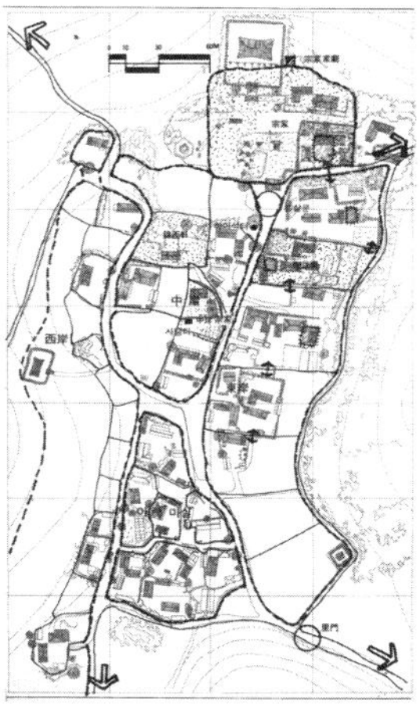

그림 2-18 | 달성 묘동의 복원배치도 : 씨족마을의 공간구성을 보여 준다.

씨족마을은 대개 풍수적으로 좋은 땅에 건설되었다. 고려조에 이어 조선시대에는 풍수가 보편적인 지리관으로 확산되면서 좋은 주거지를 얻기 위한 방법으로서 널리 사용된 것이다. 마을의 입지환경은 풍수적으로 만이 아니라 생태학적으로도 의미가 있다. 마을은 넓은 농경지를 바라보는 주산에 기대어 형성된다. 마을을 에워싸는 산들도 각기 풍수의 상징을 가지고 있다. 이는 마을영역의 자연적인 경계이자 외부로부터 은폐시키는 보호막이며 북서계절풍을 막아주는 방풍(防風)의 구조이기도 하다. 마을과 농경지를 감싸고 흐르는 하천은 풍수의 물길을 이루며 동시에 농업용수와 하수처리의 기능을 갖는다. 마을 앞으로 바라다 보이는 안산은 마을의 주택에서 조망할 수 있는 주요한 경관요소가 된다.

마을 안에는 종갓집을 중심으로 분가한 후손들의 집들이 자리한다. 양반가의 살림을 도와주던 노비들의 집도 양반집의 주변에 세워진다. 마을의 형상은 처음부터 계획된 것이 아니라 분가에 의해 자연스럽게 확장된 것이기에 도로나 주거배치의 규칙성을 찾아보기는 어렵다. 농사를 짓는 소작농들은 마을 입구에 몰려 사는 경우가 많아 보통 '아랫마을' 혹은 '바깥마을'이라고 구별되기도 한다

씨족마을 안에는 주택뿐만 아니라 마을의 공동영역과 시설이 갖추어진다. 선조의 묘는 혈족의 근본을 표현하는 상징적 대상으로서 보통 마

을의 뒷산인 주산에 자리한다. 종가는 선묘수호(先墓守護)와 제례의 기능적 역할 때문에 선조묘와 불가분의 관계를 갖는다. 사당은 종가의 상징이며 제례의 중심으로서 씨족의 공동시설이다. 시조묘의 관리와 묘제를 위해 재사(齋舍), 또는 재실(齋室)이 건립되기도 한다.

교육시설로는 서당이나 서재, 정사 등이 건립되었다. 이는 마을 내에 학문이 높은 어른이 가르치는 사설 교육기관인 셈이다. 조선시대 향촌마을의 경관에서 빼놓을 수 없는 것이 누정이다. 누정은 자연경관을 감상하면서 손님을 접대하고 사람들과 교류하며 유흥을 즐길 수 있는 시설이다. 마을공동의 정자는 마을에서 가장 경관이 수려한 곳에 건립된다.

이와 같이 조선시대 씨족마을의 공간구성은 성리학적 사회질서와 생활문화를 반영하고 있다. 조상숭배와 가례를 중시하는 생활규범, 사대부들의 농민지배, 부계친 중심의 친족체계와 위계, 친족의 혈연적 지연적 유대와 결속, 유교적 교육과 생활문화 등 사회문화적 배경이 마을의 공간구성에 투영된 것이다. 기하학적 규칙성이 없이 지형에 따라 불규칙하게 산재되어 있는 마을의 영역과 공간도 이러한 사회·문화적 시각으로 보면 엄격한 문화적 규범이 바탕이 되어 있음을 알 수 있다.

2-4-3 서민주거의 발달

조선사회의 서민계층은 양인(良人)이라고 한다. 양인이란 농·공·상업(農·工·商業)에 종사하는 사람들이 모두 포함되지만 절대다수가 농민들이었다. 이들은 국가에 대하여 세금이나 부역의 의무를 부담하고 있었으며, 신분적으로는 양반층의 지배를 받았다. 경제적으로는 물론 사회적으로도 가사규제에 의해 주거수준을 향상시킬 수 있는 범위가 한정되어 있었다. 따라서 이들에게는 권위의 표현이나 유교적 생활방식보다는 농업생산성을 높일 수 있는 주택이 필요하였고, 지역의 자연환경에 경제적으로 대응할 수 있는 주거형태와 건설방법을 가지게 된다. 이로 인하여 지역마다 독특한 성격을 갖는 주거유형이 만들어진 것이다.

한반도의 북부지역(北部地域)은 남부에 비해 겨울이 길고 추운 기후조건을 가지고 있으며, 평야보다는 산지(山地)가 깊은 지형적 조건을 갖는다. 이러한 조건에서 주민들은 대규모의 논농사[水田農業]보다는 화전(火田)이나 수렵(狩獵)에 의존하는 생활방식을 가지고 있었다. 화전이나 수렵생활은 노동집약적 생산양식이 아니기에 큰 마을이 이루어지지는 않는다. 따라서 대부분 산지에서 소규모의 가구들이 모여 사는 마을형태를 가지게 된다.

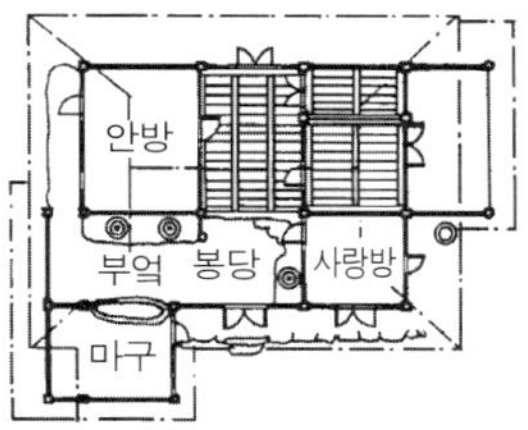

그림 2-19 | 북부지방의 집중형 주거평면

이러한 자연환경적 조건과 생업조건에 대응하기 위해 주거건축에 있어서 난방(暖房)과 방어(防禦)의 효율성(效率性)을 중시하게 된다. 길고 추운 겨울에 대응하기 위해서는 적은 연료로 장기간 난방할 수 있는 방법이 필요하기 때문이며, 이미 그대국가시대로부터 북부지방에서 온돌난방법이 발달한 것도 이와 같은 이유가 있었을 것이다. 한편, 이런 마을에서는 야수나 도적과 같은 외부의 적들과 마을 공동으로 대응하기 어렵기 때문에 방어의 효율성도 중요하게 인식되었을 것이다.

난방과 방어의 효율성을 높이기 위해서는 주거공간을 가급적 하나의 건물 안에 집중시키는 방법이 효율적이다. 추운 겨울에는 외부에서 활동하기도 어렵기 때문에 가급적 모든 주생활이 건물 안에서 이루어지도록 만들 필요가 있다. 공간을 집중시키면 적은 연료로 많은 공간을 난방하는 데 도움을 준다. 또한 각 공간이 외부와 닿는 면적을 최소화하여 열손실을 줄이는 데에도 도움이 될 수 있다. 주거공간을 한 건물에 집중시키는 방법은 외부의 적으로부터 인명이나 재산을 보호하는 데에도 효과적인 방법이 될 수 있다. 주거공간을 여러 동의 건물로 분산시키는 것보다는 하나의 건물에 집중시키는 편이 경제적인 방어의 방법이 되기 때문이다.

한반도의 남부지역(南部地域)은 북부에 비해 여름이 길고 고온다습(高溫多濕)한 기후조건을 가지고 있으며, 지형적으로는 비교적 넓은 평야지대를 가지고 있다. 이러한 조건에서 주민들은 논농사(水田農業)를 발전시켜왔으며 이미 오래 전부터 한반도의 곡창을 담당해 왔다. 대규모의 논농사를 짓기 위해서는 많은 노동력과 노동력의 조직화가 필요하고, 이에 따라 생산지를 중심으로 비교적 규모가 크고 밀도가 높은 마을형태를

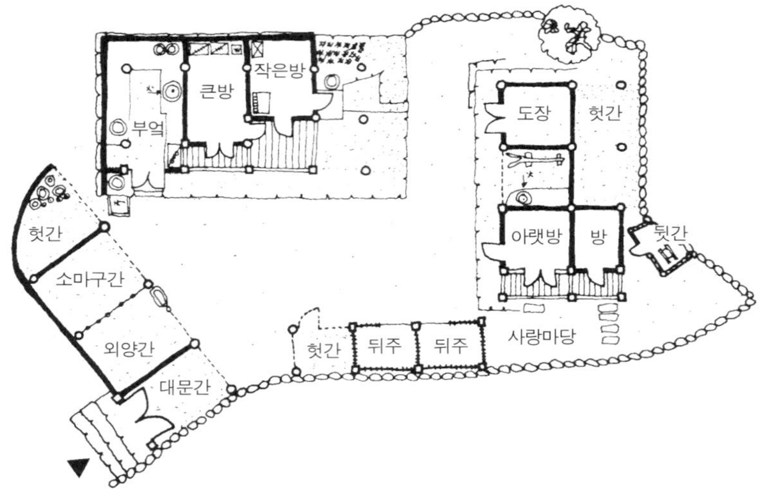

그림 2-20 | 남부지방의 분산형 주거평면

가지게 된다.

이러한 자연환경적 조건과 생업조건에 대응하여 주거건축은 농작업과 관련한 넓은 외부공간과 통풍(通風)과 환기(換氣)의 효율성(效率性)을 중시하는 방향으로 발전하게 된다. 고온다습한 여름기후에 대응하기 위해서는 단순히 그늘을 제공하는 것만으로는 부족하기 때문이다. 통풍과 환기의 효율성을 높이기 위해서는 주거공간을 가급적 여러 건물로 분산하는 방법이 효율적이다. 각 공간에서 외부로 통하는 개구부를 가급적 많이 갖는 것이 유리하기 때문이다. 특히 가축의 사육공간이나 방앗간 같은 작업공간은 악취와 소음이 심하기 때문에 주거공간과 분리될 필요가 있었다. 따라서 독립된 외부공간으로서 넓은 마당을 두고 살림채와 부속채를 분리시키는 방법이 발달하게 되었던 것이다.

육지와 생태환경이 전혀 다른 도서지방에서는 특수한 형식의 주거가 발달해 왔다. 예를 들어 제주도는 한반도에서 가장 기후가 온난한 지역이기는 하나 바람이 거세기 때문에 여러 채의 건물로 이루어진 분산형 주거의 특성을 갖지만, 살림채는 폐쇄적인 돌담으로 둘러 '겹집'의 평면 형태를 갖고 있다. 그러나 살림채 중앙에 마루가 설치된다는 점에서 북동부 지방의 겹집과는 근본적 차이가 있다. 취사용 아궁이와 난방용 아궁이가 구분되어 있다는 점도 겹집의 공간구성이 보온을 위한 것이 아님을 보여준다. 건물높이를 최대한 낮추고 지붕은 줄로 묶어 바람에 날리지 않도록 배려하였다. 외벽은 돌담으로 쌓고 창호면적을 작게 만들어 극히 폐쇄적인 입면을 구성한다. 즉, 제주도의 '겹집'은 보온이나 방어의 필요성이 아닌 방풍(防風)의 필요성에서 만들어졌다고 볼 수 있다.

겨울에 폭설이 내려 외부에서의 통행이 어려운 울릉도에서는 살림채가 홑집이기는 하지만 '마구'나 '헛간'과 같은 부속공간이 붙어있고, 처마 밑으로 '우데기'라는 가벽(假壁)을 설치한 '우데기 집'이 만들어지기도 한다. '우데기'는 방설벽(防雪壁)으로서 눈이 내부공간으로 들어오지 못하도록 건물의 외부를 두르는 벽이다. 한편, 내부의 벽도 통나무를 수평으로 쌓아 만든 '귀틀벽'으로 만들어진다. 귀틀벽은 통나무를 뉘어 쌓아 만든 내력벽 구조로서 수직하중에 강한 구조이다. 이는 지붕 위에 많은 눈이 쌓여 일반적인 목구조로서는 지탱하기 어렵기 때문에 선택되었다고 볼 수 있다.

이처럼 서민주택인 민가는 지역의 독특한 생활환경에 적응하면서 독특한 주거형태를 만들게 되었다. 상류주거에 비해 고급스럽지는 않지만 경제적이며 효율적인 계획방법이 적용되었다. 또한 한국 주거문화의 보편적 성격을 보여주는 민속적 전통으로 자리 잡게 된다.

2-5 개항기 이후의 변화

개항기 이후 서구문물과 건축이 무비판적으로 유입되었음에도 불구하고, 한국의 주거문화는 전래되어 오는 방법을 지속할 수 있었다. 그러나 일제시기에 들어 일본인들에 의한 식민화, 산업화와 도시화는 한국인의 의지와 상관없이 한국의 전통주거문화를 변질시키고 말았다. 일본인들은 전쟁을 수행하기 위해 한국을 병참기지화 하려 하였고, 이에 필요한 노동력을 도시에 집중시킴으로써 도시의 주택문제를 유발하였다. 도시의 인구집중으로 주택수요가 폭발적으로 증가하면서 이를 해결하기 위해 대단위 주택건설이 이루어졌다.

그림 2-21 | 상도동 영단주택 외관 : 식민양식의 강제적 유입을 보여 준다.

조선주택영단의 주택건설은 공공기관에서 주택을 건설하여 공급하는 제도의 시작이었다. 소위 영단주택으로 불리는 이 주택들은 산업화를 통해 생산된 재료와 근대적 양식의 주택건축을 한반도에 도입하는 계기도 되었다. 그러나 이러한 주택은 우리 민족의 의지나 요구에 의해 수입된 것이 아니라 일제의 식민통치를 영구화하기 위한 전략의 일환이었다. 즉, '내선일체의 구체화를 꾀하는 최유효한 방법으로 조선식 주택양식의 개량방책을 장려하기 위한 것'이었다.

해방 이후 한국은 산업화, 도시화, 서구화 등으로 요약되는 근대화의 세계적 조류에 편승하게 된다. 도시에서는 인구가 기하급수적으로 폭증하면서 심각한 주택부족과 주택가격의 폭등에 처하게 되었다. 적은 토지에 많은 주택을 짧은 시간에 대량으로 공급하기 위해 아파트와 같은 집합주택양식의 도입은 필연적 결과였다. 아파트는 도시적 생활의 편리성과 단지시설의 편의성을 제공하였고, 부동산 투기열풍을 타고 교환가치가 폭등하면서 도시의 보편적인 주거양식으로 자리 잡게 되었다.

그러나 도시의 확장과 무분별한 개발로 야기된 자연파괴는 자연과 인간사회의 조화라는 종래 한국인의 환경관을 크게 변화시키면서, 자연생태계의 파괴는 물론 인간생태계를 위협하는 수준까지 도달하였다. 도시기반시설이 미처 갖추어지지 않은 상태에서 대규모 주택단지의 개발이 이루어지면서 교통난, 상하수도 및 에너지의 부족, 근린생활시설의 미비 등 주거환경이 열악해지고 있다. 또한 고밀화, 고층화로 이루어진 주거공간은 한국인의 주생활과 미의식, 가족제도에 이르기까지 전통적 가치관을 크게 변질시키게 된다.

그림 2-22 | 도시의 아파트 : 아파트는 근대화 이후 도시의 보편적인 주거양식으로 자리 잡았다.

1970년대 이후 한국 주거문화의 전통을 재해석하면서 한국적 정체성을 찾으려는 노력이 일부 건축가들을 중심으로 시작되었다. 그러나 이러한 건축가들의 시도는 주거문화를 변질시킬 정도의 대중적인 파급력을 갖지 못하고 있다. 아직까지는 경제력이 있는 소수의 건축주들을 대상으로 하는 소수 건축가들의 실험적 시도에 불과하다. 지가와 주택가가 세계적 수준에 이를 정도의 한국적 현실에서 주문형 단독주택보다는 상품형 아파트가 선호되고 있기 때문이다.

주택은 건축적 구조물이기에 앞서 문화적 산물이다. 그것은 한 민족집단의 독특한 자연환경과 생활양식, 그리고 환경적 가치에 의해 창출되었고, 역사적 과정을 통해 변화되어왔다. 우리 민족집단의 자연환경과 생활양식, 환경적 가치에 적합한 한국의 주거문화는 무엇이어야 하는지, 21세기를 향한 우리가 과거를 돌아보며 풀어야 할 과제인 것이다.

참고문헌

1. 강영환, 『새로 쓴 한국 주거문화의 역사』, 기문당, 2002.
2. 강영환, 『집으로 보는 우리문화 이야기』, 웅진닷컴, 2001.
3. 공동주택연구회, 『한국 공동주택계획의 역사』, 세진사, 1999.
4. 김광언, 『한국의 주거민속지』, 민음사, 1984.
5. 김동욱, 『한국건축의 역사』, 기문당, 1997.
6. 김원룡, 『한국 고고학개설』, 일지사, 1986.
7. 김홍식, 『한국의 민가 1, 2권』, 한길사, 1992.
8. 손보기, 『석장리 선사유적』, 동아출판사, 1993.
9. 신영훈, 『한국의 살림집』, 열화당, 1983.
10. 신영훈, 『한옥과 그 역사』, 동산문화사, 1975.
11. 유 엠 부찐, 『고조선 역사. 고고학적 개요』, 소나무, 1990.
12. 윤장섭, 『한국건축사론』, 기문당, 1987.
13. 이융조 (외 4인), 『우리의 선사문화(I)』, 지식산업사, 1994.
14. 임영진, 『움집의 분류와 변천』, 『한국고고학보 17.18』, 한국고고학연구회, 1985.
15. 장경호, 『한국의 전통건축』, 문예출판사, 1993.
16. 장보웅, 『한국의 민가연구』, 진보제, 1986.
17. 주남철, 『한국주택건축』, 일지사, 1983.

제 3 장

한국의 근·현대 주택

제 3 장

한국의 근·현대 주택

3-1 한국 근·현대 주택의 이해

3-1-1 주거문화의 정체성

그림 3-1 | 한옥 마당

그림 3-2 | 한옥 대청

그림 3-3 | 채와 마당

주택에는 지역마다 오랜 기간 동안 기후와 풍토에 맞서거나 순응하며 나타난 지혜는 물론 사회적 요구와 토착적인 기술이 반영되어 빚어진 문화적 산물이다.

우리나라의 전통주택도 남방계 마루문화와 북방계 온돌문화가 만나 이루어진 결과물이라 할 수 있다. 가까운 과거인 조선시대에는 기단 위 주초에 목구조 뼈대를 세우고, 마루나 흙바닥 위에 흙벽과 몸채를 만들고 기와나 초가를 얹어 살림집을 짓고 살았다.

집터는 조망과 전망 그리고 주변의 산세와 지형을 고려해 배산임수(背山臨水)형 자리를 골랐다. 주택 내부는 필요한 생활공간을 확보하기 위해 살림 규모에 맞추어 칸(間)을 나누거나 연장시켰다. 주택형태는 칸으로 구성된 채와 조화를 이룰 수 있도록 마당의 크기와 형태를 정하였다. 주택의 채와 마당은 연계되고 채 내외부의 내정과 외정이 조합된 형태[1]이다. 전통 민가(民家)는 안채와 바깥채로 구성된다. 안채에는 방과 부엌이 있고 여기에 마루나 대청이 부가된다. 바깥채에는 대부분 농사일에 필요한 마구, 잿간, 창고 등이 있다. 반가(班家)에는 당시의 남녀나 신분

1) 우리나라 주택은 일본의 무사주택(武士住宅)의 외정형, 중국의 사합원(四合院)과 같은 내정형 주택과 다소 차별화된다.

그림 3-4 | 사랑채 : 남성공간

그림 3-5 | 안채 : 여성공간

차이에 따라 공간을 구분하고, 제사나 접객 등 생활공간 내에 유교적 덕목을 실천하고자 하는 의지를 반영해 왔다.

3-1-2 광복 이전 주거의 근대적 변화

주택에는 지역마다의 정체성을 근간으로 새로운 변화요구를 담게 되어 시대성이 표출된다.

이러한 주거문화의 변화는 문화교류 현상[2]으로도 설명될 수 있다. 일정한 주거문화권 내에서 타 문화를 경험하는 경우를 문화접변(文化接變) 현상이라 한다. 문화접변 지역 간 자연스러운 교류뿐만 아니라 정복자들에 의해서도 나타난다. 동일 문화권 내의 문화교류 현상은 통혼(通婚)이나 상층계층 주택에 대한 모방 욕구에 따라 기층과 표층 간의 문화교류가 발생된다.[3] 주거문화권이 다른 인접지역에는 상호간의 문화를 경험하게 되며, 이식(移植)된 외래문화를 수용하는 문화 동화(同化)나 문화적 지속(持續)성을 기반으로 새로운 변화를 받아들이는 토착화 과정이

2) 문화는 변화되고 생성된다. 문화가 변화되는 현상을 문화인류학계에서는 '문화과정(culture process)'과 '문화변동'으로 개념화시켜서 설명하고 있다. '문화과정'이란 한 사회의 문화체계를 구성하고 있는 부분들 또는 문화요소들이 시간을 통하여 끊임없이 상호작용을 계속해 가는 과정이다. 한편, '문화변동'이란 문화과정에서 일어나는 부분간의 상호작용의 결과로, 어떤 문화들은 더 이상 쓸모없게 되어 소멸되어 버리기도 하고, 어떤 경우는 새로운 요소가 생성하여 낡은 것을 대체시킨다. 또는 외부로부터 문화요소들이 전파되어 들어와서 전체적인 문화가 변화를 겪는 것을 의미한다. 여기에서 문화의 변동을 일으키는 몇 가지 경우를 살펴보면, 문화과정을 이루는 경로가 설명될 수 있다.(한상복 외 2인, 위 책, pp. 401~407 내용 참조)

① '문화 전파(diffusion)' 현상 : 한 사회의 '문화요소'들이 다른 사회로 전해져서, 그 사회의 '문화과정'에 통합되어 정착하는 경우인데, 이때 이미 존재하고 있었던 '문화요소'들과 상호작용 과정에서 새롭게 변화가 일어나는 것까지를 포함하는 개념이다.

② '문화접변(acculturation)' 현상 : 문화의 접촉관계가 일정기간 일어날 때, 어느 한쪽 또는 양쪽 사회의 문화에 변동이 일어나는 경우이다. 이 경우는 자발적인 접변현상과 식민지 지배 등 종속적인 관계에서 경험된다.

3) 현재처럼 교통수단이 발달되지 않은 경우에 높은 산맥은 지역 간을 분리시켰고, 강이나 하천은 문화권을 상호 연결시키는 역할을 하였다. 따라서 산계와 수계에 따라 독특한 문화지형이 형성되었다. 문화접변 현상은 지역적인 교류와 계층 간 교류도 발생된다. 예를 들면 지역 간의 통혼(通婚)이나 유배와 같은 인적교류를 통한 지역 간 또는 신분 상층지향에 따른 모방욕구를 반영하려는 기층문화와 표층문화간의 계층 간 교류현상이 해당될 수 있다.

나, 또는 외래문화를 거부하고 기존 문화를 고수하려는 반응을 보이게 된다.

우리나라의 경우에도 일제의 식민지 과정에서 근대적 주거형이 진행되어 왔다. 특히 광복 이후 짧은 시간 내에 급속한 산업 근대기를 거쳤다. 그 결과 과거 전통주택과 현재 주변에 있는 주택의 형태는 큰 차이가 생겼다. 주택의 외관이 광복을 경계로 크게 달라져 전통 주거문화나 질서가 단절된 것이 아닌가 하는 의문마저 생기게 된다. 그러나 한 시대의 주거란 문화적 산물이므로 근대적 변화과정이 진행되어 왔다고 짐작해 볼 수 있다.

3-2 광복 이전 주거의 근대적 변화

우리나라에서 주택이 근대적인 변화는 조선후기부터 시작되었지만, 외래 주거문화를 경험해 근대적 주거형에 대해 모색이 시작되는 시기는 일제강점기부터라고 볼 수 있다. 당시에는 일본인의 시각으로부터 서구의 근대화를 경험하게 되었고, 내적으로는 근대의 새로운 주거요구를 수용해 재조정하는 근대화 과정이 동시에 그리고 복합적으로 진행되었다고 볼 수 있다.

우리나라의 근대적 주택변화는 조선후기의 내재적인 근대화 과정과 일제강점기의 외래의 영향에 의한 과정으로 구분해 볼 수 있다.

3-2-1 조선후기의 주택변화

그림 3-6 | 부농주택(창녕석리 성씨 고택)

조선후기에 이앙법(移秧法) 보급에 따른 농작물 소출이 급격히 증가되었다. 제도적으로는 화폐가 통용되며 상업적인 농업이 발달로 농민소득 증가로 새로운 부농(富農)계층이 나타났다. 부농층은 근대기에 농사와 가사와 같은 현실적인 생활을 중시하였지만, 양반층에 대한 신분적 상층지향성을 주택에 표현할 만큼의 경제력도 갖게 되었다. 나아가 향반계층은 성리학적 규범을 바탕으로 마을의 구심적 역할에 참여하는 등 사회적 신분이 향상되었다.

조선후기 부농층의 주택[4]에는 실생활 · 개화사상 반영과 경제를 주택에 반영하였다.

근대기 한옥의 변화 특성을 요약하면 다음과 같다.

그림 3-7 | 솟을대문

그림 3-8 | 누마루

① 실생활 · 개화사상 영향
- 칸의 개수 증가와 기능의 세분화
- 주택규모의 확대
- 수장공간 확대 등으로 겹집화 현상
- 전퇴와 후퇴설치로 내부동선 분리
- 마당 등 외부 작업공간의 확대와 효율화
- 다양한 주거욕구 만족을 위한 주택평면의 다양화 현상
- 채광과 환기 개선을 위한 창호면적과 창호개수 증대
- 안마당 주변에 가사노동시설의 집약화
- 부엌 가사동선 단축
- 안채 기단의 하향조정
- 안채의 폐쇄성 약화

② 경제적 · 신분적 과시 욕구 영향
- 대청 규모의 확대
- 가옥 내 제사를 위한 감실 설치
- 사랑채를 포함한 주택 규모나 층고의 확대
- 무늬목 부재 사용 및 편액, 주련을 포함해 세부장식 증가현상
- 솟을대문 설치, 높은 담장 설치
- 누마루 설치, 수장 및 곳간 규모의 확장

3-2-2 일제강점기의 근대주택형의 모색

우리나라 주택의 근대화는 일제강점 시기의 서구와 일본인의 주거(住居)문화를 경험하며 나타나기 시작하였다. 다라서 일본주택의 근대적 변

4) 문제이, 홍승제, 「근대 부농가의 부엌공간 특성에 관한 연구 –영 · 호남지방을 중심으로–」, 대한건축학회논문집 18권 3호, 2002.3 참조 재정리

화과정은 우리나라 주택의 근대화 과정에도 간접적으로 영향을 주게 되었다.

그림 3-9 | 무사(武士)주택

1) 일제강점기의 근대주택형의 모색

우리나라 주택의 근대화는 일제강점 시기의 서구와 일본인의 구거문화를 동시에 경험하며 진행되었다. 일본 본토에서 근대적 변화를 거쳐 한반도에 일식주택이 이식되었기 때문에 한반도에 서로 근대 주택은 간접적으로 경험하게 되었다.

(1) 일제강점기 일본주택의 근대화

일본은 18세기 이후부터 상품경제체계의 성립과 봉건적 무사계층의 붕괴로 농경경제와 봉건적 바쿠한(幕藩) 체제에서 변혁을 맞게 되었다.[5)] 일본은 그 동안의 쇄국정책에서 벗어나 메이지유신(1868)을 통하여 사회를 개방해 서구의 근대문물을 수용하게 되었다. 이러한 환경에서 주택에도 변화[6)]가 따랐다. 에도시대(江戸, 1603~1861)에는 무사주택(武士住宅), 마찌야(町家), 나가야(長屋), 농가주택 등 신분이나 지역에 따라 여러 가지 주택유형이 있었다. 대부분 일본의 전통주택은 종횡방향으로 칸(間)이 결집된 외정형 주택이었다.

그림 3-10 | 마찌야

메이지 시대(明治, 1868~1912) 이후 일본의 근대 도시주택은 전대(前代)부터 무사주택(武士住宅)인 '사저형(私邸型)'과 상인(商人)의 주택인

5) 김필동, 『근대 일본의 출발』, 일본어뱅크, 1999, pp.9~11 재정리

6) 산업화의 영향에 따라 주택의 구조, 재료, 설비의 근대화가 일어났는데, 주로 明治時代에 큰 변화가 있었다. 이는 근대의 문명과 기술을 적극적으로 도입한 '문명개화'정책과 관련이 있다. 주택과 직접적인 설비의 근대화 현상에 국한시켜 살펴보면, 요코하마 시(1885)에서 근대적인 철관을 이용한 상수도가 가설되기 시작하였고, 1872년부터 가스가 조명용으로 사용되었다. 이러한 요인이 주택 변화에 작용하기 시작한 시점은 大正시대 이후부터이며 수도와 가스 외 근대화로 생활개선운동이 활발하게 이루어졌다. 유리의 사용은 明治 30년(1898) 이후부터인데 창문 크기의 확장이 유행하였고, 지붕에 기와가 널리 보급되기도 하였다. 전등이 도시에 실제 사용된 시기도 大正 이후부터 昭和시기부터라 할 수 있다. 이러한 주택설비의 근대화를 통해서 주택의 형태나 個室의 분화가 가능해졌다.(新建築学大系編輯委員會『新建築学大系 -住居論-』, 1987, pp.79~80, 재정리, 彰国社, pp.79~80, 재정리)

그림 3-11 | 일제강점기 양풍 주택

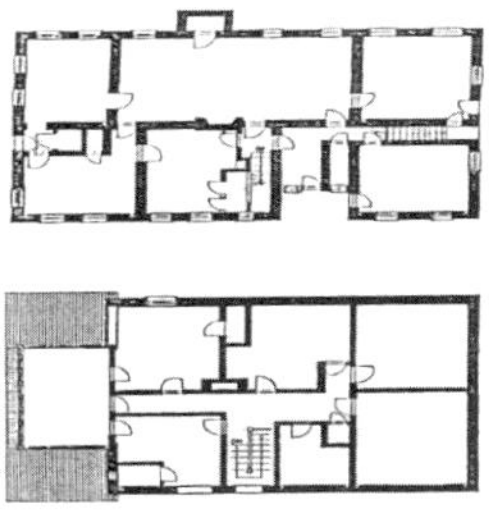

그림 3-12 | 2층 조적조, 융합 속복도형(60평 내외)
Dr.Wood, B. Johnson 주택, 대구, 벽돌조(1901)

그림 3-13 | 양옥집

'민가형(民家型)'의 두 가지 종류로 나눌 수 있다.[7)]

이러한 주택유형[8)] 중에서 무사주택은 일본의 근대 이후의 도시 단독주택이 성립되는 시기에 가장 먼저 근대적인 변화가 나타났다. 당시 근대사회에서 무사계층은 대부분 관리나 회사원의 신분의 봉급생활자의 주택으로 자리 잡게 되었다. 한편으로는 주택 내에 전통적으로 중시되는 접객의례 공간이 지속되는 경향을 갖게 되었다.[9)]

일본주택의 근대적 변화내용은 접객공간과 가족의 생활공간 간의 구분에서 나타났다고 볼 수 있다. 접객공간은 초기에 서구화되어 현관과 인접되어 있어, 내부의 가족공간과 분리시키거나 속복도를 도입해 내부공간의 분화를 통해 각 실들이 기능적으로 구성된다. 이후 서구의 '거실' 개념이 도입되어 가족중심의 공적공간에 도입되어 가족생활 중심의 공적공간이 나타났다. 그러나 전통적인 생활에 익숙한 일본인들은 거실중심형 주택평면보다는 융합속복도형이나 중복도와 전통적인 툇마루를 복합시킨 갓복도형 주택유형을 선호하였다.

일본 본토에서의 근대 주택형의 조정과정을 거쳐, 일제강점기 초 한반도에 제국의 우월성을 과시하기 위해 석조나 조적조의 양식 주택을 건립하였다. 강점기 중반 이후에는 한반도에 파견된 관리나 노무자들이 거

7) 私邸型은 접객 중심의 書院造의 평면구성을 기본으로 하고, 자시끼(座敷), 현관, 차노마(茶の間) 및 부엌(다이도코로, 台所)로 구성된다. '民家型'은 田字형의 평면형을 기본으로 한다. 新建築学大系編輯委員會, 위 책 pp.75~76.

8) 신분제도가 해제되어 주택형태가 서로 융합되기도 하고, 그 기본적인 주거유형이 변화되기도 하여 현재의 모습에 이르게 되었다.
근대기의 町家는 도로변의 상점 겸용 주택이었으나, 전통형식은 점차 사라지게 된다. 長屋은 에도시대부터 서민 주거유형이었는데, 자본주의 경제의 발달로 노동자 계층의 주거로써 대량 건설되어 도시의 경관을 형성하게 된다. 특히 도시로 유입한 젊은 층이나 독신자 층이 거주할 수 있은 소규모 복조 아파트로 발전하게 된다. 다음으로 농가주택은 각 지방의 지역적 특성을 갖고 전국적으로 분포되는데, 근래에는 근대화 영향으로 「지방 쯔즈키형」으로 변형되어가며 지역적 특성이 약화되고 있다.

9) 봉급생활자 계층이 두터워지며 서구식 문화와 교육의 영향으로 합리적이고 개인적인 성향을 띠게 되었다. 이들은 大正사회를 특징짓는 새로운 중간층으로 형성되며 새로운 국면으로 접어들게 된다. 중간층이 원하는 새로운 도시주택의 생활관은 생활개선이나 문화생활을 지향하고 있었고, 이러한 성향은 1911년 「新婦人協會」와 1920년 「生活改善同盟會」를 결성으로 이어져, 접객 본위에서 가족중심, 주부와 자녀공간의 요구, 부엌의 개량, 가족을 위한 거실공간의 확립과 주생활의 立式化 등을 주택변화의 흐름으로 적용시키게 되었다.

주용의 화양식(和洋式)이나 속복도형 주택과 함께 일반 일본인 기거를 위한 전통적인 장옥(長屋)도 대량 건설하였다. 광복 직후에는 전국에 약 80,000여 호의 적산주택이 잔존하게 되었는데, 한국인이 이를 겹집형태로 증축하거나 변용시켜 한동안 사용하였다.

그림 3-14 | 경기도 민가형 ㄱ자형 안채

(2) 일제강점기 근대적 주거형 모색

우리나라에서는 1876년 개항부터 본격적인 외래문물이 들어와 주택근대화를 위한 환경 변화가 조성되었다.

① 재래주택의 변화

일제강점기 중반부터 우리나라에서도 도시화가 차츰 진행되는 과정에서 다소 새로운 주택형이 등장하였다. 이는 건축주 대신 목수나 자본가가 큰 필지를 불하받아 작은 필지로 분할해 판매를 목적으로 소규모의 도시형 한옥을 건립하였다.

그림 3-15 | 도시형 한옥주택 전경(1959)

이러한 한옥은 도로면에 외벽 면을 바로 인접시킨 배치에 외벽은 벽돌로 변경하고, 처마에는 장식화된 부연을 붙이고, 목구조를 간략화시켜 공급하기 시작하였다. 주택평면은 경기지역의 민가형인 ㄱ자 형태의 안채의 건축계획적 질서(부엌-안방-마루-건넌방의 연결방법)를 유지시키고, 여기에 바깥채를 연결해 ㄷ자 형태로 채를 이룬 형태이다. 전체적으로는 재래주택 규모보다 축소, 조정해 경제성을 도모하였다. 이는 1920년대 후반부터 대량으로 공급되며 1960년대까지 도시주택 유형으로 정착되었다. 이는 민간이 주도한 자생적으로 나타난 근대주택형이라 볼 수 있다.

그림 3-16 | 도시형 한옥평면

② 외래 주택의 경험과 근대적 변화 모색

개항 이후 한반도 외국인 거류지 내에 주로 상업이나 공무로 파견되거나 이주한 일본인이 거주할 주택이 건립되었다. 선교사 사택이나 일본인 고위층 관료를 위한 관사 등 양식주택과 일제강점기 일본인 거주를 위한 근대화된 일식 재래주택이나 화양식(和洋式) 주택을 건립하였다. 단지, 일본인들은 추운 겨울을 지내기 위해 일본식 다다미방 중 하나는 온돌을 방으로 고쳐 사용하였다.

그림 3-17 | 일본 관사주택, 上井 주택 『朝鮮と建築』 第18輯 8號,

당시의 박길룡, 김유방, 김윤기, 박동진 등 건축전문가뿐만 아니라 지식인이나 주부들까지 외래 주택과 신문물에 대한 경험을 통해 우리의 근대적인 주거형을 모색하기 시작하였다. 이들은 신문이나 잡지에 글을 기고하고 관심을 공유하게 되면서 주택개량운동으로 표출되었다. 이들은 재래주택을 다음과 같이 개선시키고자 하였다.

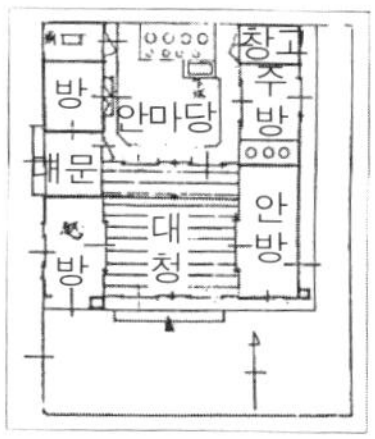

그림 3-18 | 박길룡의 개량주택안(1932)

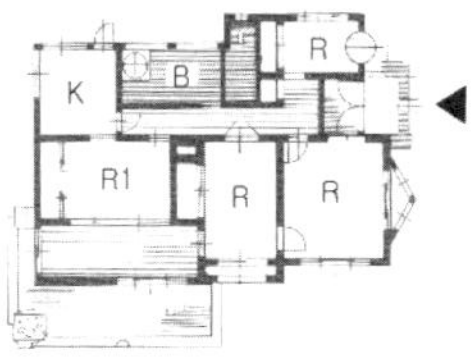

그림 3-19 | 박길룡, 조선주택 개량안, 동아일보, 1936

㉠ 위생적 측면

- 부엌 위생을 위한 상하수시설과 고정된 개수대의 설치
- 부엌 열효율 및 화재예방을 위한 굴뚝의 개선
- 부엌의 위치는 서향을 피하거나 주택 배면에 설치
- 환기가 용이한 넓은 부엌 창문 확보
- 주택 내에 화장실 설치, 수세식으로 개선

㉡ 효율과 편리 측면

- 재래식 온돌 개선과 주부의 부엌 내 동선 단축
- 찬방과 찬마루 설치와 수납공간 등 부엌 내부공간 개선
- 아궁이의 취사와 난방기능 분리

3-3 광복 이후의 주거변화

광복 이후에도 일제강점기에 있어 왔던 일식주택의 경험과 전통주택 유형적 바탕에서 새로운 주거형을 모색해 왔다.

3-3-1 공영주택의 변화 배경

그림 3-20 | 재래식 아궁이

1950년대 초 흙벽돌 주택이 건설된 이후 1958년도에는 시멘트 블록과 유리가 대량 생산되기 시작하였다. 지붕은 시멘트 기와와 슬레이트를 적용하게 됨으로써 1960년대 중반부터 측면 박공식의 목조지붕이 일반화되었다. 1970년대 초반부터 전면 박공형의 '목조 트러스'나 '목조 간이 트러스' 형식을 이용한 경사지붕 주택이 일반화 되었다.[10] 1960년대 중반부터 1980년대 중반까지 콘크리트 평슬래브 지붕의 주택이 건립되었다.

취사 및 난방 관련 설비시설의 발전과정도 진행되었다. 재래식 아궁이와 구들이 있는 난방방식 때문에 산림이 황폐화되어 연료의 고갈문제가 심각해지자, 1952년부터 정부에서 재래식 아궁이를 개조한 연탄용 아궁이를 보급하였다. 1960년대 초에는 보일러 난방방식이 개발되어 부엌과 온돌방 간에 구성에도 변화가 생기기 시작하였다. 즉, 재래식 구들 대신 비닐배관 매설식 온수 난방열매방식의 '새마을 보일러'가 도입되었다. 따라서 부엌 취사와 온돌방의 난방이 인접배치 관계에서 자유로운 배치가 가능하게 되었다.

1970년 초에 기름이나 연탄을 열원으로 할 수 있는 보일러로 발전시켜 펌프로 각 방에 온수를 순환시키는 중앙집중식방식의 단독주택이 건설되었다. 1970년대 후반부터는 2층 주택 형식과 입식부엌과 수세식 화장실이 보편화되기 시작하였다.

1980년대 중반에 소득수준 향상과 편리하고 열관리에 효율성이 높아서 중앙집중식 보일러방식에 대한 선호도가 높아졌다. 또한 1976년경부터는 LPG가스가 공급되며 연탄아궁이나 석유난로 대신에 가스레인지나 가스버너가 도입되었다. 따라서 이러한 설비구조와 난방연료의 변화로써 입식부엌 주거계획이 일변화 될 수 있었다. 이후 1987년 가스배관 연료공급이 가능한 LNG가스가 도입되었다.

3-3-2 1950년대의 주택

1) 광복 이후 1950년대까지의 변화

광복 이후에 주체적인 입장에서 근대적 주거형을 모색할 수 있는 환경을 맞이하게 되었다. 그러나 한국전쟁 이후인 1950년대 중반까지는 정치적, 경제적인 혼란기였고, 월남 동포나 해외 동포의 귀국으로 주택사정이 더욱 악화되었다. 유엔(UN) 등으로부터 물질적 원조와 인력교육 지원을 받아 정부 주도의 주택복구사업이 촉진되었다. 당시 어려운 경제

10) 임창복, 「한국도시 단독주택의 유형적 지속성과 변용성에 관한 연구」, 서울대 박사학위논문, 1988, p.79, 조사결과 측면 박공형식은 1980년 이후의 서울지역에서 거의 나타나지 않는다.

그림 3-21 | 부산 피난촌

적 환경에서 파괴된 주택을 복구해야 했지만, 당시의 상황에서는 기존 주택을 증축하거나 개보수하는 수준에서 대부분 추진되었다.

주택은 신축일 경우는 거주에 필요한 최소한 수준으로 규모와 형태가 압축되었다. 전국적인 차원에서의 홍보효과와 근대적 의지를 결집시키고자 전국 규모의 공영주택계획안 공모를 통해 도시주택을 대량으로 보급하고자 하였다. 일부 건축가들은 개인적 차원에서의 의지를 주택작품으로 발표하였는데, 중산층보다는 상류층을 위한 소위 '고급주택'에 해당된다. 반면에 민간건설사에서는 공영단독주택계획 개념을 수용해 전국으로 파급시켰다.

2) 1950년대의 공영주택

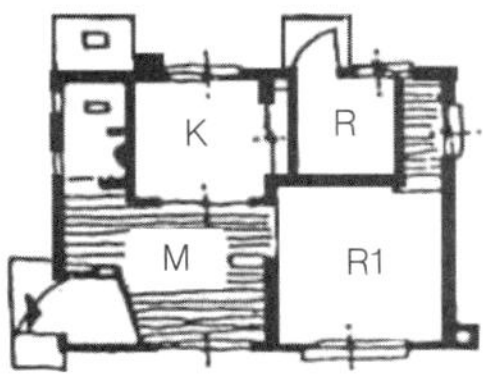

그림 3-22 | 田자형 주택 평면, 1955년 영단주택(9평)

정부에서 광복 직후 악화된 주택환경을 해소하기 위하여 난민이나 철거민을 위한 주택을 공급하였다. 한국전쟁 중인 1951년 부산의 범일동, 영선동, 감만동 일대에 4~5평 규모의 구호용 주택을 건축하였다.[11] 부산 영도 청학동 일대에 최초의 조적식 공영주택이라 볼 수 있는 9평 규모의 흙벽돌 시험주택 200호를 건축하였다. 평면은 마루, 부엌, 방이 각각 하나이고 외부에 화장실이 있었던 형태라고 추정된다. 조선주택공단에서는 1953년 안암동과 1954년 정릉 일대에 본격적으로 흙벽돌집을 대량생산 공급하게 되었다. 당시 공영주택은 희망주택, 재건주택 등으로 불렸다. 평면은 과거 홑집과 다른 9평 규모의 田자형의 외정형의 겹집형태로 전환되었다.

조적식의 경우 4칸짜리 평면을 구성해야 할 경우에는 一자형이나 ㄱ자형으로 만들기보다는 동선의 기능이나 경제적인 효율 또는 편리함을 추구하는 실내화 경향의 근대적 상황을 받아들여 田자형으로 구성하는

11) 대한주택공사, 대한주택공사 二十年史, pp.198~205
미군정청이 적산가옥에 무단 입주한 한국인들이 이주해 살 주택의 신축을 주택영단 측에 요구해, 1946년 후반에서 1947년 전반에 걸쳐 돈암동에 11호, 용두동에 14호, 안암동에 24호, 신설동에 5호, 사근동에 11호, 홍제동에 8호 등 총 73호 등 1947년 7월까지 전국에 戰災民住宅 총 21,291호를 건축하였다. UNKRA의 루핑, 못, 미송 등 주택재료를 지원 받아 12호와 8호짜리의 칸막이 長屋型 주택이었다. 온돌이 없는 완전 목조의 조잡한 수준이었다. 무상으로 공급되었는데 부엌과 신장 등은 입주자가 직접 만들었다.

방법을 택하게 되었다는 것이다. 이 외에 반 칸 정도의 현관과 화장실이 부가되었다. 4칸 규모 민가의 경우 부엌과 안방에 마루와 방 또는 두 개의 방을 평면의 전후 방향으로 복열형태로 결합시킨 평면형태이다.

그러나 주택구조가 목가구식에서 조적식으로 변화되고, 4칸 규모 평면을 구성해야 할 경우에는 협소한 대지 내에 평면을 一자형이나 ㄱ자형으로 배치하는 방법보다는 동선이나 경제적인 효율성 또는 생활의 편리함을 추구할 수 있는 내부공간화 현상이 나타났다. 이 과정에서 부엌, 안방, 마루, 방 등 생활에 필요한 재래의 기본적인 공간을 그대로 유지하면서 田자형으로 구성하는 방법을 택하게 되었다고 볼 수 있다. 부엌이 평면 배면부 모퉁이부에 배치되어 있다. 이 평면은 부엌에서 측면의 방과 전면 안방과 인접시켜 취사와 난방 등 효율적인 열관리가 용이한 구조이다. 여기에 마루를 부가해 최소한 규모의 田자형 평면이 나타났다고 볼 수 있다. 극단적인 축소과정에서 전통적인 사랑방 등은 내부공간에서 소거되었다.

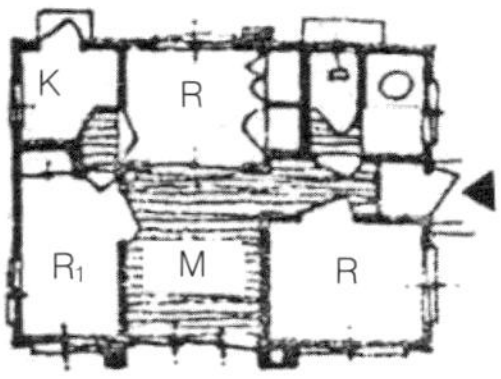

그림 3-23 | 공영주택, 주공 13평형(1958)

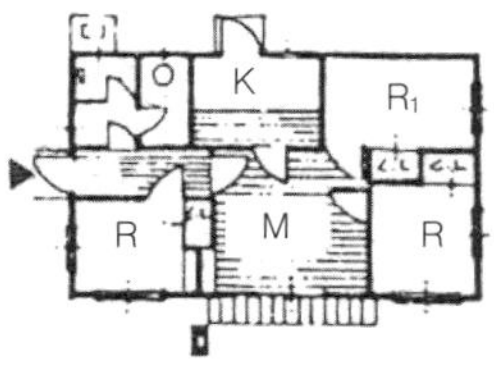

그림 3-24 | 공영주택, 한국산업은행 18평형(1962)

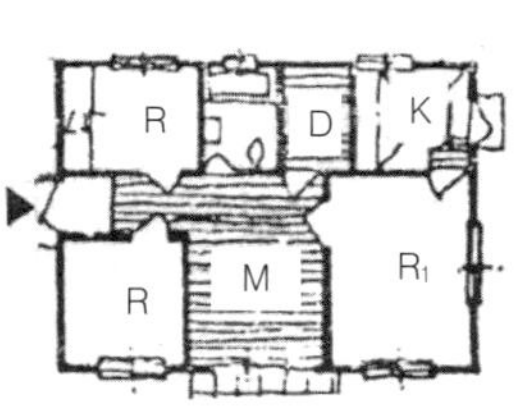

그림 3-25 | 공영주택, 주택공사 15평형(1968)

결국, 1950년대의 공영주택 평면은 과거 1940년대 조선주택영단에서 표준형 평면으로 내세웠던 속복도식 겹집이나 방을 거쳐 출입한 갓복도식의 일식주택과 달리 마루를 재등장시켜 내부동선의 동선중심공간으로 적용시켰다는 점에서 차별화된다. 전통주택은 근대적 상황 속에서 1950년대 중반 부엌과 안방, 마루라는 기본적인 공간만을 확보한 田자형 형태로 압축 조정된 평면이 생성된 것이다. 주거문화적 의미로는 최소한의 근대적인 단위 평면유형을 성립하였다고 볼 수 있다.

1957년부터는 사회적인 안정이 되며 산업은행에서 주택건설을 담당하며, ICA주택체계로 전환되었다. 당시 설계팀에는 근대식 건축교육을 받은 건축가가 소속되어 있었다. 이들은 100여 종 이상의 공영주택 평면을 제안하였다.

1958년부터 주택재료를 시멘트 블록을 적용하고, 방 크기가 확대되었고, 전체규모도 10평에서 20평 범위의 중상류 계층의 수준으로 확대되었다. 그리고 전통적인 가구식 평면계획 방법에 따라 기본적 요소로 구성된 田자형 평면 측면에 실을 日자 형태로 부가시켜 전체 규모를 확장시켰다. 평면의 확대과정에서 화장실, 욕실 그리고 추가로 필요한 온돌방을 부가한 것이다. 1958년 이후 거실중심형 평면 사례가 다수 제안되었지만, 융합속복도형이나 속복도형 평면이나 홑집형도 함께 실험적으로 제안되는 과도기를 맞고 있었다.

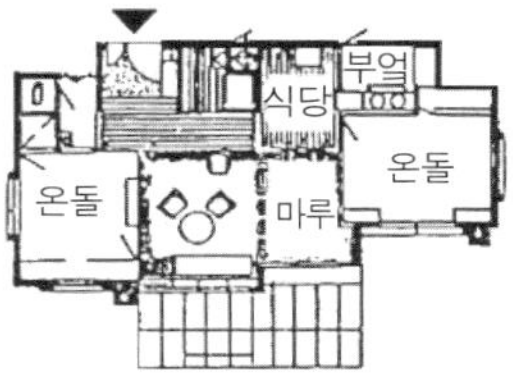

그림 3-26 | 국민주택 현상설계, 1945, 천호철안

3) 1950년대의 주택공모전

광복 이후에는 새로운 사회 건설에 동참하고자 건축전문인들이 조선건축기술단을 결성하였다. 1945년 11월에는 재래주거문화의 전통성을 회복하고 건축의 사회적 책임 차원에서 조선주택영단과 도시계획 연구회 공동주최로 '국민주택현상설계 모집'을 개최하였다.

당선된 천호철안(1등작)은 평면 중앙부의 거실 좌우편에 온돌방을 배치해 동선의 중심에 거실을 배치한 거실중심형 평면개념을 제안한 것이다. 거실에 식탁 등의 가구를 두어서 입식생활형을 제안하였고 소규모 규모 내에서도 욕실을 배치하였다. 또한 주방에 재래식 부뚜막이 있는 새로운 평면형이 제시되었다.

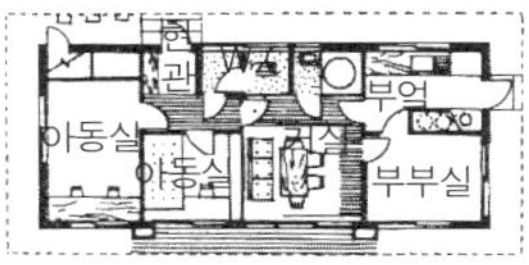

1등 안영배, 천병욱 안 15평

2등 김인석, 김태수안, 15평

(1) 제1회 보건사회부 전국주택설계 현상모집(1958년)

당선작 중 거실중심형 평면(강기세 안)과 속복도식 평면 안(안영배 안)이 제안되었다. 강기세 안은 일식 중복도형의 일본식 잔재를 극복하고 마루공간을 평면의 중심으로 한 계획안을 제안하였다. 반면 안영배 안은 거실중심형의 구성에 부엌과 안방을 연결시키고, 평면 배면부분의 현관과 화장실 그리고 일부 중복도 일부구간을 겹집형태로 축약해 내부 동선을 축소시킨 계획안이다. 반면, 윤병양 안은 부엌과 안방을 가로로 연결하고 안방과 건넌방 사이에 거실을 두는 전통적인 홑집 민가에 있었던 툇마루를 평면의 배면부에 복도로 전환시킨 형태이다. 한편으로는 광복 이전의 중복도형 집중식 평면구조에서 배면부를 생략시킨 평면형태와 유사하다.

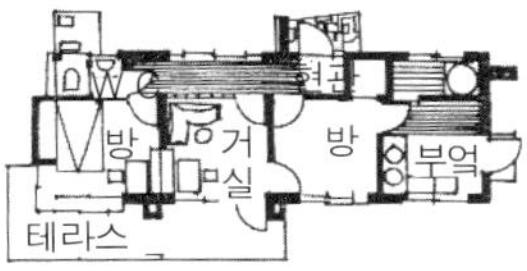

3등 윤병양 안, 12평

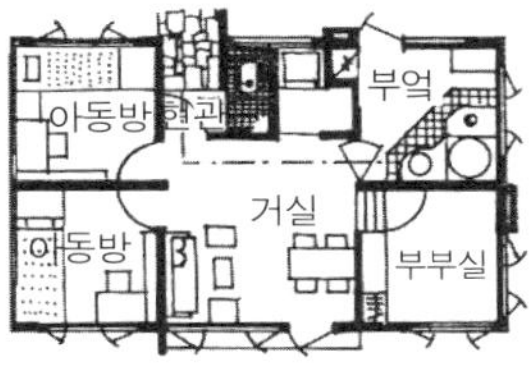

3등 강기세 외 2인 안, 15평

그림 3-27 | 보건사회부 주최, 1958, 제1회 전국주택설계현상 계획안

(2) 제2회 보건사회부 전국주택설계현상 모집(1959년)

도시형 국민주택 부문에서 당선된 윤태현의 안은 북쪽에 부엌과 안방,

남쪽에는 거실과 자녀실(아동실)을 확보하였다. 안방과 아동실 사이에 홀과 욕실을 삽입하였다. 이는 침실 간의 프라이버시를 유지시킬 수 있는 서구의 홀형 평면 개념이 적용된 사례이다. 보건사회부 공모전 주택계획안이 출간되어 전국에 소개되었다.

도시형 국민주택 1등
(강의식 외 2인 안)

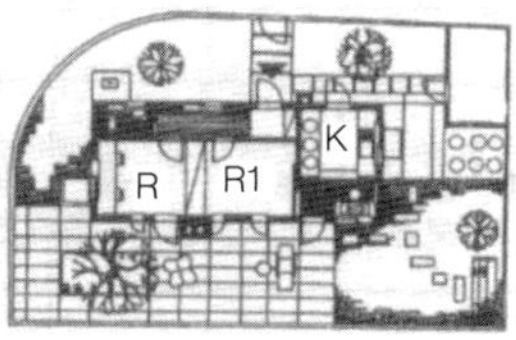

도시형 자조주택
(안영배 안)

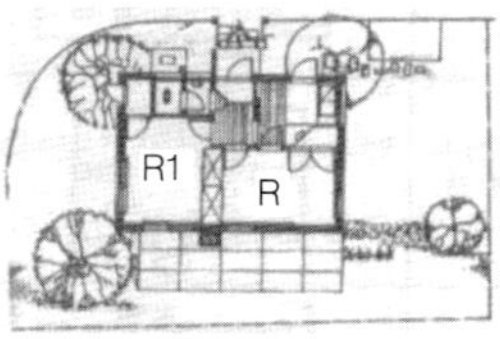

도시형 자조주택
(안세원 외 2인 안)

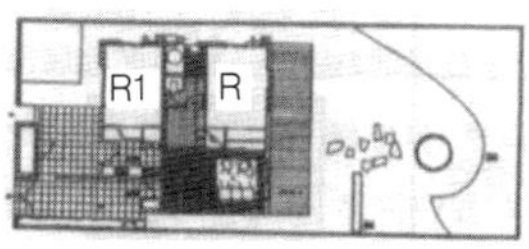

도시형 국민주택 2등
(윤태현 안)

그림 3-28 | 보건사회부 주최, 1958, 제2회 전국주택설계현상계획안

거실중심형 주택이 대다수였으나, 일부 편복도식이나 서구적인 홀식 주택유형을 제안해 일본식 속복도형 평면에서 벗어나고자 하려는 노력이 있었다고 볼 수 있다. 특히 거실중심형 평면은 광복 이후 나타났다. 평면의 전면부 중심에 마루공간과 같은 거실이 있는 '안방(R)-거실(L)-건넌방(R)'의 연결순서로 구성하고, 후면부에는 근대적 상황에서 수용한 위생공간과 설비공간을 집중시켜 근대화 겹집형 평면유형을 성립시키게 되었다. 이러한 경향은 당시 건축가들의 주택계획에서도 나타난다.

3-3-3 1960년대 이후의 주택

1) 1960년대 이후의 공영주택

1950년대 후반부터 건축구조와 재료의 변화와 풍부한 주택자금이 확보되어 매년 수많은 평면형이 제안되었다.[12] 이러한 역동적인 주거 변화와 모색 과정에는 근대교육을 받은 건축가의 의욕적인 자세와 근대적 변화를 지향하는 입주자들의 욕구가 일치되어, 근대주택 평면형이 적극적으로 제안되는 시기이다. 또한 당시의 공영주택 설계는 광복 이전 일본식 근대교육을 받은 인력과, ICA 체제에서 서구주거문화 영향을 받은 건축전문가들이 함께 참여하였다. 따라서 중복도식, 공사적 공간 분리형, 마루(거실)가 평면의 중심에 있는 마루(거실) 중심형이나 홀집형태의 홀집형 평면 등 다양한 주택계획이 제안되었다.

1960년대 전후의 공영주택 중 거실중심형 평면을 사례를 통해 살펴보면, 평면구조가 대개 전면 3칸, 측면 2칸의 약 15평에서 25평 사이 규모

12) 박정현, 『광복 이후 혼란기의 주거건축 동향에 관한 연구』, 1991, 성균관대 석론, pp.86~87; 1957년 이후 약 6년간에 걸쳐 이루어진 설계가 100여 종이나 된다. 제시된 표준형 도면을 선정한 선택빈도를 기준으로 입주자들이 어떠한 평면을 원하는지 고려하였고, 입주자의 뜻과 다를 때에는 신청자 스스로가 마련해온 평면을 주택기술실에서 검토 승인하였다.

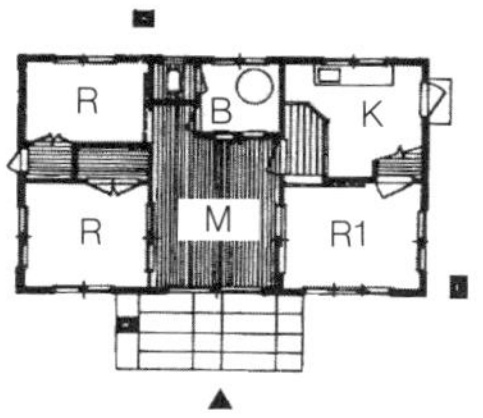

그림 3-29 | 거실 중심형 공영주택, ICA(60년 15.3평형)

이다. 평면의 배면부에는 물을 사용하는 화장실, 욕실 등과 같은 서비스 공간이 배치되고, 전면부의 거실을 통하여 각 실로 출입하도록 계획된 평면유형이다. 부엌은 대개 후면부 모서리에 위치하고 있어, 전면 쪽의 안방과 인접시킨 계획안이다. 일부 평면 중 부엌이 후면 중앙부로 옮겨 거실과 직접적으로 동선을 연결해 주부동선을 개선한 계획안도 제안되었다.

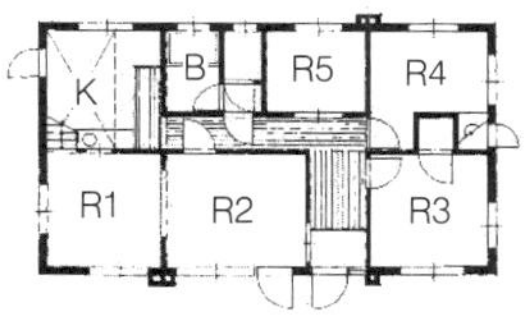

그림 3-30 | 속복도형 공영주택(1960)

주택공사 15평형(1968)의 경우는 간단한 식사나 배선이나 취사를 위한 보조적인 일이 가능하도록 찬마루의 폭을 확대한 사례이다. 1962년경 이후부터 연탄 개별 온수보일러가 등장해서 온수공급이 원활해지자 욕실과 부엌난방이 하나의 공간으로 통합되는 경향이 나타난다. 1965년경에는 세면기, 욕조 등 위생기구가 양산되고, 정화조시설이 수용되며 수세식 화장실과 목욕실이 정착되었다.

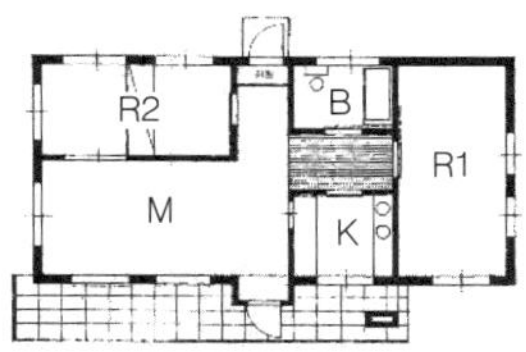

그림 3-31 | 공사공간 분리형(1963~65)

이후 1970년 개별식 연탄보일러가 개발되고, 1977년 파이프 매설식 온돌난방방식과 상하수 설비 기반시설이 정비되며 공영주택에서 거실과 부엌 사이에 개방적인 공간이 확보되는 계획방식이 보편화되었다. 아울러 식침(食寢)분리가 가능한 입식주방공간이 정착되기 시작하였다.

2) 1960년대 이후의 민영주택

1954년 조적조의 겹집주택이 조선주택영단에서 처음 제안되었고, 이후 다양한 평면형이 제안되었다.13)

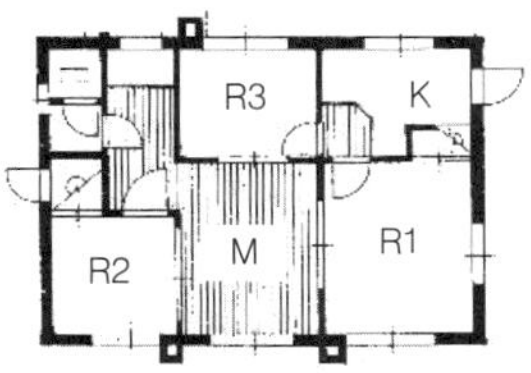

그림 3-32 | 마루중심형 공영주택(1957)

건축자재가 표준화되고 대량 공급되어 표준형 주택의 시공성과 경제성이 개선되었다. 주택 복구를 위해 공영주택에 표준형 계획개념이 도입된 1960년대 중반부터 일반 민간건설업자들에게도 영향을 끼치게 되었다. 당시 도시형과 농촌형 표준주택이 제안되었다. 민간에서는 장방형의 공영주택 외관과 달리 살림규모, 마당규모, 대지형상에 따라 실의 종류

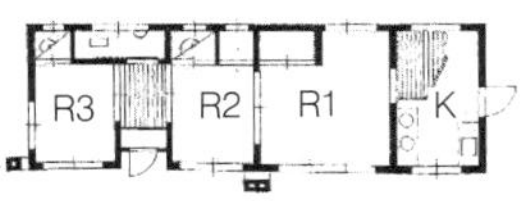

그림 3-33 | 홑집형 공영주택(1959)

13) 1958년부터는 은행에서 표준형 주택 평면을 제안하고 입주자의 의견이 참조될 수 있는 ICA주택 체계로 전환되며, 더욱 다양한 평면이 제안될 수 있었다. 이후의 약 20여 년 동안은 주변의 변화환경을 받아들이고 반영해가며 우리나라의 주택변천사에 있었던 역동적인 상황이 되었고, 도시주택 형성의 실험적인 시기라 볼 수 있다. 1960년대 이후 도시형 주택이 정착될 수 있는 과정이 되었다.

나 크기를 자유롭게 조합 가능하도록 장방형에서 벗어난 요철이 있는 외관을 가지게 되었고 주택형태로 변모되었다. 전국 도시지역으로 확대되었다. 농촌지역에는 1970년대까지 만해도 거의 전통민가가 대부분을 차지하고 있었으나, 새마을운동이 일어나며 전국적으로 주택들이 근대적인 주택형태로 변모하기 시작하였다.

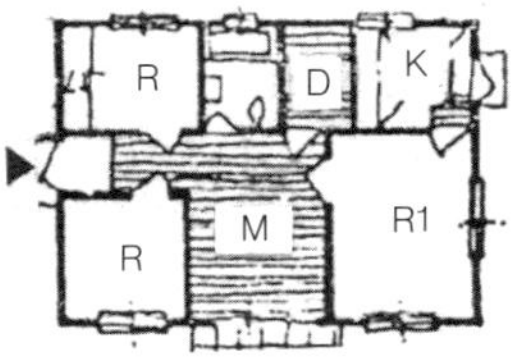

그림 3-34 | 공영주택, 주택공사 15평형 장방형 외관(1968)

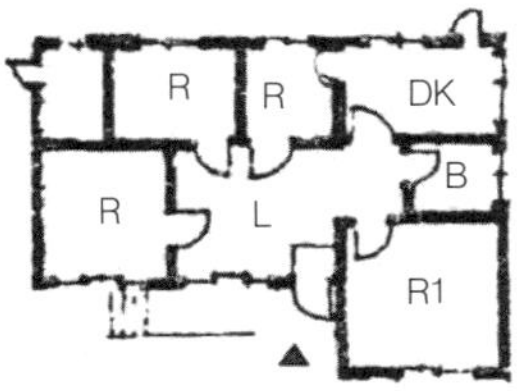

그림 3-35 | 민간주택, 요철형 외관(1977)

(1) 1960년대의 건축적 특성

1960년대 도시의 민간주택에도 공영주택과 같이 재래식 아궁이를 가진 부엌과 안방이 인접된 평면형태였다. 단지 1960년대 후반부 주택의 외곽선이 장방형에서 일부가 돌출되거나 또는 삭감되어 측면부가 1칸에서 3칸 범위로 좌우편 칸 수가 달라 구조적 외관이 요철형태가 되었다. 이는 주택과 외부공간 관계에 있어서 공영주택의 장방형 배치와 달리 마당의 사선방향으로 주택을 배치시킨 형태이다. 그 결과 대문에서 진입할 경우 마당 입구에 여유로운 공간을 확보해 개방감과 채광상의 효과를 얻을 수 있었다. 평면의 전면부에 안방-마루-건넌방의 순서로 구성되는 계획방식이 지속되고 있다. 현관은 대부분 거실에 부속된 형태이다. 그러나 공영주택과 달리 평면의 배면이나 측면부에 현관을 설치한 계획안은 드물다. 1960년대 후반에는 수세식 화장실이 주택 내부에 계획되기 시작하였다.

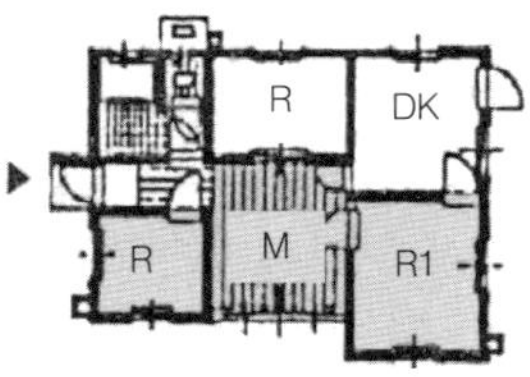

그림 3-36 | 영등포주택 (1969)

(2) 1970년대의 건축적 특성

1970년대는 온돌과 위생과 관련한 설비기술이 실용화되어 주택에 널리 적용되었다.

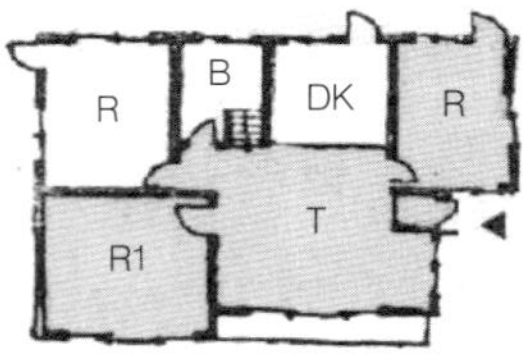

그림 3-37 | 영등포주택 (1969)

평면의 측면부가 3칸으로 분화 발전되는 경향을 띠며, 입식 DK생활형이 일반화되고 주택의 전체규모도 확대되기 시작하였다. 특히 1977년 이후 새마을 보일러가 도입되며 취사와 난방기능이 분리된 계획이 가능해졌다. 따라서 재래식 온돌구조와 같이 안방-부엌을 인접시키는 계획방식에서 벗어나 계획은 자유도가 커지게 되었다. 안방은 전면부의 거실과 인접 배치된 상태에서 부엌의 위치 설정이 자유롭게 되었고, 각 가정

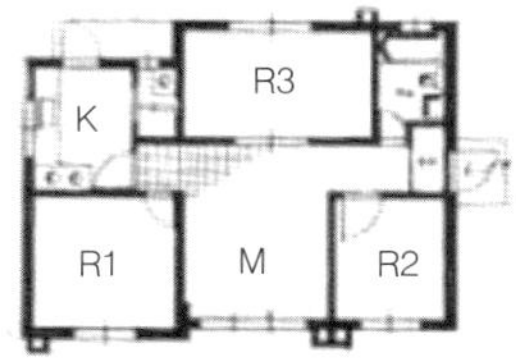

그림 3-38 | 도시형 단독주택(70~77)

마다 필요로 하는 생활형에 따라서 거실과 공간적으로 연계된 평면형식이 나타나기 시작하였다. 부엌이 평면 후면부의 모퉁이에 있을 경우 전면부의 안방 사이에 욕실을 확보한 경우가 일반화되었다. 일부 평면형 중에는 후면부 DK 공간과 전면부 거실과 공간적으로 연계된 LDK 또는 L · DK형도 제안되었다.

주호 규모도 30평 이상으로 확대되었다. 온수난방이 가능해져 2층 주택도 나타났다. 특히 도시지역에서는 당시 극심한 주택난으로 재래식 주택에 있었던 행랑채가 셋집형태로 적층되었다. 2층의 평면도 거실을 중심으로 각 실들이 배치되는 동질적인 평면계획적인 특성을 띤다. 1,2층을 한 가구가 쓰는 경우에도 서구나 일본의 경우와 같이 공적 · 사적공간으로 층간 구분이 아니라, 2층이 가족실을 배치해 1층의 거실과 평면으로 유사하게 구성된다.

3) 건축가 참여 단독주택

1960년대 이후 건축가가 개별적 차원에서 주택계획에 참여하기 시작하였다. 주로 상류층을 위한 주택에 해당하는데, 작가의 자유로운 실험정신을 통해 다양한 평면유형이 제안되었다. 건축가들이 제안한 평면은 거실중심형, 복도형, 홀형, 복합형 등의 유형으로 구분된다. 공영주택 계획과 함께 우리나라의 근대 주거형의 성립에 큰 역할을 하게 되었다.

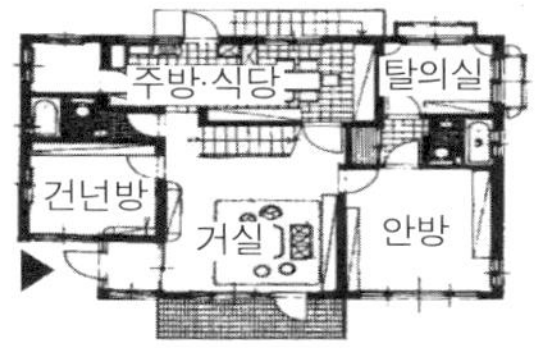

그림 3-39 | 유경철-이씨댁(거실중심형)

작가주택에서는 홀형 평면이 가장 많이 제안되었다. 시대별 평면 유형은 1960년대에는 복도형이 많이 제안되었고, 거실중심형 평면도 나타났다. 1970년대에는 다양한 평면유형이 제시되었다. 그러나 1980년대에 들어서면서 거실중심형과 홀형 주택으로 양분되는 경향이 나타났다.

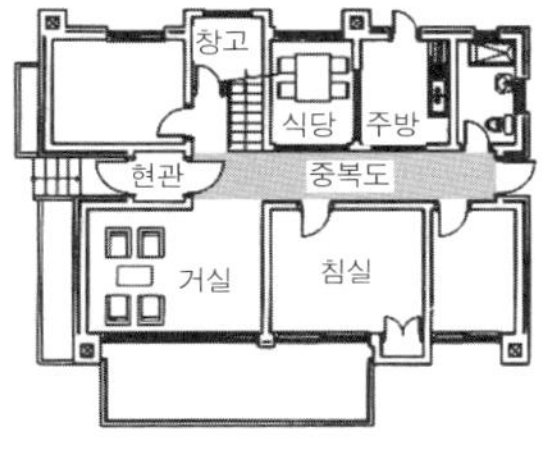

그림 3-40 | 박두용-이진화씨댁(중복도형)

① **거실중심형 주택** : 거실중심형은 광복 이후 나타난 유형으로서 전면부의 공간구성은 재래주택의 안채 구성내용과 같이 거실이 전면부의 중심에 위치하여 '안방(R)-거실(L)-건넌방(R)'으로 연결되어 있고, 후면부에는 근대적 상황에서 수용한 위생공간과 설비공간을 집중시켜 겹집형태의 평면유형이다.

② **복도형 주택** : 복도형은 현관에서 연결되는 복도를 통해 각 실로

동선이 연결되는 평면유형이다. 복도형 주택은 일제강점기부터 주택 근대화 과정에서 계속적으로 나타났다. 중복도형은 복도를 중심으로 주요생활공간(안방과 거실)과 부속공간(부엌, 주방 및 기타 공간)으로 구분되거나 또는 공적공간과 사적공간으로 구분되어진다.

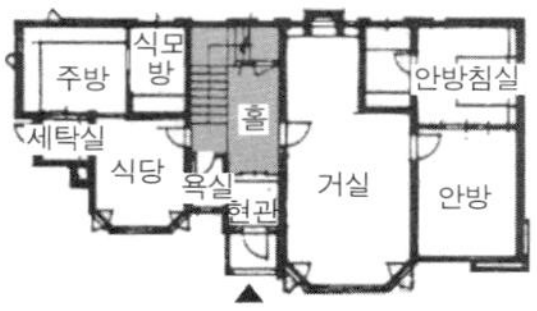

그림 3-41 | 정구언-삼성동 P씨 댁(홀형)

③ **홀형 주택** : 홀형 주택은 현관홀에서 각 실로 동선을 직결해 각 실로 출입하는 평면유형이다. 홀을 경계로 공·사적공간을 분리하거나 평면중심에 홀을 두어 각 실로 동선이 연결되는 평면구성이 있다. 이는 당시의 건축가들이 '서구적'인 생활양식을 소개하는 과정에서 서구식 홀형 평면을 선호하였기 때문이라 보인다.

그림 3-42 | 우규성-S씨 주택(복합형)

④ **복합형 평면** : 복합형 주택은 모두 기본적으로 거실중심형을 바탕으로 중복도형과 홀형이 복합되어 나타난다. 이러한 복합형은 비교적 규모가 큰 주택에서 동선의 연결과 각 실의 기능적 배분이 가능한 평면형식이다.

3-4 최근의 주택 동향

1990년대 이후 작가들이 작가정신이 더욱 고양되고 국제적인 경험을 통해 다양한 실험들이 나타났다. 다양한 시각 중에서 주거문화의 지속에 비중을 두는 '전통적 원리의 재해석' 차원과 주거문화의 변화에 중심을 두는 '건축적 자율성'의 추구라는 차원에서 최초의 주택 작품들을 구분해 볼 수 있다.

3-4-1 주거문화의 지속과 건축적 재해석

전통주택계획 원리의 재해석을 통해 새로움을 실천하려는 현상이 나타나기 시작하였다. 즉, 홑집과 유사하게 채 내부에 안마당이 있는 주택이 제안되기 시작하였다. 전통 마당과 같은 비움의 미학, 전체와 부분의 유기적 관계, 채 나누기라는 전통적 기법과 배치방법을 현대적으로 재해석하고자 하였다.

승효상은 도시주거로서 '도시형 한옥의 재해석'을 통해 '수졸당'(1992)을 제시하였고, 민현식의 '비움의 미학'에 따른 '마당깊은 집(1993)', 이일훈의 '채나눔 건축'에 따른 '탄현재(1993)' 등이 발표되었다. 이어 승효상의 '수백당(1998)'에는 가변적인 건축적 장치를 부여해 마당을 통해 외부공간과 내부공간의 상보적인 통합성을 제안하였다. 김영준의 '자하재(2005)'에서는 내외부의 다양한 마당과 방을 결합시켜 몽타주의 연쇄적인 효과나 변화를 담아내려고 시도한다.

마당과 채의 관계를 현대적 상황 속에서 재해석해 전통공간 이미지를 새롭게 되살려내려는 작품들이 제안되고 있다.

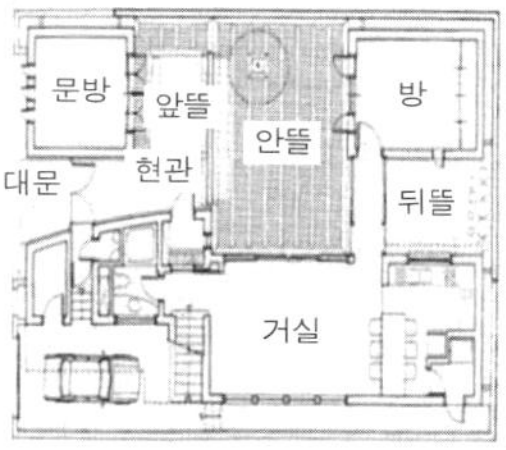

수졸당 평면

그림 3-43 | 승효상-수졸당

(이일훈-탄현재)

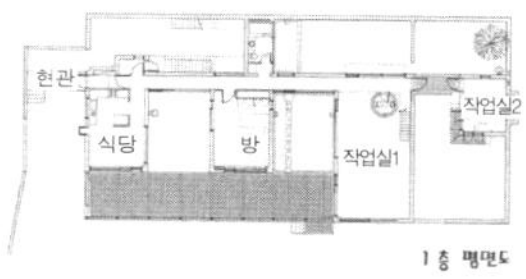

(승효상-수백당)

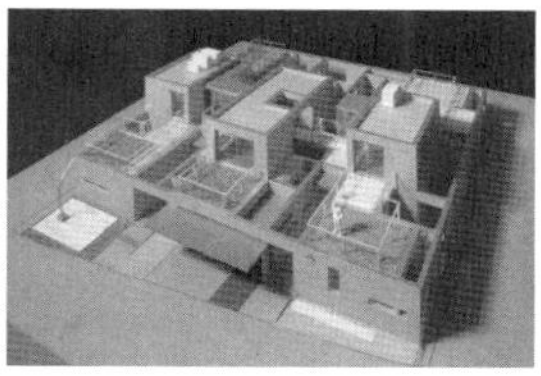

(김영준-자하재)

3-4-2 건축적 자율성과 변화

도시의 단조로운 익명적인 관계에서 벗어나 작가의 개성을 담을 수 있는 새로운 주택형태가 시도되고 있다. 이는 해외의 건축문화의의 자극에도 영향이 있겠지만, 건축가가 자신의 자율적인 건축원리를 표출하고자 하는 성향이 크다고 볼 수 있다. 사례로는 김헌의 '방이동 J씨주택(2004)'에서는 도시 건축물의 형태적 맥락에서 탈피한 수직형태적 변종의 시도를 하고 있다. 장윤규는 지형을 굴절시켜 그 자체가 풍경을 담는 프레임이 되는 장치를 주택에 담고자 한 '운생동(2005)' 등 기존의 주택과 차별화할 수 있는 다양한 형태적, 개념적 실험이 진행되고 있다.

김헌-방이동 J씨주택

장윤규-풍경 프레임의 주거/풍경데크의 주거

3-5 한국 주거문화 변화의 의미

우리나라는 근대를 거쳐 현대에 이르며 주택은 내외적으로 큰 변화가 나타났다. 근대기 외래 주거문화를 경험하고 근대 기술을 통해 주의식을 형성하는 과정에서 다양한 실험적인 결과를 거쳐 현재의 모습이 되었다.

근현대기에 나타난 우리나라 주거 문화적 의미에 대해 일부나마 다음과 같이 요약해 볼 수 있다.

광복 이후의 근대적인 상황을 맞아 주택이 변천되는 과정상에서 나타나는 민가의 점진적으로 고유한 주택계획 원리와 근대적 환경에서의 다양한 요구사항들을 수용하거나 또는 배제시켜가는 내재적인 주거 조정과정이 진행되었다.

광복 이후 한국 주택변화의 가장 특징적인 중, 전통적인 홑집평면이 외정형 겹집평면으로 전환된 것이다. 이는 도시 맥락에서 협소한 대지조건으로 인한 주거규모와 형태의 압축현상과 공간의 내부화와 생활의 편리성이 반영된 형태라 볼 수 있다.

아울러 건축가들의 참여와 공영주택 평면 제안 과정 중에서 다양한 주거문화를 수용, 토착화시키는 과정에서 다양한 평면형이 제안되었다. 이 중에서 평면 중 전면부가 안방-거실-건넌방의 3칸으로 구성되고, 측면과 배면부의 각 실들은 거실과 연결되는 '거실중심형' 평면형이 가장 일반적인 유형으로 정착되었다. 이는 가내 의례와 장자 중심의 유교적인 주거문화 질서가 지속되고 있다는 의미를 함축한다고 볼 수 있다. 하지만 내적으로는 주거규모가 압축되는 과정에서 거실은 전통 마당이 내부마루(거실)의 동선기능과 중첩 · 내재화된 것이라 볼 수 있다.

평면의 전면부는 안방-마루(거실)-건넌방이라는 계획적 질서가 지속되고 있다. 하지만 발전된 설비기술의 발전으로 부엌이 가장 크고 빠르게 변화되었다. 그 결과 취사와 난방 겸용의 부엌 아궁이가 입식으로 개선되며 평면의 배면부로 이전되며, 평면 전면부의 거실과 공간적으로 연결되어 주부 동선이 단축되었다. 나아가 주택 외관은 겹집형태이지만 공적공간이 주호 내부의 전후면에 나란히 결합되어 개방적인 내부공간을 얻을 수 있게 되어 홑집과 유사한 채광과 일조효과를 개선할 수 있게 되었다.

또한 경제적 여유에 따른 생활규모의 확대와 주요구의 변화를 반영하기 위해 내부 실의 분화와 확대현상이 나타났다.

즉, 1950년대의 주거규모의 압축상태에서 1960년대의 주거규모의 확대과정에서 부속실들의 분화가 나타났고, 특히 안방과 분리되는 부엌의 위치 변화로 평면계획상의 큰 변화가 나타났다. 이 과정에서 짧게나마 거주자들이 살면서 주의식이 형성되고 조정되는 시기를 갖게 되었다. 이 시기에 제안된 다양한 주거형에 대해 거주자들로부터의 자연스런 선택과정을 과정을 거치며 주거형이 정착되어 왔다. 1970년대 후반 이후 주택 외곽은 전면부의 형태적 요철현상과 후면부의 기능적 분화가 반영된 도시형 주택이 성립되었다. 이는 주택에 트러스나 콘크리트지붕 구조가 적용된 결과이기도 하다. 이러한 외관이 요철형태의 주택은 외적으로는 새로운 주거욕구에 따라 칸 단위의 실의 부가나 삭감 등 조정요인이 생겨도 평면구성상 큰 어려움이 없이 규모의 가감이 가능한 구조이다. '거실중심형' 주택 평면은 거실을 중심으로 각 실들이 동심원적으로 구성된다. 이는 살림규모나 택지형상에 따라 외부 외형이나 실간 크기 조정이 가능해 건축계획적으로 융통성 있는 주거형이 성립된 것이다.

아울러 광복 직후 주거의 압축과정에서 복도나 남성들의 사랑방 등의 공간들은 소거되었고, 핵가족 규모의 주택형으로 축소되었다. 1960년대 이후의 주거의 확대과정에서 부엌과 안방이 주택 내부공간의 중심부에 위치하게 되었고, 불편하였던 주부동선이 개선되었다. 특히 주거규모의 확대과정에서도 남성들을 위한 사랑방 공간은 주택 외부의 사회적 공간으로 편입되는 결과가 나타났다고 볼 수 있다.

근대의 격동기 속에서 주택 내에는 온돌과 마루 문화 등 일부 재래질서의 지속 속에서 주생활의 변화와 욕구가 반영되며 입식 공적공간 생활형의 정착 등 근대화와 토착화 과정이 동시에 나타났다.

공영 표준형 주택의 확산과 민간주택의 주택이 확대 재생산되는 과정인 1980년대 초반에는 도시와 농촌, 도시와 도시간의 지역적 특성은 희박해지기 시작하였다. 1980년대 중반 이후의 상황은 연립주택, 다가구주택 등 주거지의 고밀화 현상이 나타났다. 단독주택의 공급은 급격하게 줄어들고 공동주택 유형이 도시 주거형태로 정착되고 있다.

우리 전통주택형태는 근현대 과정을 거치며 변화되어 왔다. 최근 자연과 지속가능한 공생이라는 패러다임이 확산되며, 복합주택이나 한옥의 재등장 현상이 나타나고 있다. 한편으로는 건축가들을 중심으로 재래 질서와 문화적 바탕 위에서 적극적인 시각에서 현재와 미래의 우리 주거형을 모색하고 있다.

전통주거문화에 대한 이해는 현재의 주거를 또 새롭게 살릴 수 있는 바탕이 된다.

참고문헌

1. 강영환, 『한국주거 문화의 역사』, 기문당, 1999.
2. 강인호·한필원, 『주거의 문화적 의미』, 세진사, 2001.
3. 대한주택공사, 『대한주택공사 二十年史』, 대한주택공사, 1970.
4. 문제이·홍승제, 「근대 부농가의 부엌공간특성에 관한 연구 -영·호남지방을 중심으로-」, 대한건축학회논문집 18권 3호, 2002.3
5. 박정현, 『광복이후 혼란기의 주거건축동향에 관한 연구』, 1991, 성균관대 석론
6. 안성호, 「일제강점기 속복도형 일식주택의 이식과 영향에 관한 연구」, 부산대 박사학위논문, 1997.
7. 유재우·예은실·천진희, 「공영주택의 공적공간(公的空間) 정착과정 연구」, 대한건축학회논문집, 2009.5, 3인 공저
8. 유재우·조성기, 「광복이후 도시형 표준주택의 평면특성과 그 영향」, 대한건축학회논문집 제17권 제12호, 2001.12
9. 유재우, 「광복전후 우리나라 단독주택의 변화특성 연구」, 대한건축학회 논문집, 제20권 제10호, 2004.10
10. 유재우, 「평면유형 변화로 본 공영단독주택의 근대적 변용」, 한국건축역사학회 논문집 제15권2호, 2006.6
11. 임창복, 「한국도시 단독주택의 유형적 지속성과 변용성에 관한 연구」, 서울대 박사학위논문, 1988.
12. 조성기, 『한국의 민가』, 한울아카데미, 2006.
13. 한국건축가협회, 『한국현대건축총람 1 : 한국의 현대건축(1876-1990)』, 기문당, 1994.
14. 한국건축가협회, 『한국현대건축총람 2 : 한국의 현대건축·건축가』, 기문당, 1994.

제 4 장

외국 근·현대 단독주택의 이해

제 4 장

외국 근·현대 단독주택의 이해

4-1 근대주택의 배경 : 시민혁명과 산업혁명

우리가 살고 있는 현대사회는 17~18세기에 일어난 두 개의 혁명과 밀접한 관계를 맺고 있다. 하나는 시민혁명 또는 부르주아혁명이고 다른 하나는 산업혁명이다. 시민혁명의 주체는 부르주아지, 즉 과거의 왕이나 귀족과 다른 전문가 · 지식인 · 자본가 계급이었다. 1648년과 1688년 영국의 시민혁명, 1789년 프랑스혁명은 대표적인 예이다. 부르주아혁명의 배경은 신대륙의 발견, 상공업의 발달 등이다.[1] 시민혁명은 오랜 기간 사회를 지배해왔던 봉건제 또는 절대군주제를 타도하고 법률상 자유 · 평등한 시민계급이 지배하는 사회를 건설하는 정치적 · 사회적 변혁이다. 시민혁명으로 인해서 태어날 때부터 신분이 결정된 왕이나 귀족 대신 시민들이 사회의 중심세력으로 부각하게 되었다. 주거를 중심으로 생각한다면 왕궁이나 귀족들의 저택 대신 시민들을 위한 주택이 중요한 과제로 등장하였다.

한편, 산업혁명은 증기기관과 같은 기계를 도입함으로써 공장에서 상품을 대량생산하는 산업시대를 열었다. 그 결과 우리가 살고 있는 물질세계의 모습은 과거와는 전혀 다른 모습으로 변화하였다.

농부는 1년의 절기에 매여 있는 삶을 산다. 봄에는 씨를 뿌리고, 여름에는 잡초를 뽑고 비료를 주며, 가을에 추수하고, 겨울에는 휴식을 취한다. 농부의 주거에서 벌어지는 생활은 계절에 따라 변한다. 그에 반해 공장에

1) 두산백과사전, http://100.naver.com/100.nhn?docid=78038

서 일하는 노동자는 일 년 내내 똑같은 일상을 반복한다. 러시아워는 수많은 노동자들이 동일한 시간에 집을 나와 공장을 향해 이동하는 시간이다. 콩나물시루 같은 만원버스와 컨베이어 벨트가 돌아가는 공장은 그런 일상의 전형적 풍경이다. 공장의 생산라인은 정해진 시간표와 스케줄에 따라 한 치의 착오 없이 움직여야 하는 공간이다. 저녁이 되면 모두 동시에 일손을 놓고 아침 동선과 반대방향을 따라 집으로 돌아간다.

이처럼 산업혁명은 우리가 사는 환경의 물질적인 모습만 바뀐 것이 아니라 우리가 사는 생활방식을 완전히 바꾸어 놓은 것이다. 농부의 삶에서 공장 노동자의 삶으로 바뀐 것이다.

아침 출근과 저녁 퇴근이라는 생활 사이클은 휴일을 제외하고 계속 반복되며 은퇴할 때까지 지속된다. 공장 노동자뿐만 아니라 학생들과 회사원들도 마찬가지다.

농부가 노동자로 바뀌면서 주거에는 작업을 위한 공간이 필요 없게 되었다. 근대 주택에서 없어진 활동은 작업만이 아니다. 집안에서 이루어졌던 교육은 근대적 교육시설에서 담당한다. 아픈 사람은 집에서 치료하는 대신 병원에 입원한다. 아이가 태어나는 것도 집이 아니고, 사람이 죽을 때도 집을 나와 병원이나 요양소에서 죽음을 맞이한다.

이처럼 산업혁명으로 노동자들이 출현한 이후 주택은 식사와 휴식, 그리고 수면과 같은 순수하게 사적인 생활을 위한 공간으로 축소된다. 이렇게 순수하게 사적인 일상만 남은 주택을 근대의 전용주택이라고 부른다. 공장이나 사무소에서 일하는 노동자들은 농부와 달리 가족과 함께 일할 필요가 없고, 새로운 일터를 찾아 쉽게 이동해야 했기에 대가족이 아니라 핵가족의 형태를 선택하게 되었다. 부모와 자식만으로 이루어진 "핵가족이 사는 전용주택"이야말로 근대 주택의 가장 특징적인 모습이라고 할 수 있다.

산업혁명 이후 고향을 떠나 공장으로 모여든 사람들로 급속한 도시화가 진행되었고 주택은 부족했으며 도시의 거주환경은 악화되었다. 이와 같은 고향 상실과 열악한 거주환경은 근대사회의 특징적인 현상인 거주위기의 배경이며 원인이었다. 기능주의를 내세운 근대건축은 표준적인 공장생산품과 합리적인 건설방식을 채택하여 집합주거를 건설함으로써 주거의 대량공급이라는 일정한 성과를 거두었음은 주지의 사실이다. 하지만, 객관적이고 과학적인 원리에 입각하여 표준적인 재료와 치수를 사용한 획일적 모습의 주택은 그것이 입지하는 장소의 역사성과 지역성을 배제하였고, 특히 그 속에 사는 구체적인 인간으로부터 소외되는 결과를 생산함으로써 많은 비판을 받아 왔다. 이에 따라 경제적 여유가 있는 중산층이나 부르주아 계층은 대도시의 거주 위기에 대응해 교외지역에 자기 가족을 위한 안락하고 쾌적한 주택을 꿈꾸기 시작했다. 도시에서는 생각하기 어려운 자연 속에서 평화롭고 단란한 가족생활을 할 수 있는 아르카디아(Arcadia)와 같은 이상향이 될 수 있는 주택이 바로 그들이 원한 주택이었다. 이런 주택들이 바로 이 장에서 살펴보고자 하는 근현대의 단독주택들이다.

이 장에서 근대와 현대의 유명한 건축가들의 작품을 중심으로 주택을 살펴보는 것은 또 하나의 의미가 있다. 세계 어디에서나 젊은 건축가들은 재능이 있다고 해도 처음부터 큰 건물의 설계를 맡는 경우는 그리 흔치 않다. 큰 현상설계에 당선되는 운 좋은 경우가 아니라면, 젊은 건축가들은 가족, 친지 혹은 가까운 사람들의 작은 주택을 설계하면서 이름을 알리게 된다. 주택은 소수의 가족들이 거주하는 사적 공간이기 때문에 건축주의 신뢰를 얻는 경우 젊은 건축가가 생각해 왔던 건축적 철학과 언어를 실험해 보기 쉽다. 그러므로 한 건축가의 일생에 걸친 다양한 건축적 실천을 잉태하고 있는 중요한(seminal) 작품이 바로 그 건축가가 젊은 시절 설계한 주택작품이기도 하다.

4-2 근대주택의 원형

4-2-1 장식을 배제한 주택 : 아돌프 로스의 뮐러주택(Müller House, 1930)

체코의 브루노(Brno) 출신 건축가 아돌프 로스(1870~1933)는 근대

주택으로 가는 초석을 놓은 건축가로 평가받는다. 독일의 드레스덴에서 건축을 배우고, 1893년 미국으로 건너가 당시 근대 산업사회의 도시적 활력으로 가득 차 있던 뉴욕, 시카고 등을 전전하면서 전통이나 장식에 얽매이지 않고 필요 요구에 충실하면서 새로운 건축을 정립하고 있던 미국의 근대건축을 경험하였다. 1896년 유럽으로 돌아온 후, 주로 오스트리아의 비엔나에서 건축뿐만 아니라 의상, 디자인 등 문화 전반에 관한 독특한 비평으로 당시 비엔나 문화계의 중심인물로 자리 잡았고, 루드비히 비트겐슈타인, 아놀드 쇤베르그, 칼 크라우스 등 비엔나의 지성인들과 교류하였다.

그의 대표적인 비평 '장식과 죄악(Ornament and Crime)'(1908)은 건축의 기능과 무관하게 과다한 장식적 경향의 건축을 지향했던 당시 비엔나 시세션(Secession) 그룹의 건축가들을 통렬하게 비판하였다. 문명에 뒤처진 미개인들은 신체에 장식을 하거나 범죄를 범한 죄인들이 신체에 문신을 하는 사례를 거론하면서 문명인들에게 "장식은 죄악"이라고 주장하였으며, 이 외침은 근대건축 전체의 슬로건이 되었다.

그림 4-1 | 슈타이너 주택 외관
(출전 : http://cv.uoc.edu/~04_999_01_u07/percepcions/perc122.html)

장식에 대한 그의 비판은 주택설계라는 실천으로 이어졌다. 그의 초기 작품인 슈타이너 주택(1910)은 건물의 외부에서 장식을 완전히 배제한 백색의 순수한 형태를 주택에 도입하여 당시 비엔나 문화계에 큰 충격을 던졌다. 이 주택의 "독창적인 외관(볼륨의 단순한 기하학, 매끈한 백색의 외벽, 평지붕, 프레임이 없는 창호)은 역사주의에 대한 거부를 표현하는 것으로 평가"[2]되었다. 하지만, 아돌프 로스가 "나는 발전의 고리가 끊어진 지점에서 다시 시작해야 했다. 그리고 발전의 선상에 있기 위해서는 더욱 단순해져야 한다는 점을 깨달았다"[3]라고 밝힌 바와 같이 슈타이너 주택은 역사를 부정하려는 것이 아니라 "고전적 전통을 새롭게 하려는 욕망"[4]에서 비롯된 것으로 볼 수 있다.

그는 1922년 시카고 트리뷴지 사옥 현상설계, 비엔나의 상점 인테리어

2) Panayotis Tournikiotis, Adolf Loos, Princeton Architectural Press, 1994, p.78
3) Adolf Loos, "Architecture", Safran, Yehuda & Wang, Wilfred, The Architecture of Adolf Loos, An Arts Council Exhibition, 1987, p.107
4) Tournikiotis, Panayotis, 앞의 책, p.78

등 다양한 설계작품을 남겼지만 가장 큰 업적은 주택분야에서 거두었다. 그가 남긴 주택설계 작품 중 가장 대표적인 작품으로는 슈타이너 주택(Steiner House, 1910, 비엔나), 짜라 주택(Maison Tzara, 1925, 파리), 빌라 뮐러(Villa Müller), 빌라 몰러(Villa Moller) 등을 들 수 있다.

로스가 설계한 주택의 가장 큰 특징은 그가 '라움플란(Raumplan)'이라고 명명했던 독특한 공간구성방식이다. 라움플란은 '공간에서의 평면해결'(resolution of the plan in space)이며, 주택 내부의 여러 레벨에 산재하고 복잡하게 상호관입하는 공간 볼륨들이 마치 미로처럼 굴절된 좁은 계단과 통로로 연결되는 구성방식[5]으로서 다음과 같은 특징을 가지고 있다.

① 표피는 대칭적인 박스(box)형태이다.

② 단단한 외벽 면에 둘러싸인 내부에는 다양한 레벨(level)의 층이 있다. 거실, 식당, 알코브(alcove) 그리고 통로는 시각적으로 공간적으로 상호 연관되어 있다. 중간층(skipfloor)이 사용된다.

③ 각 레벨의 층을 연결하는 계단은 평면상 정적이지 않고 복잡하게 꺾인다.

④ 거실과 식당은 2층에 있고, 현관홀로부터 꺾이거나 돌아가는 통로를 통해 접근한다.

⑤ 천장까지 이어진 벽이나 난간벽, 그리고 층 레벨의 차이를 이용해 방 자체와 그 주변의 통로공간을 구분함으로써 방의 평온함을 유지한다.

⑥ 거실과 식당은 평면상 직사각형이다. 창문, 벽기둥 그리고 부착기기 등은 대칭성을 주도록 배치된다.

⑦ 벽감이나 알코브와 같은 여러 개의 조그맣고 내밀한 공간이 만들어진다.[6]

그림 4-2 | 빌라 뮐러의 외관, 프라하
(출전 : http://www.muzeumpraha.cz/grafika/loos/MV01.jpg)

아돌프 로스의 독특한 설계방식인 라움플란을 가장 잘 볼 수 있는 주

5) Tournikiotis, Panayotis, 같은 책, p.70

6) Hideaki Haraguchi, A Comparative Analysis of 20th-Century Houses, Academy Editions, p.43

택이 바로 뮐러주택이다. 프라하 외곽의 주거지역에 있는 약간 높은 언덕에 자리 잡은 이 주택은 외부에서 보면 백색 입방체가 뚜렷하며, 조그만 창문들이 때로는 대칭적으로, 또 때로는 불규칙하게 뚫려있어서 창 내부에 어떤 공간들이 있는지 짐작하기 어렵다.

"실제적인 건물은 2차원으로 재현된 묘사로는 아무런 인상도 줄 수 없다. 내가 만든 실내공간은 사진으로는 아무런 효과가 없다는 점이 나의 가장 큰 자부심이다. 모네의 그림을 소장한 사람이 카스탄(Kastan) 안에 있는 그 그림을 알아보지 못했듯이, 내가 만든 공간에 거주하는 사람이 사진에 찍힌 자기 집을 알아보지 못했다는 사실을 나는 자랑으로 여기고 있다."[7]

그는 거주자의 성격이 외부로 뚜렷하게 드러나는 집에 대해 비판하였다. 외부의 시선으로부터 주택의 내부를 보호하는 것을 중요하게 생각하였다. 로스는 "제법 먼 곳에서도 방문자가 가장 내밀한 방까지 알아챌 수 있는 소위 새장과 같은 집과 유리로 만든 집"을 반대[8]한 것이다.

뮐러 주택은 그 단순한 외관에 비해 라움플란에 의해 설계된 내부공간은 무척 다양하며 풍부하다. 특히 거실(hall), 식당 그리고 부인실(boudoir)의 세 방은 평면상의 형태와 크기, 단면상의 레벨과 방의 층고가 각각 다르다. 각각의 방에는 그 방의 기능과 분위기에 맞는 공간을 부여하였으며 마감재료 또한 그 분위기에 맞는 재료를 사용하였다. 이처럼 각각 다른 독자성을 가진 내부의 영역들은 그 자체로 독립적이지 않고, 창이나 오프닝을 통해 다른 공간을 볼 수 있어서 시각적으로 그리고 공간적으로 연결되어 있다. 따라서 뮐러 주택의 내부공간은 침묵하는 백색의 박스형태인 외관과 달리 매우 다채로운 표정과 풍부한 분위기를 가지고 있다.

---

7) Adolf Loos "Architecture", Safran, Yehuda & Wang, Wilfred, 앞의 책, p.106

8) Duzer, Leslie van & Kleinman, Kent, Villa Muller : A Work of Adolf Loos, Princeton Architecture Press, 1994, p.45

그림 4-3 | 빌라 뮐러의 거실
(출전 : http://www.muzeumprahy.cz/grafika/loos/MV03.jpg)

빌라 뮐러의 거실층과 침실층을 연결하는 계단실
(출전 : http://www.muzeumprahy.cz/grafika/loos/MV04.jpg)

이러한 풍부한 내부공간은 아돌프 로스가 내부공간을 평면상에서만 결정한 것이 아니라 단면상에서의 미묘한 변화를 고려하는 삼차원적인 계획인 라움플란을 적용하였기 때문이다. 라움플란 속에서 하나의 공간은 그 다음 공간과 연결되어 지각되기도 하며 또는 그 이전의 공간과 연결되어 지각되기도 한다. 혹은 계단으로 연결된 두 공간이 넓은 실내 개구부를 통해 시각적으로 연결되기도 한다.[9]

아돌프 로스는 1910년 에세이 『건축』에서 "거장에게 도면은 단지 작업에 종사하는 기능공과의 커뮤니케이션 수단일 뿐이다"[10]고 말했다. 실제로 그는 도면에 의존해서 건물을 짓는 대신 시공 중인 건물 내의 공간을 걸어 다니며 즉석에서 천장의 높이를 바꾸는 등 수많은 수정을 거듭했다.

아돌프 로스는 대중이 출현하고 사진과 같은 새로운 미디어가 확산되는 시대에 여전히 허위적인 장식에 집착하는 당대 건축가들을 비판하면서, 새로운 건축 그리고 주택형식을 누구보다 진지하게 고민한 건축가였다. 그러한 성찰을 바탕으로, 뮐러 주택에서 가장 대표적으로 볼 수 있듯이, 외부에 대해서는 침묵하는 백색의 상자 그리고 내부에 대해서는 거주하는 사람의 개성과 각각의 기능에 대응하는 풍부하고 다양한 내부

9) 우신구 · 김광현, '기술복제시대와 아돌프 로스의 주택에 관한 연구', 대한건축학회논문집, 11권10호, 1995.10, p.91

10) Adolf Loos, 'Architecture', Yehuda Safran & Wilfred Wang, *The Architecture of Adolf Loos*, An Arts Council Exhibition, 1987, p.105에서 재인용

공간으로 대응한 것이다.

4-2-2 르 코르뷔지에의 사보아 주택(Villa Savoye, 1931)

르 코르뷔지에는 20세기 가장 위대한 건축가로 불러도 결코 부족함이 없는 건축가이다. 스위스의 시골도시 라쇼드퐁에서 출생하여 그곳 예술학교에서 샤를르 레플라트니에(Charles L'Eplattenier)에게서 미술을 배웠고 건축을 공부하라는 권유를 받았다. 20세가 되던 해, 문화와 건축의 중심이었던 파리로 가서 당시 새로운 재료인 철근콘크리트를 대담하게 사용하던 오귀스트 페레(Auguste Perret) 사무실에서 대담한 콘크리트 구조를 접하게 된다. 이후 A.E.G.라는 거대기업의 공장설계뿐만 아니라 조명기구와 같은 공업디자인을 함께 작업했던 피터 베렌스의 사무실에서 공업제품과 기계미학에 대한 이해를 넓혔다.

1917년 이후 파리에 영구 정착하면서 다양한 문화예술인들과 교류하면서 건축, 저술, 잡지발행 등 문화의 전방위에서 빛나는 활약을 하였다. 기존 예술잡지의 영역을 뛰어 넘은『레스프리 누보』(l'Esprit Nouveau, 1920년10월-1925년 1월)를 발간하면서 예술 분야의 국제적 담론을 선도하였다.『도시계획』(Urbanisme, 1925),『오늘날의 장식예술』(L'Art d coratif d'aujourd'hui, 1925),『프레시지옹』(Précisions sur l' tat présent de l'architecture et de l'urbanisme, 1930) 등 많은 저서를 남겼지만 그 중에서『건축을 향하여』(Vers Une Archtecture, 1923)는 20세기 가장 영향력 있는 건축저서로서, 눈부신 발전을 거듭하고 있는 근대기술의 성과들인 자동차, 선박, 항공기 등을 건축과 나란히 제시하면서 역사적 건축과 신기술 사이에서 방황하는 건축에 새로운 방향을 제시하였다. 그는 자동차 등과 같은 기계에서 정밀성, 경제성, 정확성, 엄격성, 순수성, 단순성과 같은 건축이 본받아야 할 현대적 덕목을 발견한 것이다. 하지만 코르뷔지에가 보았을 때 당시의 건축은 여전히 보자르 방식의 인습적인 교육과 건축계를 지배하는 기성 건축가들의 그릇된 가치관에 의해 장식의 수준에 머물러 있거나 과거의 건축을 반복하고 있었다. 코르뷔지에는 주택이 "작업할 때 신속하고 정확하게 하기 위해 효과적인 도움을 우리에게 주는 기계이자 신체의 요구, 즉 안락함을 만족시키기 위한 근면하고 세심하게 배려된 기계"라고 주장했다.[11)]

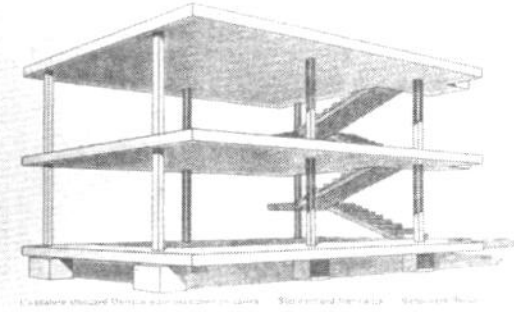

그림 4-4 | Dom-Ino 주택

당시 도시화로 인한 주거난을 해결하기 위해 조립식 공법에 의한 주택의 대량생산, 즉 공업화 건축에도 많은 관심을 기울였다. 1914년 코르뷔지에는 근대주거의 원형으로 메종 돔-이노(Dom-Ino)를 제안하였다. 돔-이노 시스템의 구조는 매우 단순하다. 3장의 슬래브와 6개의 기둥, 그리고 슬래브를 연결하는 계단으로 구성되어 있다. 가로 세로의 크기는 9m×6m이며, 기둥 사이의 간격은 4m이고, 앞 뒤 방향으로 1m 정도의 슬래브가 캔틸레버로 돌출되어 있다.

이처럼 메종 돔이노는 매우 단순한 구조이지만 수많은 가능성을 내포하고 있었다. 건축을 기둥, 슬래브 그리고 계단과 같이 몇 개의 주요한 구조체로 축소하고, 벽이 구조적 역할에서 벗어남으로써 건물의 구성은 매우 자유로워진다. 코르뷔지에는 바로 이런 메종 돔이노의 구조를 바탕으로 다음과 같은 '근대건축의 5원칙'을 제안하였다.

첫째, 필로티(piloti)를 사용하여 주택의 지상층을 개방시켜서 근대 기술의 상징인 자동차를 주택 내부로 수용할 수 있다.

둘째, 자유로운 평면으로서 구조적 역할은 기둥이 담당하고, 공간을 나누는 가볍고 얇은 벽은 자유롭게 주택 내부 어느 곳이나 설치될 수 있다.

셋째, 자유로운 입면으로, 과거의 조적식 구조의 외벽은 구조적 제약이 있었지만, 철골 또는 철근콘크리트 구조에서는 자유롭게 입면을 구성할 수 있다.

넷째, 수평띠창으로, 조적식 구조에서는 구조적 한계로 인해 창문의 크기에 제약이 있었지만, 리본창 등 수평으로 긴 창도 자유롭게 사용할 수 있다.

다섯째, 옥상정원으로, 편평한 슬래브를 채용함으로써 옥상은 경사지

---

11) 이관석, '1920년대 르 코르뷔지에의 저서에 담긴 건축 정의 -레스프리 누보에서 비롯된 세 권의 책을 대상으로-', 대한건축학회논문집 계획계, 제24권 제9호, 2008.09, p.171

붕이 아니라 이용가능한 공간이 되었고, 도시의 지상에서 얻기 힘든 자연을 담은 정원을 설치할 수 있다.

따라서 코르뷔지에의 메종 돔이노는 단순히 구조방식의 전환이 아니라 과거 내력벽에 의존하던 조적식 주택의 한계로부터 자유로워진 근대주택의 원형이라고 할 수 있다.

근대주택의 원형인 메종 돔이노는 그 자체로 완결된 구조가 아니라 확장할 수 있는 구조라는 점에 주목해야한다. 즉 메종 돔이노를 수평적으로 수직적으로 확장시키면 큰 블록의 공동주택이 될 수 있다. 또 이 블록들이 모이면 도시가 된다. 코르뷔지에는 이러한 큰 블록의 공동주택을 이용하여, 근대 대도시가 안고 있는 주택 부족, 주거환경의 악화 등을 해결하고자 했다. 그 대표적인 제안이 '빛나는 도시', '200만 명을 위한 도시', '보와쟁계획(Plan Voisin) 등이다.

코르뷔지에는 메종 돔이노를 원형으로 수많은 주택작품을 설계했는데, 평면을 살펴보면 크게 4가지의 유형으로 나뉠 수 있다. 그는 이 4가지 유형에 대해 다음과 같이 언급하였다.

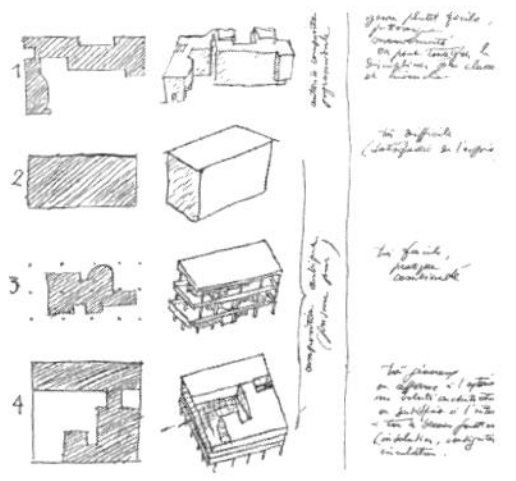

그림 4-5 | 코르뷔지에의 4구성

"첫 번째 유형은 각 기관이 유기적인 이유에 따라 옆으로 퍼져 나갑니다. 내부를 편하게 만들면서 외부로 뻗어나가 다양한 형태를 만듭니다. …주의를 기울이지 않으면 혼란스러워집니다(라로슈 잔느레 주택). 두 번째 유형은 절대적으로 순수하고 단단한 외피 안에 기관들이 압축되었습니다. 어려운 구성법이지만, 아마도 정신적으로는 기쁨을 줄 것입니다. 자신이 부여한 한계 안에서 정신적인 힘을 발산합니다(가르슈 주택). 세 번째 유형은 골조가 드러나며 망상조직 같은 간단하고 명백하고 투명한 외피를 가집니다. 이 유형은 층마다 형태나 치수가 다른 방들로 구성된 유용한 공간을 만들 수 있습니다. 이 구성은 쉽고 가능성이 풍부합니다(카르타고 주택). 네 번째 유형은 외부는 순수한 형태를 따르고 내부에는 첫 번째 유형과 세 번째 유형의 장점을 가집니다. 이것 역시 순수하고 아주 광대하며 가능성이 풍부한 유형입니다(사보아 주택)."[12]

그림 4-6 | 사보아 주택의 외부 (출전 : http://en.wikipedia.org/wiki/File:VillaSavoye.jpg)

사보아 주택의 외관은 4구성 중 2형식에 해당하는 백색의 사각형 입

12) Le Corbusier, 정진국 · 이관석 역, 『프레시지옹』, 동녘, 2004, p.153

방체로서 정신을 만족시키는 엄격한 형태이며 가르쉐 주택에 해당한다. 반면에 주택 내부와 옥상정원은 자유로운 볼륨으로 구성되어 있으며, 1형식인 라로슈 잔느레 주택과 3형식인 카르타고 주택에서 실현되었다.

코르뷔지에 건축 연구가인 에슬라미(Manouchehr Eslami)는 "1형식에서 3형식은 모두 불완전한 형식이며, 각 형식이 갖는 불완전성은 4형식에 와서 극복된다. …그러므로 4형식은 종합된 형식이며, 4형식으로 구현된 사보아 주택은 르 코르뷔지에의 다른 주택에 대하여 하나의 패러다임으로 작용한다"[13]고 주장하였다.

그림 4-7 | 빌라 사보아의 거실에서 본 경사로

사보아 주택은 근대건축의 5원칙을 철저하게 수용하면서, 동시에 여러 가지 주택구성 형식들 가운데 가장 종합적인 형식을 가지고 있기 때문에 코르뷔지에의 주택작품들 가운데 정점에 있는 작품이라고 해도 과언이 아니다.

근대건축의 5원칙과 4가지 구성을 종합한 사보아 주택의 각 층을 일관되게 연결하는 것은 바로 '건축적 산책로'라고 이름 붙인 경사로이다. 천천히 걸으면서 1층에서 옥상정원까지 오를 수 있는 경사로는 르 코르뷔지에에게 단지 보거나 걷는 것이 아니라 주택구조와 볼륨의 질서정연한 배치를 아는 것이었다.[14]

근대건축과 도시계획의 주요한 원리와 유형을 정립한 건축가 르 코르뷔지에가 설계한 수많은 주택 가운데 가장 완성된 형태를 가진 것이 바로 사보아 주택이다. 설계과정에서 그리고 준공한 이후에 르 코르뷔지에와 건축주 사이에 실질적인 문제를 둘러싸고 분쟁이 있었고, 오랜 시간 동안 사람이 살지 않고 방치되는 등 현실적으로 우여곡절을 겪기도 한 주택이다. 하지만 계획과 설계 이후, 사보아 주택의 혁신적인 디자인은 그 이후 수많은 건축가들의 주택설계에 영감을 주면서 지대한 영향을 끼쳐오고 있다.

---

13) 김형준, '사보아 주택의 설계과정과 형태원리에 관한 연구', 대한건축학회연합논문집, 11권3호, 2009.09, p.11에서 재인용.

14) 김광현, 'Le Corbusier의 건축적 산책로에 관한 연구', 대한건축학회논문집, 9권1호, 1993, pp.7~8

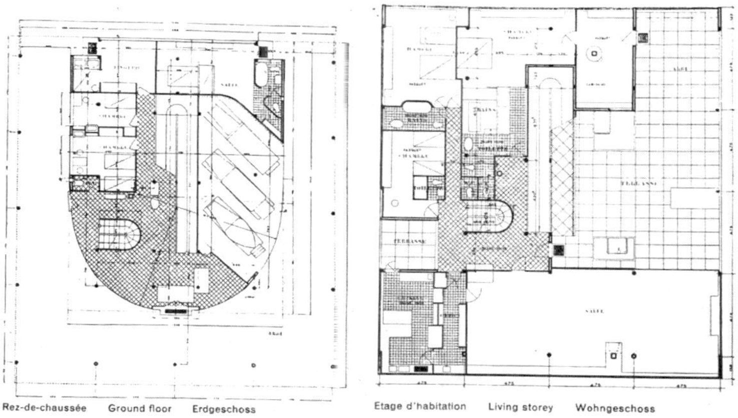

그림 4-8 | 사보아 주택 평면(왼쪽 1층, 오른쪽 2층)

4-2-3 '보편적 공간'의 주택 : 미스 반 데어 로에의 판즈워스 주택 (Farnsworth House, 1951)

1886년 독일의 아헨에서 석공의 아들로 태어나 1905년 베를린으로 이주하였다. 1907년 주택을 처음 건축하였고, 1909년에 피터 베렌스의 건축사무소에서 실무를 익혔다. 제1차 세계대전 직후에 표현주의적 경향의 '철과 유리의 마천루안(案)', '철근콘크리트조 사무소 건축안' 등 초고층 건축안을 발표하면서, 철과 유리 그리고 콘크리트라는 근대적인 공업적인 재료를 이용한 실험적인 건축계획을 보여주었다.

1929년에는 바르셀로나 국제박람회의 독일관(Barcelona Pavilion)을 설계하여 국제적인 명성을 얻게 되었다. 1930년 바우하우스의 교장에 취임하였으나 1933년 나치스의 탄압으로 바우하우스가 폐쇄되었다. 이후 1937년 미국으로 건너가 일리노이 공과대학에서 건축교육에 힘쓰면서도 일리노이 공과대학의 마스터플랜과 크라운 홀(1952), 시카고의 레이크쇼어드라이브의 아파트(1951), 뉴욕의 시그램 빌딩(1958), 시카고의 연방센터(1964) 등 철골과 유리라는 재료를 합리적으로 이용하면서도 고전적인 미학을 결합시킨 근대건축의 대표적인 작품들을 남겼다.

그림 4-9 | IIT의 크라운 홀 외관과 내부공간
(출전 : http://www.harboearch.com/getProject.php?projname=iitcrownhall)

그의 건축적 공간은 흔히 '보편적 공간(universal space)'으로 일컬어진다. 보편적 공간이란 기둥만 있고 고정된 칸막이로 구획되지 않은 넓은 공간으로서 건물 내부의 각 부분에 따른 차이나 특성이 없이 균질한 공간으로 이해할 수 있다. 이러한 균질하고 넓은 내부공간을 획득하기 위해 구조는 극도로 축소된 철골기둥이 담당하는데, 각 기둥은 일정한 그리드(grid)를 따라 규칙적으로 배열된다. 또한 이 보편적 공간은 바닥에서 천장에 이르는 높은 유리창으로 외부와 구분된다. 유리는 내·외부를 물리적으로 구분하는 경계의 역할을 하지만, 그 속성상 투명하므로 내부는 감추어지지 않은 채 외부와 시각적으로 연속하게 되는 것이다. 이처럼 극도로 단순화되고 균질한 공간은 미스가 설파한 "Less is more(더 적은 것이 더 많은 것이다)"라는 명제와 부합하는 건축적 해답일 것이다.

그림 4-10 | 판즈워스 주택의 외관

이상과 같은 미스의 건축적 특성을 가장 잘 표현한 주택작품이 바로 판즈워스(Farnsworth) 주택이다. 시카고 시내에서 60마일 서쪽에 위치하는 부지는 서측과 북측에 도로가 있고 남측으로는 폭스 강에 접하고 있는 55에이커의 넓이를 가지고 있다. 이 주택의 건축주 판즈워스는 독신녀로서 따로 가족이 없었고, 이 주택도 매일 이용하는 것이 아니라 주말에 사용하기 위한 주말주택의 용도를 가지고 있었다.

1945년 설계에 착수하여 1951년 완공된 이 주택은 약 23.5m의 길이에 8.7m의 폭 그리고 2.9m의 높이를 가지고 있는 비교적 작은 주택으로서 높고 낮은 두 개의 수평면인 테라스로 구성되어 있다. 포티코와 주거부분은 8개의 기둥, 테라스와 지붕면이라는 2개의 수평면, 유리 외피와 그것을 고정하는 멀리온(mullion) 등이 외부에서 보이는 이 주택의 전부이다.

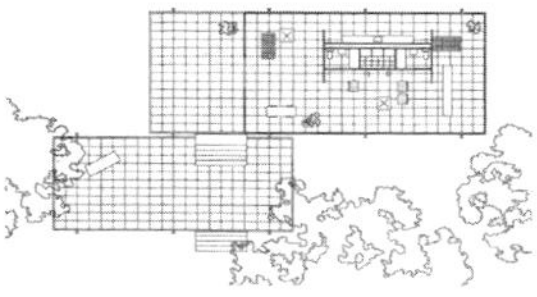

그림 4-11 | 판즈워스 주택의 평면

내부공간에는 두 개의 욕실과 기계실, 부엌, 벽난로로 구성된 코어부는 벽체로 구성되어 있지만, 나머지 공간은 칸막이가 없는 보편적 공간이다. 비록 작은 주택이지만 구조로부터 자유로운 내부공간을 만들기 위해 미스는 기둥을 독특한 위치에 둔다. 즉, 기둥을 주택의 외벽 바깥에 배치시킨 것이다. 이로써 내부공간은 구조에 전혀 구애받지 않고 자유로움과 융통성(flexibility)을 확보하게 된다. 이러한 '보편적 공간' 내부에 위치하는 침실과 거실, 식당은 벽체로 나눠지지 않고 각각의 생활을 지원하는 가구로 구분될 뿐이다.

그림 4-12 | 내부에서 남쪽의 폭스 강으로의 조망
(출전 : http://4.bp.blogspot.com/_rlhZCdZl2is/Sr4wC0LUVOI/AAAAAAAALjM/L8mDKSZ8sZk/s400/farnsworth+house+interior.jpg)

주거임에도 불구하고 네 면이 모두 바닥에서 천장에 이르는 전체가 유리창으로 싸여있어 내부에서 주변의 자연을 주택 내부로 끌어들여 파노라마로 감상할 수 있다. 주택의 내부와 외부는 거의 아무 방해물 없이 투명하게 연속되어 있다. 미스는 1958년 "중성적 프레임으로 지어 그 안에서 인간과 예술품들이 그 자체의 생명력을 갖기를 원한다… 우리는 자연과 집과 인간이 공존하여 더 고차원적인 조화로 나아가도록 해야 한다. 만약 자연을 판즈워스 주택의 유리벽을 통해서 본다면 그냥 밖에서 보는 것보다 더 심오한 중요성이 있음을 알게 될 것이다…자연은 더 큰 전체의 일부이다"[15]라고 이야기 했다. 앞서 언급했듯이, 이 주택은 독신의 건축주가 도시의 주거를 떠나 짧은 시간 머무르는 주말주택의 성격을 가지고 있다. 주말주택이란 복잡한 도시생활을 벗어나 전원으로 은둔하여 자연을 감상하면서 정신적 만족을 제공하는 곳이기 때문에 이 주택은 그런 기본적 목적을 잘 수행하고 있다고 생각한다.

하지만 주말주택도 주택이기 때문에 주택으로서의 최소한의 기능은 해야 하고, 주택이 제공해야 할 최소한의 기능 중의 하나가 바로 쾌적한 거주환경의 제공 그리고 프라이버시의 보호일 것이다. 하지만 유리벽을 통해 내외부가 투명하게 연속된 판즈워스 주택은 이러한 주택의 기본적

15) 이강훈, '판즈워스 주택의 공간구성과 "Less is more"', 한국실내디자인학회논문집, 제17권 1호, 2008.02, pp.64~65

기능에서 심각한 결함을 가지고 있었다.

우선 두께 6.4mm의 대형 고정 유리창은 여름의 더위와 겨울의 결로 현상을 해결하지 못했다. 당시에는 냉방설비도 없었고, 환기창도 작았으며, 햇빛을 가릴 수 있는 것은 나무 그늘 외에 아무 것도 없었기에, 유리상자 내부의 온실효과는 충분히 예상하고 있었을 것이다. 하지만 미스는 극도로 단순화시킨 철과 유리의 순수한 입면을 지키기 위해 햇빛을 차단할 수 있는 다른 장치를 고려하지 않았던 것 같다.

또한 넓은 유리창을 통해 내부에서 외부의 자연을 파노라마로 감상할 수 있지만 외부에서도 주택의 내부를 X-레이처럼 투명하게 들여다 볼 수 있었기 때문에 항상 감시받는 동물처럼 느껴져 주변을 경계하느라 오히려 편안히 쉬기가 어려웠을 정도였다.[16] 카치아리(Massimo Cacciari)는 이러한 미스 반 데어 로에의 건축에 대해 "중성적인 기호로 표현되어서 거주와 완전히 무관함"이라고 하면서, "여기서 부재의 언어는 거주의 부재를 입증하는 것이다… '거대한 유리창'은 거주의 무효화, 침묵이다. 그들이 대도시를 반영하는 한 그들은 거주를 부정하는 것"[17]이라고 주장하였다. 로버트 벤츄리(R. Venturi)는 지나치게 단순화한 건축은 별로 매력이 없다고 하면서 "Less is bore(더 적은 것은 지루하다)"라는 말을 통해 미스의 주택을 우회적으로 비판하였다.

이 주택의 건축주였던 판즈워스 박사 자신이 가장 고민하였겠지만, 순수한 공간과 형태라는 예술작품으로서의 주택과 더위와 추위에 약한 신체를 가진 인간이 실제로 생활하는 거주공간으로서의 주택은 언제나 일치하지는 않는다. 판즈워스 주택은 정신을 위한 주택과 신체를 위한 주택 사이에 어떤 지점을 건축가들이 선택해야 하는지에 대한 물음을 던지는 주택이다.

---

16) 이강훈, 앞의 논문, p.65

17) Massimo Cacciari, "Eupalios or Architecture", Oppositions 21, 1980, p.112

4-3 현대주택의 원형

4-3-1 기계로서의 주택 : 벅민스터 풀러의 다이막시온 주택

근대건축은 산업혁명이 가져다 준 변화에 대응하려고 했던 건축이며, 어떤 의미에서 기계와 같은 속성을 많이 가지고 있다. 루이스 설리반이 말했던 "형태는 기능을 따른다(Form follows function)"는 말은 근대건축의 기계적 속성을 가장 잘 표현하고 있다. 기계의 형태는 아름다운 모양을 만들기 위해서 고안된 것이 아니라 공학적 계산에 의해 크기와 형태가 결정되며, 각 부분들의 배열방식이 정해지기 때문이다. 르 코르뷔지에를 비롯한 근대건축가들은 산업혁명을 움직이는 주역이며 동시에 그 눈부신 결과물이기도 한 비행기, 자동차, 선박 등의 기계의 잠재력에 매료되었다. 그들은 기계의 합리성과 효율성을 어떻게 건축의 내부에 도입할 수 있는지 고민하였고, 그 결과로서 제안한 것이 그들의 근대건축이었다. 하지만 "집은 살기 위한 기계"라고 말했던 코르뷔지에도 자신의 건축적 패러다임으로 삼았던 기계는 일종의 원리이며 규범이었지, 건축을 기계로 만들려고 한 것은 아니었다.

그림 4-13 | 1967년 몬트리올 엑스포 미국관의 지오데식 돔 구조
(출전 : http://bopstory.com/10030003395)

기계적 원리를 지향했던 근대건축가들과 달리 기계로서의 주택을 지향했던 사람은 미국의 벅민스터 풀러(Buckminster Fuller)였다. 그는 흔히 20세기의 르네상스 인으로 불릴 정도로 발명가, 건축가, 엔지니어, 수학자, 디자이너, 시인 등 다재다능한 재능을 가진 사람이었다. 그의 업적 중 가장 잘 알려진 것은 지오데식 돔(geodesic dome)의 발명으로서 그 이전까지 나온 돔 중에서 가장 가볍고, 강하며, 저렴한 돔 구조이다. 난민용 주택에서 레이더관측소, 공연장, 1967년 몬트리올 엑스포의 미국관에 이르기까지 다양한 크기와 기능의 공간을 기둥 없이 덮을 수 있는 돔이다. 풀러는 더 나아가 반경 2마일의 맨해튼 중심부를 덮어서 도시 공간 전체를 온도가 제어되는 환경으로 만들자는 제안을 하기도 했다.

그림 4-14 | 뉴욕 맨해튼 돔 계획안
(출전 : http://bopstory.com/10030003395)

그는 지구를 우주선(Spaceship Earth)이라고 정의할 정도로 지구의 환경이나 에너지 문제에 대한 관심을 많이 가졌으며, 진보하는 기술을

통해 지구에 닥친 문제를 해결할 수 있다고 생각했다. 이러한 한정된 자원을 가진 지구와 사람이 사는 환경에 대한 관심으로부터 건축적 발명을 고안하였다.

그림 4-15 | 사차원(4D) 주택 (일명 다이막시온 주택, 1928)

다이막시온(Dymaxion) 주택은 풀러가 1928년에 특허 등록한 주택인데, 항공기가 운송 가능할 정도로 가벼운 주택으로서, 최소한의 자재만으로 최대한 공간을 확보하고 있다. 공장에서의 대량생산과 목적지까지의 운반을 위해 불필요한 장식을 모두 배제하고, 공장에서 미리 제작된 부품을 운반해 와서 현장에서 조립하는 방식을 채택하였다. 6각형의 평면을 가진 주택의 바닥면적은 약 1,600제곱피트이지만, 건물 전체 무게는 6천 파운드에 불과하다.

구조적으로 독특한 점은 주택의 본체가 지상에 있는 것이 아니라 철제 케이블에 의해 가운데 자리 잡은 기둥에 매달린 구조이다. 가운데 기둥은 구조적 역할만 할 뿐만 아니라 내부에 파워 유닛을 가지고 있으며, 공기, 빛, 열 등의 분배하는 파이프이기도 하다. 외벽은 가운데를 진공으로 한 넓은 이중유리로 제안했지만 당시에는 아직 개발되지 않은 상태였다. 이 넓은 유리창은 전동식 셔터에 의해 가려질 수 있게 설계되었다.

옥상은 지붕이 있는 놀이 데크이다. 옥상 위로 돌출된 배의 마스트 같은 중앙 기둥의 꼭대기에는 렌즈가 있어서 햇빛과 열을 내부로 보낼 수 있다. 내부공간을 살펴보면 네 개의 삼각형 방에는 두 개의 침실, 다용도실, 서재가 배치되어 있고, 삼각형 두 개를 합친 마름모꼴의 공간에 거실이 배치되어 있다. 공적영역이 거실과 사적영역의 침실이 반대편에 배치되고 그 사이에 중간영역이라고 할 수 있는 서재와 다용도실이 완충영역을 형성하고 있는 것이다.

주택 내부에 설치된 여러 가지 기구와 설비도 당시로서는 획기적인 아이디어를 담고 있었다. 침실에는 금속제의 주물제작된 욕실이 설치되었으며, 상하수도가 없는 지역을 감안하여 샤워는 물의 사용량을 극도로 줄인 안개총(fog gun)을 이용하려 하였다. 주택에서 사용한 물은 정화되어 재사용되도록 계획되었다. 건조기능을 가진 세탁기와 세척, 건조,

정리가 가능한 식기세척기도 구비하고 있었다. 먼지제거와 청소는 중앙 기둥 내부에 설치된 압축공기와 진공 시스템에 의해 기계적으로 처리한다. 풀러는 심지어 태양광 발전까지도 예견했다.

침대는 압축공기장치가 달려있어서 경도를 조정할 수 있었다. 전통적인 벽 대신에 공기압축장치된 벽을 사용하여 방음효과를 거두면서, 동시에 널찍하고 융통성 있는 실내공간을 가지게 되었다.

서재에는 오늘날의 홈스쿨링과 같은 재가 교육을 염두에 두었기 때문에 아이교육을 위한 지도, 지구본, 회전서가, 제도대, 타자기, 라디오와 텔레비전까지도 계획되었다.

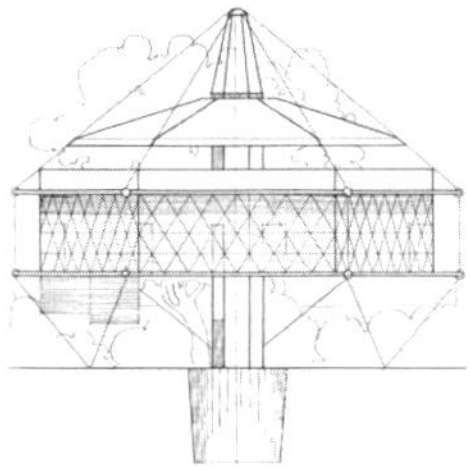

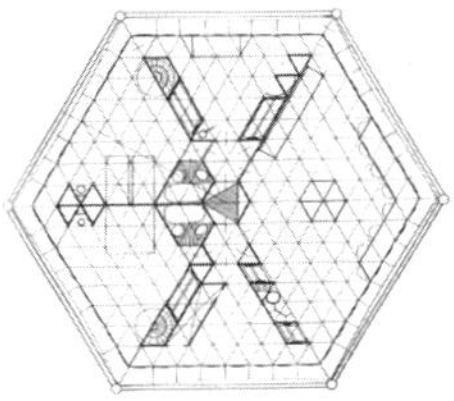

그림 4-16 | 다이막시온 주택의 입면과 평면
(출전 : http://www.trumanlibrary.org/education/nhd/images/dymaxion_house.jpg)

따라서 풀러의 다이막시온 주택은 완벽하게 자기완결적인 주택을 지향하였다. 외부로부터 전기나 물 등을 공급받지 않고도 자체적으로 해결할 수 있으며, 사람조차도 외부의 제도에 의존하지 않고 주택에서 교육을 포함한 모든 활동을 수용할 수 있는 자족적인 주택이었다. 비록 공장에서 대량생산되는 주택이지만, 세계 어디든지 주거를 위한 인프라시설이 없는 곳이라도 운반되어 설치되면 인간의 거주가 가능한 주택이었다. 아프리카의 초원지대이든, 애리조나의 사막지대이든, 히말라야의 산악지역이든 이 주택은 주변환경을 조절하면서 거주환경을 제공하는 기계와 같은 주택이다.

그림 4-17 | 다이막시온(Dymaxion) 거주기계(1946)
(출전 : http://blog.naver.com/dymaxion?Redirect=Log&logNo=140015024571)

하지만, 풀러가 이 주택을 제안했던 1928년 당시에는 실제로 만들어 보기에는 너무 많은 재료가 필요했고, 당시의 기술로 구현하기 어려운 부분들이 있어서 산업적으로 실용화되기에는 무리가 있었다.

다이막시온 주택의 정신을 이어받아 실제적인 생산을 염두에 두고 만든 것이 다이막시온 거주기계(Dymaxion Dwelling Machine, 1946)이다. 2차대전이 끝날 것을 예상하고, 많은 참전 군인들이 귀향하게 되면 주택수요가 증가할 것이며, 전투기를 생산하던 기존의 항공기 공장을 주택공급 설비로 전용하면 좋을 것이라는 생각에서 비롯되었다. 실제로 대량생산을 위한 프로토 타입을 비치항공사(Beech Aircraft)의 캔자스 공장에서 제작하였다.

이 주택은 1928년의 다이막시온 주택을 대폭 개량한 주택이다. 여전히 "가장 튼튼하고, 가장 가볍고, 가장 효율적인 가격의 주택"을 지향한 이 주택의 전체적인 형태는 원형으로 바뀌었지만 가운데 중심기둥에 철제 케이블로 매달린 구조는 변함이 없었다. 항공기 재료로 사용된 알루미늄은 당시로서는 가장 첨단의 재료였으며 쉽게 조립하고 운반 가능할 정도로 가볍고 튼튼했다. 또한 산화하지 않는 재료였기에 별도의 도장이나 유지관리가 필요 없었다.

면적은 약 1,100제곱피트의 면적을 가지고 있으며 1946년 당시 최신 자동차 한 대 가격인 6,500달러의 정도의 가격으로 예상했다. 두 개의 침실을 가지고 있어서 4명으로 구성된 핵가족에게 적합한 주택이었다.

1991년 헨리포드 박물관이 이 주택의 부품을 수집하여 이후 8년간의 연구, 2년간의 복원조립 과정을 거쳐 2001년부터 일반에게 공개하고 있다.

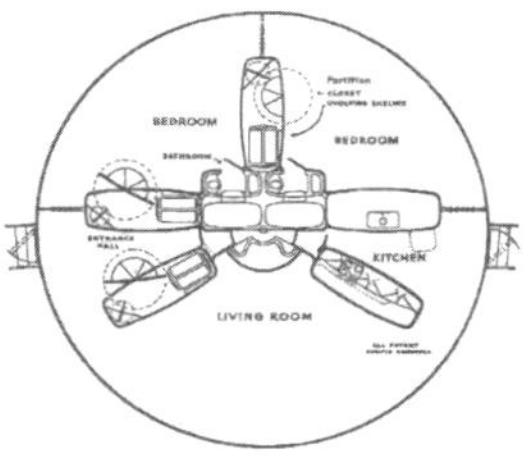

그림 4-18 | 다이막시온 거주 기계 평면
(출전 : http://www.architonic.com/imgTre/10_08/dymaxion_grundriss.jpg)

다이막시온 주택은 대량생산과 대중화를 목표로 설계되었지만, 양산화되지 못하였다. 하지만 기계와 주거를 결합시키려는 다른 건축가들과는 달리, 풀러는 기계를 생산하듯이 저렴하고 튼튼한 경량주택을 생산하여 인류에 실질적인 도움을 주려고 노력했다.

4-3-2 백색상자 주택 : Richard Meier의 Smith House, 1967

1960년대는 20세기 초반과 중반을 지배했던 거장 건축가들이 사라지면서, 그들의 건축을 대표했던 기능주의 혹은 보다 폭넓게 모더니즘 건축에 대항하려는 움직임이 나타나는 시대였다. 미국에서는 싱글양식(Shingle Style)이야 말로 진정한 미국의 건축양식이라고 주장한 이론가 빈센트 스컬리(Vincent Scully)의 영향을 받아 역사적이고 지역적인 건축전통을 계승한 공간과 형태를 지향하는 일단의 건축가들이 나타났다. 찰스 무어, 로버트 스턴, 로버트 벤츄리 등이며, 회색학파(Grey School)로 통칭되었다.

하지만 이러한 와중에서도 모더니즘의 원칙에 보다 더 철저하려고 노력했던 일단의 건축가들이 바로 뉴욕 파이브(New York 5)로서, 리차드 마이어, 마이클 그레이브스, 찰스 과스메이, 존 헤이덕 그리고 피터 아이젠만이며 회색학파에 대해 백색학파(White School)로도 불린다. 건축 이론가 콜린 로우(Colin Rowe)의 영향을 받은 이들은 역사적이고 상징적인 형태, 즉 재현적인 형태를 제거했던 르 코르뷔지에, 데슈틸(De Stijl), 쥬제페 테라니의 모더니즘 건축을 계승하여 건축적 형태의 자율적 논리를 계속 탐구하였다. 리차드 마이어는 이들을 대표하는 건축가로서 르 코르뷔지에가 제안했던 돔-이노와 시트로안(Citrohan) 주택을 이어받아 세련된 양식의 일련의 주택작품을 발표하였다.

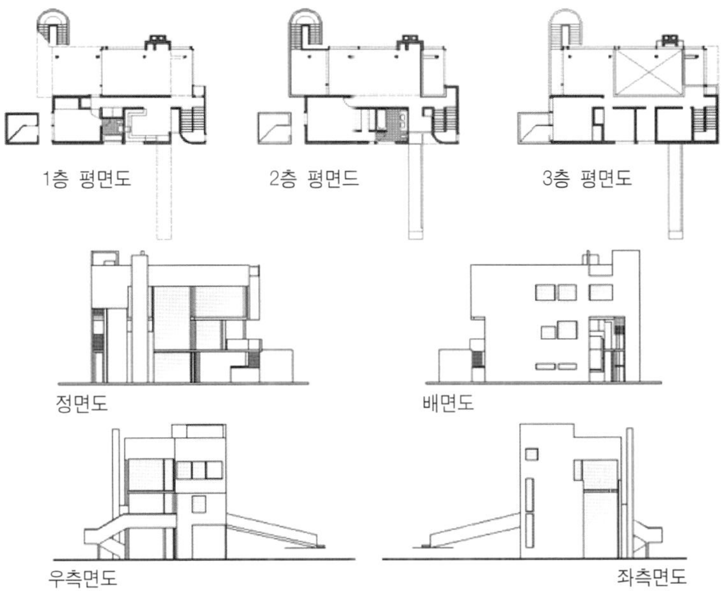

그림 4-19 | 르 코르뷔지에의 데슈틸 주택

그가 설계했던 주택들은 다음과 같은 특징을 가지고 있다.

① 2층높이의 여유로운 공간과 넓은 유리창을 가진 공공영역을 전면에 배치하고 사적공간은 후면에 배치하였다.

② 주거의 개방적 영역과 폐쇄적 영역의 대비를 강조하기 위해, 전면에는 프레임 구조(돔-이노) 그리고 후면에는 단단한 벽체구조(시토로안)를 사용하였다.

③ 두 영역 사이에는 중앙 통로공간—어떤 경우에는 상부에 천창을 설치—을 길게 두어 전면과 후면 사이의 구분을 강조하였다.

④ 두 개의 계단을 두는데, 하나는 내부에 두고 또 하나는 테라스에서 외부로 돌출시켜서 외부 디자인의 중요한 요소로 구성한다.

⑤ 외관은 거대한 유리창을 가진 단순한 백색상자이지만 전체적인 형태는 일부분을 파내어 테라스를 형성하거나 돌출요소들을 덧붙여 다양성을 부여하였다.[18)]

스미스 주택은 리차드 마이어의 초기 주택을 대표하면서 위에 설명한 그의 설계 특성을 잘 보여주고 있는 작품이다. 마르셀 브로이어의 사무실에서 실무를 배우고 자신의 사무실을 개업한 리차드 마이어가 31세였던 1965년에 이 주택의 설계를 맡았고, 그가 훗날 밝힌 바와 같이 자신의 인생에 중요한 작품이 되었다. 뉴욕에 거주하는 스미스 부부(Carole & Fred I. Smith)와 그들의 두 어린 아들을 위한 주말주택이었다.

그림 4-20 | 3층 서재에서 보이는 외부
(출전 : http://www.moderndesigninterior.com/2006/03/richard-meier-smith-house.html)

그림 4-21 | 스미스 주택 외부
(출전 : http://www.moderndesigninterior.com/2006/03/richard-meier-smith-house.html)

미국 코네티컷 주의 롱 아일랜드 사운드 해안의 상록수림 가운데 바다를 내려다보는 1.5에이커의 넓은 부지에 좋은 전망을 가지고 있다. 도로에서 부지로 접근하면 주차장이 있고, 여기서부터 경사를 따라 길게 올라가면서 주택으로 진입이 이루어진다. 진입로 쪽에서 보이는 입면은 주택의 후면부로서 주택 내부의 프라이버시를 보호해 주는 벽체구조로 이루어져 있고 몇 개의 창문이 뚫려 있다. 주택은 진입로보다 약간 낮은 곳에 지어졌고 주택의 현관은 2층에 있기 때문에 경사진 다리를 건너 내부로 진입한다. 현관이 있는 후면부는 폐쇄적이지만 현관 오른쪽에 놓인 계단실 벽이 현관 쪽으로 꺾이면서 곡면을 형성하기 때문에 자연스럽게 현관으로 유도된다. 현관을 통과하여 주택 내부로 들어서면 2층높이의 전면 유리창을 통해 밝은 빛이 쏟아져 들어오는 거실이 보인다. 폐쇄적인 후면부와 달리 거실은 넓고 높은 창을 통해 땅과 하늘 그리고 바다로 개방된 공간이다. 마이어는 이 공간을 빛과 공간의 "180° 폭발"이라고 묘사했다.[19)] 이와 같은 폐쇄와 개방의 뚜렷한 대조는 이 주택의 근본적

18) Hideaki Haraguchi, A Comparative Analysis of 20th-Century Houses, Academy Editions, 1988, p.72

인 원리이다.

많은 사람들이 리차드 마이어의 주택을 보면서 세련된 형태와 공간에 주목하는 경우는 많지만 정작 그 주거로서의 기능에 관심을 두지 않는 경향이 있다. 앞서 리차드 마이어의 주택의 설계특성에서도 언급되었지만, 그의 주택은 주거로서의 공간 프로그램 원칙을 잘 지키고 있다. 그 중에서도 그가 가장 철저하게 지키는 원칙은 공적영역과 사적영역의 구분이다. 일반적으로 가족들이 모이고 즐기는 공적영역과 개인이 자고, 씻고, 휴식을 취하는 사적영역은 층별로 구분되는 경우가 많다. 하지만 이 주택에서 공적영역과 사적영역은 각 층의 전면과 후면에 배치된다. 공적영역에 속하는 3층의 서재, 2층의 거실, 1층의 식당은 모두 바다를 향하는 전망을 가진 전면에 놓여 있고, 화장실이 딸린 폐쇄된 침실들은 진입로 방향인 각 층의 후면부에 배치되어 있다.

이처럼 수직적으로 조직된 사적영역과 공적공간은 두 가지의 다른 체계에 의해 구조화되어 있다. 사적영역은 내력벽의 역할을 하는 목구조 벽으로 구성되며, 공적영역의 구조는 원형의 철골기둥으로 구성되고 각각의 기둥은 공간적 그리드 상에 놓여 있다. 주택 외부의 마감재를 살펴보면 사적영역에는 목재 마감재가 사용되었고 공적영역에는 넓은 유리가 사용되어, 내부의 폐쇄된 공간과 개방된 공간의 대조를 표현하고 있다. 이와 같이 이 주택에는 강렬하게 병치된 솔리드와 보이드의 상호보완적 특성이 평면과 입면상에서 공간적 대화를 창조하고 있다.[20]

그림 4-22 | 스미스 주택의 정면 입면
(출전 : http://www.moderndesigninterior.com/2006/03/richard-meier-smith-house.html)

거실의 전면에 배치되어 지붕을 지지하는 기둥들은 매우 얇은 원형이어서 육중한 하중을 전달하는 구조체의 느낌을 전달하지 않고 매우 가볍고 경쾌한 공간을 만들고 있다. 전체적으로 얇고 가는 구조체로 구성된 이 주택의 구조방식은 철근콘크리트구조가 아니라 목구조이며, 거실의 기둥만 철골기둥을 사용했다.

내부와 외부에 각각 하나씩 설치되어 있는 두 개의 계단도 그의 주택

---

19) http://www.moderndesigninterior.com/2006/03/richard-meier-smith-house.html

20) Richard Meier, Architect, Rizzoli, 1984, p.32

설계의 특징이다. 대각선 방향으로 주택의 모서리에 위치한 이 계단들 중 하나는 실내에 있으며 사적영역에 속해 있고, 다른 하나는 실외에 있으며 공적영역에 속해 있다.

스미스 주택은 리차드 마이어의 주택설계의 뿌리가 어디에 있는지 잘 보여주는 작품이다. 기둥으로 이루어진 투명하고 개방적인 공적영역은 코르뷔지에의 돔-이노주택의 공간을 볼 수 있다. 벽으로 구성되어 폐쇄적인 사적영역은 코르뷔지에의 시트로한 주택의 구성방식을 계승하고 있다. 그 외에도 마이어가 즐겨 사용하는 건축언어 중 원, 반원, 1/4원 등 기하학적 곡선과 뚜렷한 형태요소로 작동하는 벽난로와 굴뚝, 계단과 램프, 선박의 갑판을 차용한 데크 등은 그의 건축에 끼친 코르뷔지에 영향의 증거들이다.[21] 하지만 리차드 마이어는 단순히 계승만 하는 것이 아니라 시대발전에 따른 새로운 재료와 디자인 언어를 적극적으로 수용하면서 근대건축이 추구하고자 했던, 합리적이고 이성적인 주택을 자신만의 방식으로 발전시켰다.

4-3-3 지역의 주택 : 마리오 보타의 주택

마리오 보타는 1943년 스위스 멘드리시오(Mendrisio)에서 태어나 청소년기에 루가노(Lugano)의 건축회사에서 제도사로 일하다가, 본격적인 건축수업을 받기 위해 밀라노의 예술학교(Liceo Artistico)와 베니스 건축대학에서 공부하였다. 르 코르뷔지에의 아틀리에에서 근무하기도 했고, 카를로 스카르빠(Carlo Scarpa), 루이스 칸 등에게서 배우기도 했지만, 1970년 루가노에서 자신의 사무소를 개설한 뒤 주로 스위스 티치노(Ticino) 지역에서 건축작업을 하면서 세계적인 명성을 얻었다. 1990년대 초기까지 그는 주로 티치노의 지역성에 기반한 주택작품을 주로 설계하였으며, 카데나쪼(Cadenazzo)의 단독주택(1971), 리바 산 비탈레(Riva San Vitale) 단독주택(1973), 리고르네토(Ligornetto)의 단독주택(1976), 스타비오(Stabio)의 단독주택(1982) 등이 그의 대표적인 초기

21) 김용립, '리차드 마이어 주택과 마리오 보타 주택의 비교 연구', 한국실내디자인학회논문집, 제15권 5호, 2006.10, p.131

주택들이다.

그의 주택작품에서 공통적으로 찾아 볼 수 있는 공간구성상의 특징은 다음과 같다.

① 외곽을 대칭성이 강한 콘크리트나 콘크리트 블록의 상자로 만들고 그 속에 공간을 없앤다.

② 개구부는 외곽 상자를 원형이나 凸형 등의 상징적인 형태로 크게 도려내고, 그 내측에 거리를 두고 유리면을 설치하는 2중피막이다.

③ 그 2중피막 사이는 테라스 등에 이용된다.

④ 많은 경우 중앙부에 가는 그리드 모양의 void를 만들고 거기에 톱라이트를 설치한다.

⑤ void에 의해 거실과 식당은 좌우로 나누어진다.

⑥ 계단은 벽으로 둘러싼다. 근대건축에서 많이 사용된 void에 걸치는 열려있는 계단은 초기의 Stabio 주택(1967)을 제외하면 사용되지 않는다.[22]

이처럼 그의 주택작품들은 공통적으로 박스나 원통과 같은 매우 단순한 기하학적 매스를 가지고 있으나, 그 내부에는 무척 독창적인 공간을 발견할 수 있다. 또한 그가 작업하는 티치노 지역에서 사용되는 건축재료인 벽돌을 주로 사용하면서 섬세한 디테일을 적용하고 있다. 여기에서는 리바 산 비탈레 단독주택을 사례로 들어 그의 주택설계의 특징을 살펴보고자 한다.

이 주택의 건축주 비앙키 부부(Carlo and Leontina Bianchi)는 마리오 보타와 가까운 친구였다. 그들은 산과 호수라는 우수한 자연조건을 갖춘 오래된 어촌마을 리바 산 비탈레의 북쪽 루가노 호수가 내려다보이는 산 죠르죠 산기슭의 경사지에 부부와 두 아이를 위한 저예산의 주택을 원했다.

이 지역에는 '로콜리(Roccoli)'[23]라고 불리는 전통적인 새 사냥을 위

22) Hideaki Haraguchi, A Comparative Analysis of 20th-Century Houses, Academy Editions, 1988, p.71

한 탑이 많이 있었다. 지금은 많이 없어졌지만, 몇몇 로콜리는 주말주택으로 개조되어 사용되고 있으며, 아름다운 자연 속에 우뚝 선 단순한 기하학적 형태의 로콜리는 이 지역만의 독특한 건축적 유산이다. 티치노 지역의 산과 호수와 어울려 언덕 위에 우뚝 솟은 로콜리는 매우 시적(詩的)인 풍경을 만들어 내고 있다. 마리오 보타는 자연과 인공 사이의 아름다운 대조를 보여주는 로콜리의 전통적인 건축적 형식에서 리바 산 비탈레 주택의 기본적인 모티프를 발견하여, 10m×10m의 정사각형 평면과 13m 높이의 단순한 사각기둥의 단일 매스를 채택하였다.

그림 4-23 | 티치노 지역의 로콜리

재미있는 것은, 이 부지로 접근하는 도로가 부지보다 높은 곳에 있었기 때문에 18m 길이의 브리지로 접근로와 주택을 연결하였다는 점이다. 주택으로 진입하기 위해서는 트러스 구조의 브리지를 건너야 하며, 트러스 사이의 틈을 통해 자연을 감상하면서 동시에 주택에 들어가는 마음의 준비를 하게 된다.

그림 4-24 | 진입 브리지부분 (출전 : http://www.geocities.com/e2luispavon/botta/botta01.html)

일반적인 주택과 달리 꼭대기 층으로 진입하기 때문에 아래쪽에 거실이나 응접실이 있고 위층에 침실과 같은 사적인 공간을 배치하는 일반적인 주택의 내부공간구성과 다른 구성을 택하게 된다. 13m의 높이를 5개 층으로 나눈 이 주택에서 각 층을 연결하는 수직동선은 평면의 중앙부에 자리 잡고 있는 나선형의 계단이 담당하며, 이 계단과 외벽 사이의 공간에 각 층의 평면이 각각 다르게 구성되어 있다.

5층에 스튜디오와 호수와 산을 조망할 수 있는 있는 상부 테라스가 동측에 있고, 4층에는 부부의 침실과 남쪽으로 초원에 면한 넓은 테라스가 있으며, 3층에는 아이들의 침실과 놀이실이 있다. 2층에는 부엌과 거실이 있으며, 가장 아래층에 저장소(cellar)와 외부로 나갈 수 있는 큰 현관이 있다. 각 층에 있는 방이나 테라스는 각각 다른 방향을 향해 개방되어 있어서 서로 다른 전망을 누릴 수 있다.

사각기둥 모양의 단순한 매스를 가진 주택이지만, 내부의 공간구성이 다르므로 외부에 보이는 4개의 입면도 각각 서로 다르며, 마치 사각기둥의 매스에서 일정한 볼륨을 파낸 것 같은 모습을 띠고 있다. 그러므로

23) 사진 출처, http://www.flickr.com/photos/cupuacu/3423675893/

전체 외곽의 단순하고 기하학적 매스에도 불구하고 내부에서의 공간구성은 매우 다채롭고 풍요롭다.

재미있는 것은 각 층은 10m×10m의 각 층 평면을 전부 사용하지 않고 여러 층을 개방하여 연결한 보이드(void) 공간을 적극적으로 사용하고 있다는 점이다. 예를 들면 모든 침실은 3개 층 높이로 뚫린 주택 내부의 보이드 공간으로 개방되어 있어 침실과 침실, 침실과 그 아래의 부엌과 거실이 시각적으로 연결될 수 있다.

벅민스터 풀러의 다이막시온 주택과는 달리 이 주택은 스위스의 티치노 지역의 지역성과 밀접하게 연관되어 있다. 티치노이기에 정사각형의 평면을 가진 탑 모양의 형태에 고개가 끄덕여지며, 주택을 마감하는 벽돌에서 자연스럽게 이 지역의 건축의 하나로 자연스럽게 받아들인다.

만일, 이 주택이 스위스를 떠나 다른 지역에 건립된다 하더라도 마리오 보타의 섬세한 디테일과 탑 모양 외관에 내장된 교묘한 공간구성으로 인해 좋은 건축으로 인정되겠지만 주변의 자연환경과 어울려 시적인 풍경을 만들어내기 보다는 주변과 겉도는 '낯선 건축'이 될 것이다.

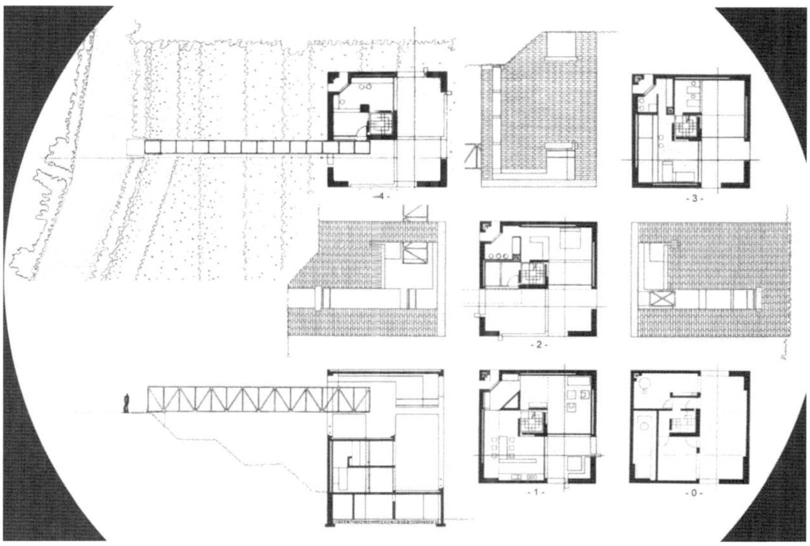

그림 4-25 | 리바 산 비탈레 주택의 평면, 입면, 단면

참고문헌

1. 김광현, 'Le Corbusier의 건축적 산책로에 관한 연구', 대한건축학회논문집, 9권1호, 1993.
2. 김용립, '리차드 마이어 주택과 마리오 보타 주택의 비교 연구', 한국실내디자인학회논문집, 제15권 5호, 2006.10
3. 김형준, '사보아 주택의 설계과정과 형태원리에 관한 연구', 대한건축학회연합논문집, 11권3호, 2009.9
4. 우신구 · 김광현, '기술복제시대와 아돌프 로스의 주택에 관한 연구', 대한건축학회논문집, 11권10호, 1995.10
5. 이강훈, '판즈워스 주택의 공간구성과 "Less is more", 한국실내디자인학회논문집, 제17권 1호, 2008.2
6. 이관석, '1920년대 르 코르뷔지에의 저서에 담긴 건축 정의 -레스프리 누보에서 비롯된 세 권의 책을 대상으로-', 대한건축학회논문집 계획계, 제24권 제9호, 2008.9
7. Adolf Loos, 'Architecture', Yehuda Safran & Wilfred Wang, The Architecture of Adolf Loos, An Arts Council Exhibition, 1987.
8. Hideaki Haraguchi, A Comparative Analysis of 20th-Century Houses, Academy Editions, 1988.
9. Le Corbusier, 정진국 · 이관석 역, 『프레시지옹』, 동녘, 2004.
10. Leslie van Duzer & Kent Kleinman, Villa Muller : A Work of Adolf Loos, Princeton Architecture Press, 1994.
11. Massimo Cacciari, "Eupalios or Architecture", Oppositions 21, 1980.
12. Panayotis Tournikiotis, Adolf Loos, Princeton Architectural Press, 1994
13. Richard Meier, Architect, Rizzoli, 1984.
14. http://storiesofhouses.blogspot.com/2005/07/family-house-at-riva-san-vitale-by.html

제 5 장

친환경 주거단지계획

제 5 장

친환경 주거단지계획

5-1 친환경 건축을 위한 미래 건축의 이해

5-1-1 20세기 모더니즘 시대의 건축

그림 5-1 | Minoru Yamasaki, Pruitt Igoe Housing, 1956년 대단위 고층 아파트단지로 계획된 본 단지는 건설 당시 근대건축의 가장 이상적인 주거계획안으로 평가를 받았으나, 입주 후 계속되는 파괴와 범죄로 인하여 5백만 불 이상의 복구비용을 지출한 후, 결국 1972년 시 당국에 의해 해체되었다. 이후 근대건축 이상의 종말을 나타내는 상징적인 사건이 되었다.

20세기 동안 건축은 질적으로, 양적으로 엄청난 발전을 이루었다. 과학의 급속한 발전과 병행한 건축기술의 발전과 새로운 건축재료의 도입이 획기적인 건축 발전의 중요한 배경이 되었다. 두 번에 걸친 세계대전은 건축환경의 변화를 성숙시키기에 충분한 건축적 수요를 제공하였다. 이러한 건축의 발전은 새로운 건축 이상(architectural ideology)의 설정을 요구하였으며, 건축공간과 형태에 대한 수많은 형이상학적 이론들이 쏟아져 나오게 하였다. 이러한 이론들은 공통적으로 건축가의 윤리성, 합목적성, 실용성 등과 같은 실용주의적 사고 패러다임에 그 근간을 두고 있었으며, 과학기술의 발전과 함께 건축은 계속하여 발전하게 될 것이라는 기술 결정주의(technical determinism)가 확고하게 작용하고 있었다. 이러한 건축경향은 건축물의 물리적 형태에 있어서 공통된 요소를 찾기가 힘들 정도로 다양한 양상을 나타내었음에도 불구하고 흔히 근대건축운동, 기능주의, 기계미학의 건축 등으로 불리다가 '국제주의 양식(International Style)'이라는 이름의 사용으로 전 세계적인 건축양식의 통일을 이룬 듯한 환상을 불러왔다.

그림 5-2 | Robert Venturi, Vanna Venturi House, 근대건축의 합리성과 통일의 '집단적 논리'에 반하여 건축의 대립과 모순의 '개별적 상징'을 주장하는 대표적 포스트모던 건축
(출전 :http://architecture.about.com)

그림 5-3 | Frank Gehry's J.M. Weston, Rem D. Koolhaas' UnitedNude, Julian Hakes' Mojito, Zaha Hadid's Melissa, 건축가들의 구두 디자인에서 건축물과의 디자인 모티브의 관련성을 쉽게 발견할 수 있다.

5-1-2 1960년대 이후 포스트모더니즘 시대의 건축

1960년대에 이르러 건축은 또 다른 큰 변화를 겪었다. 20년 가까운 혼란의 기간 동안 많은 건축가와 건축 이론가들은 한때 가장 이상적인 건축경향으로 추앙되었던 근대건축에서 파생된 여러 문제점들을 맹렬하게 비난하였고, 심지어 근대건축의 사망을 선언하기도 하였다. 이들 중에서는 그 사망의 순간을 시간과 분까지 정확하게 기술한 사람도 있었다(그림 5-2). 이들에 의해 주장된 근대건축의 문제점의 공통분모는 건축의 역사적 단절, 건축 엘리트 집단에 의한 지나친 형이상학적 주장으로 야기된 일반대중과의 소통의 단절, 지나친 기능적 합목적성을 주장함에 따른 지역성 및 환경과의 단절, 문화적 환경과 가치관의 급격한 변화에 적절하게 대응하지 못하는 시대적 문화적 맥락과의 단절 등이라고 할 수 있다. 이들은 탈근대건축(post-modernism), 신근대건축(neo-modernism), 뉴 모더니즘(new-modernism), 후기 근대건축(late-modernism) 등과 같은 근대건축의 한계를 초월하려는 여러 경향뿐만 아니라, 신합리주의(neo-rationalism), 급진주의(radicalism), 현대 매너리즘의 건축, 기계적 표현주의, 추상적 형식주의(abstract formalism), 맥락주의(contextualism), 신토속주의(neo-vernacular), 신고전주의(neo-classicism), 현상학적 실존주의, 상징주의(symbolism), 해체주의(deconstructivist) 등의 다양한 경향을 대안으로 제시하였다. 이러한 건축적 경향들은, 상당한 부분에 있어서 현대인의 반과학적 성향을 배경으로 하여 근대건축의 급진적 발전에 대한 일시적 반동으로 작용하였던 것으로 볼 수 있다.

5-1-3 21세기 미래 건축

20세기 말과 21세기 초를 거치며 현대건축은 또 다른 변화를 모색하고 있는 것처럼 보인다. 이것은 1960년대처럼 사상에 있어서 그렇게 급진적이지도 않으며, 양식상으로도 다양하거나 혼란스럽지도 않다. 어쩌면 우리는 우리가 인식하지 못하는 가운데 새천년의 여흥에서 벗어나기

그림 5-4 | Norman Foster, YachtPlus Signature Series, 노만 포스터가 디자인한 2천4백만불 가격의 슈퍼요트 시리즈 (출전 : http://www.yachtplus.com)

그림 5-5 | Zaha Hadid, Chanel Mobile Art Pavilion

그림 5-6 | Zaha Hadid, Z-Car, 패트릭 슈마허와 공동으로 개발한 컨셉카로 바퀴 3개에 좌석 2개가 있으며, 수소연료를 사용하여 매우 조용하고 매연이 전혀 없는 친환경 자동차다. (출전 : http://www.zcarblog.com)

시작하여 새로운 천년에 적합한 건축양식을 이미 찾고 있는지도 모른다. 이것을 이루는 데는 상당한 기간이 걸릴 것이다. 아니, 어쩌면 더 큰 혼란 속에 빠져들게 할지도 모른다. 그러나 앞으로의 100년의 나갈 길은 분명하게 찾은 것처럼 보인다. 비록 약간의 안개가 그것을 직시하는 것을 어렵게 하기는 하지만, 언제나 그런 것처럼 많은 부분들이 현대의 시대정신을 강하게 반영한다. 다음과 같은 경향들이 앞으로 상당한 기간 동안 새로운 건축의 화두가 될 것이 확실해 보인다.

다음 세대를 위한 주요한 건축경향 중 하나는 '하이브리드 건축(hybrid architecture)'일 것이다. 20세기가 분석의 시대라면 현대는 가히 통합의 시대이다. 모든 분야가 경계를 허물며 통합을 지향한다. 건축설계에 있어서도 통합설계는 건축설계 프로세스에 있어서 가장 큰 변화일 것이다. 하나의 건축적 이상을 위하여 각 분야의 전문가를 통합하여 아우르는 역할이 건축가의 가장 중요한 임무가 되지 않을까 생각한다. 당연히 그 중에는 건축이 전공분야가 아닌 전문가집단이 포함될 것이다. 가구, 선박, 의상, 액세서리 등의 패션분야에서 도출된 디자인 모티브는 건축 디자인에 더욱 큰 영향을 미칠 것이다. 노만 포스터(Norman Foster)는 산업디자인과 실내장식 디자인을 겸하고 있을 뿐만 아니라 고급 요트 설계에까지 업무영역을 확장하고 있다. 여성건축가 자하 하디드(Zaha Hadid)는 구두를 직접 디자인하고, 렘 쿨하스(Rem D. Koolhaas)는 건축과 패션을 통합한 'UnitedNude'란 자체 브랜드를 사용하고 있다. 하디드는 최근 홍콩에 설계한 Chanel Mobile Art Pavilion에서 건축물이 그 내용물과 디자인에 있어서 얼마나 밀접한 관계를 이룰 수 있는지를 보여주며, 현대 예술 및 디자인과의 건축적 통합의 가능성을 여실히 입증하고 있다. 그녀는 'Swarovski' 보석, 'Alessi' 주방가구를 디자인하고, 콘셉트 자동차 'Z-car'의 디자인으로 큰 화제가 되었다.

'컴퓨터의 영향'은 미래의 건축을 크게 변화시킬 것이다. 인텔리전트 빌딩과 패러메트릭 함수(parametric function)를 활용한 건축 디자인은 오래전부터 건축이 컴퓨터에 의존하는 분야이다. 사이버스페이스는 컴

그림 5-7 | Toyo Ito, Sendai Mediatheque Toyo Ito & Associates
Toyo Ito, Sendai Mediatheque
(출전 : http://www.arkitera.com)

그림 5-8 | Frank Gehry, Guggenheim Museum, 스터디 모델

그림 5-9 | Frank Gehry, Guggenheim Museum, Catia 프로그램의 사용으로 부정형적인 3차원 형태의 정밀한 설계 및 제작이 가능하였다.

퓨터 속에서만 존재하는 가상공간(virtual space) 이상의 의미를 지닌다. 우리의 모든 문화 속에서 인터넷을 포함한 컴퓨터의 의존은 이러한 가상공간과 물리적 공간간의 실존적 경계를 더욱 모호하게 할 것이다. 피터 아이젠만(Peter Eisenman)에게 있어서는 그가 설계한 실제 주택보다는 카드보드로 만든 주택 시리즈가 더욱 의미가 있듯이, 도요 이토(Toyo Ito)가 그의 건축물에서 본체의 비물질화(dematerialization)의 추구로 가장 진보적인 건축가 중의 한 명으로 평가 받듯이, 물리적으로 실존하지 않는 공간이 우리에게 더욱 더 큰 공간적 의미를 지니게 될 날이 올 것이다. 그러나 이보다 현실적으로 더욱 빠르게 현대건축에 영향을 미칠 요인은 '컴퓨터를 활용한 건축설계(CAAD)'와 '빌딩정보 모델링(BIM; Building Information Modeling)'의 적극적인 도입일 것이다.

잘 알려져 있는 것처럼 프랭크 게리(Frank Gehry)는 'Catia'라는 컴퓨터 프로그램을 사용하여 기존 방식으로 제작이 거의 불가능한 부정형적인 3차원의 모형을 쉽게 모델링하고 구조적으로 해석하여 건축설계의 초기단계에서부터 적극적으로 활용하고 있다. 하디드는 'Rhino'라는 프로그램을 사용하여 직선과 곡선이 조화를 이루는 독특한 형태를 만들어낸다. Rhino는 숫자의 입력을 통하여 원하는 곡면형태를 수학적으로 정확하게 모델링할 수 있는 특징을 지니고 있다. 객체 지향적 CAD 프로그램인 Revit은 기존의 2차원 도면 중심의 CAD 프로그램 대신 모든 디테일과 재료를 포함하는 3차원 객체 중심의 CAD 프로그램으로의 변환을 주도하고 있다. 이러한 건축설계 과정에서의 소프트웨어의 활용은 디자인부터 제작까지를 총괄하는 BIM의 도입으로 보다 정확한 견적과 시공이 가능해져, 조만간 AutoCAD를 중심으로 한 2차원 건축도면에 의존하는 설계방식을 대체하는 표준 설계방식이 될 것으로 예상된다. 세종시의 건설을 담당하고 있는 행정복합도시건설청은 세계 최고의 녹색도시 조성에 적합한 건축설계방식이라는 슬로건으로 BIM을 공공건축에 접목시키는 복합커뮤니티센터의 설계를 추진하고 있다. 건축, 구조, 설비 등의 각 분야를 통합 관리하는 BIM 시스템을 도입하여, 기본설계단계에서부터 2차원 설계방식에선 해결할 수 없었던 부정형 건축설계, 설계오류의

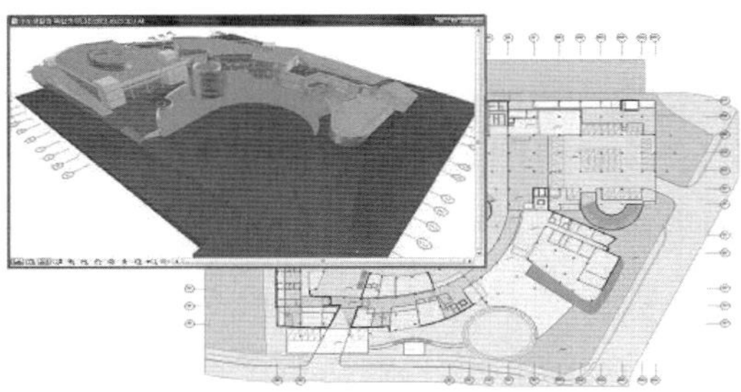

그림 5-10 | 세종시 건설에 적용된 복합커뮤니티 빌딩정보 모델링(BIM) 3차원 설계
(출전 : http://www.macc.go.kr)

그림 5-11 | 행정복합도시건설청의 종합사업관리 시스템(MPAS). 이 글을 쓰고 있는 2010년 1월 현재 세종시 수정안은 정치권의 가장 뜨거운 감자로 남아 있어, 이 시스템이 여전히 효율적으로 작동할지는 미지수이다. 수정안은 행정중심복합도시에서 대기업과 중견기업, 대학 등이 포함된 인구 50만의 교육과학 중심 경제도시로의 변경을 주 내용으로 한다.
(출전 : http://www.macc.go.kr)

확인, 디자인 및 구조해석, 빠른 의사결정 등을 실행하고, 실시설계 단계에서도 공정간 간섭체크, 건물 내·외부마감 선택, 에너지 절감률 평가 및 분석 등에 활용하도록 하였다. 이 새로운 설계방식으로 공사기간과 비용을 크게 줄일 수 있을 것이며, 건물의 사용에너지 평가 및 분석이 실시간으로 실행되는 복합커뮤니티센터를 행복도시 내의 3곳에 설치하여 에너지 절감을 위한 친환경건축 설계를 가능하게 할 것으로 기대한다. BIM이 녹색도시의 조성에 얼마나 효율적일지는 밝혀지지 않았으나 컴퓨터를 활용한 이상적인 표준설계방법의 하나인 것은 분명하다.

'친환경건축(ecological architecture)'과 '지역주의 건축'은 21C 미래 건축에 있어서 가장 중요한 주제가 될 것이라는 점에는 의심의 여지가 없다. 건축뿐만 아니라 모든 분야에 있어서 환경은 가장 첨단의 사업이 되어 버렸다. 친환경건축 전공자로서 21C 건축의 가장 주요한 경향으로는 지역주의 건축과 친환경건축이 될 것이라는 주장을 꾸준하게 해왔지만, 우리 정부를 포함한 많은 기관의 갑작스런 친환경건축에 대한 과대한 관심은 오히려 당혹스러운 느낌마저 들게 한다. 이러한 관심은 지구온난화와 이산화탄소 배출 등과 관련된 환경 및 에너지 요인뿐만 아니라 정치 경제적 요인이 작용하는 것 같아 다소 씁쓸한 감이 있다. 하지만

그림 5-12 | Renzo Piano, Jean-Marie Tjibaou Cultral Center, 지역건축의 모티브를 직접적으로 차용한 대표적 친환경건축

건축에서의 환경에 대한 관심이 어디에서 기인한 것이든, 본질적으로 건축의 주요한 기능 중의 하나는 '환경의 조절'이다. 많은 경우 우리는 물리적, 심리적, 상징적 환경을 조절하거나 조성하기 위하여 건축행위를 한다. 그러나 친환경건축이 정확하게 무엇을 의미하는지를 이해하는 것은 생각처럼 간단하지가 않다. 주거론 관점에서의 친환경건축의 의미에 대해서는 '제9장. 주거의 친환경적 계획'에서 보다 상세하게 다루게 될 것이다. 따라서 본 장에서는 친환경건축의 의미에 대한 간단한 이해를 토대로 주거단지의 계획에 있어서 환경적 고려요인에 대한 개괄적 설명과 그 사례를 예시하고자 한다.

5-2 친환경 주거단지의 의미와 계획 목표

5-2-1 친환경 주거단지의 이해

단지계획(團地計劃)이란 토지의 합리적 이용, 개발, 증진을 목적으로 일정한 규모의 점유된 토지 위에 주거(住居), 상업, 생산유통, 교육연구 등의 활동을 수용하기 위한 종합적인 토지계획이다. 그러면 '친환경 주거단지계획'이란 무엇일까? 대기, 물, 땅, 자연자원, 에너지, 유·무생물뿐만 아니라 인간 스스로의 생명활동을 저해하지 않고, 이들을 보존, 유지하게 하는 주거개발계획으로 정의할 수 있다. 주거환경에서 대부분의 인간활동은 주변 환경인자들을 이용해서 이루어지며, 그 결과 어느 정도의 환경피해는 필연적으로 발생한다. 따라서 사람에 의한 영향이 전혀 미치지 않는 자연계의 미개발 상태를 가장 이상적인 환경상태로 볼 수 있으며, 친환경적 개발이란 개념은 그 자체가 모순적이라고 볼 수 있다.

결국 현실적인 관점에서 환경개발의 공통적인 요소는 1) 개발이 환경의 한계를 초과하여서는 안 되며, 2) 인간과 자연과의 균형회복을 도모하며, 3) 에너지를 포함한 자연자원은 미래세대를 고려하여 현 세대가 필요한 개발을 해야 한다는 것이다. 즉, 자연계의 수용능력 범위 내의 인간 활동양식을 기초로 한 인류 및 동·식물의 지속적인 생존을 보장할 수 있는 생태학적 주거환경의 개발을 목표로 한다. 따라서 친환경 주거단지란 '환경문제를 근본적으로 해결하고 예방하고자 하는 목적 하에 모든 개발행위와 경제활동에서 환경을 우선적으로 배려하여, 환경에 미치는 악영향을 최소화시키는 환경 중심의 주거단지'로 정의할 수 있다. 여기에 해당하는 개발 개념으로는 생태건축(ecological architecture), 환경공생주택(symbiotic housing), 기후순응형건축(bioclimatic architecture), 생물건축(bio-archititeture), 퍼머컬처(permaculture), 건축생태학(arcology), 녹색건축, 친환경건축 외에 많은 유사한 개념이 포함될 수 있으며, 가장 포괄적이고 가장 광범위하게 사용되는 개념은 '환경적으로 건전하고 지속가능한 개발(ESSD, environmentally sound and sustainable development)'이다.

지속가능한 개발의 개념은 1992년 리우환경회의로 잘 알려진 제2차 UN인간정주회의에서 채택된 것으로, "생태계 수용능력의 한계 내에서 자원을 효율적으로 이용하고 환경에 대한 악영향의 예방을 원칙으로 하여 사회적 통합, 빈곤의 근절, 생산적인 고용창출과 경제의 지속적 발전, 지속가능한 토지이용, 지속가능한 에너지 이용, 지속가능한 교통·통신체계, 역사적·문화적 유산의 보존과 복원 등을 총체적으로 고려하는 개발"을 의미한다. 초기에는 생태중심주의 사상으로 환경보호와 경제개발은 양립할 수 없는 상쇄관계이기 때문에 환경보호를 위하여 경제개발의 둔화를 감수해야 한다는 사고를 가졌었다. 그러나 1980년대 이후 개발과 환경보호는 상호보완적이 될 수 있다는 개념으로 수정되어, 개발은 단지 물질적인 성장만을 의미하지 않고 인간의 기본욕구의 충족뿐만 아니라 교육, 건강 등 복지와 '삶의 질'의 향상을 통한 사회적 만족의 증대를 의미하게 되었다. 그 결과 Well-Being은 현대인의 일상생활에서 하나의 주요한 가치관으로 자리 잡게 되었다.

5-2-2 친환경 주거단지의 계획 목표

친환경 주거단지계획의 구체적인 실행에 있어서는 실천논리에 따라 다소 상이한 계획 목표가 제시된다. 지속가능한 개발에서는 자연과 문화환경 그리고 삶의 질의 경제적 가치를 강조하는 환경의 가치(value of environment), 미래세대의 요구와 만족에 대한 장기적 영향을 고려한 미래지향성(futurity), 각 세대 간 그룹 간의 사회적 만족을 고려하는 형평성(equity)을 중요시한다. 생태건축에서는 자연환경의 순환관계인 재활용(recycle), 재사용(reuse), 재생가능성(renewable)의 3R 개념을 강조한다. 환경공생주택에서 강조하는 개념은 지구환경의 보전(low impact), 주변 환경과의 친화(high contact), 거주환경의 건강과 쾌적성(health & amenity)이다. 퍼머컬처는 문화와 농업의 영속성을 주장하며, 자연적인 보전보다는 계획에 의해 디자인된 관리를 강조한다. 미국의 그린빌딩에서는 에너지 및 자원절감 등과 같은 경제적 효율성과 유지관리를 중요하게 생각한다. 파올로 솔레리, 리차드 로저스 등의 많은 생태중심의 건축가들은 생태영역의 축소와 복합기능의 고밀도 주거지역 및 도시를 주장한다. 이러한 다양한 이론 속에서 발견할 수 있는 친환경 건축의 공통적 목표는 친환경, 친인간, 친건강과 함께 경제적, 사회적 개념을 포함한다.

그림 5-13 | 미국 Arizona 주 Phoenix 시의 Urban Sprawl 현상, 도시의 급격한 팽창에 따라 대도시의 교외가 무질서 · 무계획적으로 발전하는 현상으로, Phoenix는 광역도시로 유명한 LA와 비슷한 면적이나 인구는 1/3밖에 되지 않는다.
(출전 : Richard Rogers, Cities for a Small Planet, 1997)

5-2-3 생태영역과 순환대사도시

생태영역(ecological footprint)이란 한 도시가 유지되기 위해 의존하는 전 영역을 말한다. 완전히 자립적인 도시란 존재하지 않으며, 현대도시는 도시의 물리적 영역보다 훨씬 광범위한 영역(어떤 의미에선 전 세계)으로부터 자원을 공급받고 자신의 폐기물과 오염물질을 이 영역으로 다시 방출한다.

미국형의 소비중심 도시는 일반적으로 '선형 대사도시(linear metabolism city)'로서, 도시의 생존을 위해 가능한 한 모든 것을 소비하고 오염시킨다. 미국의 대형마트는 중국 등에서 생산한 공산품으로 넘쳐난다. 또한 자동차 문화에 의존하는 현대 대도시들은 '도시 확장(urban sprawl)' 현상, 즉 도시계획에 무관하게 싼 가격의 좋은 주변 환경을 찾아 교외로 주택이 침식해 들어가는 현상이 흔히 발생한다. 특히 경제적

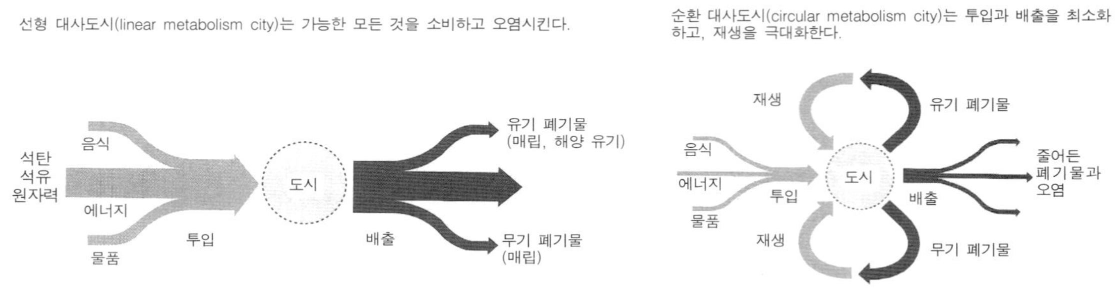

그림 5-14 | '선형 대사도시'와 '순환 대사도시'의 비교. 순환 대사도시는 '생태영역'을 최소화하기 위하여 효율을 극대하고 소비를 줄이고 자원의 재활용을 극대화한 지속가능한 도시를 말한다. (출전 : Richard Rogers, Cities for a Small Planet, 1997)

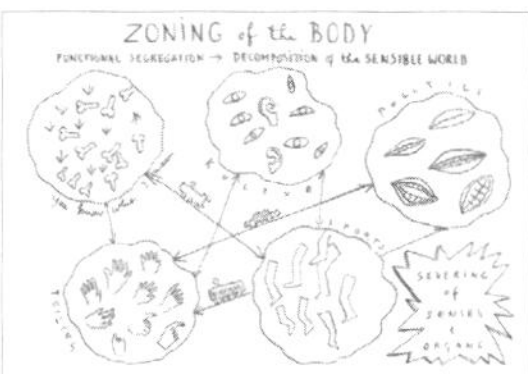

그림 5-15 | 용도지역지구제(zoning)의 문제점, Leon Krier는 도시를 기능에 따라 단순하게 몇 개의 구역으로 나누어 관리는 용도지역지구제는 교통문제를 포함한 많은 환경 및 자원문제를 야기하는 것으로 주장되고 있다. 대안으로 흔히 다핵의 복합용도 고밀도 도시, 즉 '콤팩트 시티(compact city)'가 주장되고 있다.
(출전 : Leon Krier, Houses, Places, Cities, 1984)

논리와 관리의 편리에 의해 여러 나라에서 시행하고 있는 용도지역지구제(zoning)는 지역적 불균형과 문화적 단절을 심화시키고 교통량의 증가에 의해 환경 및 에너지 자원의 문제를 발생시키는 것으로 밝혀지고 있다. '순환(circular) 대사도시'는 소비자원과 생태영역을 최소화하는 지속가능한 자생도시를 지향한다. 사회문제를 고려하고 시민들의 삶의 질을 향상시키기 위해 노력하는 사회학적 해결책을 포함한 친환경적 해결책은 더욱 건강하고 개방적인 도시를 가능하게 한다.

5-2-4 친환경 주거단지계획의 주요 설계요소

친환경 주거단지계획에 있어서 공통적으로 고려해야 하는 주요 설계요소를 정리하면 다음의 표와 같다.

시스템	항목	계획 수법
수순환 및 비오톱 시스템	친수환경 조성	단지순환 실개천, 분수, 자연하천 활용
	우수 침투	잔디블록, 투수성 아스팔트, 투수성 블록 포장
	비오톱 조성	잠자리 연못, 어류연못, bird bath, 인공 산, 녹도조성
	우수 이용	단지 내 우수 저장탱크 설치
	중수 이용	중수활용 시스템
	친수공간	워터프런트 설치, 산책용 데크 설치
	수자원 정화 시스템	자연정화, 식물이용 수자원 정화

그린 네트워크 및 생태녹화 시스템	그린 네트워크 조성	오픈 스페이스 체계화, 녹지공간 연계, 녹도조성, 자연 생태질서의 회복, 동물이동통로(에코 브리지)
	녹화공간 확충	인공지반 녹화
	실용녹화	허브 가든, 공동 채소원, 유실수 식재
	생태녹화	기존 수목재 식재, 종다양화 식재, 다층구조 식재, 동물 유인수 소재, 대기정화수 식재, 미기후 조절 식재
	생태학습원	자연학습원, 동물학습원, 생물이동통로(에코 브리지)
	실내녹화	실내분수, 실내정원, 발코니 녹화
	옥상녹화	옥상녹화 및 이와 연계된 우수 순환 시스템
	벽면녹화	벽면 넝쿨녹화, 발코니 녹화
자연 에너지 활용 시스템	태양에너지 시스템	액티브 솔라 ; 태양전지, 콜렉터
		패시브 솔라 ; atrium, sun space, 축열재료, 축열벽, 차양 설치, light scoop, sun scoop, roof pond
	풍력 및 지열 시스템	풍력에너지의 이용, 바람길(wind scoop) 설치, 증발냉각 시스템, 천장 선풍기, 방풍림 식재
		지열(geo-thermal)이용, biomass
	에너지 절약, 재활용	폐열 회수, 지역열병합발전, 에너지 활용 증대
자원 절약 및 재활용 시스템	고효율 시스템	고기밀, 고단열 공법, 외단열, 시스템 창호, 고기밀 joint
	표준 설계	BIM 등에 의한 표준설계
	환경보전형 건설 시스템	지속가능한 건설과정 확보, 제조, 수송, 시공과정에서의 환경보전 수법
		건축재료 리사이클, 건설폐기물 재활용
	친환경건축 재료	황토, 비가공 목재, 재가공 목재, 친환경마감재 사용, 천연접착제 및 천연도료 사용
	자원절약형 설비	절약형 수전 및 변기(센서, 터치형)
	자원 절약	내구성 재료, 폐기물 발생의 최소화, 퇴비화 화장실
	생활쓰레기 퇴비화	주방쓰레기 퇴비장, 생활쓰레기 분리수거함
	쓰레기 재활용	자가처리, 기계식 분리수거
자연 순응형 배치 기법	미기후를 고려한 배치	부지의 미기후를 이용한 단지계획, 일조, 통풍, 온도, 습도, 강우조건 등을 고려한 계획, 지중건축
	접지성 확보	자연요소의 회복, 마당형 대형 발코니, 툇마루
	기존지형 및 수림대 활용	기존 지형의 보존 및 복원, 기존 지형 순응, 적정 밀도 계획, 자연림 보존, 생태계보전, 시스템 주차
	환경친화형 주차	경사지 활용주차장, 자전거 및 보행자 전용도로
	가변형 설계	가변형·주문형 평면 개발, 붙박이형 수납공간

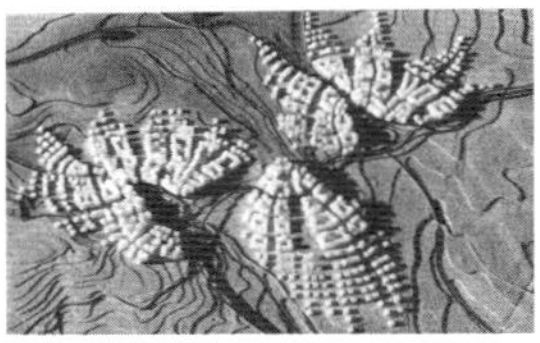

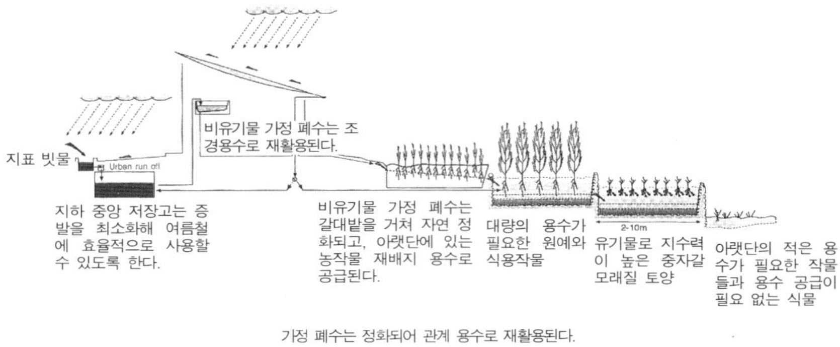

그림 5-16 | Richard Rogers, Spain Majorca Technopolis 초기 스터디 모델, 건조한 대지에 들어서는 기술집약 첨단도시를 위하여 다핵 방사상배치의 순환대사도시 계획이 제안되었다. (출전 : Richard Rogers, Cities for a Small Planet, 1997)

5-3 친환경 주거단지의 사례

5-3-1 독일의 친환경 주거단지

1) 독일의 생태건축(1979)

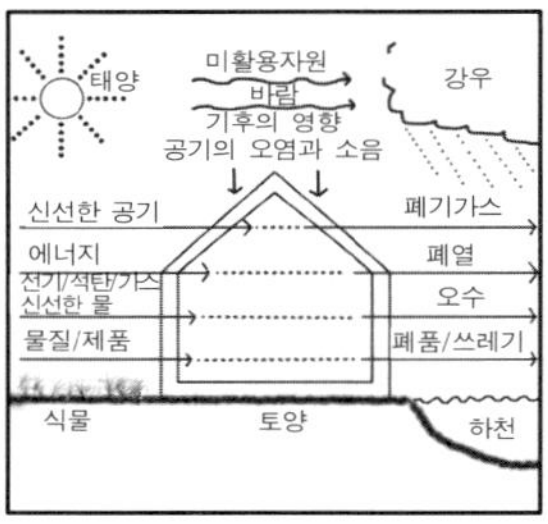

그림 5-17 | 기존의 건축개념도

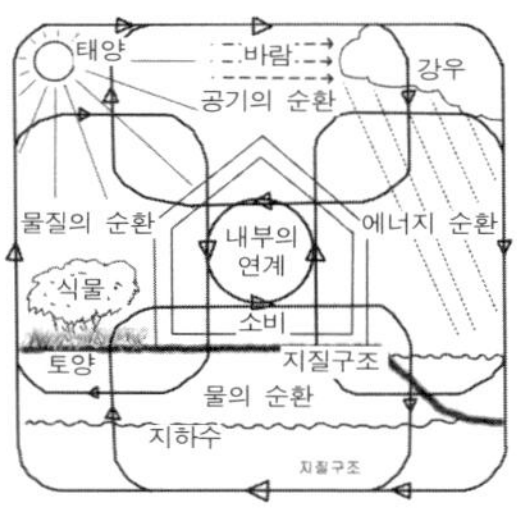

그림 5-18 | 독일 생태건축 개념도. 에너지와 토양, 공기, 물, 태양 등이 지닌 자연의 순환체계와의 통합계획을 강조한다.

독일의 생태건축(Ökologisches Bauen)은 기존 건축이 환경파괴에 따른 생태문제를 야기하는 것에 대한 대안건축으로서, 보다 생태학적 본질에 초점을 두며, 자연생태계의 보전을 특히 강조한다. 이와 함께 자연의 순환법칙에 저촉되지 않은 개발을 위해 순환형 건축을 제시하고 있다. 이것은 자연환경과 에너지 효율을 고려한 입지 선정, 건물기본계획, 건물형태, 건물배치, 재료선택, 공간구성계획, 건물 내부의 기능 연계, 건축물 공급처리 시스템, 그리고 수목과의 연계 및 이용을 의미하며, 이후 발생한 다른 나라의 친환경 주거단지 개발에 큰 영향을 주었다.

생태건축이라는 명칭은 1979년 P. & M. Krusche 등이 연방환경부에 제출할 연구보고서의 제목을 결정하는 자리에서 공식적으로 명명되었다. 여기서 생태건축이란 "자연환경과 조화되며 자원과 에너지를 생태학적 관점에서 최대한 효율적으로 이용하여 건강한 주생활 또는 업무가 가능한 건축"으로 정의하였다. 환경파괴에 따른 생태계의 문제를 인식하고 이러한 문제를 해결하는데 초점을 맞춘 것으로 자연생태계의 보전을 특히 강조하고 있다. 또한 자연의 순환법칙에 저촉되지 않는 개발을 위한 순환형 건축을 제시한다. 이러한 득일의 생태건축은 자원과 에너지의 생태적 이용, 자연환경과의 조화, 건강한 주생활이라는 공통된 특징을 지닌다.

① **자원과 에너지의 생태적 이용** : 기존 건축은 주변의 자연자원을 적절히 활용하지 못하고 에너지와 물질을 일방적으로 소비하고 있으며, 그 결과 다양한 폐기물과 오염을 발생시킨다. 따라서 기존 건축에서는 에너지와 자원의 지속적인 공급을 위한 설비와 폐기물 처리시설이 필수적이며, 유지관리비가 증가하고 환경부하를 증가시킬 가능성이 상존하고 있다. 반면에 생태건축은 건축이 자연생태계의 일부가 되는 시스템을 지니고 있기 때문에 환경에 대한 부하가 거의 없이 자연자원을 효과적으로 활용한다. 이를 위해 단위 건물이나 주거단지 등에서의 에너지와 자원의 순환체계는 토양, 공기, 물, 태양 등이 지닌 자연의 순환체계와 서로 통합되도록 계획된다. 이러한 순환체계는 매우 다양하게 연계되며 서로 독립적으로 이루어지는 것이 아니라 상호의존적인 관계를 지니고 있다. 또한 자연자원과 재생 가능한 자원을 우선적으로 활용하며 태양에너지의 이용이나 자연조건을 최대한 활용한 실내기후조절장치, 식생을 이용한 건물 외피의 보호 등이 필수적이다.

② **자연환경과의 조화** : 기존의 건축이 자연환경의 심미적 측면을 추구하는 것과는 달리 환경부하의 저감과 생물서식환경과 건축환경과의 조화를 도모하기 위한 물리적, 생물학적 측면에서의 조화를 추구한다. 따라서 공기의 오염, 폐열, 폐기물, 폐수의 양과 농도를 조절하고 토양의 포장을 최소화하며, 대지 주변에 다양한 종류의 동식물 서식환경을 조성하는 계획기법이 적극적으로 도입된다.

③ **건강한 주생활의 추구** : 주변경관과 조화를 이루도록 건축물을 배치하여 건강한 주생활과 업구가 가능하게 한다. 또한 거주자의 라이프스타일을 고려한 쾌적한 실내환경의 조성과 이용자 참여를 통

한 생활공간의 질적 향상의 추구를 중요한 목표로 한다.

그림 5-19 | 펠루라하 주택의 남측 외관과 목재 테라스, 자연 방식에 의한 온실의 통풍과 환기 및 일사차폐 시스템을 갖추고 있다.

그림 5-20 | 아케이드형 온실 내외부와 큰 나무로 가려진 서쪽 외관

2) 펠루라하 주택(뮌헨, 1978)

펠루라하 주택은 1978년에 독일 뮌헨의 교외에 건설된 6호로 이루어진 친환경 연립주택이다. 건설 당시 주변의 상황은 급속히 택지화가 진행 중인 신행주택가로 인해 농지의 잠식이 계속되고 있었다. 이 프로젝트는 기획에서 설계, 그리고 이후의 운영에 이르기까지 일관되게 기획자와 거주자의 공동작업에 의해 진행되었다. 건설 당시에는 독일의 각지에서 실험적으로 이루진 Cooperative+DIY 주택의 모델로 주목을 받았으며, 1979년 독일 건축상을 수상하였다.

이 주택의 계획의 목표는 주거환경 조성을 위한 거주자의 직접 참여, 공사비의 절감, 그리고 생태학적 고려라는 3가지 요소였다. 당시까지 축적된 건축기법에 관한 공학기술 경험과 지식을 총망라한 건축계획으로 전 세계적으로 전례를 찾기 힘든 새로운 시도였다. 설계와 기획을 담당한 토트 부처는 계획 목표에 맞추어 공사비 절감을 위한 디테일집을 작성하였다. 이를 근거로 자신들의 주거를 자신들이 직접 건설할 참가자를 공모하여 최종적으로 6가족 결정하고, 기한부 차지권으로 토지를 확보하였다. 공사의 시작과 함께 자체 개발한 PC부재를 이용한 지하실이 만들어졌으며, 입주자들은 이곳을 현장 공작소로 이용하여 목공작업을 진행하였다. 입주자들은 설비시공에서 배선과 배관을 담당하였다. 이때 만들어진 공작소는 준공 후 주택의 유지 보수를 위한 장소로 활용되고 있다.

DIY(Do It Yourself ; 전문가의 도움 없이 건물, 가구 등을 설계, 개조 또는 보수하는 것)를 허용하고 공사비의 절감을 가능케 하기 위해, 가능한 시장성이 높은 재료의 선택하고 마감처리 없이 사용할 수 있는 재료를 채택하였다. 직접구매를 통해 재료반입 가격을 절감하고, 조인트를 철저히 간략화하고, 설계변경이나 개조에 용이하게 대처하도록 가변성을 확보하는 등의 수법이 도입되었다. 이러한 노력으로 총공사비를 일반적인 경우보다 40~50% 정도를 절감할 수 있었다.

친환경적 수법으로는 열환경의 제어를 주요 테마로 하였다. 각각의 주호에는 온수난방과 급탕용 가스보일러가 설치되었는데, 이를 보조할 목적으로 태양에너지의 패시브한 이용이 도입되었다. 남측의 대형 온실과 지붕 속, 그리고 바닥 하부에 태양열을 활용하였는데, 동절기에는 바닥 하부와 지붕 속에 있는 환기구를 폐쇄하여 거실을 외부의 한기로부터 보호하는 열완충 영역을 만들었다. 또한 온실의 집적된 온기가 실내로 도입되도록 하였으며, 구조체의 단열성능을 대폭 향상시켰다. 하절기에는 창호를 개방하고 온실의 블라인드를 이용하여 태양광을 차단하며 바닥 하부로부터 유입되는 시원한 바람을 상부의 환기구나 지붕 속 환기구까지 자연적으로 순환되도록 계획하였다.

평면계획상의 중요한 특징은 모든 주호를 연결하는 남측의 아케이드형 온실과 목제 테라스를 들 수 있다. 목제 테라스는 지하실의 입구를 덮는 지붕의 역할도 겸한다. 온실 내부에는 세대간 경계벽을 두지 않아 입주자들이 자유롭게 왕래할 수 있도록 하였다. 이 공간은 안과 밖, 공적공간과 사적공간의 중간영역을 형성한다. 2층에는 폐쇄적인 테라스나 외부로부터 직접 접근할 수 있는 외부계단을 설치하는 등 주호의 프라이버시 확보가 가능하도록 하였다.

3) 아라메 주거단지(함부르크, 1984)

그림 5-21 | 아라메 주거단지 배치도 일부

독일 함부르크 시 교외에 위치한 아라메 주거단지는 총 주호 3,522호로 이루어진 신축 주택단지이다. 함부르크의 동쪽에 위치하고 있으며, 단지의 북측에 위치한 역으로부터 근거리 철도를 이용하여 도심까지 20분 거리에 있다. 본 프로젝트는 1970년대 후반부터 시작된 함부르크 시의 주택 부족에 대처하기 위한 목적에서 시작된 개발의 일부로서, 새로운 도시계획과 주택건설 개념이 적극적으로 도입되었다. 연방 건설성에서는 전체 주호에 보조금을 지급하여 단지개발을 지원하였다.

아라메 주거단지에는 임대주택과 분양주택을 혼합한 다양한 사회계층에 의해 형성된 지역사회를 목표로 하고 있다. 공간구성의 기본개념은 휴먼 스케일의 도입이다. 이를 위해 주택의 높이는 수목의 높이를 넘지 않도록 4층 이하를 원칙으로 하였으며, 주변의 풍치지구와 조화를 이루기 위해 수목으로 둘러싸인 경관을 형성하였다. 또한 단지 내부에 수로를 도입하여 수변 거주의 즐거움을 누리도록 계획하였다. 수로에 면한 테라스 하우스에는 수변에 정원을 설치하고, 이곳에서 직접 보트를 이용할 수 있도록 하였다.

그림 5-22 | 아라메 주거단지 전경

그림 5-23 | 메조네트 타입 주택과 운하에 면한 테라스 하우스의 이미지

그림 5-24 | 중층 집합주택의 후면, 1층에 거주자 전용의 정원을 설치하였다. 이 외 온실, 지붕녹화 등 테마별로 다양한 형태의 실험주택들이 도입되었다.

가로망은 보행자의 안전이나 쾌적성을 우선하여 계획되었다. 각 주호에는 정원 측이 아닌 도로 측에 주차를 하도록 하여 단지 내 차량의 진입을 대폭적으로 한정하였다. 보행자용 산책로나 자전거 전용도로를 설치하여 통과교통을 배제하였다. 단지의 중심에 위치한 약 1.34ha의 부지에는 8명의 건축가들이 에콜로지를 고려한 실험주택 11개 종류 32호를 설계하였다. 건물은 타운 하우스의 형식으로 3개의 중정을 에워싸도록 배치하였다.

그림 5-25 | 주동으로 둘러싸인 포켓파크

실험주택

이곳에서 이루어진 실험은 열에너지소비를 절감하고 난방에 의한 대기오염 부하를 감소시키는 것이었다. 건물을 남면으로 배치하고 선룸을 이용한 태양에너지의 패시브한 이용과 동시에 외벽에 대한 단열공사가 이루어졌다. 온수나 난방용 에너지의 공급은 효율 향상을 위해 중앙시설

그림 5-26 | 4주호 배치의 남면, 전면에 패시브 솔라 룸이 설치된 것이 보인다.

그림 5-27 | 아라메 주거단지 주변 운하에 면하여 건설된 저소득자용 임대주택, 외벽은 함부르크의 지방색을 보여주는 벽돌이 사용되었다.

인 에너지센터의 가스보일러로부터 몇 호씩 묶어서 공급하는 시스템이 채택되었다. 각 동은 4개의 주호르 이루어져 있으며, 남측에 설치된 선룸이 태양에너지를 패시브하게 이용한다. 목재와 석탄 쇄암이 주요 건축자재로 사용되었으며, 벽돌과 코르크가 축열재로 사용되었다. 표면마감은 환경을 배려한 유성방수제와 바이오도장이 적용되었다. 지붕에는 녹화가 이루어졌다.

절수와 중앙하수도시설의 부하경감을 위해 상수도 소비량이 적은 위생설비와 분산형 중간 오염처리시설, 퇴비화 화장실 등을 채용하였다. 또한 집중방식의 3층식 식재 이용 정화조를 주거지 전체에 설치하였다. 이곳에서 처리한 중간오수는 녹지용수로 재이용된다. 처리용량은 건설호수에 따라 증감이 가능하도록 주민 20명을 하나의 기본모듈로 설정하였다.

4) 샤프릘 주거단지(튀빙엔, 1985)

샤프릘 주거단지는 Ebel이 그의 대학동료들과 함께 1980년에 시작하여 1985년 준공한 임대주택용 주거단지이다. 111호의 단독주택은 인접 농가의 건축형태를 모방하여 정원 속의 주택과 같은 분위기로 디자인되었으며, 온실 등을 이용한 태양열과 지역난방을 사용하여 철저히 생태적으로 계획되었다. 주거에 사용된 구체적인 친환경 기법은 다음과 같다.

그림 5-28 | 샤프릘 주거단지의 패시브 솔라 시스템

① **태양열활용 시스템** : 부착온실은 태양에너지를 활용하여 전체 에너지의 약 15%를 절약하였다. 주택의 난방은 낮은 온도에서도 작동하는 벽식 복사열로 전달된다.

② **에너지 절약형 주택평면** 중앙에 8각형의 가족공간을 설치하고, 남쪽에는 온실이, 북쪽에는 발코니가 딸린 부엌이 위치한다. 거실과 부엌 및 온실 사이에는 유리벽이 설치되어 공간적 연결이 가능하고, 온실을 통하여 계절에 따라 적절한 자연환기가 가능하다.

③ **리사이클 재료** : 생태적이고 재순환이 가능한 목재, 벽돌, 석회, 유기 색채 등의 인체에 해가 없고 향토적인 지역 재료를 사용하였다. 특히 천장 등 내부는 전통적인 방법의 목재, 코르크 리놀륨, 또는

그림 5-29 | 샤프륄 주거단지 주변의 수생비오톱

색조타일로 된 나무 등을 사용하였다.

④ **쓰레기 분리수집** : 부엌 생활쓰레기와 정원에서 제거된 잡초는 서북쪽 단지 외곽에 마련된 퇴비장에서 썩힌 후에 녹지비료로 활용한다.

⑤ **우수활용 및 수경관수 조성** : 지붕의 빗물을 집수하여 단지 내 실개울로 순환시킨다. 실개천과 연못에서 물의 소리와 자연을 경험할 수 있고 자연스런 식재를 체험할 수 있다.

⑥ **투수성 포장방법** : 단지 내 보행동선은 마사토 또는 투수성 블록 등의 투수성 재료로 포장하여 수자원을 토양 내부로 침투시킴으로써 생태적으로 안정을 도모한다.

⑦ **단지녹화** : 생태학적인 배식원리에 따라 울창하고 무성한 향토수종을 중심으로 식재되었다. 외곽은 차폐를 위한 교목과 무성한 관목으로, 주차장 주변과 경사면에는 자연석과 넝쿨식물을 식재하여 자연스런 녹지를 형성하였다. 단지 중앙에는 주민의 공동 채원을 조성하여 자연체험의 장을 제공하였다.

⑧ **단지 내 비오톱** : 단지 내를 순환하는 실개천 중심에 수생소생물권인 소연못을 조성하였다. 계획 당시에는 자정작용을 통한 정화를 기대하였으나, 현재는 부영화가 진행되어 제대로 기능하지 못하고 있다.

5) 킬하세 주거단지(킬, 1986)

독일의 북쪽 작은 항구도시인 킬의 주민들이 건설한 킬하세(Kiel Hasse) 생태주거단지는 1986년 주정부가 자연을 훼손하지 않는 조건으로 주민들에게 불하한 땅을 개발한 것으로, 마을회관, 유치원 등의 공공시설과 개인주택 26채가 들어서 있다. 건축가와 마을 주민이 공동설계한 이 마을은 모든 건물에 흙벽돌, 돌, 종이솜, 줄판지 등의 자연재료가 사용되었다. 마을길에는 시멘트나 콘크리트 포장을 하지 않고, 빗물은 자연경사로를 통해 지하로 배수되도록 하였으며, 주민들이 사용한 생활하수는 지하유수관을 통해 갈대가 심어진 생활하수 정화용 연못에서 자연정화된 후 다시 주민들에게 생활용수로 공급된다. 이러한 방법으로 물의 사용량을 80% 절감할 수 있었다. 음식물 쓰레기는 분뇨와 섞어 퇴비로 활용한다. 자체발전으로 마을에서 필요한 전기를 공급한다.

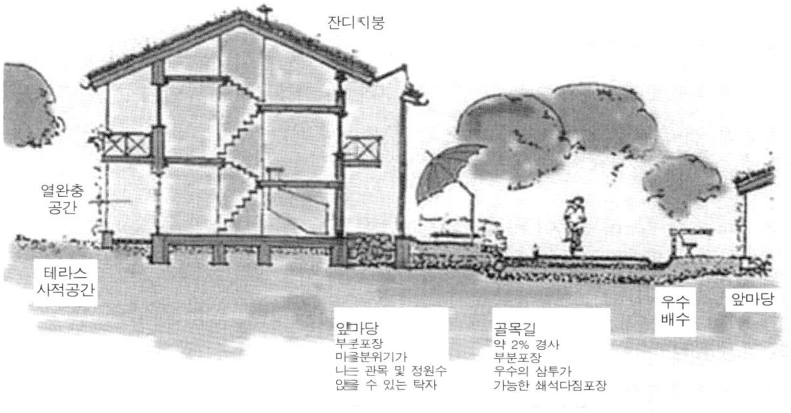

그림 5-30 | 킬하세 주택에 채용된 환경친화적 기후조절 기법

5-3-2 일본의 친환경 주거단지

1) 일본의 환경공생주택(1991)

일본의 환경공생주택(環境共生住宅, Symbiotic Housing)의 개발은 1991년 일본 건설성의 요청으로 '환경공생주택위원회'가 결성되면서 본격적으로 시작되었다. 여기서 환경공생주택은 생태계 내에서 서로 다른 두 종의 생물이 이익을 주고받으면서 함께 생활하는 '공생'의 개념을 토대로 하고 있으며, "지구환경을 보전하는 관점에서 지역의 특성이나 거주형태에 대응하여 자원 및 에너지를 적절히 이용하고, 적절한 방법으로 폐기물을 처리하는 동시에 주변의 자연환경과 친밀하고 아름다운 조화를 이루며 주민이 환경을 가꾸고 건설하는데 주체적으로 참여하는, 건강하고 쾌적한 생활이 가능한 주택 및 지역환경"으로 정의되었다. 이러한 정의를 바탕으로 다음과 같은 3가지 기본요건이 제시되었다.

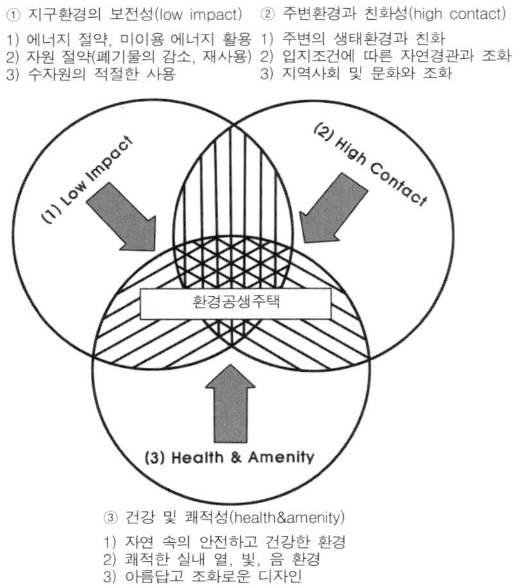

그림 5-31 | 일본 환경공생주택의 3대 기본 친환경계획 요건

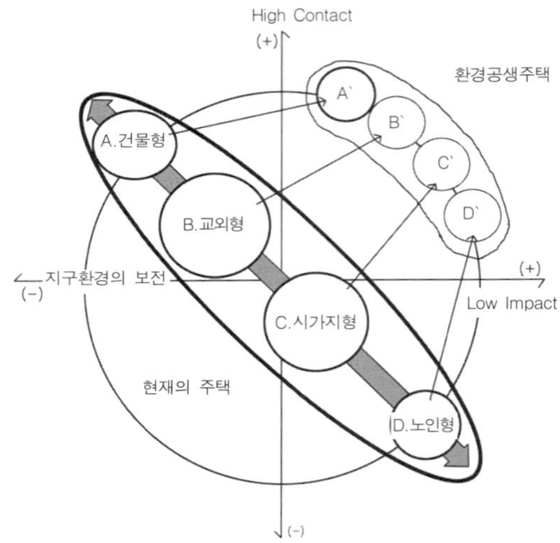

그림 5-32 | 다양한 용도지역을 한 곳으로 집적함으로써 '지구환경의 보전성'과 '주변환경과의 친화성'을 함께 높일 수 있다.

① **지구환경의 보전성**(low impact) : 주택의 건설, 유지, 폐기와 관련된 각 과정에서 자원 및 에너지의 소비감소와 효과적인 이용을 도모하고, 미이용 자연에너지를 활용하며, 폐기물을 감소시키는 등 지구환경의 보전에 대해 적절한 배려가 이루어지도록 한다.

② **주변환경과의 친화성**(high contact) : 주택의 계획, 시공방법, 유지관리, 거주방식 등의 측면에서 주변의 자연환경 및 지역사회와의 친화를 위한 적절한 고려가 있어야 한다. 설계수법으로 생태적인 풍부함과 순환성을 높이고 건물 내·외부의 연관성을 고려하며, 지역사회 및 문화와의 조화를 도모하고 거주자의 공생적인 활동을 지원한다.

③ **거주환경의 건강 및 쾌적성**(health & amenity) : 계획, 유지관리, 거주방식 등 각 단계에서 주택 내·외부 거주환경의 건강과 쾌적성을 실현하기 위해 적절히 고려한다. 구체적인 설계수법으로 자연을 최대한 향유할 수 있도록 배려하며, 안전하고 건강하며 쾌적한

실내환경을 실현한다. 또한 아름답고 조화로운 디자인을 채택하며, 풍부한 집주성(集住性)이 도출되고 배양될 수 있도록 배려한다.

2) 지구마을 1번지(기타큐슈, 1995)

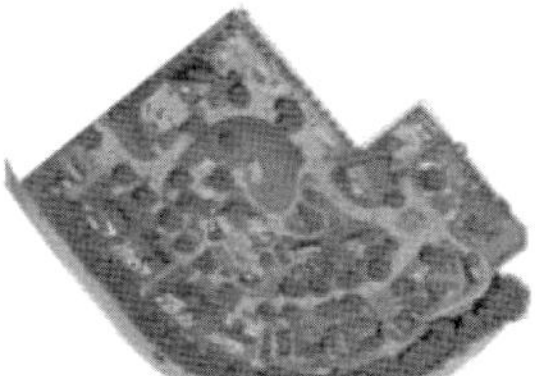

그림 5-33 | 지구마을 1번 배치도

그림 5-34 | 지구마을 주택 2층 부분

지구마을 1번지는 환경공생주택(4동), 고령자대응주택(10동), 미래지향형 주택(2동)의 3가지 유형으로 설계된 복합 친환경 주거단지이다. 단지의 배치는 환경요소로서 중요한 바람, 물, 토양, 녹지 그리고 태양의 혜택을 거주자가 느끼도록 구성하고, 주택들 사이에 적절하게 개방된 환경을 형성하였다. 곳곳에 소광장이나 공원을 조성하여 여유와 변화 있는 경관을 조성하였고, '지구촌의 집'을 중심으로 '지구촌 거리'에 전시주택군을 배치하여 평온한 마을의 모습을 구성하였다. 고기밀과 고단열을 적용하여 냉방부하의 약 40%를 절약하고 에너지 절약기기, 태양광 발전, 태양열 급당, 그리고 각종 패시브한 수법으로 에너지소비를 20%~50% 절감하였다. CO_2 배출량도 약 50% 정도 줄였다.

① **태양열 활용 시스템** : 동절기 태양열의 패시브한 채열 및 축열이 가능하도록 온실을 남쪽 전면에 설치하고, 여름에는 창문을 개방하여 반옥의 테라스로 활용하였다. 이곳에 수공간을 설치하고 1, 2층에 걸쳐 공기를 순환시켜 주택 내에 자연환기 순환체계를 형성함으로써 항상 쾌적한 온도환경을 제공하게 하였다. 지붕 위에 태양전지 패널을 설치하여 겨울에는 태양열 바닥복사난방을 하고 여름에는 급탕용 보조열원 및 바닥복사 솔라 에어컨의 동력전원으로 냉방에 활용한다.

② **건축계획 시스템** : 2층에 온실과 연결된 옥외 테라스를 두어 2층에서의 접지성을 높이고 옥외 식사, 휴식 등을 통한 자연친화를 도모하였다. 건물 중앙부에 빛의 탑(光樓)을 설치하여 톱라이트에 의해 상부에서의 풍부한 자연광을 연출하는 동시에 독특한 외부 입면 경관을 제공하였다. 또한 바람의 탑(風樓)을 만들어 여름철에 1층 마루와의 실내공기 온도의 압력차에 의한 중력환기로 건강하고 쾌적한 환경을 조성하였다.

그림 5-35 | 선풍기가 부착된 거실 천장

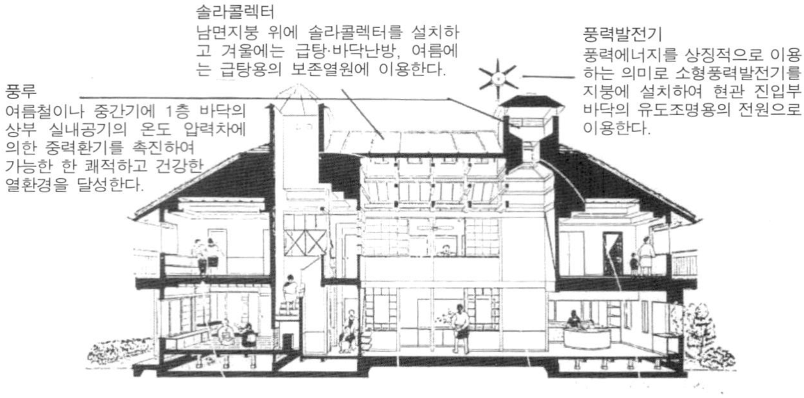

지구마을 주택의 횡단면도

그림 5-36 | 지구마을 1번지 주택에 적용된 친환경기법

③ **고단열 및 고기밀 건축재료** : 벽과 지붕과 창문의 단열 및 기밀성을 높이는 시공방법과 부재를 사용하여 열손실, 열취득의 저감을 도모하였다. 인체에 해로운 발암성, 휘발성, 방사성 건축자재를 피하고 내부에 회반죽과 천연자재로 마감하여 자연 습도조절 기능이 가능한 건강한 실내공간을 조성하였다.

④ **천장복사 냉난방** : 1층 슬래브에 설치된 파이프에 냉온수를 순환시켜 냉온열 복사에 의해 쾌적한 환경을 조성하였다.

⑤ **천장 선풍기 및 풍력발전기** : 거실의 개방 대공간에는 천장에 선풍기를 설치하여 실내의 상하 온도차를 줄이고, 필요에 따라 미풍이 발생할 수 있도록 하였다. 상징적 의미에서 소형 풍력발전기를 지붕에 설치하여 현관 유도조명의 전원으로 활용하도록 하였다.

그림 5-37 | 풍력을 이용한 화장실 시계 및 조명

⑥ **쓰레기처리 시스템** : 쓰레기의 분리처리를 위해 외부로 배출되는 쓰레기를 적극적으로 억제함과 동시에 가능한 한 리사이클이 가능하도록 하였다. 부엌 싱크대 하부에 콤포스터를 설치하여 썩는 쓰레기를 자가처리하여 비료로 활용하였다.

⑦ **수자원 활용 시스템** : 지면에는 우수 침투가 가능하도록 처리하여 우수처리 부하를 줄이고 지하수 함양을 높였다. 또한 지붕 면에 내리는 우수를 2단 레벨의 저수조에 집수하여 화장실의 세면용으

로 중력 순환시켜 상수와 전력소비를 절감하였다. 또한 단지를 순환하는 자연스러운 실개천을 조성하여 단지의 미기후를 조절하고, 쾌적성을 높였다.

그림 5-38 | 지구촌 광장

⑧ **단지배치 시스템** : 단지 내 진입광장 주변에 인공산을 조성하여 자연요소에 대한 시각적 친화성을 높였다. '지구촌 거리'의 마사토 포장은 일사반사가 적고, 투수성이 높으며, 지하수의 함량을 높인다. 가로수 사이에 분무장치를 설치하여 증산과 기화작용으로 여름에 시원한 녹음과 안개의 거리를 만들었다. 지구촌 광장의 주위에 녹화지붕과 탑들이 전시주택군 배열에 매우 인상적인 경관을 제공한다. 단지 입구의 안내게시판, 공중전화 부스, 자동판매기, 가로등, 화장실 등에 태양전지로 조명이 작동하도록 하였다. 4개의 풍차가 눈길을 끄는 이곳은 만남의 장소나 비를 피하는 곳으로도 이용할 수 있다.

그림 5-39 | 바람의 광장에 설치된 풍차

⑨ **광장계획** : 큰 키의 풍차를 여러 곳에 설치하고 중앙에 바람의 광장을 배치하였다. 풍차는 주변에 설치된 목재 오브제와 함께 환경공생의 취지를 상징적으로 나타낸다. 단지 북측에 높이 3m 정도의 언덕과 연못으로 이루어진 지구촌 광장은 태양열을 이용한 온수를 언덕 아래의 온천에 순환시켜 계절감을 느끼게 한다.

그림 5-40 | 옥상녹화, 비오톱, 기존수림 활용

⑩ **단지녹화 시스템** : 부지의 남동측은 기존 수림의 숲이 보존되어 있어 전시주택군의 배후에 초록의 오솔길을 조성하며, 집과 집 사이를 관통하는 골목과 연결시켜 걸을 때 여러 각도에서 전시주택을 조망할 수 있다. 지붕 일부와 2단 순환 테라스의 일부를 녹화하여 단열성능을 높이는 동시에 경관녹화를 제공한다. 건물 남서 측에 낙엽수를 심어 여름철 열부하를 저감하고 겨울철 일사를 도입한다.

⑪ **환경미술** : 환경공생에는 마을 모습에서 활기를 제공하는 것이 중요하다. 환경미술품으로서 깃대나 풍차 폐자재를 이용한 놀이기구나 곤충들의 조형물 등을 여러 곳에 설치하였다.

⑫ **비오톱 시스템** : 단지의 중앙에 작은 연못과 다품종의 식재로 형성

된 자연형의 정원이 있어 소동물이나 곤충들이 안정된 생태환경 속에서 살아가도록 하였다. 북측 일대에 허브 가든을 조성해 64종에 이르는 다양한 약초의 상쾌한 향기를 즐길 수 있다.

그림 5-41 | 마테르 아노우 주거단지 전경

그림 5-42 | 거실과 공용부 사이에 설치된 Light Court, 바람 길과 빛의 길을 제공한다.

3) 마테르 아노우 주거단지(기타큐슈, 1995)

마테르 아노우(Materre Anou) 주거단지는 기타큐슈 시의 주택공급공사와 도시개발사업 협력조합의 5사가 사업주로 건설한 공동주택단지이다. 주택호수 173호의 고층아파트로 고층·고밀도 공동주택에서의 환경공생주택의 실현 가능성을 보여준다.

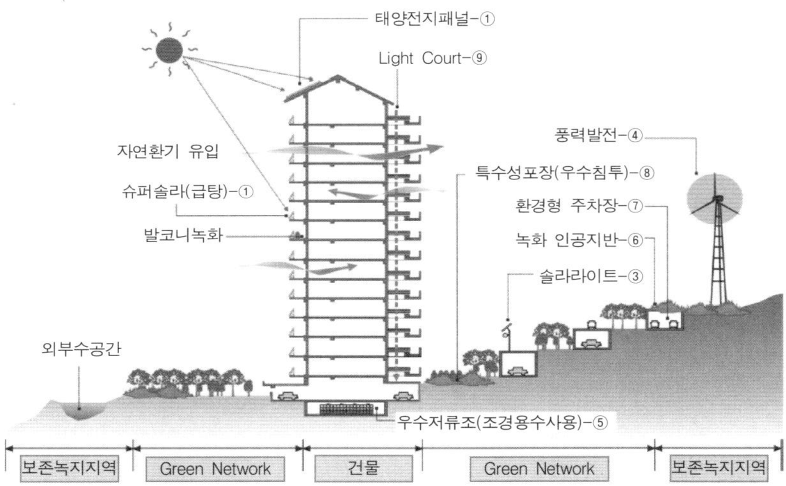

그림 5-43 | 마테르 아노우 주거에 적용된 친환경계획 요소

그림 5-44 | 마테르 아노우 단지 내에 설치된 풍차와 이것을 전원으로 사용하는 가로등

① **자연환기** : 주택에서의 기밀성과 통풍이라는 상반되는 기능을 만족시키기 위하여 창을 열면 단독주택 같이 쾌적한 공간이 될 수 있도록 공용부와 거실 사이에 바람 길을 만들어 건물 전체에 자연통풍에 의한 환기와 자연채광(light court)이 가능하게 하였다. 네덜란드제 풍력발전기를 단지 내 2군데에 설치하여 가로등의 보조전원으로 활용하도록 하였으나, 소음에 의한 주민의 민원과 태풍에 의한 파손으로 현재 철거되었다.

② 전 세대에 태양열 온수기와 발코니에 태양열 집열판을 설치하였다. 하이브리드 집열방식 급탕시스템은 기상조건이 악화될 경우 기계식으로 작동한다. 열매르 프레온을 사용하고 유지관리가 어려워 일부 세대에서는 사용을 중지하였다. 옥상에 설치된 PV는 주차장 등의 공동부 보조전원으로 사용된다.

그림 5-45 | 각 세대 발코니에 설치된 태양열 집열기

③ **건축재료** : 통상의 1.4~1.6배의 단열재로 건물을 피복하여 에너지 절약을 도모하고 단열구조법을 적용하여 에너지를 절약하였다. 마감재료로는 주로 목재 폐자재를 재이용한 합판을 사용하고, 각층의 마루에는 공장생산된 PC상판을 사용하여 자원을 절약하였다.

④ **급수설비 시스템** : 화장실에는 절수형 변기를 사용하고, 욕실의 수도꼭지엔 스톱부착 샤워기를 설치하였다. 수돗물을 수조 내부에서 순환시켜 정화한 후, 이것을 활성화하여 미네랄이 풍부한 물로 처리하여 전 주택에 공급한다. 살균, 방부, 탈취된 물은 맛있고 건강에도 좋으며 급수관 수명도 연장시킨다.

⑤ **쓰레기처리 시스템** : 각 가정에 부패 쓰레기 자체 처리시설을 설치하여 쓰레기의 체적을 1/4~1/5 정도 감량하였다.

그림 5-46 | 경사지를 활용한 주차장 녹화와 PV를 에너지원으로 작동되는 가로등

⑥ **수자원 활용 시스템** : 건물 옥상에 내린 우수는 지하수조에 집수하여 주차장 옥상의 녹지에 관수하고, 차도는 침투성 아스팔트로 포장하고 보도는 블록으로 시공하여 우수가 쉽게 지하로 침투하여 단지 내 지하수가 풍부하도록 계획하였다.

⑦ **단지녹화 시스템** : 대지 남측 나대지와 북측 보존녹지공원과의 일체감을 주는 녹지대를 조성하여 대기정화에 강한 수목을 식수하고, 주민의 참여로 사계절에 다양한 꽃을 심는다.

그림 5-47 | 마테르 아노우 주거단지 주변 산책로와 인공호수 전경

⑧ **녹화된 경사지 활용형 데크 주차장과 산책로(프롬나드)** : 경사지의 지형을 이용하여 177대 분의 주차장을 조성하여 주차장 상부공간을 녹지대로 활용했다. 이 녹화주차장에 산책로를 만들고, 경사면에는 스페인 테라스에 그리스 타일로 장식한 벤치를 배치해 예술적인 공간을 형성한다. 각 가정의 발코니에서 조망하면 콘크리트 구조물 대신에 꽃과 녹음으로 조성된 아름다운 경관을 감상할 수

있다.

⑨ **지역민 및 고령자 고려** : 방과 방, 통로와 방 사이의 단차를 제거하고 욕실변기는 되도록이면 낮은 것을 사용하고 욕실에는 난간을 설치하였다. 지역사회와의 관계를 위하여 부지 주변에 산책로와 커뮤니티 공간을 설치하였다.

4) NEXT 21(오사카, 1993)

그림 5-48 | NEXT 21의 디자인 컨셉을 보여주는 스케치 (출전 : http://www.arch.hku.hk)

NEXT 21은 '여유 있는 생활, 에너지 절약, 환경보존'을 주제로 도시형 집합주택을 실증한 실험용 집합주택으로 일본이 추진하고 있는 각종 에너지 절약, 환경공생주택 등의 시책에 따라 여유 있는 생활과 에너지 절약, 환경보존을 실현하고자 한 사례이다. 이곳은 녹지의 입체화라는 대명제를 중심으로 다음과 같은 구체적인 과제를 구현하였다.

① **태양열활용 시스템** : 액티브 솔라 시스템의 태양열을 이용한 자연 공조형의 선룸을 도입하여 축열난방으로 30%의 에너지 절약하고, 질소산화물 70%, 이산화탄소 20%를 억제하는 효과를 얻었다. 또한 패시브 솔라 시스템으로 가든 하우스의 서남쪽 상부에 환기구를 설치해 겨울에 열기를 아래층으로 유도하여 실내의 온도를 조절한다.

② **지속가능한 건축계획** : 수명이 짧은 설비배관을 구조체와 분리 설치하여 보수가 용이하게 하고, 주호 내 바닥과 천장에 배관공간 및

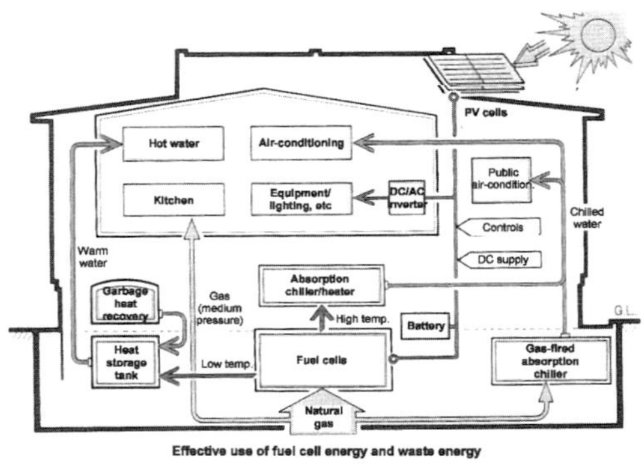

그림 5-49 | NEXT 21의 에너지 활용 계통도, PV Cell을 활용한 냉난방 시스템을 볼 수 있다. (출전 : http://www.arch.hku.hk)

③ **친환경 건축재료** : 고기밀, 고단열 자재와 부품을 사용하여 공기의 출입을 가능한 한 억제한 결과 환기횟수가 1시간당 0.05회의 기밀화(일반적으로 시간당 1.5회)를 얻었다. 열차단 효과가 우수한 블라인드 내장 복층유리를 사용하여 일정한 온도의 실내환경을 유지하게 하였다. 밸브의 개폐를 전기로 제어하는 터치조작식 절수형 전자수전을 설치했다.

④ **쓰레기처리 시스템** : 자연분해가 가능한 자가 처리방식으로 가정 내 쓰레기를 건물 내부에서 처리하는 폐쇄식 쓰레기처리 시스템을 도입하였다. 촉매를 이용한 오수 처리시설인 아쿠아 루프 시스템(Aqua Roof System)은 가정에서 발생하는 오수를 단지 내에서 처리하도록 한다.

그림 5-50 | NEXT 21의 3차원 가로체계 및 건물녹화
(출전 : http://www.arch.hku.hk)

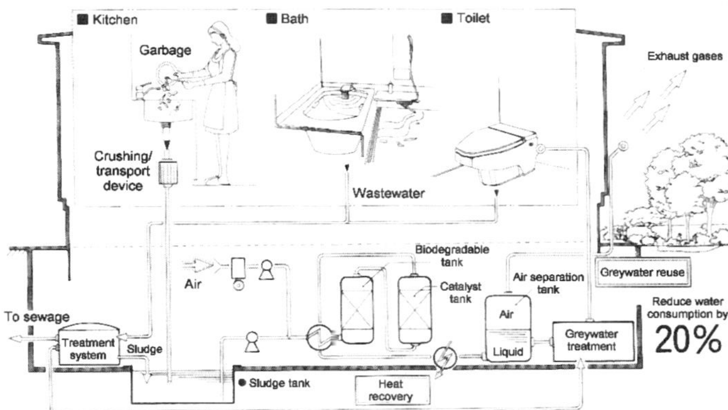

그림 5-51 | 아쿠아 루프 시스템을 도입하여 생활오수를 건물 내에서 처리하였다. 오수를 정화하여 중수로 활용함으로써 물 사용량의 20%를 절감한다.
(출전 : http://www.arch.hku.hk)

그림 5-52 | NEXT 21의 옥상녹화(출전 :http://www.arch.hku.hk)

⑤ **자연 에너지의 이용** : 폐열발전을 위해 100㎾의 연료전지의 사용으로 160℃의 고온 비열증기와 55℃의 저온 비열온수의 2종류의 열에너지를 만들어 낸다.

⑥ **녹화 시스템** : 옥내·외 연속적으로 초목을 심어 겨울에는 냉기를 막고 여름에는 햇빛을 막는 동시에 나무 그늘의 청량함을 실내공간

에 끌어들였다. 생태녹화로 생울타리를 조성하여 대기정화수와 야생동물과 곤충을 단지 내에 불러 모으는 유인수를 식재하였다. 또한 열부하를 고려한 식재로 일사에 대한 차폐효과를 얻고, 수분증발에 따른 잠열을 제거하도록 하였다. 꽃의 회랑이라는 이름으로 2층에서 6층까지 베란다와 테라스에 화초를 심고, 빛의 정원이라고 불리는 옥상정원에는 인공토양 위에 다양한 자생수를 식재하였다.

그림 5-53 | NEXT 21의 비오톱 시스템 일부
(출전 : http://www.arch.hku.hk)

⑦ **비오톱 시스템** : 부지의 남측 경사지를 따라 흐르는 수로를 중심으로 실개천의 중간에 작은 연못을 구성하여 수생식물이나 수생곤충이 서식할 수 있도록 하였다. 곤충 및 소동물의 서식처를 조성하기 위해 옥상에 마련된 정원은 인공토양을 깐 위에 초화류를 식재하여 나비와 곤충의 번식장소로 계획하였다. 또한 정원에 새집을 만들어주어 인근공원에서 날아온 조류들의 서식처로 제공하였다.

5-3-3 호주의 친환경 주거단지

1) 에코-빌리지와 퍼머컬처(1978)

생태마을(Eco-Village)은 오늘날 환경파괴적인 주거형태의 대안적인 삶으로 사람과 자연이 생태적으로 균형과 조화를 이루며 살기 위한 목적으로 조성되는 환경마을이다. 1995년 스코틀랜드 생태마을 핀드혼에서 '세계 생태마을 네트워크(GEN)'가 결성된 이래 전 세계에 150개 이상의 생태마을이 세워졌다.

퍼머컬처(Permaculture) 이론을 최초로 주장한 사람은 생태학자 빌 몰리슨(Bill Mollison)이다. 그는 지역의 생태계를 관찰하던 중 기존의 정치 및 경제체계가 자연을 파괴하는 구조로 되어 있음을 발견하고, 1978년 『Permaculture』라는 책을 출판하였다. 초기에는 지속가능한 농업을 위한 시스템으로 구상되었으나, 차후에 자연과 공생하는 인간 정주의 문제인 건축이 포함되었다. 1981년 대안적 노벨상인 'Right Livelihood Award'를 수상 후, 그의 이론은 유럽과 미주에서도 대안적 사회와 생태적인 생활방식을 추구하는 수많은 추종자를 낳았다.

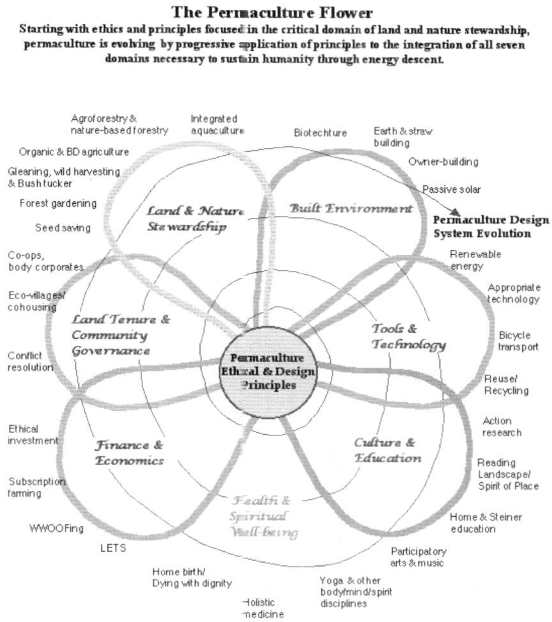

그림 5-54 | Permaculture Flower, Permaculture의 윤리 및 디자인 원리를 나타낸다. 문화와 교육, 도구와 기술, 건조환경(Built Environment), 토지와 자연에 대한 책무, 토지의 보유와 공동체 관리, 제정과 경제, 건강과 정신적 Well-Being 등의 개념이 제시되어 있다.
(출전 : http://www.earthactionmentor.org)

퍼머컬처는 지속가능한 주거환경을 창조하기 위한 디자인 계획과 설계로서 다음과 같은 이중의 의미를 지닌다.

좁은 의미의 퍼머컬처	넓은 의미의 퍼머컬처
Permanent + Agriculture (영속적인 농업)	Permanent + Culture (영속적인 문화)
자연환경과 에너지 흐름을 적절히 이용하여 생명을 얻기 위해 필수적인 식량생산을 위해 합리적인 농업환경을 만드는 것.	인간의 공동체생활 전반, 즉 식량생산을 포함한 문화, 윤리, 경제활동, 공동체 생활 전반을 합리적으로 이끄는 문화환경 토대를 만드는 것.

퍼머컬처의 기본 윤리관은 1) 지구를 살리고, 2) 인간을 보살피며, 3)

그림 5-55 | Crystal Waters 마을 주위 호수변 사색의 공간

여분의 시간, 돈, 물질을 이 목적을 위해 사용하는 것이다. 퍼머컬처의 목표는 생태학적으로 건강하고 경제적으로 유용한 시스템을 창조하는 것으로, 자연을 기존 방식으로 개발하거나 오염시키지 않으며 장기적으로는 지속가능하게 한다. 퍼머컬처는 단순히 자연으로 복귀하자는 의미가 아니라, 모든 것을 자연과 인간이 서로 순환하도록 디자인해 배치한다는 적극적인 개념이다. 자연은 퍼머컬처를 통해 착취의 대상에서 벗어나 인간과 공존하며 생태계 안정과 공동체 질서를 지속하는데 기여한다.

그림 5-56 | Crystal Waters Eco-Centre에서의 강의 및 토론 모습

퍼머컬처의 또 다른 특성은 '디자인'에 있다. 자연적으로 발생하는 것이 아니라 계획된 것이다. 자연과 주거환경에 관계되는 모든 요인들, 예를 들어 집과 정원, 호수, 도로, 상하수도, 쓰레기 처리, 작물재배, 에너지 공급과 같은 주변 요인들을 철저한 계획설계에 따라 배치한다. 퍼머컬처가 자연과 더불어 인간이 어우러져 사는 원칙이라면 디자인은 이러한 원칙의 실천적 수단으로 볼 수 있다. 생태마을 관계자들은 자신들이 단지 자연으로 돌아가려는 것이 아니라 자연적인 방법들을 활용하는 것이며, 자연발생적이기보다는 오히려 계획되고 설계하는 것이 퍼머컬처라는 점을 강조한다. 현대사회가 급증하는 인구와 열악한 주거문제에 의해 인간과 자연, 인간과 인간을 분리시키고 급기야 공동체를 파괴해왔다면, 퍼머컬처에 기초한 생태마을은 이러한 문제들에 대한 훌륭한 해결책임을 입증해왔다. 깨끗한 물과 공기, 신선한 음식과 쾌적한 주거는 물론 인간과 인간, 인간과 자연의 교감과 같은, 인간의 생존을 위해 꼭 만족되어야 하는 필수적인 요소를 제공하는 것을 목표로 한다.

2) 에코센터(크리스털 워터스, 2001)

그림 5-57 | Crystal Waters Eco-Centre 주변 산책로

2001년 세계적인 에코-빌리지 네트워크인 GENOA를 통해 세워진 크리스털 워터스 에코센터(Eco-Centre)는 퍼머컬처 이론의 보급과 에코빌리지 지원을 위한 교육센터이다. 에코센터는 건설분야 종사자들의 세미나, 강좌, 영화상영 및 회의를 위한 시설을 제공한다. 또한 시설 자체가 친환경 교육을 위해 훌륭한 기능을 할 수 있도록 환경적으로 지속가능한 건축물로 디자인되었다. 건물은 다진 흙과 목재를 사용하여 첨단의

그림 5-58 | Crystal Waters Eco-Centre의 Pottery Party

그림 5-59 | Crystal Waters에 설치된 태양전지(PV) 패널

그림 5-60 | Crystal Waters와 주변 호수 전경

그린(green) 기술과 자연형 태양열시스템을 통합하여 설계되었다. 흙벽은 여름철 냉방은 물론 겨울철 외부의 냉기로부터 따뜻함을 제공하며 습도를 조절한다. 겨울에는 나무를 땔감으로 하는 고효율 버너에 의해 난방을 하며, 건물에서 필요한 전기는 충분한 양의 태양전지 패널에 의해 생산된다.

학생들은 컴퓨터를 통해 실시간으로 건물들의 에너지 입·출력을 모니터링할 수 있다. 미생물에 의해 분해되는 화장실(biolytic toilet)은 최신기술로서 냄새도 없고 관리에도 용이하다. 지붕으로부터 모여 저장된 우수는 미생물을 사용하는 분해 필터(biolytic filter)를 통해 정화된 후 가정에서 사용되는 모든 용수와 식물재배용 관수로 쓰인다.

3) 에코-빌리지 크리스털 워터스(퀸즈랜드, 1988)

오스트레일리아 퀸즈랜드 주의 주도 브리즈번에서 북서쪽으로 약 100km 거리에 위치한 크리스털 워터스(Crystal Waters)는 UN인간주거회의에서 '세계주거상'을 수상한 생태마을로 에코 빌리지 중 으뜸으로 꼽힌다. 크리스털 워터스는 1988년 맥스 린데거(Max Lindegger) 등에 의해 250여 명의 사람들이 모여 살도록 조성된 세계 최초의 다국적 계획 공동체이다. 이 마을은 1985~88년 17개의 저수지 인근에 형성되었으며, 개발의 명분 아래 자연을 파괴하는 서구문명에 염증을 느껴 세계 각국에서 모여든 사람들에 의해 형성되었다. 이들은 결코 자연을 있는 그대로 보존하자는 환경론자들이 아니다. 다만 사람과 동물, 건물과 초목 간의 '생태적 공존'이 불가능하면 인간의 지속적인 삶도 불가능하다고 주장한다. 땅에 사는 모든 생명체는 서로가 서로에게 의존적이며 순환적이라는 의식으로 살아가며, 농업과 같은 육체적 공동작업을 중요하게 생각하고, 불필요한 소비나 기술에 얽매이지 않는 삶을 추구한다. 정주를 위해 필요한 도로와 정원, 물과 같은 요소들은 이런 원리에 따라 설계되고 현실적으로 유지된다.

마을의 총 면적은 약 78만 평으로, 83가구의 개인소유지가 14%, 마을회관과 관리사무소, 야영장과 같은 공유면적이 6%, 나머지 80%는 공동

그림 5-61 | Crystal Waters의 공동작업

그림 5-62 | 우수를 저장하기 위한 물탱크

그림 5-63 | 흙지붕과 목재를 사용하여 건축한 Crystal Waters Eco-Centre

소유이다. 토지는 1년 단위로 임대하며, 남는 땅은 이웃마을 사람들에게 방목지로 빌려준다.

크리스털 워터스 생태마을은 생태디자인 원리를 이용하여 지속가능성을 추구한 마을로 재활용, 재사용, 재생가능성을 살린 21세기형 마을이다. 마을 전체가 섬세한 계획으로 모든 것이 배치되어 있다. 호수와 늪, 나무와 풀, 집과 도로가 모두 다음과 같은 생태학적인 원리에 기초하여 설계되었다.

① **빗물의 사용** : 이들은 오염을 줄이기 위해 소비 자체를 줄이는 생활을 한다. 상하수도가 없다. 집집마다 빗물을 받기 위한 우수저장고가 설치되어 있다. 저수량은 약 2만3천 리터로, 4인 가족이 두 달 가까이 쓸 수 있다. 수질검사 결과 아무 문제가 없다. 목욕이나 설거지용 물은 마을을 끼고 흐르는 킬코이 계곡의 물을 끌어 쓴다. 마을 뒷산에 세운 큰 물탱크에서 11개의 중간수조를 거쳐 각 가정으로 분배된다. 사용한 물은 다시 저수조에 모아 인공연못에서 정수 후 땅으로 돌아간다.

② **폐기물의 활용** : 화장실은 퇴비화 화장실(composting toilet)로, 수세식과 달리 대소변과 음식쓰레기, 폐지 등을 따로 버리지 않고, 이것을 함께 썩혀서 퇴비를 만든다. 정화조에 환풍기를 별도로 달아 집안으로 냄새가 들어오지 않는다.

③ **건축재료** : 대부분의 집들은 흙지붕을 사용하며 다른 부분의 재료도 대부분 흙벽돌이나 목재이다. 흙의 장점은 단열, 보온효과이다. 이것은 습도를 조절하고 집이 숨을 쉬도록 한다. 이들은 집을 사람의 피부와 옷의 연장으로 생각한다. 자연으로부터 얻어지는 흙과 같은 재료는 수명을 다한 후 분해되어 다시 자연으로 돌아가므로 환경에 전혀 부담을 주지 않는다.

④ **친환경 에너지** : 에너지 소비 중 약 95%는 태양에너지로 공급된다. 각 가정에는 집열판과 축전지, 변압기 등이 설치되어 있으며, 태양열만으로 부족할 경우에는 난방용 난로와 취사용 프로판가스를 보조열원으로 사용한다.

5-3-4 네덜란드의 친환경 주거단지

1) 에콜로니아 주거단지(알펜안디라인, 1989)

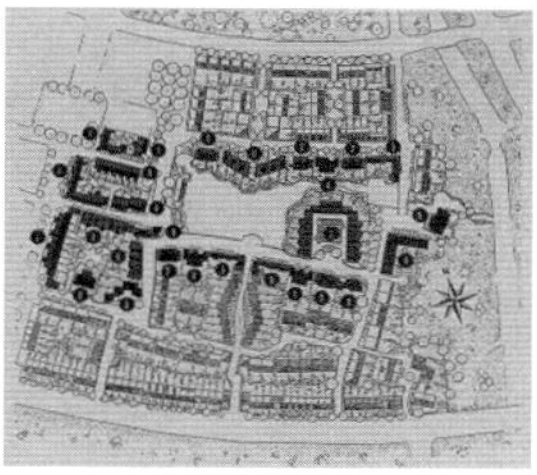

그림 5-64 | Ecolonia 주거단지 배치도

그림 5-65 | Ecolonia 주거단지의 전경

에콜로니아(Ecolonia)는 네덜란드의 알펜안디라인(Alphen aan den Rijin)에 위치한 친환경 주거단지로 네덜란드 정부가 1989년에 발표한 국가환경정책계획(National Environmental Policy Plan)에 따라 에너지환경청이 개발주체가 되어 건설한 에너지절약 및 환경배려형 주택단지이다. 전체적인 기본계획은 벨기에의 건축가 루시안 크롤이 담당하였으며, 단지의 입지는 암스테르담과 헤이그, 로테르담, 유트레히트를 연결하는 수목의 심장부에 위치한다

에콜로니아는 총 101호의 저층분양 집합주택으로 이루어져 있다. 이 개발 프로젝트에는 '환경의식이 높은 건축을 향한 길'이라는 부제가 붙었으며, 에너지와 환경배려에 관한 현재의 지식과 기술이 총망라하여 적용되었다. 모든 주택은 거주환경으로서의 일반적인 조건을 만족하도록 계획되었는데, 그 중에서 테마별 주호라 불리는 건축물에는 3가지 정책 노선에 근거하는 9가지의 개별적인 테마가 주어져 테마별로 각각 다른 건축가들이 설계를 담당하였다.

표 5-1 ◦ 에콜로니아 계획의 테마별 주호의 설계요건

테마별 주호 번호	①	②	③	④	⑤	⑥	⑦	⑧	⑨
주호별 요건	열손실 저감	태양 에너지 이용	건축, 생활시 에너지 저감	절수와 건축재료 재이용	내구성 재료 및 유기적 설계	자유도가 높은 건축과 생활	주택 내부 및 주택간 차음	건강과 안전	바이오 에콜로지 건축
특별 요건	에너지 절약			라이프사이클 임팩트의 저감			질의 향상		
일반적 요건	리사이클 재료의 사용, 열대림지역의 목재 사용 회피, 고단열성 유리의 선택, 절수형 급수방식, 마감재와 표면보호재의 선택, 쓰레기 분리수거, 태양열 시스템의 사용, 고효율과 저NOx의 난방기기 사용, 에너지소비계수는 300MJ/m³ 또는 220MJ/m³ 이하, 특정 프레온의 사용 회피								

(1) 주요 테마별 주호의 설계상의 특징

그림 5-66 | 테마② 주호; 태양에너지를 활용한 주거

테마② 주호 ; 태양에너지 이용 : 태양에너지의 이용을 주제로 하는 주택은 전체 5개동에서 10채가 대상이 되었다. 에너지절약을 위한 완충공간으로 단층유리의 온실을 거실과 연접하여 남향으로 배치하고 슬라이딩 유리문을 달았다. 온실 내부에는 환기구와 일사차폐용 블라인드를 설치하여 과도한 열부하의 취득을 방지하고 환기시설의 기능을 겸하게 하였다.

그림 5-67 | 테마④ 주호; 리사이클 재료를 활용한 절수형 주거

테마④ 주호 ; 절수와 건축재료 재이용 : 4채의 테라스가 부착된 노인주택과 5채의 연속벽식 리사이클 주택에 적용된 방식으로, 외벽에는 삼나무를 가공하지 않고 사용하였다. 실내외에는 천연도료를 사용하고 지붕과 벽에는 종이섬유의 단열재를 채택하였다. 남면한 온실과 접한 포치 내부에는 설치형 우수조가, 북측의 정면 현관에는 리사이클 보드가 각각 설치되었다. 난방은 질소화합물의 배출이 적은 HR보일러를 사용하며 급탕은 솔라 보일러를 사용한다.

그림 5-68 | 테마⑥ 주호; 가변형 주거

테마⑥ 주호 ; 자유도가 높은 건축과 생활 : 모두 10채의 주호가 이에 해당하며, 통로에 면한 테라스 주호의 형태로 구성되었다. 정원측으로는 증축이 가능하도록 설계되었으며, 1층의 바닥 하부에 설치된 기계장치를 이용하여 부엌의 위치를 변경할 수 있다. 또한 상하층의 주거를 분리하여 사용하는 것도 가능하다. 가변형 외벽에 의해 평면의 변환이 가능하며, 교체가 가능한 유리문을 설치하였다.

그림 5-69 | 테마⑨ 주호; 자연형 에너지를 활용한 바이오 에콜로지 건축

테마⑨ 주호 ; 에너지 절감형 벽을 활용한 바이오 에콜로지 건축 : 8채의 주택이 자연재료의 사용과 자연형 난방시스템의 조합으로 설계되었다. 이들 주택에는 건축가가 산업체와 공동 개발한 축열벽(trombe wall)과 태양열 집열판이 설치되었다. 거실은 남향과 동향으로 정원과 인접해서 배치하고 전면에 온실을 설치하였다. 측면 테라스를 지닌 6채와 2채의 연결주호로 구성되며, 자연재료인 천연도료를 사용하였다. 침실에는 조광기(調光機)를 설치하였으며 돌출된 지붕에는 녹화가 이루어졌다. 독립형의 부엌에는 목

재의 부엌 유닛이 설치되었다.

그림 5-70 | Ecolonia 중앙 연못에 설치된 휴식공간. 마을 주변의 수공간은 휴식과 정화의 기능을 제공한다.

그림 5-71 | Ecolonia 주거의 옥상녹화

(2) 옥외공간계획

옥외공간의 계획에서도 환경친화적 설계수법이 적극적으로 도입되었는데, 대표적인 것으로 빗물의 침투를 위해 식재지에 투수성 포장이 이루어졌다. 부지로부터 유출된 빗물은 우수관을 통해 단지의 중앙에 위치한 연못에 집수되도록 계획되었다. 연못에는 다양한 식생의 생장이 가능하도록 주변에 갈대를 심고, 연못의 깊이를 다양하게 하여 수심에 따라 다양한 생물종이 서식하게 하였다. 이들 식물에 의해 연못물이 자연정화되도록 하였다.

안내소와 일부 주호에는 지붕녹화를 하였다. 녹화공법은 EPDM 수지 필름의 방수층 위에 점토를 소성하여 만든 경량 인공토양을 깔고 잔디와 각종 초화류를 식재하였다. 단지 내의 교통계획에서는 도로와 보행자용 통행로의 네트워크를 별도로 정비하여 자동차와 보행자가 교차되지 않도록 배려하였다. 보행자용 통로에는 에너지절약형 가로등을 설치하였다.

5-3-5 미국의 친환경 주거단지

1) 파울로 솔레리의 아르콜로지와 미래도시

이탈리아 건축가 파울로 솔레리(Paolo Soleri)에 의해 처음으로 주창된 '건축생태학(Arcology)'은 건축(architecture)과 생태학(ecology)을 합성한 말이다. 1950년대에 환경친화적이고 공간효율적인 생태도시를 구상한 그는 아르콜로지의 개념을 발전시켜 공동체 마을 아르코산티(Arcosnati)에 적용시켰다. 이것은 단순한 자연친화적 건축이 아니라 땅과 자원을 최대한 아껴 쓰는 도시설계의 신개념이었다. 세계 인구는 꾸준하게 증가하고 있으나, 미국은 엄청난 자원을 낭비하는 소비생활을 주도하고 있고, 전 세계의 중산층은 이 같은 삶을 추종함으로써 2050년에는 지구가 50개가 있어도 모자랄 파국으로 치닫고 있다는 게 그의 미래

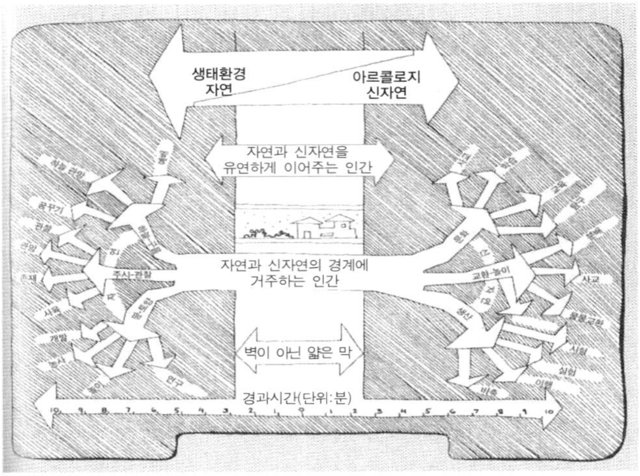

그림 5-72 | Paolo Soleri, 생태환경과 건축생태학(Arcology)의 관계도
(출전 : 이윤하, 우영선, 파올로 솔레리의 미래도시, 2002)

그림 5-73 | Paolo Soleri, Mesa City; High Learning Complex, 1955, Mesa는 200만 명을 수용하는 맨해튼 규모의 미래도시로서 솔레리는 5년 동안 약 300m 이상의 용지에 이와 관련된 건축 및 조경 도면들을 그렸는데, 이것은 이후 그의 아르콜로지 개념과 수많은 아이디어의 기초가 되었다.
(출전 :http://www.arcosanti.org)

그림 5-74 | Paolo Soleri, Hexahedron Arcology Model, 1969, 8면체의 아르콜로지 모델로 1세대 아르콜로지이다.
(출전 :http://www.arcosanti.org)

에 대한 확신이었다.

1919년 이탈리아 토리노에서 태어나 토리노공대에서 박사학위를 받은 후, 건축가 라이트에 관한 책을 우연히 발견한 솔레리는 그의 독특한 친환경건축에 매료되어 미국으로 편지를 보냈다. 당시 라이트는 탈리에신 웨스트라는 곳에서 스튜디오 공동체생활을 운영하며 대안적인 건축을 실험하고 있었다. 1947년 미국으로 건너가 탈리에신 웨스트에서 생활하던 솔레리는 점차 회의에 빠지게 된다. 특히 도시 외곽으로의 거주의 확장을 미화하고 정당화하는 라이트의 도시 구상에 동의하기가 어려웠다. 솔레리는 교외의 삶에서 자본주의의 확장욕과 공간의 낭비를 간파했다. 그는 도시의 밀집만이 대안이 될 수 있다는 생각을 갖기 시작했다. 라이트의 공동체에서 다른 실험적인 건축가들과 경험을 쌓은 솔레리는 한국의 풍경을 제작해 많은 돈을 벌 수 있었다. 풍경작업을 통해 '어스 캐스팅(earth casting)' 공법을 개발하게 된 솔레리는 마침내 아르콜로지의 철학을 바탕으로 모든 요소들이 긴밀하게 연관되고 상호작용하는 도시에 대한 구상을 시작하였다. 1956년 솔레리는 부인 콜리와 함께 솔레리의 건축과 도시계획에 대한 연구를 지원하기 위해 비영리 교육재단인 '코산티 파운데이션'을 설립하였다. 마침내 1970년 아르코산티 건설을

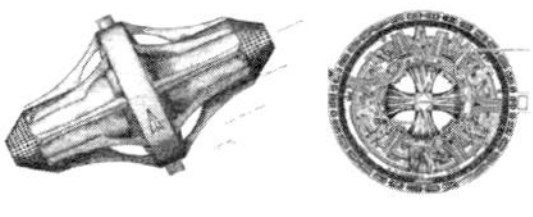

그림 5-75 | Paolo Soleri, Asteromo, 1966, Space Arcology 시리즈의 하나로 약 7만 명을 수용하는 우주 정주지 계획안이다. 실린더형의 구조물은 주축의 압력과 회전력에 의해 형태가 유지된다. 2중 외피 구조에 의해 농사를 지을 수 있는 땅이 형성되어 식량생산이 가능하며, 산소와 이산화탄소의 순환이 이루어진다.
(출전 :http://www.arcosanti.org)

위한 첫 삽을 뜨게 되었고, 그는 지금까지도 모든 재산을 아르코산티 건설에 쏟아 붓고 있다.

파올로 솔레리의 미래도시는 생태와 건축의 만남으로 이루어진다. 이것의 주개념은 도시의 소형화(compact)의 개념을 기초로 한 도시효과(urban effect)이다. 그는 진화하는 도시, 의식의 건축, 오메가 시드(omega seed), 발생론적 미학, 복잡성과 혼재성, 버블 다이어그램 등 다소 형이상학적 건축 및 도시이론을 배경으로 Mesa City, Novanoah, Babelnoah, Theology, Stonebow, Asteromo, Arcosnati 등과 같은 인구 수만에서 수백만까지를 수용하는 미래 고밀도도시(dense city) 계획안을 발표하였다. 그의 콤팩트 시티 계획안은 지속가능한 도시를 위한 대안으로 최근 많은 건축이론가들에 의해 옹호를 받고 있다.

2) 아르코산티 공동체마을(애리조나, 1970)

미국 애리조나 주 피닉스 북부 사막 한가운데에 현실세계에서는 도저히 불가능할 것 같은 이상적인 공동체 마을이 있다. 1970년 인구 5,000명을 수용하는 자생도시를 목표로 시작하여 현재까지 40년 가까이 사람이 살 수 없을 것 같은 현무암 사막지대에 건설되고 있는 환경도시이다. 이상주의 건축가인 파올로 솔레리는 그의 아르콜로지 이론에 따라 작업과 주거, 그리고 문화, 상업공간을 혼합한 도시를 계획하였다.

사막은 솔레리의 건축이론을 실험할 수 있는 이상적인 장소이다. 이와 같이 열악한 환경에서 가능하다면 어떤 곳에서도 가능하다고 생각하

그림 5-76 | Arcosnati 전경, 40년 동안 자원봉사자의 수작업으로 전 공정의 3%만 완성된 상태이다.

기 때문이다. 아르코산티는 연간 강수량 280mm 미만의 사막이지만, 브래드셔 마운틴(서쪽)과 마자트잘 마운틴(동쪽)에서 흘러내린 빗물이 지하에 풍부히 고여 있어 지질학적으로도 축복받은 곳이다.

그림 5-77 | Paolo Soleri, Arcosanti 5000, 2001, 2001년에 수정된 5,000명을 수용하는 Arcosanti 계획안. (출전 :http://www.arcosanti.org)

솔레리가 가장 경멸하는 것은 미 중산층이 사는 교회생활로서, 이것은 공간을 잡아먹고 교통에너지를 낭비하는 동시에 공동체를 파괴하는 것이다. 주거공간과 상업문화공간이 고도로 밀집된 독특한 도시설계로 인해 아르코산티는 교통시설이 필요가 없는 이상적인 공동체가 되었다. 사람들은 모두 걸어서 출퇴근한다. 집에서 직장까지 걸리는 시간은 불과 수 분 이내이다. 도시공간이 축소되면서 상대적으로 넓은 토지를 얻게 된 아르코산티 사람들은 유기농법과 태양열 에너지 등을 이용해 삭막한 사막을 푸른 낙원으로 바꿔나가고 있다.

지금까지 아르코산티의 공정은 불과 3%에 불과하다. 아르코산티는 수업료를 내고 5주 워크숍에 참여한 실습생이 학습의 일부로 건설한 것이다. 아르코산티는 삶이 복합적 관계를 맺고 있는 철저한 공동체생활로 이루어져 있다. 직장동료가 퇴근하면 함께 사는 가족이고, 문화생활을 함께 영위하는 동네친구가 된다. 뮤직센터와 원형극장, 도서관 등이 한 곳에 몰려 있기 때문에 동선이 얽혀 상보적 관계를 유지한다. 젊은이들에게는 밤마다 파티를 여는 '사막의 천국'이다.

그림 5-78 | Arcosnati 야외활동(출전 :http://www.arcosanti.org)

열악한 재정상황 속에서도 아르코산티는 서서히 모습을 드러내고 있다. 아치의 연속으로 이루어진 개방 작업장인 '볼트(vault)'는 이곳에 세워진 최초의 건축물이다. 그 다음으로 주로 풍경을 제작하는 주물 작업장인 '세라믹 앱스(ceramic apse)'와 카페 건물이 들어섰다. 총 약 500만평 중 건축물들과 대형 온실은 약 3만평만을 차지할 정도로 밀집된 계획이다. 솔레리의 아르콜로지 철학에 따라 건물과 사람이 유기체처럼 상호작용한다. 다용도 빌딩, 그 안에 거주하며 일하는 사람, 태양에너지를 이용한 조명과 증발냉각을 이용한 냉방 시스템 등이 복잡하게 얽혀있다. 이런 건물의 복합적 구조에서 주민들은 아파트, 사무실, 개방 작업장, 교육 및 문화 공간 등을 한꺼번에 접하게 된다.

그림 5-79 | Earth Casting공법으로 주물 생산 중 (출전 :http://www.arcosanti.org)

아르코산티의 독특한 건물들은 이미 건축학계에 널리 알려져 있다.

그림 5-80 | Arcosnati Ceramic Apse, 주물 작업장, 상부에 거주공간이 위치하고 있다. (출전 :http://www.arcosanti.org)

대부분의 건물들은 어스 캐스팅 공법으로 건설되었다. 흙을 파서 만든 주형에 콘크리트를 붓고, 콘크리트가 굳으면 이것을 캐내는 공법은 풍경이나 그 외 공예품을 만드는 데도 똑같이 적용된다. 때문에 많은 건물들이 땅 밑에 존재하고 흙으로 둘러싸여 있다. 이런 형태는 자연적인 단열재의 효과를 내기 때문에 1년 내내 실내온도가 쾌적한 상태를 유지한다. '앱스'라는 건물은 자연적인 태양에너지의 이용을 보여준다. 앱스는 라틴어로 4분의 1의 반구형을 뜻한다. 남향의 앱스는 태양광선의 각도 때문에 겨울에는 햇볕이 잘 들고 여름에는 그늘이 진다. 그 결과 코산티와 아르코산티에서 1년 내내 야외작업장으로 쓰인다. 수영장도 남쪽을 바라보고 있기 때문에 겨울에도 그다지 차갑지 않다. 아르코산티의 건축물들은 이렇듯 친환경적인 방식으로 건설되었다. 건물의 구조는 혁신적인 건축기술과 함께 매우 창의적인 디자인 요소를 반영하고 있다.

5-4 한국의 친환경 주거단지의 오늘과 내일

5-4-1 한국의 친환경 주거단지

그림 5-81 | 서울 강남구 도곡동 타워팰리스, 최첨단 자동시설과 최고의 보안시스템을 갖춘 고급 주상복합 아파트로 한국인의 로망을 상징한다. 현재 한국에서 가장 높은 건물이다.

언젠가부터 우리나라는 소위 '아파트 공화국'이라는 별명을 갖게 되었다. 세계에서도 유래가 없을 정도로 고밀도 고층 집합주거단지가 많아 전체 주거의 과반수를 넘은 지 오래다. 특히 서울 도곡동 타워팰리스와 같은 호화 초고층 아파트는 한국인의 부의 상징이다. 고급 주거단지보다 이러한 고층 주거단지에 대한 한국인의 선호는 당분간 계속될 것 같다. 프랑스 지리학자 발레리 줄레조(Val rie Gel zeau)의 저서 『아파트 공화국』에는 한국에서의 아파트 발전의 역사와 그 배경에 대하여 자세하게 설명되어 있다. 그녀는 흔히 중·저소득층 주거단지를 의미하는 아파트가 한국에서는 어떻게 '중산층 부의 외형적 표식'이 되었는지에 대하여 아주 흥미롭게 설명한다.

따라서 한국의 주거단지란 바르 아파트단지를 의미한다고 볼 수 있다. 한국의 아파트단지의 가장 큰 특징은 디자인의 획일성과 저층부의 공원

그림 5-82 | 수원 금곡 LG 빌리지 배치도

화 그리고 최근에 더욱 극심하게 나타나는 초고층화현상을 들 수 있다. 여기에서는 한국의 친환경적 아파트단지로의 발전에 큰 영향을 미친 몇 개의 사례를 중심으로 그 주요 흐름을 간단히 살펴보도록 한다.

금곡 LG 빌리지(수원, 1998)는 아파트 조경의 초기 역사에서 새로운 전환점을 준 단지로서 중요한 의미를 갖는다. '테마공원'의 개념을 도입하고 보행과 차도를 분리하는 시도를 실행했다. 또 주변 자연환경과 조화를 이루는 분수광장과 동산을 조성하였다. 이 시기의 아파트 조경은 각종 '테마'가 화두였다. 주차장이 지하화하기 시작한 것도 이 무렵이다. 차량이 없는 지상에는 각종 테마공원이 등장했고, 자투리 공간에는 나무와 꽃들이 심어졌다. 보행 위주의 완결된 커뮤니티 형성이 계획의 목표로, 보행자전용도로를 단지의 중심에 배치하고 철저한 보차분리를 시도하여 커뮤니티를 엮어 주는 매개체 역할을 하게 하였다. 이러한 보행로는 주변의 개발제한구역 및 칠보산과 연계되어 자연경관과 주변생태자원으로의 접근성을 높였다. 단지 중앙에는 대형 분수광장을 조성하였으며, 여기에 벚꽃이 우거진 산책로와 학교길 옆으로 흐르는 맑은 시냇물 등을 만들어 쾌적성을 한층 더하였다.

그림 5-83 | 수원 금곡 LG 빌리지, 벽천이 설치된 테마공원

망미 주공아파트(부산, 1986)는 기존의 자연환경을 최대한 이용하여 다양한 주택과 단지경관을 조성하고 토공사비를 절감한다는 목표로 계획되었다. 자연지형을 최대한 살리기 위하여 등고선을 따라 판상형 주거동을 배치하고 경사가 심한 곳에는 테라스 하우스를 배치하여 토공사를 최대한 줄였으며, 판상형의 고층 주거동에서는 1층을 바다를 조망할 수 있도록 필로티로 처리하고 충분한 인동거리를 유지하도록 하였다. 또한, 자연지형을 이용하여 단지에서 발생하는 우수를 집수하여 생태연못을 만들었다. 지형을 고려한 배치계획과 테라스형, 타워형, 일자굴곡형 등 건물형태의 다양한 혼합구성, 그리고 테라스 주변과 생태연못을 연결하는 골목길 등 당시로서는 혁신적인 설계기법으로 한국의 친환경 주거단지의 우수한 사례로 자주 언급이 되고 있다.

그림 5-84 | 부산 망미 주공아파트, 테라스형 주택과 이를 연결하는 보행자전용도로는 기존의 자연환경과 지형을 적절히 활용한 친환경적인 예로 유명하다.

그림 5-85 | 부산 망미 주공아파트, 단지 내에 설치된 옥외 조경 및 생태연못

예전 타이어 공장 부지에 재개발된 신도림 4차 e-편한세상(서울 구로구, 2003)은 아파트단지 조경에 '자연'과 '생태'라는 개념을 도입해 큰

그림 5-86 | 서울 구로구 신도림 4차 e-편한세상, 아파트단지에 자연과 생태라는 친환경 개념을 도입하여 유행시켰다.

그림 5-87 | 경기도 성남 래미안 금광, 생태자연 정원 초심원(初心園), 중국의 정원을 연상시킨다.

주목을 받았다. 시공사는 공해시설의 이미지를 개선하기 위해 이 단지를 계획하면서 설계팀을 일본과 독일의 생태단지를 답사하게 하여 친환경 생태 아파트를 설계하게 하였다. 주차공간을 지하화하고 지상은 버들치 등 1급수 어종이 사는 자연형 계류와 생태연못으로 조성하였다. 개천에 설치된 데크에서 물고기와 물풀 등을 관찰할 수 있는 자연학습장을 설치하고, 황토 산책로와 잔디광장을 조성하여, 마치 어느 시골에 온 듯한 착각을 불러일으키게 하였다. 아파트단지 내에 생태연못이나 개천이 어우러진 정원과 광장의 설치는 그 이후 아파트단지 조경에서 하나의 유행이 되었다.

검단산 자락에 위치한 성남 래미안 금광(경기도 성남, 2006)은 아파트 조경계획에 또 다른 가능성을 제시하였다. 아파트단지 조성에 장애물이었던 급경사 지형을 활용하여 단지 후원에 폭포와 정자, 개천을 입체적으로 꾸민 아름다운 '생태자연 정원'을 설치하였다. '초심원(初心園)'이라는 이름을 가진 이 정원은 옹벽을 자연석으로 조경하여 산책로를 조성하고, 자연 그대로의 물의 흐름을 살려 단지 내 하천의 수경공간을 구성하였다. 백일홍을 비롯한 관상수를 심고 암반수를 활용한 약수터와 연못, 2단 폭포, 과수원과 산책로 등은 아파트단지 조경의 새로운 장을 연 것으로 평가된다. 또한 남한산성 성곽 이미지를 딴 옥상 디자인도 주변 자연과 조화를 이룬다. 초심원은 주거단지 최초로 '굿 디자인'에 선정되었고, 환경디자인 부문 우수상을 수상하였다.

5-4-2 한국형 친환경 주거단지의 미래

최근 건강하고 쾌적한 주택에 관한 소비자의 욕구가 증대됨에 따라 '환경아파트', '바이오 주택' 등의 이름으로 상품화된 공동주택들이 공급되고 있다. 또한 새집증후군에 대처하여 깨끗한 공기와 물을 공급받고 쾌적한 공간에서 살고 싶은 소비자 욕구에 부응하여 'well-being' 아파트 등이 등장하였다. 국내에서 공급되는 이러한 아파트들은 개별주택 차원에서 홈오토메이션 등과 같은 기계나 첨단설비에 의존함으로써 오히

그림 5-88 | 부산 해운대 마린시티의 두산 위브 제니스, 좋은 입지의 조망권은 한국 주거문화의 새로운 이상으로 자리잡아가고 있다.

그림 5-89 | 영화 〈아바타〉는 3D 영화로 영화의 새로운 역사를 쓰고 있다. 여기에서 아바타는 아마존의 자연을 파괴하는 현대 개발문명의 모순을 상징하는 등의 다의적 해석이 가능하다.

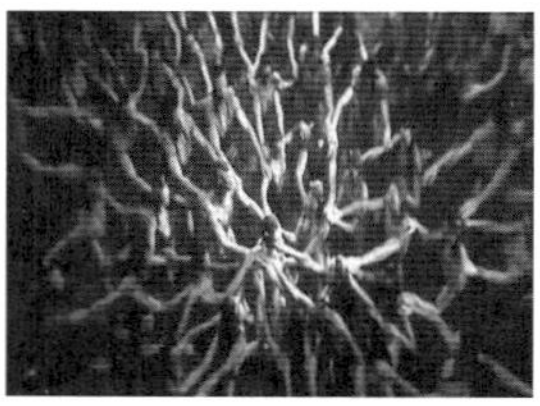

그림 5-90 | 영화 〈아바타〉, 가족이 된다는 것은 네트워크로 연결된 관계 속에 위치하는 것을 의미한다.

려 반친환경적인 경향을 지니는 것을 흔히 볼 수 있으며, 자연친화적이거나 자연보전인 친환경 주거단지와는 본질적으로 거리가 있다. 또한 고가의 건축마감재와 훌륭한 입지조건, 그리고 초고층에 의한 조망권과 같은 주거에서의 차별화의 노력은 공동주거의 방향을 왜곡시킬 가능성이 높다. 이렇듯 한국의 주거단지계획에 있어서는 아직도 친환경 건축에 대한 이해가 미흡하여 단편적인 적용의 수준에 머무르는 경우가 일반적이며, 결국 지속가능한 개발이라고 보기 어려운 경우가 흔하다.

그렇다면 미래의 이상적인 친환경 주거단지는 어떠한 모습을 가져야 할까? 생태건축은 기술결정론적 시대의 기계론적 사고와는 반대적 입장을 취하지만, 기술의 진보를 결코 부정하지 않는다는 것을 이해할 필요가 있다. 생태학과 정보이론의 결합에 의한 고도로 정교한 이론을 생태계의 존립을 위해 활용하는, 자연과 기술의 통합적 의존관계의 확립을 위한 건축기법이 필요하다. 진정한 의미의 친환경 주거단지계획을 위해서는 프로세스 전체에 걸쳐 친환경적 계획요소를 총체적으로 적용시키려는 단지계획의 패러다임의 변화가 요구된다.

2009년에 개봉된 영화 〈아바타(Avatar)〉는 영화사뿐만 아니라 우리 의식에 있어서 중요한 의미를 지닌다. 아바타란 힌두교에서 유래된 말로 '신들이 인간 세상에 영향력을 행사하기 위하여 내려 보낸 권화(權化)'를 의미한다. 인터넷 용어로는 네트-이데올로기 중심의 가상사회의 구성원인 사용자를 대표하는 캐릭터를 의미한다. 이 영화에서는 아바타는 판도라 행성의 토착민 나비(Navi)족과 교신하기 위하여 인간과 나비족의 DNA를 결합해 만든 새로운 하이브리드 생명체로서, 링크 머신을 통해 인간의 의식에 의해 원격 조종된다.

환경론적 관점에서 볼 때, 이 영화는 우리에게 많은 가르침을 제공한다. 인간과 나비족 사이에서 존재론적 혼란을 겪는 아바타는, 인간에 의한 개발의 폭력성을 정당화하는 동시에 미개발의 상태를 미화하는 현대인의 정신적 모순을 상징하는 듯한 생각이 들게 한다. 우리의 영혼은 지나친 물질의 추구로 인하여 이미 무감각해진 것은 아닐까? 물질적 순수함으로의 영혼의 회복이 필요하다. 인간은 스스로의 모든 행동의 진정한

그림 5-91 | 영화 〈지구가 멈추는 날(The Day The Earth Stood Still)〉, 외계인은 인간들로 인해 죽어가는 지구를 보존하기 위한 마지막 수단으로 인간을 멸종시키고, 인간이 만든 모든 문명의 흔적을 지우려 한다.

의미를 이해하고 있으며, 항상 스스로를 통제할 수 있을 정도로 우수한 종이라는 생각은 착각에 불과한지 모른다. 영화 〈지구가 멈추는 날〉에서 볼 수 있는 것처럼, 벽돌 한 장, 유리 한 장을 포함하여 인간이 만든 모든 문명의 흔적은 결국 지구의 파멸을 앞당기는 작은 동인(動因)이 될 수 있다. 이것이 지속가능한 개발에서 최대한으로 개발을 제한하려는 이유이다.

인식하지 못하나 우리는 파괴에 아주 익숙해 있다. 아주 작은 자극에도 우리는 쉽게 흥분하며 공격적이 된다. 우리는 현재 이미 엄청난 파괴의 능력을 지니고 있다. 또한 우리는 우리의 이성이 이것의 사용을 영원히 통제할 수는 없을 것이라는 막연하게 느끼며 불안 속에 살아간다. 단 한 번의 버튼의 누름으로 지구 종말의 순간이 올 수 있기 때문이다.

그러나 마지막 순간은 그리 쉽게 오지는 않을 것이다. 지구는 자신의 영역을 침범하는 파괴자의 손에서 스스로를 지키려 할 것이다. 우리의 위대한 어머니(the Great Mother)는 누구의 희생을 원하지 않으며, 단지 삶의 균형을 지키려 한다.

모든 살아있는 존재를 연결하여 흐르는 에너지의 네트워크가 존재한다. 모든 에너지는 단지 빌려 쓰는 것일 뿐이고, 언젠가는 되돌려주어야 한다. 우리는 영혼의 나무로부터 소리를 들을 수 있는 지혜가 필요하다. 자연의 음성을 들을 수 있는 능력. 어쩌면 이보다 더욱 필요한 것은 그 소리를 들으려는 간절한 소망일지 모른다. 우리가 진정으로 그것에 관심을 가질 때 자연은 우리에게 가르침을 줄 것이다. 그들과 소통을 하고 그들과 함께 살아가는 방법을. 모든 것을 마음으로 받아들일 때 우리는 준비가 된다.

We See You! 우리는 본다. 사랑이 있다면. 자연에 대한 사랑, 지구에 대한 사랑. 이것은 곧 나의 이웃에 대한 사랑, 나의 가족에 대한 사랑, 결국 나에 대한 사랑에서 시작한다.

우리가 진정으로 그것을 원할 때 얻게 될 것이다.

참고문헌

1. 공동주택연구회, 주거단지계획, 동녘, 2008.
2. 김자경, 자연과 함께하는 건축, Spacetime, 2004.
3. 김준영, 콤팩트시티, 문운당, 2007.
4. 양동양, 도시주거단지계획, 기문당, 2006.
5. 유현준, 현대건축의 흐름, 미세움, 2009.
6. 이병언, 도시 르네상스(Cities for a Small Planet), 이후, 2005.
7. 이윤하·우영선, 파울로 솔레리의 미래도시, 르네상스, 2004.
8. 임만택, 친환경도시건축, 문운당, 2009.
9. 천득염·나하영, 생태마을 Crystal Waters, 기문당, 2009.
10. Leon Krier, Houses, Places, Cities, AD, 1984.

제 6 장

건축주의 요구와 디자인 프로세스

제 6 장

건축주의 요구와 디자인 프로세스

건축가의 설계과정을 의미하는 디자인 프로세스는 건축주가 결정되면서부터 시작한다. 건축주에게 필요한 용도에 따라 건물의 적절한 위치와 적정한 공간의 종류, 크기, 배분을 결정짓고 각각의 공간이 연결되는 방식인 동선을 고려하여 평면을 계획하는 것으로 진행하게 된다. 따라서 디자인 프로세스에서 가장 중요한 부분은 먼저 건축주의 요구를 이해하고 반영하는 과정이 된다.

6-1 건축주 요구와 설계참여집단

건축물, 특히 주거용 건축물은 최종 사용자와 건축주가 동일한 경우가 많으며, 타 건물에 비해서 건축주의 요구도 다양하고 시대나 환경에 따라 민감하게 변화하는 특성을 가진다. 건축주의 요구사항은 중요한 사항이긴 하지만 디자인 프로세스에서 건축가가 고려해야 하는 유일한 대상은 아니며, 기획단계에서 설계단계, 시공단계, 거주 및 철거단계에 이르는 건물 수명의 전체 단계에서 다양한 집단들이 설계에 참여하여 건축가와의 협업을 통해 건축물의 완성을 이끌어내게 된다. 최근 건축물의 규모와 용도가 다양, 복잡해지고 공공시설물로서의 건축물에 대한 사회적 책임이 강화되는 흐름에 따라 디자인 프로세스에 영향을 미치는 설계참여집단의 중요성도 해마다 증가하는 추세이다. 따라서 건축주 요구의 수용은 건축주의 의견과 특성에 대한 반영을 중심으로 하여 설계참여집단 전반에 대한 이해에서 이루어져야 한다고 볼 수 있다.

6-1-1 설계참여집단

설계참여집단은 크게 건축주, 건축가, 행정관서, 시공자, 개발자, 협력업체(컨설턴트)로 나누어 볼 수 있다. 여기서 개발자는 크게 보아 건축주의 범위에 포함시키기도 한다.

표 6-1 • 건축의 생애주기(LC : Life Cycle)에서 설계참여집단

구분	관련 집단
건축주(client)	건축주, 사용자, 소유자, 거주자 등
건축가(architect)	설계사무소 소장, 설계팀장, 설계자, 프로젝트 매니저, CM 전문가, POE 전문가 등
행정관서 (building officials)	건축과, 도시계획과, 도시경관과, 공공디자인과, 각종 위원회, 소방서, 환경단체, 시민단체 등
시공자(builder)	종합시공자, 일반시공자, 현장감독, 감리, 철거전문업체 등
개발자(developers)	부동산개발업자, 투자은행, 재정전문가, 시행사 등
협력업체(컨설턴트 : consultants)	견적회사, 교통영향평가자, 사업타당성 전문가, 실내설계자, 구조설계자, 설비설계자, 전기설계자, 토목 및 굴토설계자, 조경설계자, 가치공학(VE)자, 관리업체, 음향전문가, 전시전문가 등

1) 건축주

일반적인 의미로서의 건축주는 건축물이 지어질 대지의 소유자로서 건축물이 완공된 후 등기상의 소유자를 의미한다. 세부적으로는 건축물의 용도를 결정하고 비용을 담당하는 건축주, 완공된 건축물을 실제로 사용하는 사용자, 건축물의 등기상 주인인 소유자와 주거시설의 경우 거주자로 나눌 수 있다. 이러한 건축주, 사용자, 소유자, 거주자는 동일인이 될 수도 있지만 최근의 경우 각각 다른 집단에 소속된 경우가 많으며, 각 집단이 건축물에 대해 가지는 이해관계의 차이에 따라 서로 다른 요구와 사용특성을 가지게 되므로, 이러한 차이에 대한 인식이 디자인 프로세스의 출발점이 되어야만 한다. 특히 건축가의 디자인 프로세스를

살펴보면 건축주나 소유자와 접할 경우는 많으나 실제 건축물을 사용, 거주하게 되는 사용자나 거주자와의 커뮤니케이션은 거의 일어나지 않는 모순이 발생하므로 이의 해결이 중요한 문제로 부각되고 있다.

2) 건축가

디자인 프로세스 전체를 이끌어 건축물의 기획에서 설계, 시공, 거주까지를 책임지는 것이 건축가이다. 세부적으로는 설계사무소를 대표하고 프로젝트 전반을 지휘, 감독하는 설계사무소 소장과 직접적으로 개별 프로젝트의 디자인 프로세스를 책임지고 진행하는 설계팀장, 설계프로세스에 참여하여 부분적인 영역을 책임지는 설계자, 프로젝트의 진행의 경영적 · 관리적인 부분을 전담하는 프로젝트 매니저(대부분의 경우 설계사무소 내에서 설계팀장이 프로젝트 매니저를 겸하고 있음), 시공성과 경제성 및 건축물의 비용과 가치 등을 프로젝트 초기단계인 기획단계부터 최종단계인 유지보수 철거단계까지 고려하여 건축주를 대행하여 프로젝트를 관리, 감독하는 CM(현재 CM은 주로 건설회사에서 담당하는 경우가 많으나, 이 경우 주로 시공단계만을 중점대상으로 하게 되며, 최근 많은 설계사무소에서 CM을 건축가의 기본 업무영역 안에 포함시키고 있음. 다양하고 복잡해지는 건축프로젝트의 전반을 조정하는 CM의 본질적인 의미에서 볼 때, CM을 시공사가 맡게 되면 시공성 위주의 건물이 되고 금융전문가가 맡게 되면 경제성 위주의 건물이 되며, 동시에 일반적으로 건축가가 가지고 있던 건축 프로젝트의 관리 감독권을 상실하는 결과를 나타나게 되므로 설계사무소에서의 CM은 선택이 아니라 필수가 되어야만 함. 이러한 관점에서 미국건축사협회인 AIA는 1980년대부터 CM을 건축가의 기본 업무에 포함시켰으며, 국내에서도 표준계약서상에 CM을 서비스 항목으로 포함시킴), 거주단계 사용자와 건축주들의 완공된 건축물에 대한 사용특성과 의견, 만족도 등을 조사하여 차기 프로젝트의 계획에 반영하는 POE 전문가 등이 있다. 규모가 큰 설계사무소에서는 내부에 모든 전문가들을 수용하며 규모가 작은 설계사무소들은 필요에 따라 서로 연합하여 설계서비스를 제공하게 된다.

3) 행정관서

행정관서는 건축물이 지어지는 과정의 안정성과 적법성, 건축물이 완성된 후 발생이 예상되는 경관, 방재, 안전, 교통의 제 문제에 대하여 심의하고 허가하는 업무를 맡고 있다. 건축물의 도시계획상의 구분에 따라 해당 지자체의 건축과, 도시계획과, 소방서 등이 건축물의 안전과 법적인 문제를 검토하는 허가업무에 관여하게 되며, 도시경관과 및 각종 심의위원회에서 도시 차원에서의 건축물의 경관문제와 제반 영향을 심의하는 구조로 되어 있다. 최근에는 건축물이 도시환경에 미치는 영향을 조사하고 의견을 개진하는 환경단체 및 시민단체들이 민원제도 등을 통하여 건축물의 심의, 허가과정에 영향을 끼치고 있다. 또한 가로 주변의 간판, 도시기반시설물, 가로수, 화분, 가로등, 휴게시설, 정류시설 등의 공공시설물에 대한 관심이 높아지면서 이를 담당하는 공공디자인과가 지자체에 신설되고 관련된 설계, 시공 용역이 많이 발주되고 있는 실정이다.

4) 시공자

시공자는 설계자가 설계한 건축물을 실제 거주가 가능하도록 건설하는 업무를 맡고 있으며 건설 전체를 책임지는 종합시공자, 일부 공종을 책임지는 일반시공자, 시공현장을 총괄하는 현장감독, 설계도면과 동일하게 시공이 이루어지는지를 확인하는 감리, 건물의 철거를 담당하는 철거전문업체 등으로 이루어진다.

5) 개발자

개발자는 부동산 개발을 통하여 이익을 추구하는 집단으로 때로 건축주가 되기도 한다. 미래의 수익 잠재성이 높은 대지를 발굴하고 적절한 용도와 자금을 조달하여 개발한 후 직접 임대, 분양 또는 판매하는 부동산개발업자, 전 세계를 상대로 부동산개발업에 자금을 투자하는 투자은행, 개발프로젝트의 수익성을 검토·관리하는 재정전문가, 주로 공동주택에 특화되어 주민, 조합원들과의 협의, 보상, 대지의 구매, 설계 및 시공사의 선정과정을 통해 이익을 추구하는 시행사 등이 있다.

6) 협력업체(컨설턴트)

컨설턴트는 기획, 설계를 도와주는 각 분야별 전문가 집단을 통칭하며 설계도면을 통해 초기 건설비용을 산정하는 견적회사, 건축물이 들어섬으로써 발생하는 교통문제를 예측하는 교통영향평가자, 사업 초기단계에서 대지의 위치와 건물용도에 따른 예상 수익성을 분석하는 사업타당성전문가, 로비·회의실·접견실 등 주요 내부공간을 설계 및 시공하는 실내설계자, 건축물의 구조를 설계하여 구조설계도면과 구조계산서를 작성하는 구조설계자, 냉난방, 우·오수, 방재 관련 배관들을 설계하는 설비설계자, 전기·통신·인터넷·피난·발전 관련 배선들을 설계하는 전기설계자, 대지조성·흙막이공사·굴토공사·공동구공사·맨홀 및 트렌치공사·배수계획, 대지 내 도로 조성공사를 설계·시공하는 토목 및 굴토설계자, 법적인 조경계획을 포함하는 건물 내·외부 정원, 옥상정원을 설계하는 조경설계자, 건축물의 계획이 투입되는 비용에서 최대한의 가치를 창출하도록 검토하는 가치공학자, 건축물 완공 후 건축물을 유지·보수·관리하는 관리업체, 극장·콘서트홀의 음향설계를 담당하는 음향전문가와 기타 방재전문가, 문화재전문가, 전시전문가 등 다양한 컨설턴트들이 있다.

과거에는 건축가의 설계도면이 완성된 시점에서 컨설턴트들이 설계도면에 맞추어 분야별 세부도면을 진행하는 직선형 프로세스 위주로 진행되었으나 최근에는 컨설턴트들과 사용자, 건축주, 시공자가 프로젝트 시작단계나 설계 초기단계에서부터 함께 모여 설계자와 함께 디자인 프로세스를 진행해 나가는 협업프로세스의 중요성이 점차 확대되고 있다. 따라서 건축가는 각 집단의 특성에 따른 다양한 요구에 대한 적정한 대응방향 모색이 중요하게 되었다.

6-1-2 건축주의 이해

1) 건축주의 의미 이해

① **대상이 아닌 사람으로 이해** : 건축주는 계약서상의 "갑"으로서 설계 용역을 건축가에게 위임하는 대상이 아니라 건축전문가인 건축가를 통해 건축프로젝트를 수행하려는 목적을 가진 개인 또는 법인으로 이해하여 프로젝트 베이스의 사무적인 인간관계가 아니라 휴먼 베이스의 친근한 협조관계로 이해해야 하며, 이것은 건축가의 중요한 필요역량 중 하나가 된다.

② **건축주기의 많은 부분에서 주체로 이해** : 비록 많은 건축주가 본인이 디자인 프로세스의 전면에 나서길 꺼릴지라도 디자인 프로세스의 중요한 의사결정은 건축주와 건축가의 협의에 의해 내려질 수밖에 없으므로, 건축주가 주체라는 인식을 갖도록 계속해서 주지시키는 것이 필요하다.

③ **건축주(요구사항의) 변화 특성의 이해** : 건축주는 구축환경, 특히 유행이나 수익성 등에 민감하게 반응하므로 건축주(요구사항의) 변화는 필연적인 부분임을 인식하여 조기에 효과적으로 대처하는 것이 필요하다.

2) 건축가와 건축주

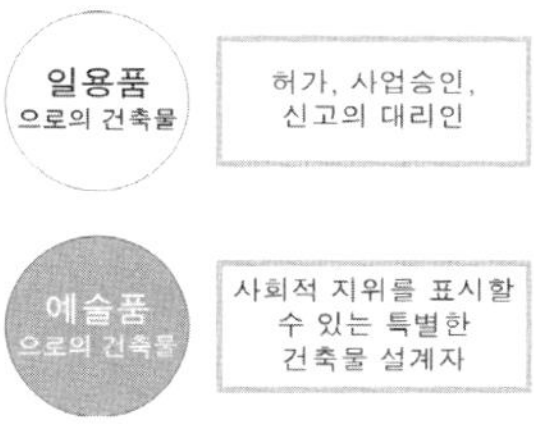

그림 6-1 | 건축주가 생각하는 건축가

건축주와의 관계에서 건축가는 설계자가 아닌 도시, 건축, 거주 관련 지식의 전문가로서의 포괄적 조건가라는 사실을 잊으면 안 된다.

일반적으로 건축주가 생각하는 건축가란 일정 규모 이상의 설계는 전문가에게 맡겨야 한다는 법적 계약에 의해 어쩔 수 없이 선택해야 되는 대상이라는 곱지 않은 선입견을 가지고 있다. 따라서 이러한 선입견을 극복하고 건축가가 건축주의 믿음직한 동반자가 되기 위해서는 반드시 먼저 건축주가 어떠한 식으로 생각하고 행동하는지를 이해할 필요가 있다.

3) 건축시장 변화의 이해

건축주를 위시한 건축 수주 시장은 매우 빠르게 변화하고 있으며, 대표적인 양상은 다음의 세 가지로 요약이 가능하다.

① **건축시장의 세계화** : 과학기술을 바탕으로 한 건축구조기술의 눈부신 발전과 정보통신의 발전 및 무역장벽 철폐 경향에 의해 국경을 넘는 건축이 일반화 된다. 상품처럼 "브랜드화" 된 건축은 동남아 시장과 산유국 시장을 중심으로 전 세계를 대상으로 한 무한 확장을 추진하고 있다.

② **정보화 시대의 변화** : 정보화 시대가 더욱 극적으로 발전하면서 시각적인 새로움을 계속하여 추구하는 경향과 반대급부로 웰빙, 슬로우 푸드 등의 구호에서 나타나는 회귀 경향의 양립하기 힘든 두 극단의 속성이 자기의 건축시장을 형성하게 되었다.

③ **사회구성의 변화** : 극단적으로 진행되는 노령화, 부의 양극화 현상은 건축시장의 구성 및 방향의 변화를 요구하고 있다.

4) 건축주의 건축가 선택

"그들은 전체를 구매할 수는 없다"는 말에서 이해 가능하듯이, 건축주는 비용과 시간에 의해 제약을 받게 되므로 프로젝트 특성 및 건축주 스스로의 건축에 대한 가치에 따라 적합한 건축가를 선택하게 된다. 이러한 가치는 건축가들이 가지고 있는 전문적인 가치와는 전혀 다르며, 이러한 차이를 인식하는 것이 건축주 이해의 첫걸음이 된다.

건축가들이 가지고 있는 전문적인 가치를 살펴보면 고전적인 의미에서의 건축의 가치는 비트루비우스가 언급한 견고함(안정성), 편리성(기능적), 즐거움(아름다움 기타)이었으며, 최근에 미국 건축가인 데이빗 마이스터는 납품, 서비스, 아이디어라고 정의내리는 등 시대에 따라 다양한 관점에서 접근이 이루어지고 있다.

이에 비해 건축주의 가치에 대해 미국의 AIA Handbook에서는 건축주는 판촉(promotion), 제품(product), 사람(people), 장소(place), 가격(price)의 다섯 가지의 가치를 가지고 상황이나 건축주 특성에 따라 건축가를 선택한다고 분석하고 있다.

① **판촉에 의한 선택** : 건축가의 자기 홍보에 의해 건축주가 건축가를 선택하는 것으로 광고, 메일, 홍보물 등에 의존한다. 건축사 윤리 규정에 의해 건축가가 자신의 설계사무소를 광고하는 것을 제한하는 경향이 일반적이나 최근 어느 정도 자유로워지는 분위기다.

② **제품에 의한 선택** : 현상설계, 건축 관련 수상, 잡지 소개 등을 통해 알려지는 방법이다.

③ **사람에 의한 선택** : 프로젝트 진행 회사의 명성이나 설계사무소 소장의 나이, 인맥, 설계담당의 능력 및 기타 매스 미디어를 이용하여 널리 알려지는 방법을 통해 선택되는 방법이다.

④ **장소에 의한 선택** : 건축주의 프로젝트가 특별하지 않고 일반적일 경우는 사무소의 능력과 위치, 즉 거리 및 접근의 편리성에 의해 선택되게 된다.

⑤ **설계에 의한 선택** : 설계사무소의 규모, 시설, 장비, 기술에 의해 건축주가 선택하게 된다. 하지만 새로운 장비나 새로운 프레젠테이션 기술이 특정 고객층을 만족하여 수주로 연결될지라도, 보편화되면서 제품, 서비스가 과도 경쟁하게 되는 악순환이 발생될 가능성을 가지게 된다.

건축주의 건축가 선택은 크게 일반화하면 가격에만 가치를 두는 상품(근생, 공동주택, 임대빌딩 등)과 특별한 일로서 충분한 지불을 하는 상품(클린룸, 병원, 교회, 본사 사옥 등)으로 나눌 수 있다. 하지만 그럼에도 불구하고 대다수의 클라이언트들이 원하는 것은 알람브라 궁전이 아니라 라스베이거스이다. 즉, 비싼 예술작품보다는 예술작품처럼 보이는 값싼 제품을 더 선호한다는 뜻이다.

위와 같은 건축주(클라이언트) 가치의 인식이 건축가 업무의 출발점이 되며, 잘 모를 경우 물어보기의 방법을 통해서라도 주어진 비용에서 최대한의 가치를 가진 건축물을 제공한다는 신뢰를 형성하여야 한다.

5) 건축설계의 이해

건축설계는 '사업으로서 살아남기 위한 경제적 압력에의 대응(사적 생산품)에서 출발하여 현 시대의 기술과 사회적 조건과 관련된 도시건축적 기준을 지향(시대를 담는 그릇)한다'로 정리될 수 있다. 대표적인 건축가들의 정의를 살펴보면 다음과 같다.

① **프랭크 로이드 라이트** : 산업화 세계에서 사회적 요구에 대한 자연적, 유기적 대응이다.

② **르 코르뷔지에** : 합리적, 기하학적 원리를 통해 경제적, 시공적인 요구를 수용하는 작업이다.

③ **월터 그로피우스** : 기계기술과 접목한 통합적 관점에서 바라보아야 한다는 것을 강조하였다.

④ **바우하우스 교육** : 협동과 공동책임을 강조하고, 설계집단에 타 분야의 기술자와 경제학자를 포함시켜 예술 + 과학 + 사업이 하나의 융합체가 되며, 이때 건축가가 종합자 역할을 수행할 수 있도록 교육하였다.

⑤ **알바 알토** : 건축은 기술지식에 바탕을 둔 인간의 활동이다. 사회적, 인간적, 기술적 요구들은 합리적 혹은 기계적 방법으로는 해결 불가능한 복잡한 엉킴을 가지게 되고, 이는 오로지 건축가의 정신 속에서만 추상화된, 상충하는 많은 문제를 조화로 이끄는 보편적 내용의 떠오름(설계, 디자인)이 발생한다. 또한 건축에 있어 올바른 경제란 얼마나 좋은 것을 싼 값에 제공하느냐에 있다. 동시에 우리는 인간을 위하여 건축하고 있다는 사실을 잊어서는 안 되며, 만약 우리가 품질을 배제한다면 건축을 포함한 그 어떤 분야에서도 경제학은 의미가 없다고 보았다.

6) 건축주와 건축가와의 만남

건축주가 건축가의 설계사무소를 찾거나 건축가가 건축주를 만나는 것은 우연히 되는 경우는 거의 없으며, 일반적으로 턴키, 입찰(지명, 공개), 현상, 지명 등의 다양한 방식을 통해 건축주와 건축가가 만나게 된다. 정리하면 다음과 같다.

① **자격제한방식** : 설계경험, 관련기술자 등을 점수화하여 우수한 업체의 순서로 건축가를 선정하는 방식으로 건축주의 가치에 대한 요구가 어느 정도 만족되는 장점이 있다. 젊은 건축가의 시장 참여가 제한되고 경험이 많은 관련기술자를 프로젝트 수주를 위해 단기간 계약하는 등의 문제를 가지고 있다.

② **비용제한방식** : 가격을 고정시키고 가치를 조정하거나 동일한 가치에 최소의 가격을 제시하는 건축가를 선정하는 방식이다. 가격을 점수화하여 비용을 줄일 수 있지만 추가비용, 품질저하, 업체의 부도 등의 위험을 가지게 된다.

③ **설계경기방식** : 작품을 점수화하여 가장 우수한 가치를 지닌 작품의 건축가를 선정하는 방식이다. 광주문화전당 설계경기에서 보듯이 건축주가 건축가치에 대한 명확하지 않은 생각을 가지고 있는 경우 잦은 설계변경에 의해 원안과는 전혀 다른 결과물이 되거나 회사경영에 악영향을 주기도 한다. 여러 번 탈락 시 건축가에게 큰 경제적 부담이 되나 다른 업무와의 연관 가능성이 높아진다는 점과 설계사 직원들의 사기진작을 위하여 고려해야 하는 방식이다.

④ **반복사업(또는 소개)** : 가장 일반적으로 건축주와 건축가가 만나는 방식이다. 클라이언트의 가치를 이해하는 회사만이 가능하며, 입소문이 무서우므로 새로운 길을 따는 것보다 기존의 건축주를 유지하는 것이 더 중요하다. 또한 건축주가 식상해하지 않도록 계속 변화하는 것을 보여주어야 한다.

많은 건축가들이 건축주와의 만남을 위해 무한경쟁하고 있는 현실에서, 이러한 경쟁에서 이기는 방법은 위에서 언급한 것처럼 설계사무소의 선전이 아닌 건축주를 얼마나 도와주고 변화시킬 수 있는지 설명할 수 있어야만 한다.

7) 건축주와 함께 일하기

건축주와 함께 일하는 과정에서 반드시 고려해야 하는 점은 건축주의 요구나 생각이 중요하지만 실제로 건축주가 예상한 것이 항상 고정적이지는 않고 유동적이라는 것을 기억해야 한다. 또한 동시에 어떠한 문제에서도 문제의 해결자는 전문가인 건축가가 될 수밖에 없다는 것을 명심해야 한다. 따라서 건축주에게 적절한 제안과 설득이 병행되어야만 한다.

건축주의 건축에 대한 지식은 비록 스스로가 많이 알고 있다고 생각하더라도 일반적으로 적거나 제한적이 된다. 따라서 건축가는 건축주에게 그가 미처 생각지 못했던 중요한 부분이 있음과 그것의 이익(가치)을 설명할 수 있어야 한다.

건축주의 가치와 건축목적에 따라 그림 6.1에서 보여주듯 일용품으로서의 건축물과 그렇지 않은 건축물을 구분하여 접근하여야 한다.

무엇보다 중요한 것은, 최상의 서비스는 제품 자체가 아니라 신뢰에서 나오며, 비슷한 제품일 경우 차별성은 오직 서비스임을 명심하여 차별적이고도 신뢰를 주는 건축 전문 서비스를 제공하기 위한 건축가마다의 방법을 개발하여만 한다.

건축가가 자신의 디자인 과정을 공개하지 않고 결과적인 디자인만 제공하던 블랙박스 어프로치의 시대가 끝나고, 설계참여집단과 객관적이고 과학적인 방법으로 진행하는 화이트박스 어프로치의 시대로 진입한 것을 인식하여야 한다. 즉, 현대의 건축가는 건축주가 건축주의 눈높이에서 건축설계 과정에 참여하고 싶어 하는 변화를 인식해야만 하며, 건축가는 이것을 수용할 수 있는 방법과 툴을 개발할 필요가 있는 것이다.

8) 건축주 – 건축가 관계 모델

아래의 건축주 – 건축가 관계 모델은 건축주와 건축가의 관계에 대한 가장 최근의 개념을 담고 있다. 여기서 건축가는 건축주의 요구사항을 수용하는 고전적인 관계에서 벗어나 건축주의 입장에서 건축 및 그 이상의 가치에 대하여 고민하고 조언하는 모습을 보여 주고 있다. 이러한 변화에 대한 요구는 계속 증대하는 경향을 보여주므로 건축가는 이러한 변화에 대한 대응자세와 능력을 가지고 있어야 한다.

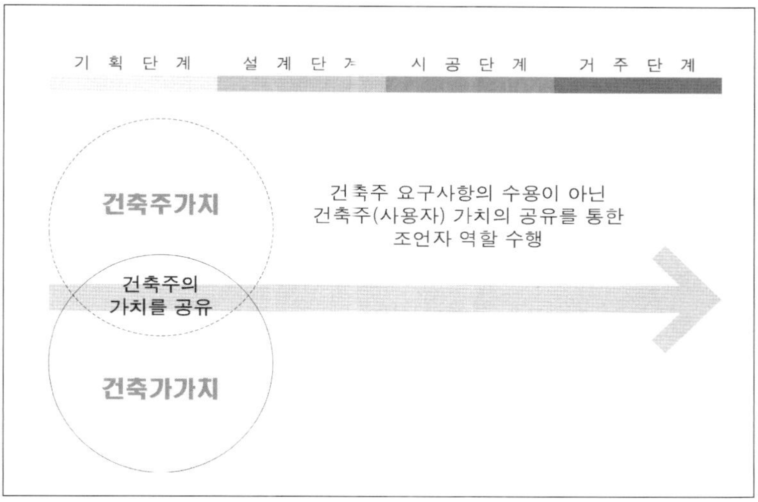

그림 6-2 | 건축주-건축가 관계 모델도

6-1-3 건축가 없는 건축

그림 6-3 | 이시야마 오사무의 환상빌라

일본의 건축가 이시야마 오사무의 건축에서 건축가는 철저히 축소된다. 그의 자립형 건축(건축가는 최소한의 공간만 제공하고 사용자가 공간을 변화하며 건축가는 전문가로서의 최소한의 지원만을 하는 건축)은 주택양식이란 건축가가 아니라 주택의 유통구조가 결정하며, 유통이란 장소성이 없는 것이므로 건축을 균질화 시킨다는 자각에서 나온다. 이러한 유통 시스템으로부터의 건축의 자립 개념은 안도 다다오의 풍부한 개인이 풍부한 사회를 만든다는 사고와도 통하며, 길들여진 도시건축에 대한 거부라는 야만적인 방법을 채택하고 있다.

'건축가 없는 건축'은 자연과 더 친숙한 건축이라는 개념도 갖고는 있지만 근본적으로는 건축가가 오히려 자연스러운 건축의 형성을 건축가 집단이라는 특수한 집단성향을 통해 왜곡하고 있으며, '세련된'이라는 단어를 통해 건축의 토착적인 힘과 문화 특성을 약화시키고, 오히려 세계화에 앞장서게 된다는 자각에서 나온 개념이다. 루소가 언급한 '교양 있는 야만인' 개념이 숨어 있다고도 볼 수 있을 것이다.

하지만 건축이 사회경제를 바탕으로 한 건축의 유통 시스템에 종속되어 있다는 것은 피할 수 없는 숙명으로 모든 문화, 생산 시스템이 가질 수밖에 없는 당연성이다. 따라서 이시야마 오사무나 다다오 안도처럼 저항하는 것이 근원적인 해결책이 되기는 어렵다.

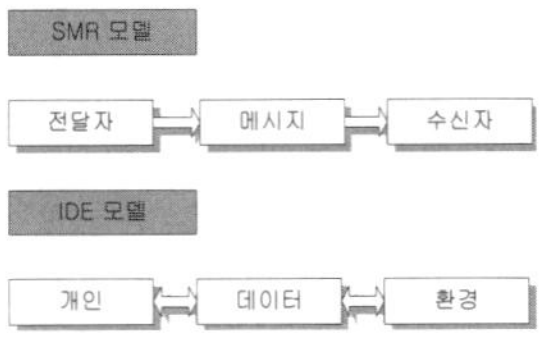

그림 6-4 | SMR 모델과 IDE 모델

따라서 이러한 문제점들을 해결하기 위해서는 건축가가 디자인하여 건축물을 도시에 제공한다는 전달 중심의 관계 모델인 SMR(sender – message – receiver) 모델에서 하나의 인간행동은 개체와 환경 간의 상호작용이라는 IDE(individual – data – environment)모델로의 관점 변화가 요구된다고 볼 수 있으며, 이러한 변화가 새로운 시대의 건축가 없는 건축을 형성하는 힘이 될 것이다.

6-2 디자인 프로세스

6-2-1 디자인 프로세스 일반

기획–디자인–시공–유지보수–철거에 이르는 모든 건축서비스 단계를 대상으로 하여 일관성 있는 프로젝트 성과품을 만들기 위하여 건축가가 진행하는 과정을 디자인 프로세스라고 한다. 협의의 디자인 프로세스는 건축가의 머릿속에서 건축 아이디어가 발생하고 이를 수정, 발전시켜서 건축적 대안으로 만드는 과정을 지칭하기도 한다.

① **기획단계** : 본 설계를 진행하기 위해 필요한 각종 건축적 상황이 조사, 분석되어 결정지어지는 단계로 설계전(pre–design)단계 또는 프로그래밍(programing)단계라고도 한다. 설계단계를 크게 문제인식단계와 문제해결단계로 나눈다면 문제인식 또는 문제정의에 해당하는 단계로 기능, 형태, 경제, 시간의 다양한 관점에서 설계 프로젝트의 사업타당성을 검토하고 이와 관련한 설계주제(목적)를 도출하는 단계가 된다. 건축주와의 관계에서 보면 건축주에게 가능한 문제점을 인식하도록 상황을 분석하여 설명하고 가장 타당한 대안으로 진행할 수 있도록 도와주는 단계이다.

② **설계단계** : 기획단계를 통해 분석된 정보를 바탕으로 하여 본 설계

를 진행하고 시공을 위한 설계성과품을 납품하는 단계이다. 세부적으로 개념설계(schematic design), 기본설계(design development), 실시설계(construction documents)로 나눈다. 개념설계는 설계목적에 부합한 가장 기초적인 도서를 만드는 작업으로 대학생들의 설계스튜디오 결과물이 이 단계에 속한다. 또한 각종 설계심의나 현상설계를 위한 도서 제작이 개념설계의 범주에 들게 된다. 기본설계는 개념설계 도서를 발전시켜 건축허가나 사업승인이 가능한 수준으로 제작하는 단계이며, 중요한 부분의 평면과 단면의 상세도면을 작성하는 단계이다. 실시설계는 시공이 가능한 최종 성과품을 만드는 단계로 건축, 구조, 설비, 전기, 토목, 조경의 전 분야에 걸쳐 작고 세밀한 부분까지 필요치수와 제작 프로세스, 품질, 공법을 규정하는 단계이다.

③ **시공(관리)단계** : 현장감독, 감리 등의 업무를 통해 시공자가 설계도서에 계획되어진 대로 건축물로 완성시키는가를 관리, 감독, 보조하는 과정이다.

④ **거주 및 유지보수단계** : 시공이 끝나 건물이 완공된 후 사용자가 거주하게 되면 건축가의 설계의도와 실제 사용자의 사용특성을 비교해 보는 거주후평가를 통해 건축가의 설계대안의 장단점을 피드백하는 과정이 필요하게 된다. 또한 거주단계에서는 시설의 유지관리와 관련한 회계 및 컨설팅, 기타 부대용역 서비스, 생애주기비용(LCC) 조언 등의 확장된 건축가 업무가 가능하며, 건물보수 안내서 제공 등의 창의적인 서비스를 통하여 건축주와의 관계(만날 이유)를 지속시켜야 하는 단계이다.

6-2-2 디자인 프로세스 주요관점의 변화

디자인 프로세스에서 가장 중요한 것은 어떠한 건축철학을 가지고 프로세스 전반을 이끄는가가 될 것이다.

일본에서의 21세기 건축 키워드를 보면 환경문제(건축의 일회용화 등,

특히 콘크리트 사용문제), 배리어프리(또는 유니버설 디자인), 경관보존 및 마을 만들기, 건축가의 정책 참가, 생태계 보존 및 자연에너지, 인간환경으로서 안전성을 들고 있다. 국제건축가협회(UIA)는 21세기 건축 키워드로 에너지소비, 생태학적 지속성, 라이프스타일(사이클) 비용, 배리어프리를 들고 있다. 국내에서도 녹색(그린), 지속성, 에코(생명), 보존 등의 건축 화두들이 계속 나타나고 있다.

이러한 경향을 종합해 보면 다음과 같은 관점의 변화들이 디자인 프로세스에서 나타나고 있음을 알 수 있다.

① **공존의 문제** : 인간의 생존을 위하여 건축, 도시가 자연환경과 공존을 추구해야만 한다는 관점. 그린, 재생, 에코, 생태학적 지속성을 고려한 건물설계로 나타남.

② **약자 배려의 문제** : 인간이 인간답게 살기 위하여 사회적 약자를 배려해야 한다는 관점. 배리어프리, 유니버설 디자인으로 나타남.

③ **보존문제** : 문화적인 유대감의 존속을 위하여 공동체의 기억이 남아있는 장소를 보존해야 한다는 관점. 역사적 건물의 보존, 복구, 복원, 재건축과 경관보존, 마을만들기 운동 등으로 나타남.

④ **후대를 위한 고려의 문제** : 후손에게 생명력 있는 환경을 물려주기 위하여 적게 소비하고(에너지, 자원) 적게 남기고자(오염, 폐기물) 하는 관점. 에너지 소비, 라이프사이클 비용, 공해 및 환경 고려 설계의 형태로 나타남.

6-2-3 설계에서의 의사결정 모델

설계과정(디자인프로세스)은 계속되는 의사결정 과정이라고 볼 수 있다. 객관적이고 과학적인 건축 의사결정을 위하여 설계철학, 과학, 공학, 경영학, 행동과학을 고려한 의사결정 분석모델들이 연구되었다. 대표적인 의사결정 모델은 다음과 같다.

① 문제인식 → 문제해결 (→ 피드백)

② 문제정의 → 문제 접근의 대안 발전 → 대안의 시험 → 문제해결

최적 대안

③ 목적 → 사실 → 개념 → 요구 → 문제 정의(페냐의 프로그래밍 단계 모델)

④ 상황 → 정보와 분석 → 숙고 → 평가 → 종합 → 추천 → 결과물(스티븐 커크의 모델)

중요한 것은 의사결정팀을 이끌어나가는 중심의사결정자가 건축가가 되어야 한다는 점이며, 이를 위해서 건축가는 객관적이고 분석적인 방법으로 디자인 프로세스를 이끌 수 있도록 의사결정 과정에 대한 포괄적인 전문성을 갖추어야만 한다.

6-3 프로세스 단계별 고려사항

6-3-1 기획(프로그래밍) 단계 고려사항

1) 프로그래밍의 이해

프로그래밍이란 넓은 의미로 건축계획의 초기단계인 기획단계와 동일한 의미로 사용되며, 좁은 의미로는 중요한 설계가치의 결정 및 인식, 목표설정, 특정한 프로젝트 요구사항 검토 등을 과학적이고 체계적인 분석방법을 통해 초기단계에서 수행함으로써 프로젝트의 사업타당성과 설계목표, 설계범위를 조정하는 것을 말한다. 일반적으로 국내에서는 기획설계라는 용어를 일본에서는 설계전단계(pre-design)란 용어를 미국에서는 프로그래밍(programming)이란 용어를 많이 사용한다.

병원, 공장, 연구센터 등에서 다양하고 지속적으로 변화하여 설계에 큰 영향을 주게 되는 장비를 분석하거나 보안, 교통 및 주차, 정보처리 분야의 예측 가능한 문제들을 초기단계에서 검토함으로써 시공 및 유지관리에서 발생할 수 있는 위험요소를 줄이기 위해 설계팀에 해당 전문가를 포함하여 진행하는 사례 등이 프로그래밍의 예로 볼 수 있다.

국내 설계사의 경우를 보면 병원, 보안시설, 경기장 등 다중이용시설이나 호텔, 법무시설, 무균실 등의 특수하고 복잡한 프로젝트에서만 별도의 프로그래밍 팀을 만들어 운영하는 경우와 모든 프로젝트의 기획단계를 기획부서에 속한 전문적인 프로그래밍 팀을 운영하여 관리하는 두 가지 방식으로 수행되고 있음을 볼 수 있다.

설계목표, 기능적 능률, 사용자의 편리성, 건물의 경제성, 안전성, 환경유지, 시각적 질 등 다양한 조건들에 대한 우선순위를 매기고 검토하여 중요한 가치와 고려사항으로 정리하는 단계이며, 특히 경제적 타당성 분석과 기본적인 대지여건(대지의 크기, 주변여건 등) 분석, 마스터 플래닝 등이 주요 계획대상으로 포함되게 된다.

다시 말해 프로그래밍이란 전통적인 기획단계 업무에서 디자인 위주, 즉 시각적으로 사고하려는 건축가의 전문적 특성이 초기단계의 분석업무에 지장을 주는 것을 막고, 동시에 별도의 전문화된 전문가를 양성하여 업무의 효율을 높이기 위해 개발된 기획단계 업무 수행방식임을 알 수 있다. 하지만 동시에 프로그래밍 단계의 건축가와 건축주와의 관계가 설계단계의 건축가로 이행 시에 단절되는 문제와 설계단계의 건축가가 프로그래밍 결과로부터 설계하는 것에 거부감을 가지는 문제 등이 발생하는 한계를 보여주기도 한다.

2) 건축 프로그래밍에 있어서의 가치

건축 프로그래밍 단계에서 고려해야 할 요소들은 각 설계사무소만의 고유한 건축관, 추구하는 건축적 가치에 의해 결정된다. 따라서 이러한 프로그래밍 단계에서 고려하게 되는 가치 요소의 분류에 대해서는 학자와 건축가마다 조금씩 다른 견해를 가질 수밖에 없으나 그 세부항목은 비슷한 특성을 가진다. 윌리엄 페냐의 경우 다음과 같이 분류하고 있다.

① 인간적 : 기능적, 사회적, 물리적, 생리적, 심리적

② 환경적 : 대지, 기후, 정황, 정치적, 법적

③ 기술적 : 재료, 시스템, 과정

④ 시간적 : 성장, 변화, 영구

⑤ 미적 : 형태, 공간, 색채, 개념적

⑥ **경제적** : 재정, 시공, 운영, 에너지, 유지

⑦ **안전** : 구조, 화재, 화학, 개인적, 범죄적

3) 프로그래밍 프로세스

100인 이상의 사무실의 경우 별도의 프로그래밍 전문가가 필요하며 효과적인 문헌조사, 진단을 위한 면담과 경청, 현장답사조사의 기록, 포괄적인 공간목록의 개발, 체계적 관찰 수행, 질문서 개발 및 관리가 필요하게 된다. 프로그래밍 진행과정의 예를 보면 다음과 같다.

① **건축주 및 사용자의 가치 판단** : 건축주, 사용자가 추구하는 목표와 가치가 프로그래밍에서의 설계가치에서 어느 쪽에 치중되느냐를 판단하여 건물의 성격을 결정한다.

② **프로젝트 목표 설정** : 선택된 중요 설계가치에 따라 설계목표를 설정한다. 건축물의 이미지는 드러나게 할 것인지, 주변 맥락을 건축물 조형원리에 어떠한 방식으로 반영할 것인지, 내부공간은 변화를 대비하여 유연하게 조직할 것인지 등을 결정한다.

③ **규제와 가능성 검토** : 대지의 크기 및 위치의 적절성, 기존 건물의 영향, 주요 법규, 사업비용의 흐름을 검토하여, 기존 대지를 매각하여 더 적절한 위치에 신축 대지를 형성하거나 신축보다는 기존 건물을 리노베이션하거나 여러 단계에 나누어 건축하는 방식 등을 검토한다.

④ **시설요구사항 분석** : 프로젝트 목표를 이루기 위한 요구공간의 크기와 특성을 파악하고, 각 요구공간 사이의 상관성을 확인한다. 예상치 못한 추가요구의 가능성과 시간적 변화에 의한 건축조건의 변화에 유의하여 프로젝트 예산 및 계획 요구조건을 산출한다.

⑤ **정보수집** : 문헌조사 및 검토, 인터뷰, 관찰, 질의/설문조사, 그룹회의를 통해 관련 정보를 수집한다.

⑥ **자료분석** : 수집된 정보를 분석하여 시설물의 성능 및 설계의 표준을 개발한다. 개별공간의 요구조건, 공간관계, 순환동선, 주변환경, 안전 및 보안, 필요면적, 내부시설, 공간의 융통성 등을 고려

하여 소요공간 리스트, 공간 매트릭스, 버블다이어그램 등으로 표현한다.

⑦ **성과물 제작** : 비전문가인 건축주나 협력업체의 이해를 돕기 위하여 각종 그래픽이 포함된 문자보고서 및 공간요구조건 등의 설명을 위한 사진, 비디오, 모델, CG, 패널 등을 제작하고 보고한다.

6-3-2 설계단계 고려사항

1) 기본사항

① 기획단계에서 건축주와 합의한 프로젝트 스케줄, 일정, 예산을 평가하고 그 범위 안에서 관련 설계도면과 서류를 작성한다.

② 최종도면인 실시설계 도서에 공사에 필요한 모든 상세도와 시방서, 구조, 설비, 전기 기타 관련 협력업체 도면이 자세하게 담길 수 있도록 건축주, 시공자, 협력업체와 지속적으로 설계안을 토의하고 분석하여 디자인 프로세스를 진행시킨다.

2) 대지 분석

① 프로그래밍 단계에서 선정된 대지의 프로그램을 정의하며 자연, 인문, 경제환경을 고려하여 대지가 프로젝트와 관련하여 가지고 있는 잠재력을 파악한다.

② 인접 토지와 인근 커뮤니티의 영향을 분석하여 도시환경의 일부로서의 건축이 될 수 있도록 고려한다.

③ 대지와 관련한 각종 법규를 대지에 적용하고, 외부 주차를 계획한다.

④ 필요시 추가적인 설계서비스로 조경디자인, 지질학적 서비스, 부동산 평가, 프로그래밍(대지), 시장분석 등을 제공한다.

3) 접근성 분석

소수자(사회적 약자)의 이익을 보호하고 민주주의를 지향하기 위해 공공시설, 공공장소, 공용부에는 누구나 접근 가능하도록 설계해야만 한다. 이러한 접근성은 물리적인 부븐과 심리적인 부분이 모두 고려되어야만 하며, 최근에는 이러한 소극적인 접근성 개념에서 벗어나 사회적 약자가 해당 시설을 직접 즐길 수 있는 사용성 개념으로 발전하고 있다.

4) 사용자, 장비의 행위 특성븐석

① 건축주가 건물을 지으려고 하는 목적을 정확히 이해하고 목적에 맞는 사용자의 행위 및 이동, 동작특성, 사용자와 방문자 차량의 이동특성, 서비스 차량 및 관리자의 이동 및 행위 특성, 관련 장비의 이동 및 장비의 운용특성(병원, 공장장비의 작업반경, 크기, 무게, 진동 및 소음발생, 방사선발생)을 자료나 설문을 통해 분석한다.

② 분석결과를 통해 각각의 사용실의 높이, 넓이, 조명의 강도와 인공조명과 자연조명의 사용방식, 환기방식, 냉난방 세기 및 방식을 결정하고 수평이동 통로인 복도와 수직이동 통로인 계단, 엘리베이터, 에스컬레이터가 사용자, 서비스, 장비를 이동시키는데 적절한 구조와 크기를 가지도록 계획한다.

③ 다음으로 방화구조 설계 및 방화구획, 방수계획, 재료의 열팽창을 고려한 조인트 설계, 지진과 바람을 고려한 설계, 각종 비상시의 피난계획을 한다.

④ 설계 및 표현기술의 발달에 의해 '보는 것'의 디자인처럼 인식되기 쉬우나 도시와 건축에 대한 전문적 지식을 양도하는 지식디자인이 바탕이 되어야 한다.

⑤ 디자인 과정은 개인적 상상의 구현임과 동시에 사회적인 동화작용, 연구분석, 소통작용임을 명심해야 한다.

5) 법규 분석

① 포괄적인 관련법의 이해와 분석을 통해 상담, 설계에 적용하는 서비스를 제공한다.

② 건축 관련법의 적용과 해석에 허가권자와 설계자가 차이가 발생할 경우 국토해양부 등 주무부서에 질의응답을 신청하여 조정을 요청하게 되며, 질의응답의 결과는 조정의 효력을 가진다.

6) 설계 성과품 제작

① 시공을 위한 모든 것(아주 작은 것, 부분이라도)을 도면과 시방서 기타에 담는다.

② 설계목표대로 진행되었는지의 피드백, 안전, 시공성, 방재, 시설주기 등을 최종 체크한다.

③ 새로운 자재와 관련 연구결과 정보 및 적용의 예(디자인)를 조사하여 반영한다.

6-3-3 시공단계 고려사항

1) 건설경영(CM)

① 미국의 경우 CM서비스를 부분적으로 제공한 설계사무소가 36%(2000년 기준)에 이르는 것으로 나타나고 있다. 우리나라의 경우에도 대형 설계사무소를 중심으로 건축가의 기본업무에 CM과 VE를 포함하고 있으나 아직까지는 제한적인 상황이다.

③ CM 분야는 타 건축 관련 서비스보다 부가가치가 높으므로 추후 시장이 확대될 것으로 예상된다.

④ 시공자가 CM을 하면 시공성 위주의 건물, 경영 출신이 CM을 하면 경제성 위주의 건물이 되므로 건축가가 설계과정 전반에서 주요 의사결정자, 의사진행자가 되기 위해서 반드시 참여해야 하는 부분이 되고 있다.

2) 공사관리 및 감리

① 시공단계에서 건축가는 설계도면 및 시방서와 동일하게 시공이 진행되고 있는지와 시공품질 확인 등의 업무를 수행하게 된다. 법적

으로 감리자가 선정되는 경우라 하더라도 건축가는 자신이 설계한 건축물에 대한 일차적인 책임자로서의 역할을 다해야만 한다.

② 시공단계의 공사관리는 원칙적으로 건축주의 책임사항이며 건축가가 대행하는 것이므로, 건축주가 시공단계에서 건축가의 현장감독을 원하는 경우 별도의 용역비로 계상하게 된다.

6-3-4 납품, 유지보수, 철거단계 고려사항

1) 시설관리

사용자의 거주기간에 시설과 관련한 전략적 계획, 자산관리, 운영 유지, LCC, 행정서비스, 통합서비스 등을 직접 수행하거나 자문하는 용역을 수행하게 된다.

2) 거주후평가

① 완성된 시설이 거주자의 생산성, 만족도 및 기타 시설의 목적이나 용도에 얼마나 효율적으로 작동하는지에 대한 조사 및 평가를 통해 건축주, 사용자의 애로사항을 확인하고 해당 건물이나 차기 건물 설계에 반영하는 거주후평가의 중요성이 점점 높아지고 있다.

② 국내의 경우 대형 설계사무소를 중심으로 병원, 터미널 등의 다중이용시설에 대한 거주후평가와 연구자들이 연구를 위해 수행하는 거주후평가가 제한적으로 이루어지고 있는 것이 전부인 상황이나, 건축물 시설주기 전체를 건축가가 주도적으로 설계, 관리하고 설계결과를 피드백하기 위해서는 꼭 필요한 과정이라는 인식의 전환이 필요하다.

참고문헌

1. 김기수, 일본의 현대건축, 이석미디어, 2000.
2. 김인호, 건설계획과 의사결정, 기문당, 1998.
3. 이상준 외 7인 역, 건축설계실무핸드북, 대가, 2006.
4. 스티븐 커크 외, 설계결정론, 기문당, 1997.
5. William M. Pena, Problem Seeking, John Wiley & Sons, 2000.

제 7 장

배치계획과 평면계획

제 7 장

배치계획과 평면계획

7-1 배치계획

7-1-1 장소의 질서감각

건물이 세워질 대지는 단지 물리적 땅으로만이 아니라, 눈으로 금방 확인되지 않는 여러 가지의 관계와 기억을 담고 있는 특유의 질서감각을 지니고 있다. 이를 장소가 가지는 특수성이라 할 수 있다. 배치계획을 함에 있어 건물이 세워질 장소의 특수성에 대해 사색하는 것은 계획가가 가질 기본적인 태도이다. 왜냐하면 장소의 특수성은 설계에 중요한 영감을 제공해 주기 때문이다.

대지가 가진 질서감각을 발견하고 느끼기 위해서는 몇 차례라도 그 대지를 방문하여 대지가 가진 속성을 자세히 관찰해야 한다. 그 대지가 어떠한 건축물을 요구하고 있는지, 대지는 무엇이 되고자 하는지, 대지의 내면에서 들려오는 소리를 들어야 한다. 그 대지 위를 걸어 보고, 멀리서 바라보고, 또 다시 되돌아와 주위를 조망하는 일을 수십 차례 반복해야 한다. 가능하면 비오는 날, 맑은 날, 흐린 날, 그리고 여름과 겨울, 이렇게 다양한 조건 속에서 관찰하여 이 대지가 요구하는 건물의 형태가 과연 무엇인지 이해하는 것이 중요하다.

대지는 숱하게 많은 땅들의 한 부분에 지나지 않는 것으로 보이지만, 한편으로 장소의 속성을 생각할 때 그것은 전 세계와도 같은 의미를 가질 수도 있다. 하나의 세계로서 존재하는 장소의 질서감각을 망각하거나 무시한 채 경제적 논리에 의해서만 개별 건물을 배치하는 것은 건강하지 못한 생활환경을 만드는 결과를 초래한다. 반면에 장소의 질서감각을 잘 살린 건물은 대지를 완전히 새로운 것으로 변환시킬뿐더러, 그 주변 환경도 새롭게 만들어 준다.

이 같은 관점에서, 장소의 질서감각이 건축에 있어 공간의 기본을 결정한다고 말할 수 있다. 그렇기에 배치계획은 그 대지의 의미를 얼마만큼 섬세하게 읽어내는가, 그리고 그 지형의 특성을 파악하여 그 의미를 강화하거나 새롭게 할 능력이 있는가 하는 데 달려 있다고 해도 과언이 아니다. 장소의 질서감각에 신중한 태도를 보이는 건축가 안도 타다오(Ando Tadao) 역시 이 같은 맥락의 언설을 밝힌 바 있다.

"건축대지는 자연이 지닌 고유의 논리로 판단되고 건축도 또한 고유의 논리를 지니고 있다고 나에게는 느껴진다. 건축대지는 늘 인간에게 끊임없이 부르짖고 있다. 자기에 가장 알맞은 건축을 바라는 그 부르짖음은 그것을 들으려고 귀 기울이는 자에게만 들리게 될 것이다. 이렇게 대지의 요구에 어떻게 호응할 것인가가 건축이라는 행위일 것이다."

그림 7-1 | 장소의 질서감각을 살린 주택의 건립을 통해 자연의 풍광은 새롭게 보인다.

7-1-2 부지분석(site analysis)

부지에 대한 분석이라 하면, 대지의 지형지세, 주변 자연환경, 도시적 맥락 등에 대한 검토와 해석을 포함한다. 이와 함께 법규에 의한 규제적 측면을 고려하여 부지 내에서 건물의 규모 및 배치형태 등의 방향을 설정하게 된다. 합리적이며 총체적인 부지분석을 통해 얻어진 배치계획의 기본방향은 설계의 윤곽을 형성해줄 뿐더러, 건축주와의 협의과정을 순조롭게 진행해 나갈 수 있는 지침을 마련해 준다. 분석의 부재는 배치계획에서 원칙 없는 대안을 남발하게 하며, 그렇게 지어진 거주환경은 불편하고 불쾌한 공간으로 남기 마련이다.

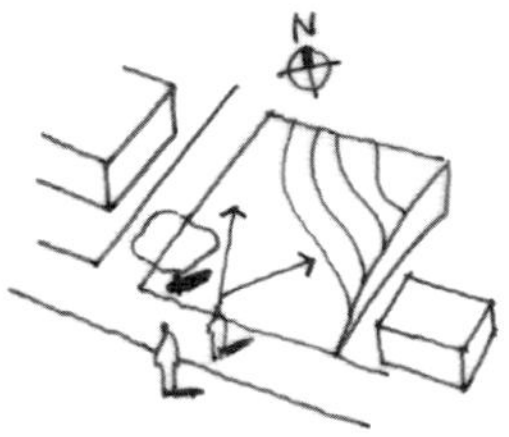

그림 7-2 | 현장을 방문하여 부지의 특성을 면밀히 분석한다.

부지분석이 사진촬영과 함께 대략적인 물적 현황만을 조사하는 일과성으로 다루어지는 경우가 많다. 하지만 대지의 질서감각에 대한 통찰을 가지기 위해서는 다각적인 측면에서의 검토가 이루어져야 한다. 전체적 환경요인에 관련된 사항이나 특별하거나 잠재된 가치에 대해서도 중요하게 다루어야 한다. 그러기 위해서는 현장을 방문하여 대지에 대한 직관적 착상을 기록하고, 다이어그램이나 간단한 스케치를 작성하여 디자인 프로세스의 발전으로 직결시켜야 한다. 때로는 관련 정보에 대한 문헌자료를 적극 활용하거나 인터뷰 및 관찰법 등의 직접적인 사전조사를 진행할 필요도 있다.

이 같은 부지에 대한 평가와 해석 및 문제 파악은 향후 최적의 거주환경을 조성하는 단초를 마련한다.

1) 지형지세의 분석

지형지세에 대한 분석은 풍수지리사상에 입각해 주택의 입지 및 배치방식을 결정하였던 우리 선조의 지혜 속에 이미 녹아져 있는 내용이다. 그래서 전통주택들을 보면 공통적으로 대지의 지형지세에 응하면서도, 결코 지배하거나 지배되지도 않은 채 굳건히 땅을 딛고 서있는 것을 느낄 수 있다.

현대주택의 설계에 있어서도 지형지세의 조건은 가용지 분석뿐만 아니라, 건물의 좌향, 조망여건, 재해의 방지 등과 관련하여 기초적인 정보를 제공한다. 더불어 대지의 높낮이와 대지의 형상, 표고와 경사도 등을 분석하고, 경사방향에 따라 자연배수의 흐름을 판단하는 바로미터

(barometer)의 역할을 한다.

대지가 평지인 경우, 설계상의 제약이 적고 형태나 공간구성에 있어 자유롭긴 하지만, 3차원적 공간감이 부족하여 단조로운 느낌을 줄 수 있다. 이에 반해 경사지형은 건축물과 지면이 접하는 방식이 다양해지고 단면계획의 변수가 많아 경사를 활용한 형태계획은 물론 내부공간에서도 높낮이의 변화, 스킵플로어 형식 등의 다양성을 반영할 수 있다.

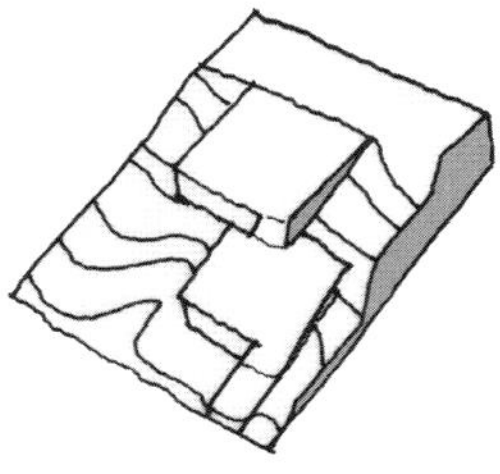
그림 7-3 | 경사지형의 지형조정

한편, 경사지형의 경우 절토와 성토에 의해 평지로 만든 다음 집을 짓는 것이 가장 간단하기는 하지만, 건물의 배치를 자연과 조화시키려면 지형의 변경을 최소화 하는 것이 바람직하다. 어느 정도의 지형조정이 불가피하다면, 절토와 성토 후에 사면처리, 옹벽, 배수로 구축 등의 보완작업을 고려해야 한다. 특히 우수(홍수)에 의한 재해의 가능성을 판단하여, 지형의 정지와 빗물배수 흐름의 계획을 세워야 한다.

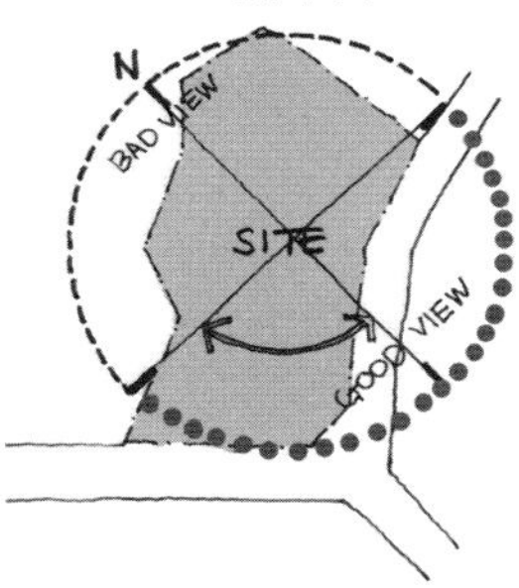

그림 7-4 | 경관분석 다이어그램

그리고 지형분석의 과정에서는 입주 후 거주자들이 누리게 될 경관 조망에 대한 여건까지 미리 염두에 두고 배치계획을 세워야 한다. 대지 내에서 대지 외부로의 조망은 시점의 높이에 따른 근경과 원경을 각각 고려해야 하며, 파노라마에 의한 경관의 연속성까지 분석해야 한다. 반대로 대지 바깥에서 대지 안으로 바라보는 조망 역시 건물 외관의 의장적 요소로 작용한다는 점을 감안하여 중요하게 다루어져야 한다.

대지의 지형이 안고 있는 이 같은 다각적인 성격(시각환경의 구조, 폐쇄 및 개방의 성격, 방위체계 등)을 간단한 도식(diagram)을 통해 종합적으로 표현하는 것은 매우 유용하다.

2) 자연환경에의 대응

배치계획에 있어 자연환경에의 대응은 최근 더욱 중요한 검토사항이 되고 있다. 자연친화적 환경, 지속가능한 개발과 같은 최근의 이슈는 환경적 요소에의 기민한 대응을 더욱 요구하고 있다. 특히 거주성을 최우선으로 고려해야 하는 주택의 건물 및 외부공간의 배치에 있어 기후, 방위, 채광, 바람 등에 대한 이해와 순응은 필수적인 검토사항이라 하겠다.

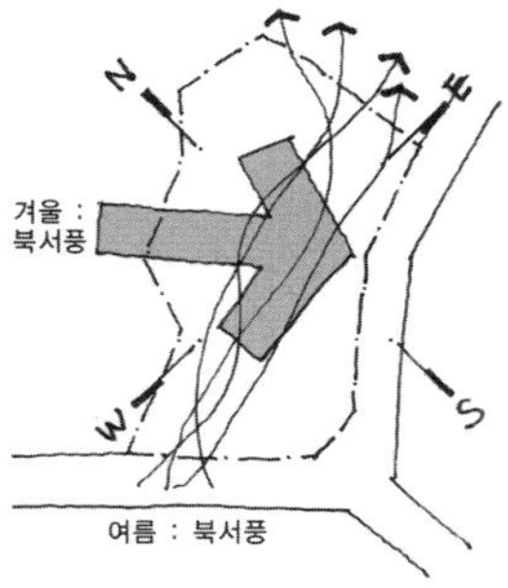

그림 7-5 | 방위와 바람의 분석

태양에 의한 일조 및 일사는 건물배치, 인동간격(건물과 건물 사이의 떨어진 거리), 실의 구성 등 배치계획 및 평면계획에 중요한 영향을 미치는 변인이다. 심지어 처마의 설치 여부와 창문의 크기에도 영향을 미친다. 그렇기에 배치계획에서 건물의 방위는 태양과 관련하여 최적화 할 필요가 있다.

전통적으로 우리나라의 기후에서는 배산임수(背山臨水)의 입지에 남향으로 열린 곳을 최적으로 여겼다. 이는 겨울에는 강한 북서풍을 막고 따뜻한 일사를 받으며, 여름에는 강한 서향 일사를 막고 남측의 하천을 경유한 시원한 바람을 받을 수 있기 때문이다. 거기에다 더운 오후의 일사를 피하기 위하여 건물의 좌향을 정남에서 동측 혹은 서측으로 약간 틀어서 배치하기도 하였다.

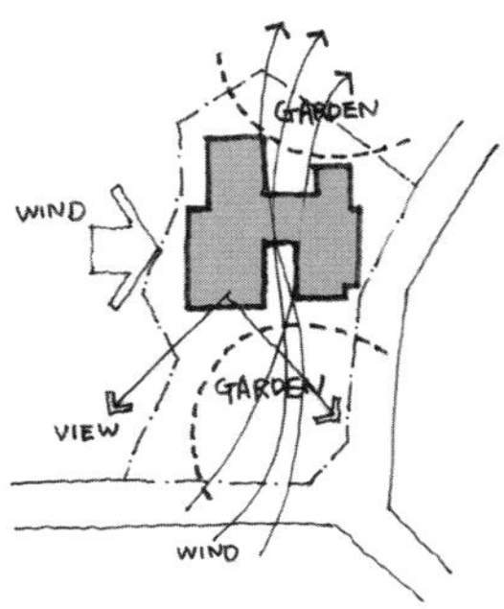

그림 7-6 | 자연환경에 대응한 배치

주택의 배치 및 형태계획에 있어 대기의 순환 역시 중요한 부분을 차지한다. 각 지역의 바람의 세기에 따라 지붕의 경사도 및 방향, 형태는 조금씩 달라진다. 우리나라는 겨울의 북서계절풍과 여름의 남동계절풍이 발생하므로 이에 대응하는 건물의 배치 및 창호계획이 이루어져야 한다. 차가운 북서계절풍은 막아주면서, 여름의 시원한 남동계절풍에 대해서는 바람의 흐름이 주택 내부를 식혀줄 수 있도록 해야 할 것이다. 또한 주택 내부의 개방적인 구조에 의해 바람의 소통이 원활할 수 있도록 하되, 필요에 따라서는 식재 혹은 인공구조물 등을 통해 바람에 대응한 계획을 세우는 방법도 있다.

한편, 극단에 속하는 각종 기후현상인 여름철 집중호우, 폭서, 혹한, 폭설, 태풍 등은 자연적 현상이긴 하지만, 적절한 계획과 설계에 의해 이로 인한 피해를 예방하고 줄여야 할 것이다.

3) 도시적 맥락 해석

대지는 도시의 일부로서 주변부지, 도로, 경관 등의 영향 관계를 함께 고려해야 한다. 도시지역은 특히 기존에 형성된 기반시설의 맥락이 강력하다. 근린지구의 성격과 형태, 가로와 블록, 인접지 건축물들에 의해 이미 뚜렷한 위계를 형성하며, 경관은 인공적이며 매우 제한된 범위이다. 이러한 도시적 맥락을 어떻게 이해하고 해석하는가는 대지의 질서감각을 어떻게 따르느냐와도 연관된다.

단위주택을 설계함에 있어서도 주변 도로망의 현황 및 도시계획의 향후 변화에 대해 면밀히 조사할 필요가 있다. 또한 대지 주변의 자연적 요소와 인공적 요소의 배치특징을 관찰하여 보행자의 이동경로 및 시선의 흐름을 파악해야 한다. 그뿐 아니라, 인접 건물의 배치방식, 형태, 재료, 색채 등의 상세한 특징까지 파악하는 것이 좋다. 왜냐하면 지역사회는 물리적 연속성을 띠고 있기에 건물의 개별적 분위기를 조성하는 것 못지않게 전체적 조화를 이루는 것도 중요하기 때문이다.

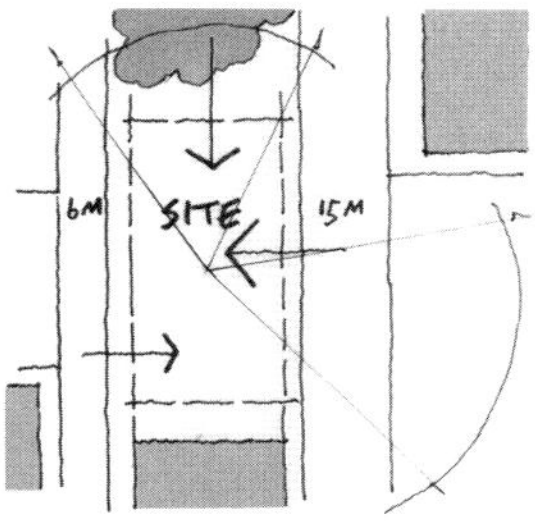

그림 7-7 | 도시적 맥락 해석에 의한 다이어그램

더불어 부지에 연접해 있는 도로가 양호한 접근성을 제공할 수 있도록 차량 및 보행자의 동선은 잘 구분하며, 계획부지로의 진입은 가장 합리적이고 기능적으로 편리한 위치가 되도록 한다. 한편, 도로에서 발생할 수 있는 각종 소음, 매연, 위험의 근원에 대해서도 적절한 조치가 필요하다. 필요에 따라서는 대지 주변에서 발생할 수 있는 각종 소음원으로부터 일정 간격 이격시키거나 적극적인 소음 차단방안을 적용해야 한다.

7-1-3 규모 검토

1) 부지에 대한 서류 검토

대지의 기본적인 정보를 정확히 파악하기 위해서는 대지에 대한 기본사항이 기재된 '토지이용계획확인원'을 떼어 봐야 한다. 이것은 해당 토지를 이용함에 있어 규제사항, 적용기준, 관리사항, 관련 개별법 확인 및 기타 국민이 알아야 할 정보 등을 명시해 놓은 서류이다. 용도지역, 용도지구, 도시계획시설, 도시계획사업, 개발제한구역, 지정 재건축 및 지적도에 대한 내용을 파악할 수 있다. 지번을 부여받은 각 필지는 지목, 면적, 용도, 도로 관계 등에 다라 법적 성격을 가진다. 이러한 각 토지의 법적 성격을 이해하고 해당 법에 대한 검토를 통해 부지 활용 및 건물규모에 대한 검토를 할 수 있다.

2) 법규 검토

기본적인 관련 법규 검토를 바탕으로 주어진 대지 내에 건축 가능한 규모와 면적 등을 파악한다.

① **용도지역** : 국토의 계획 및 이용에 관한 법률은 국토의 효율적 관리를 위해 용도에 따라 지역, 지구, 구역으로 구분해 놓고 있다. '지역'의 경우 크게 도시지역, 관리지역, 농림지역, 자연환경보전지역 등으로 분류하고, 각 분류는 다시 몇 가지 세분화된 지역으로 나누어진다. 그 중 도시지역을 살펴보면, 다시 주거, 상업, 녹지, 공업지역으로 구분하고, 이를 또 세분화시켜 놓고 있다. 또한 '지구'는 경관, 미관, 고도, 방화 외 10여 개의 종류로 구분되어 있고, '구역'은 개발제한구역, 시가화조성구역, 지구단위계획구역 등을 포함한 5개 종류로 분류되어 있다. 이처럼 모든 대지는 지역, 지구, 구역 등 특정 용도지역으로 지정되어 있으며, 용도지역에 따른 해당 법과 조례조항을 적용받게 된다.

② **건폐율과 용적률** : 건폐율과 용적률은 대지 내에 지어질 수 있는 건물의 규모를 나타내는 정도이다. 먼저, 건폐율은 대지 크기에 비해 건물이 얼마나 차지하고 앉았는지를 나타낸다. 즉, 건축면적(건축물이 땅위를 차지한 면적)의 대지면적에 대한 비율을 나타내는 밀도지표이다. 건폐율은 대지에 어느 정도의 공지를 최소한 확보하여 일조, 채광, 통풍, 화재 시의 연소방지와 피난 등을 용이하게 하는 평면적 규모제한에 그 목적을 두고 있다. 참고로, '건축면적'이라 함은 지하층을 제외하고 건축물의 외벽, 기둥의 중심선으로 둘러싼 수평투영면적을 말한다.

용적률은 땅의 크기에 비해 얼마나 많은 면적들이 이용되는지를 나타낸다. 즉, 용적률은 건축물의 연면적(실제 사용하는 면적의 총합) 중 지상층 연면적(주차전용부분은 제외)의 대지면적에 대한 비율이며, 당해 대지의 채광과 통풍을 확보하기 위한 입체적 규모 제한에 해당한다.

용도지역 안에서의 건폐율과 용적률은 도시계획조례가 정하는 비율을 초과하여서는 안 된다. 용적률이 낮으면 건물이 높게 올라갈 수가 없고, 건폐율이 낮으면 건물들 사이의 공지가 넓어지게 되어 도시환경이 좋아진다. 양호한 도시환경을 위해서는 건폐율과 용적률이 낮을수록 유리하지만, 구한정 낮게 하면 땅의 가치가 떨어지게 되어 개인의 재산권에 침해가 올 수도 있다는 점을 감안해야 한다.

③ **건축가능 윤곽** : 건축물은 일단 도로와 대지가 접한 부지경계선 내에서 세워져야 한다. 하지만 부지경계선에 바로 면해서 건축물을 세울 수는 없다. 왜냐하면 대지의 여러 가지 환경적 상황에 따라 제약을 받아 별도로 지정되어지는 건축선을 기준으로 삼아야 하기 때문이다. 예를 들어, 인접대지 경계선과의 이격거리, 소요 너비에 미달되는 도로나 두 도로가 만나는 모퉁이부에 따른 후퇴, 도시개발구역의 지정 등에 의해 부지경계선보다 안쪽으로 들어온 건축선을 적용받는 것이다. 수직적으로는 정북일조권 사선제한, 도로사선제한, 건물높이제한, 고도제한 등의 제한을 받는 가운데 건축물의 건축가능 영역이 결정된다.

이러한 여러 가지 법적 규제에 의해 건축행위에 제약을 하는 궁극적인 목적은 대지 내의 건축의 합리적인 배치를 통해 지역민들 상호간에 피해를 줄이고, 쾌적한 환경을 조성하기 위한 최소한의 장치를 마련하는 것이다.

7-1-4 배치구상

1) 토지이용계획

대지분석 및 규모 검토단계에서 검토된 내용을 기초로 하여, 건물의 매스가 배치될 수 있는 범위와 그 외 나머지 옥외공간의 활용방안에 대한 개략적 영역구획을 한다. 우선 법규검토를 통해 대지의 가용공간(건축가능 영역)을 확인하고, 또한 대지 주변의 환경, 도로와의 관계, 인접건물 등을 고려하여 주출입구, 차량 진출입구 위치를 결정한다. 건물과 외부공간의 개략적 위치와 규모를 조닝 다이어그램의 형태로 표현하며, 고려할 수 있는 몇 가지의 대안을 만들어 본다. 그리고 그 대안들이 초기에 세운 설계목표, 배치개념과 부합되는지 검토한 후에 대안을 결정하고 종합적인 토지이용계획을 세운다.

토지이용계획의 단계에서는 조경, 마당, 주차장, 주출입구 등의 위치를 결정하는 외부공간계획에 대한 기본적인 방향을 설정해야 한다. 외부공간은 건축물의 위치가 결정된 후 남는 대지를 활용하는 것이 아니라, 계획 초기부터 분명한 개념 하에 계획되어야 한다. 외부공간의 계획은 건물과 함께 전체적 배치체계에서 일관된 질서나 축을 유지해야 하며, 지형 및 내부공간과의 관계, 주변 환경과의 관계, 차량 및 보행자 동선 등이 종합적으로 반영되어야 한다.

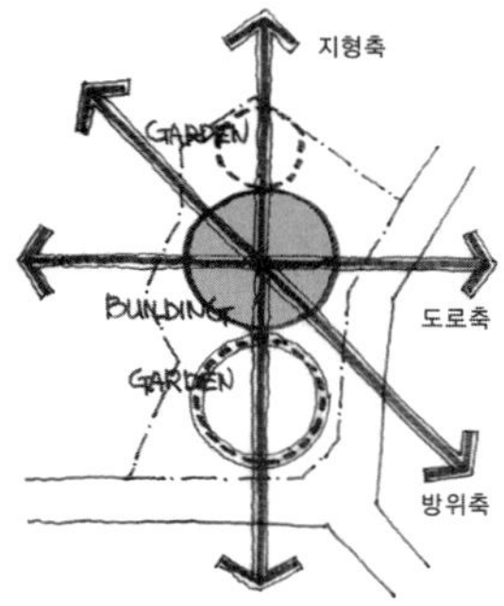

그림 7-8 | 축분석 다이어그램

2) 축 설정

토지이용계획의 대안을 바탕으로 매스 배치를 함에 있어 대지의 축을 감안할 필요가 있다. 축(axis)은 다음과 같이 분류할 수 있다.

① **대지축** : 대지의 형상에 따라 긴 변을 주축으로, 그에 직각이 되는 축을 부축으로 사용한다.

② **지형축** : 대지의 경사에 따라 경사에 평행한 부분을 주축으로, 그에 직각이 되는 축을 부축으로 사용한다. 건물의 형상(건물의 폭과 길이)이 지형축을 존중하는 계획이 되어야 한다.

③ **방위축** : 대지의 남북방향을 주축으로, 그에 직각이 되는 축을 부축으로 사용한다. 방위는 배치의 방향을 결정하는 중요한 인자이다.

④ **도심축** : 기존의 주변 가로(街路)나 도심의 주요 흐름을 따르는 가장 일반적인 축이다. 가로축과 도심축을 발견하기 위해서는 대지 주변현황을 잘 파악하여야 한다.

⑤ **역사축** : 역사적 기념물이나 강렬한 의미를 지닌 장소를 향하는 축을 의미한다.

이 외에 자연적 요소나 문화적 흐름, 주요시설물의 입지 등도 축을 형성하는 주요한 인자로 작용하기도 한다.

대지의 축은 중요하게 반영하고자 하는 계획적 성질에 따라 달라질 수 있으므로 어느 한가지만을 다루거나 취할 수는 없다. 때로는 한가지의 강렬한 축을, 때로는 여러 복합적인 축들을 의미 있게 분석해야 한다. 주요하게 검토된 축은 건축물의 배치 및 옥외공간의 구성에 영향을 미치게 된다.

3) 매스 플랜(mass plan)

그림 7-9 | 매스플랜에 의한 모형

부지분석 및 토지이용계획 등의 내용을 반영하여 부지의 경계 내에서 가장 합리적인 건물의 매스를 배치한다. 건물 매스는 기본적으로 부지의 형상에 대응(순응)하여서 형태를 구상한다. 또한 대지의 방위, 인접대지의 상태, 도로와의 관계 등을 고려하여 건축물 매스를 결정한다. 더 나아가 거주자의 생활환경과 관련하여 프라이버시, 전망, 조망, 채광, 소음, 통풍, 동선, 심리적 안정감 등을 섬세하게 고려해야 한다. 이런 점에서 매스 플랜은 토지이용계획에서부터 공간의 개략적 규모까지도 생각하면서 실질적인 건물의 위치와 형태의 윤곽을 결정짓는 과정이라 할 수 있다.

이 같은 과정에서 매스 플랜은 스케치로 표현하거나 더 효과적으로 하기 위해 매스 모델을 만들기도 한다. 건물의 개략적 위치와 크기, 높이 등을 알아보기 쉽도록 간단히 제작한 모형을 매스 모델(mass model)이라 한다. 이러한 매스 스케치와 모델은 건물의 최종결과를 예측할 수 있는 중요한 근거가 되며, 검토된 사항들을 종합적으로 반영한 대안들을 결정하는 데 중요한 역할을 한다.

① **지형과의 관계** : 건물은 평탄한 지형에 배치되는 것이 기능적이며, 외부공간과의 연계에도 유리하다. 불규칙하거나 고저차가 있는 지형에서는 그 형상과 경사를 잘 이용하여 배치해야 한다. 경사지에서는 건물을 등고선을 따라 나란히 배치하는 것이 자연지형을 파괴하지 않는 가장 경제적인 방법이다. 반면 건물의 주축이나 도로를 경사와 직각방향으로 배치하면 지형조정에 대한 부담이 발생하

긴 하지만, 경사에 따른 구조물의 극적인 효과를 기대할 수 있다. 경사도에 따라 중첩 정도가 달라지게 되며 밀도, 조망, 프라이버시 등은 급경사 지형에서 더욱 효과적으로 처리할 수 있다.

그림 7-10 | 건물의 좌향

② **건물의 좌향** : 건물의 좌향을 결정함에 있어 지형의 경사는 물론 일조, 경관, 접근도로, 인접 건물 등을 동시에 고려해야 한다. 또 실내의 쾌적한 환경을 조성하는 측면과 건물의 에너지를 절약하는 측면을 함께 염두에 두어야 한다. 건물 내부로의 일조 확보를 위해서는 되도록 주택의 전면이 남향을 많이 확보할 수 있도록 매스플랜을 잡는다. 이를 위해 남쪽에 공지를 두는 것이 좋으며, 전면 건물높이의 2배 이상 거리를 띄어서 배치한다.

그림 7-11 | 건물의 정면성

③ **시각적 측면** : 매스 플랜 단계에서 거주자의 전망과 조망을 미리 고려해야 한다. 전망(view)이란 바라다보는 경치를 통칭하는 말이며, 조망(vista)은 한정된 전망으로, 정교하게 인위적으로 통제하여 보이는 시각적 열린 구조를 말한다. 한편, 외부에서 바라다 보이는 건물의 시각적 정면성을 부각시키기 위해서는 건물의 축이 전면도로와 평행하도록 하여 건물의 넓은 면이 정면으로 형성되게 한다.

그림 7-12 | 매스에 의해 위요된 외부공간

④ **외부공간의 확보** : 대문에서 현관까지의 통로와 앞마당은 주택의 품위를 나타내는 정원 등으로 계획하고, 부출입구 또는 부엌 부근에는 화물의 출입이나 기타 작업을 위한 공지가 필요하다. 특히 위요(enclosure)되어 있는 외부공간은 심리적인 방위감, 안도감 및 프라이버시 등을 제고하는 효과가 있다. 위요의 정도는 다양하게 변화시킬 수 있다. 완전히 폐쇄된 적극적인 위요공간과 일부가 개방된 소극적인 위요공간을 연결시킴으로써 외부공간에 변화감을 제공한다.

7-2 평면계획

평면계획은 주택을 합리적으로 구획하는 작업으로, 각 사용목적에 맞는 공간을 결정하고 그 공간을 기능에 맞게 배치하는 과정이다. 각각의 공간들은 독립적인 인자(factor)로서 작용하지만, 이들을 유기적으로 구성하고 기능상 원활하게 배치할 필요가 있다.

7-2-1 스페이스 프로그램(space program)

스페이스 프로그램이란 주택의 각 소요공간의 종류를 파악하고 적절한 공간면적을 산정하는 것을 말한다. 이것을 간단한 도표로 작성하여 평면계획 시 지침으로 삼는다. 건물의 전체적인 규모는 물론 건축공사비용과도 관련된 것이기에 이상과 현실에 대한 적절한 접점을 찾아야 한다.

스페이스 프로그램을 작성하기 위해서는 우선 기존 주택 관련 자료들을 통해 각 공간기능별 적정 크기와 특성을 조사할 필요가 있다. 뿐만 아니라 거주하게 될 사용자의 특징을 정확히 파악해야 한다. 가족구성은 어떻게 되고, 각 구성원들의 생활패턴과 공간 사용시간 등을 알아야 한다. 또한 보유하거나 앞으로 추가될 가구와 설비에 대해서도 파악을 하고, 이를 위한 여유공간을 고려해야 한다.

그림 7-13 | 평면계획에 의한 모형

스페이스 프로그램은 거주자의 여러 상황에 따라 특수성과 가변성이 다르기 때문에 일반적인 통계자료에만 의거하여 동일하게 작성할 수는 없다. 가족구성은 시간의 흐름에 따라 성장, 확대 또는 분화, 축소되므로 평면계획 시 이에 따른 대응관계를 고려해야 한다. 어떤 경우에는 거주자의 요청에 의해 특정 공간이 일반적 형태나 규모보다 확대되어 적용될 수도 있다. 예를 들어, 거주자에 따라 거실공간의 활용도가 매우 높은 경우도 있는가 하면, 일주일에 겨우 한두 시간 정도 사용하는 경우도 있을 것이다. 혹은 거실의 활용방식에 있어서도 홈시어터나 서재, 홈바의 형태 등으로 다양하게 변형 적용하는 사례들이 늘고 있다. 그러므로 클라이언트의 요구사항을 인터뷰한 다음, 일반적 계획기준과 가변적 상황, 설계자의 경험 등을 토대로 각 실별 면적을 산출해야 한다.

표 7-1 • 스페이스 프로그램 사례

실명	면적 산출근거 자료	면적(㎡)
부부침실	• 부부 2인 사용 • 더블침대 크기 1.45m×2.05m = 2.97㎡ 필요 • 옷장 3.6m×0.6m = 2.16㎡ 필요 • 드레스 룸 및 화장실 각각 4.5㎡ 필요	36
거실	• 일반적으로 연면적이 100㎡의 경우 약 20㎡, 200㎡의 경우 30㎡ 내외에서 결정 • 벽난로 설치 시 1㎡ 필요	32
주방	• L자형 조리대 6.6m×0.6m=3.96㎡ • 4인이 식사할 수 있는 단위공간 1.7m×2.25	17
현관	• 현관 최소규격 0.9×1.2=1.08㎡ • 신발장 0.5×1.5=0.75㎡	4.2
화장실	• 욕조 포함 1.7~1.8×2~2.4m	4.3

7-2-2 조닝 및 동선계획

평면을 결정하기 위해서는 지금껏 검토해 왔던 여러 가지의 조건들에 대한 총체적 해석이 이루어져야 한다. 한두 가지의 조건에만 부합되는 대안은 결국 거주자에게 불편한 거주환경을 마련하는 결과를 초래한다. 그렇기에 평면계획은 한 번의 평면 스케치로 정리되는 것이 아니라, 순차적이며 가능한 모든 조건이 만족되는 관계적 측면에서 최종 대안을 작성해야 한다.

합리적인 실의 규모 결정과 실 간의 연관성을 고려한 실의 배치를 위해서 가장 일반적으로 활용하는 방법이 버블다이어그램(bubble diagram)을 작성하는 것이다. 처음에는 러프하게 조닝과 동선의 흐름도를 작성하고, 어느 정도 계획의 방향이 잡히기 시작하면 점차 실의 배치를 구체화해가면서 평면의 형상을 예측하고, 공간의 규모를 결정해 나간다. 면적이 넓은 공간부터 시작하여 모든 요구공간이 적절한 위치에 놓일 때까지 다른 부분으로 확장해 간다.

1) 조닝(zoning diagram)

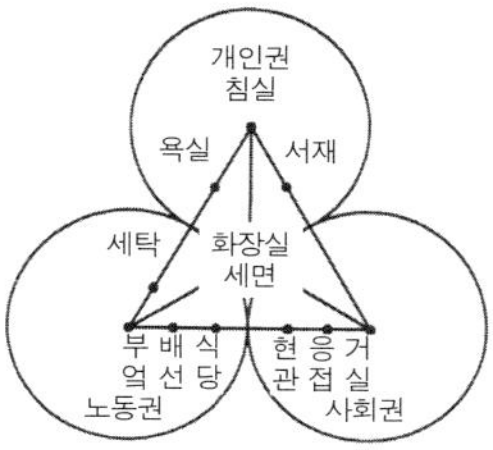

그림 7-14 | 조닝 개념도

평면계획에서 조닝이란, 유사한 성격의 실들은 몇 개의 권역(zone)으로 분할하고, 권역별 연결관계를 검토하는 것을 말한다. 기능관계를 고려하며 1차적으로 수직조닝을 통해 층별 공간분배를 하고, 다음으로 각 그룹별 기능과 실간 인접관계를 고려하여 수평조닝을 한다. 이러한 기본적인 조닝개념에 세부 실들을 첨가하여 구체화 하는 과정을 거치면서 전체적인 조닝 다이어그램을 완성한다.

공간은 성격별로 정적·동적공간, 공적·사적공간, 노동·위생공간, 주간·야간공간 등으로 구분하여 조닝한다. '정적공간'은 침실, 서재와 같은 개인공간으로, 조용한 분위기에 독립성이 요구되는 공간이므로 통과동선 및 동적공간과는 분리되는 것이 좋다. '동적공간'은 현관, 거실, 식사실, 주방 등의 공용공간으로, 활동적이고 능률이 중요시되는 공간이므로 개방적 분위기에 접근성이 좋아야 한다.

표 7-2 ● 생활권별 조닝

구분	특성 및 해당실
공용공간 (사회권)	• 동적, 가족의 단란, 휴식·식사·접객·취미·행사 등의 행위 • 거실, 식당, 가족실, 응접실, 영화·음악 감상실
사적공간 (개인권)	• 정적, 프라이버시 보호 중시, 휴식·학습·재택업무·놀이 등 • 부부침실, 노인실, 아동실, 서재, 파우더룸
가사 및 위생, 설비공간	• 중간 성격, 가사활동의 위생, 실내환경 유지 등의 행위 • 식당, 주방, 다용도실, 욕실, 화장실, 창고 등

2) 기능도(function diagram)

주택의 각 공간은 홀로 고립되어 존재하지 않으며 심리적, 동선적, 시각적으로 다른 공간과 연결되어 있다. 따라서 배치된 실과 연관 관계가 있는 실들을 적절히 연결 배치하기 위해서는 기능도를 작성하는 것이 좋다. 기능도는 조닝계획을 토대로 각 단위공간의 상호관계 및 건물 전체에서의 위치 관계를 나타낸다. 공간 상호간의 연결 및 통합을 틀(frame)과 선(line)으로 구성하여 표현하드로 시각적으로 구분이 용이하다.

먼저 1층과 2층을 기능적으로 구분 배치하고, 생활의 중심공간에 거실을 가장 우선 배치한다. 주출입구 부분을 기준으로 공용 동선을 가정한다. 주용도의 실은 향이 좋거나 전망이 양호한 곳에 배치한다. 가족실, 취미실 등의 특정한 요구조건이 있는 실을 적합한 위치에 배치한다. 외부와의 직접적인 연결이 요구되는 실이나 노약자실은 1층에 배치한다.

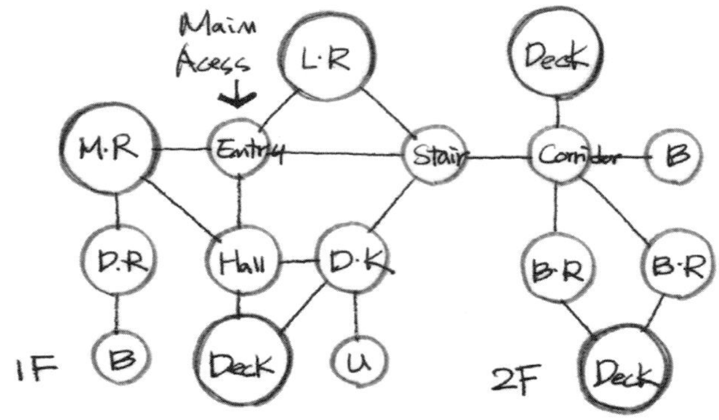

그림 7-15 | 기능도

3) 동선계획(traffic plan)

사람과 물건 및 차량 등의 움직임의 궤적을 '동선'이라고 한다. 여러 가지 동선을 분석, 검토하여 계획하는 것이 동선계획이며, 동선을 도면화한 것을 '동선도'라고 한다. 동선계획은 장소와 장소, 실과 실을 가장 효율적으로 연결하는 것이기에 평면계획과 직결된다.

동선은 기본적으로 단순하고 명쾌하게 처리되어야 한다. 특히 이용빈도가 높은 주부의 가사노동 동선은 최대한 짧게 처리하는 것이 좋다. 또한 서로 다른 성격의 동선은 가능한 분리시켜 필요 이상의 교차가 일어나지 않도록 해야 한다. 혼란한 동선은 공간의 안정감과 독립성을 떨어뜨린다. 부득이 서로 교차해야 할 때에는 지장이 적은 동선을 교차시킨다.

동선은 빈도를 기준으로 주동선과 부동선으로 분류한다. 주동선의 경우 외부와 직접 연결시키고 동선은 가능한 짧게 직선이 되도록 한다. 동선은 짧고 단순하게 처리하는 것이 효율적이지만, 공간의 성격이나 용도에 따라 일부러 동선을 길게 처리하여 더 많은 시간을 공간에 머무르도록 유도하기도 한다.

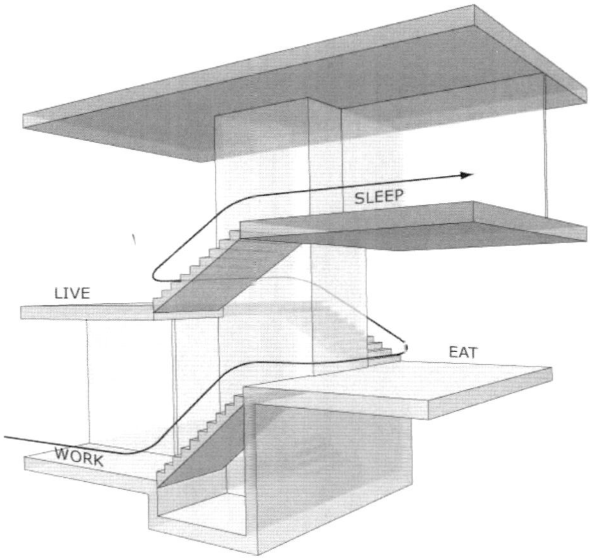

그림 7-16 | 기능 및 동선 위주의 공간구성 사례

7-2-3 공간구성방식

1) 방위별 성격에 따른 공간구성

우리나라의 경우 남향은 여름철에 태양고도가 높아 실내공간 깊이까지 입사하지 않는 반면, 겨울철에는 깊이 입사하여 따뜻한 실내공간을 만들어준다. 그래서 주요한 실인 거실과 오랜 시간을 보내는 어린이방, 노부부실, 작가를 위한 서재 등은 주로 남향에 배치한다.

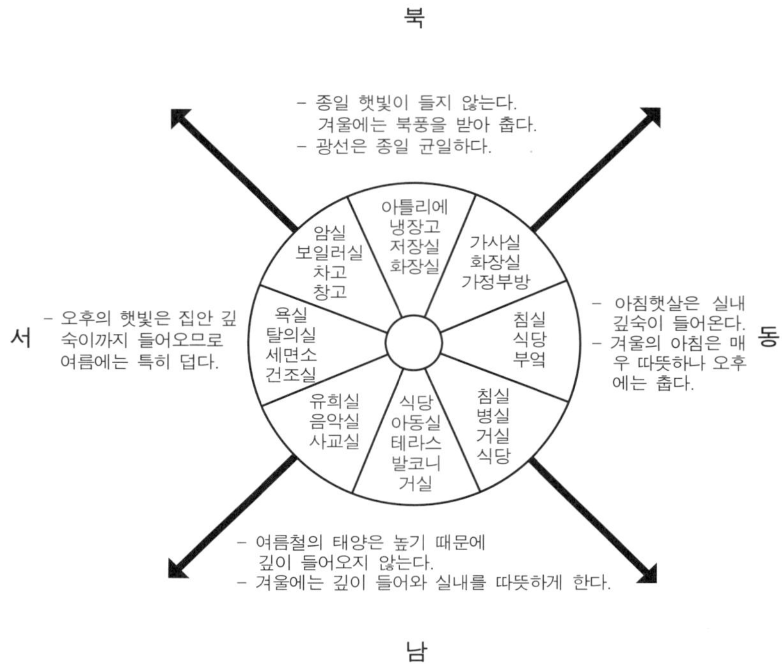

그림 7-17 | 방위별 공간배치

동향은 아침의 햇살이 실내에 깊이 들어오며, 겨울은 따뜻하나 오후에는 춥다. 따라서 침실, 부엌, 가사실, 식사실 등이 동향 배치에 적합하다. 서향은 오후에 태양광선이 깊이 입사하므로 오후에는 무덥다. 살균, 건조가 필요한 욕실이나 화장실 등이 적합한 반면, 주방은 음식이 상할 수 있으므로 서향을 피하는 것이 좋다. 북향은 하루 종일 태양이 비치지 않고 겨울에는 북풍까지 받아 추운 반면, 광선은 온종일 균일하므로 창고와 같은 수납공간이나 계단실 같은 통로 혹은 작업공간인 아틀리에를 두는 것이 좋을 것이다.

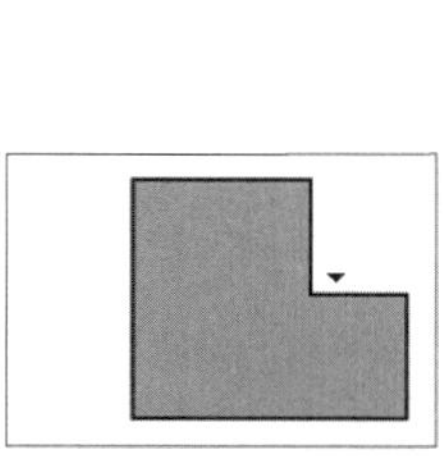

그림 7-18 | 집약형

2) 배열방식에 따른 공간구성

건물 매스의 배열방식에 따라서 주택 내부공간의 일차적인 윤곽이 결정된다. 매스의 배열은 여러 가지 방식이 가능하겠지만, 여기서는 대표적으로 집약형, 일자형, 꺾임형, 병렬형, 중정형, 돌출형 등 6가지 유형으로 정리한다.

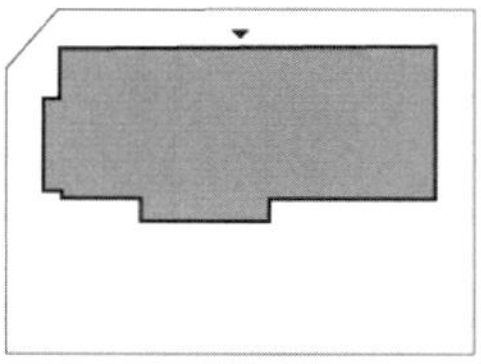

그림 7-19 | 일자형

① **집약형** : 쉽게 생각해서 보통 아파트 구조와 흡사한 형태로 정방형 평면에 돌출부가 있는 경우가 많다. 거실이 중앙 홀의 성격을 띠어 거실 주변으로 각 실이 연결된다. 각 실로 의 동선이 짧다는 장점이 있으나, 거실이 통과동선의 성격을 지니게 되어 거실의 독립적인 분위기 확보가 어려울 수 있다.

② **일자형** : 대지의 규모가 작거나 대지의 형태적 측면에 의해 길이방향으로 나열한 공간구성이다. 모든 실에서 향과 조망, 통풍이 양호하나, 동선이 길어지고 불필요한 동선의 교차가 발생할 수 있다.

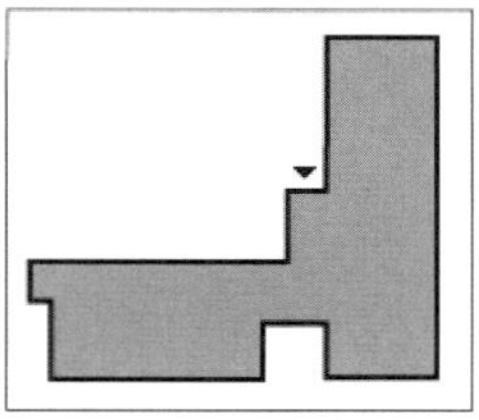

그림 7-20 | 꺾임형

③ **꺾임형** : 꺾어진 매스에 의해 'ㄱ'자 형태로 공간이 구성되는 배치방식이다. 매스 외의 나머지 부분은 주변 담장과 결합되어 마당을 형성한다. 주택 내부에서는 마당이 시각적 조망권을 형성하므로 적절한 조경장치를 마련하는 경우가 많다. 마당에서도 주택 내부 전체를 관망할 수 있어서 좋다.

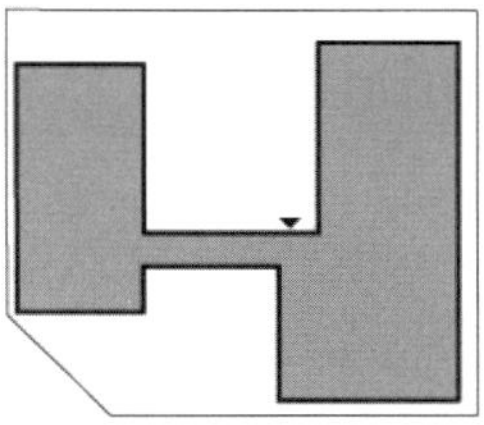

그림 7-21 | 병렬형

④ **병렬형** : 두 동의 매스를 병렬형식으로 배치한 공간구성이다. 기능별로 조닝을 하여 공용공간과 사적공간으로 구분하거나 생활공간과 접객·취미공간을 구분하여 배치하는 경우가 많다. 전통주택의 채 나눔과 같은 성격으로 자연히 매스의 사이에서 매개적 공간이 형성된다. 경사지형에 적용할 경우 매스의 높이를 달리함으로써 모든 공간에서 향과 조망을 확보할 수 있는 장점이 있다.

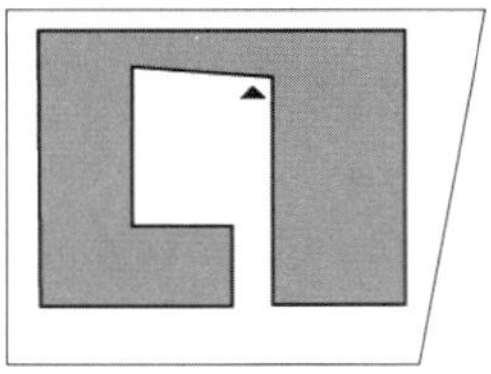

그림 7-22 | 중정형

⑤ **중정형** : 건물의 가운데에 중정을 두고, 그 주위에 각 실을 배치하는 형식이다. 중정을 둠으로써 놀이, 휴식정원, 수영장 등 커뮤니티용 오픈 스페이스를 확보할 수 있고 조경공간도 확보할 수 있다. 주택 내에 자연요소를 끌어들이거나 전통주택의 마당과 같은 다목적 형태로의 활용이 가능하다.

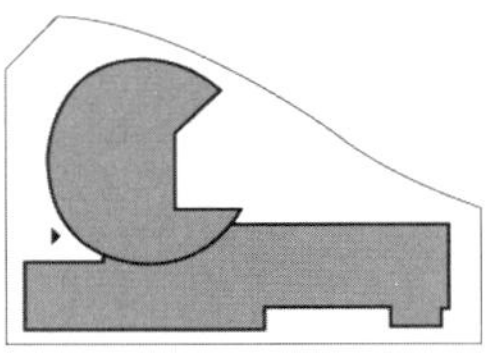

그림 7-23 | 돌출형

⑥ **돌출형** : 일정하고 보편적인 형태라기보다는 평면 중 어느 한 부분을 포인트로 하여 그 부분을 입면상에서 특히 강조하는 유형이다.

3) 단면형태에 따른 공간구성

단면적인 형태의 결정에 따라서 공간구성은 다양한 거주조건을 만들어낸다. 실의 수직조닝, 공간의 볼륨감, 입체적 공간 연결, 옥외환경과의 관계 등 여러 가지 공간의 변화를 꾀할 수 있다.

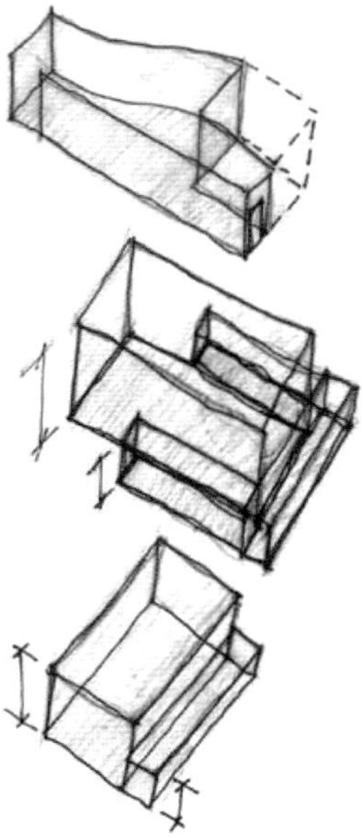

그림 7-24 | 단면형태에 따른 공간구성 스케치

① **단층형** : 모든 방들이 한 층에 구성됨으로써 수평적으로 연결되어 이동동선이 편리하다. 성장기의 어린이나 노부모가 있는 가족유형에 적합하다. 하지만 건물면적이 너무 커지면 일조, 통풍, 독립성 등의 거주조건이 나빠질 수 있다.

② **복층형** : 2층 이상으로 구성된 것으로, 계단 혹은 경사로에 의해 상하층이 연결되며, 이동동선이 다소 불편할 수 있다. 2층 이상의 층에서는 일조, 통풍, 독립성 등의 거주조건이 양호해지고 각 실간의 연결통로가 단축된다.

③ **보이드(void)형** : 동일 건물 내에서 일부는 단층이고 일부는 복층인 형식으로, 보통 거실이나 홀 등 공적공간의 천장고를 2개 층 이상 트이게 한다. 보이드 공간의 극적인 효과를 높이기 위해 전면 창을 두거나 2층 공간과의 연계성을 고려하기도 한다.

④ **스킵 플로어(skip floor)형** : 내부공간의 구성에 있어, 바닥의 레벨(level)이 반 층 정도의 높이 차이로 연결되어 있는 형식을 말한다. 주로 경사지형의 특징을 내부공간에서 자연스럽게 해소하거나 '공간의 연속성', '공간 내 공간'과 같은 공간의 변화를 주기 위한 방법으로 많이 사용된다.

⑤ **필로티(pilotis)형** : 건물의 일부(혹은 전부)를 한 개 층 들어 올림으로써 하부의 공간을 의도적으로 개방시키는 형식이다. 필로티된 외부공간은 주로 주차장, 서비스공간, 보행공간, 조경 등으로 처리한다. 외부와 내부의 중간적 성격을 동시에 가지기 때문에 내·외부공간의 관입(貫入)효과, 외부에서 내부공간으로의 완충(매개)공간으로서의 역할 등을 기대할 수 있다.

7-2-4 주요실의 평면계획 방향

1) 거실

거실에서는 많은 활동들이 행해지므로 다목적으로 사용하기 위해서는 유연성 있는 구조와 구성요소가 필수적이다. 거실은 온 가족이 함께 공유하고 모이는 장소이다. 여가시간에는 안락하게 긴장을 풀 수 있는 휴식공간이 되고, 때로는 손님을 응접하는 공간으로서 그 집안을 대표하는 장소이다. 경우에 따라 많은 손님을 초대함으로써 이곳은 파티장이 되기도 하며, 가족 음악회를 열거나 TV나 영화를 보는 곳으로도 이용 가능하다.

가족의 생활주기(life cycle)에 따라서 거실의 성격이 달라지기도 한다. 미취학 아동이 있는 가정의 경우 거실은 어린이들의 놀이공간이 될 수 있고, 청소년이 있는 가정의 경우 학습공간으로서의 기능이 더 중요할 수 있다. 그러나 자녀들이 다 떠나고 난 후의 중년기 말이나 노년기에는 다시 부부만의 취미공간이나 접대장소가 되어야 한다.

그림 7-25 | 거실 이미지

거실은 가족 구성원이 많은 시간을 보내는 공간이므로, 개성적이면서 동시에 개방적이어야 한다. 실내의 다른 공간과 유기적으로 연결될 수 있도록 하되 거실이 통로화 되지 않도록 주의해야 한다. 수직적으로는 2층까지 개방시켜 높은 천장을 만들어줌으로써 넓은 공간감을 부여하는 것이 좋다. 또한 평면계획 시 일조와 전망이 좋은 곳을 선택하고, 전면창도 설치한다. 거실의 공간을 충분히 확보할 수 있는 경우, 바닥에 차이를 두어 스킵 플로어로 연결한다면 공간이 분리되는 효과와 더불어 보다 역동적인 분위기를 얻을 수도 있다.

2) 주방 및 식당

그림 7-26 | 식당 이미지

주방을 디자인하기 전에 어떻게 사용할 것인지를 세밀하게 분석하는 일이 필수적이다. 거주자가 주방을 좀 작게 하고 식당을 별도로 분리하는 것을 더 선호하는지, 아니면 매일의 식사를 위한 식탁과 의자를 포함할 수 있을 만큼 충분히 큰 주방을 원하는지 파악해야 한다.

주방은 하루 중 비교적 많은 시간을 보내는 곳이므로 아늑하고 편리한 구조가 되도록 해야 한다. 주방의 작업은 식재료 반입→세척→준비→조리→차림의 순서로 이루어지므로, 이에 적합한 주방가구를 배치하면 된다. 작업인의 동선 절약을 위해 개수대, 조리대, 냉장고 사이의 동선길이는 최소가 되도록 배치한다. 그렇지만 생활의 질의 향상과 식생활의 변화에 따라 주방용 가전기기의 확대, 보급으로 주방가구의 배치길이도 점차 늘어나고 있는 추세이다. 한편, 동선의 집약화를 위해 보조주방, 다용도실, 가사실, 서비스 야드 등이 주방에 인접하여 직접 연결되도록 배치하는 것이 좋다.

최근, 주방은 더 중요하게 다루어지고 있는데, 북향에 배치되던 과거와는 달리 점차 향이 좋은 곳에 배치되고 있다. 공간의 성격도 주부만의 가사노동 장소가 아니라, 가족 모두가 요리를 즐기거나 가족의 대화장소로서의 기능을 갖게 되었다. 게다가 식당은 단순히 음식을 먹는 장소로서의 기능뿐만 아니라, 가족 전체에게 즐거움을 주는 휴식공간으로서의 의미를 갖는다.

식당의 크기와 형태는 거주자 가정의 주생활 패턴을 고려하고 식사형태의 특수성을 감안하여 계획되어야 한다. 이를테면, 빠른 식사와 일상의 실용적인 사용을 위한 주방의 한 부분(DK)으로 혹은 가족과의 유대관계를 위해 거실의 한 부분(LD)으로, 아니면 손님을 위해 따로 분리된 독립공간으로 선택될 수 있다. 혹은 주방에서 작업을 하면서 어린이를 돌볼 수 있도록 된 공간인 키친 플레이룸(kitchen playroom)이나 포치나 테라스에서 식사할 수 있는 공간인 다이닝 포치, 다이닝 테라스(dining porch, dining terrace)의 개념을 적용할 수도 있다.

3) 침실

그림 7-27 | 부부침실 이미지

침실은 주거공간 중에서 가장 사적이며 독립적인 장소로서, 개인의 취향이 잘 반영되어야 한다. 침실은 잠을 자기 위한 방이지만, 하루 동안의 피곤한 심신을 쉬기 위해서 음악을 듣거나 책을 보는 등의 취미를 즐기는 공간이 되기도 한다.

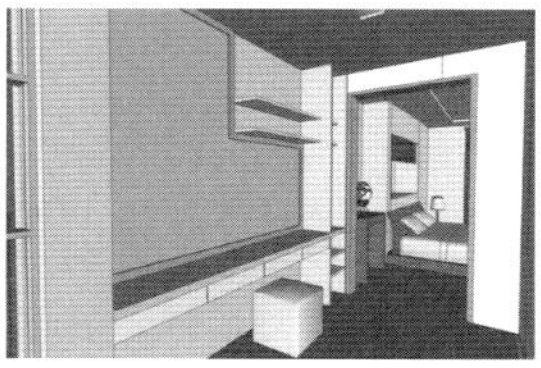

그림 7-28 | 드레스룸 이미지

그림 7-29 | 자녀방 이미지

부부침실은 부부용으로 특히 독립성이 확보되어야 하기에, 현관에서 떨어진 조용한 곳에 위치시킨다. 공간에 여유가 있는 경우는 부부침실에 전용 화장실과 탈의실(드레스룸/파우더룸)을 부속으로 배치하기도 한다. 여기에는 붙박이장은 물론 독립된 화장코너까지 마련되기도 한다.

노인침실은 가족의 방과 너무 떨어서는 안 되며, 2층보다는 지상층에 위치하는 것이 바람직하다. 젊은 세대들보다는 집에 머무르는 시간이 많고, 신체적으로나 심리적으로 위축되어 있는 노인들에게 자연광과 좋은 전망은 필수적이다. 또한 화장실과의 거리는 짧게 하고, 가능하면 방안에 전용 화장실을 두는 것이 좋다.

아동침실의 경우, 주간에는 놀이 및 공부방으로 사용하고 야간에는 취침할 수 있는 공간이 된다. 아동실은 창문 가까이에 학습공간을 배치하는 것이 이상적이다. 하지만 만일 아동침실이 주로 휴식과 놀이를 위한 공간이라면 창문 옆에 침대를 놓아 아침 햇살을 받고 독서를 즐길 수 있도록 한다. 특히 채광이 좋고 테라스, 데크 등 옥외공간과 연결되는 곳이라면 더욱 이상적이다.

또한 아동침실은 아동의 성장 발달에 따라 방의 변화를 꾀해야 한다. 성장에 따라 체격이 달라지고 생활시간과 행동 등의 차이가 생기므로 변화에 대응할 수 있는 가변적 공간처리가 필요하다. 성별이 다른 형제는 실을 구분해주며, 성별이 같은 형제가 하나의 실을 쓸 경우 기능별로 영역을 구분시켜 계획하는 것이 좋다. 초등학교 고학년 이상이 되면 개별행동이 심해지므로 방은 가능한 가족들과 자주 마주칠 수 있는 위치에 두는 것이 좋다.

4) 기타 실

① **욕실** : 욕실은 기본적으로 세면과 목욕, 용변 등의 행위를 충족시켜야 하는 장소이므로 사용자의 치수에 적합한 세면기, 변기, 욕조 등이 설비되어야 한다. 층마다 화장실을 설치할 때에는 상하층으로 위치를 맞추어 배관, 배선설비를 집중시키도록 해야 한다. 욕실은 일조에 관한 제약이 가장 적은 장소이므로 북쪽이나 서쪽으로

배치하는 경우가 많고, 위생적 측면에서 외기에 면하도록 하여 자주 환기시켜 주는 것이 좋다.

그림 7-30 | 현관 이미지

그림 7-31 | 취미실 이미지

② **현관** : 현관은 주택의 내부로 진입하는 주출입구이며, 내부공간의 프라이버시 확보를 위한 완충공간이다. 손님을 마중하거나 배웅하는 공간이기에 주택의 첫인상을 심어주는 곳이기도 하다. 신발을 신고 벗고, 접객행위, 수납 등의 기능을 동반하므로 충분한 공간 확보가 필요하다. 이 공간에 심미적이거나 극적인 요소를 가미함으로써 방문자에게 따뜻한 환영의 느낌을 줄 수도 있다.

③ **서재 및 작업실** : 서재 및 작업실은 가족들과 떨어져 혼자서 취미, 명상, 집중, 고독의 시간을 가질 수 있는 공간이다. 그러므로 서재의 위치는 사람의 출입이 적은 조용하고 외진 곳이 적합하다.

④ **다용도실** : 다용도실은 유틸리티 또는 가사실이라고 하며 세탁, 다림질, 재봉 등 전반적인 가사작업공간으로 사용된다. 보통 주방과 직접 연결되며, 옥외작업장인 서비스 야드나 장독대 또는 지하실의 출입이 편한 곳에 위치해야 한다.

7-2-5 평면계획의 신경향

현대인들의 새로운 생활패턴과 개성적인 선호도에 따라 기존의 일반적 형태와는 다른 새로운 경향의 평면계획이 등장하고 있다. 또한 기존의 집장사식 혹은 획일적 아파트형의 평면계획을 지양하고, 주거공간의 본성을 되살리고자 나름대로의 의미 부여를 한 개념적인 평면계획이 제시되고 있다. 주택에서 가족의 유대를 강화하고 개인적인 취미생활을 향유하며 정신적 가치를 중시하는 경향 등 덜 기능적이라 하더라도 특화된 공간구성의 개발이 시도되고 있는 것이다.

1) 개방적인 공간구성

주택은 가족 구성원들이 화목하게 지낼 수 있도록 개방적인 공간구성을 취하는 것이 가장 바람직한 계획일 것이다. 복도를 따라 방이 쭉 늘

그림 7-32 | 개방적인 공간구성

어서 있어서, 문을 닫아 버리면 누가 무엇을 하고 있는지 전혀 알 수 없는 사무실 같은 주택은 진정한 주택의 의미와는 거리가 있다. 어느 쪽에선가 어머니가 요리하고 있는 소리가 들리고, 아이들이 게임을 하며 노는 소리가 들리는 주택, 가족들의 움직임이 자연스럽게 느껴지는 주택이 바람직한 거주공간이라 하겠다. 그래서 화장실이나 부부침실과 같이 프라이버시가 존중되어야 하는 최소한의 공간을 빼고는 가능한 한 개방적인 구조로 평면계획을 세우는 것이 좋다.

2) 회유적(回遊的) 동선

그림 7-33 | 회유적 동선

각각의 개실을 일방통행 식의 단순한 동선으로 구성하는 주택은 매우 기능적일지는 몰라도, 생활의 즐거움을 부여하지는 못한다. 선적인 공간구성으로 집안을 한 바퀴 빙 도는 듯한 회유적 동선구조는 생활의 즐거움을 한층 더 향상시킬 수 있다. 회유적 동선을 따라 집안에서 자기 집을 바라볼 수 있게 하는 것은 새로운 시각구조를 형성하며, 가족 간에 서로의 모습을 바라볼 수 있는 즐거움을 제공해준다. 동선이 다소 길어지고 불편함이 어느 정도 가중된다 하더라도 활기찬 공간과 시각적 즐거움, 가족 간의 교류를 위해서는 회유적 동선체계의 도입을 적극적으로 검토할 필요가 있다.

3) 불명확한 기능의 공간

모든 공간이 명확하게 규명된 기능을 수용하는 것에 비해, 특별한 기능이 부여되지 않은 장소 혹은 복합적인 기능을 수행할 수 있는 공간을 만들어 본다. 기존의 가족실, 취미실, 작업실 등이 여기에 해당될 것이며, 거실과 같은 넓은 공간의 일부를 다기능적 공간으로 비워두는 것도 하나의 방법이 된다. 또는 복도공간을 넓게 하거나 방과 방 사이에 매개적인 공간을 두어 의외의 활동이 가능하도록 만들 수도 있다. 전통주택에서 대청마루나 마당, 혹은 채 나눔에 의한 사이공간들이 이런 성격을 지니고 있다. 이러한 불명확한 공간들은 사이공간, 전이공간, 매개공간, 여유공간이 되어 인접한 공간의 성격을 확장하며 다양한 생활패턴을 만들어준다.

4) 안과 밖의 중간공간

그림 7-34 | 안과 밖의 중간공간

'거주'라는 인간의 생활양식을 완전히 내부화된 생활과 완전히 외부화된 생활로 구분하기는 어렵다. 특히 더운 여름에는 시원한 바람과 그늘을 찾아 생활패턴이 개방적이며 외향화된다. 반면, 기온이 쌀쌀할 때는 햇빛이 잘 드는 곳에서 밖을 내다본다. 실내이면서 밖인 것 같은 공간, 옥외이지만 맨발로 다닐 수도 있고 의자에 앉아 조용히 책을 읽을 수 있는 생활공간을 만드는 것이다. 테라스 위에 처마를 길게 빼거나 실내에 천창이 있는 선룸(sunroom)을 두는 식이다. 혹은 실내 쪽으로 외부의 공간이 파고 들어오거나 실내를 외부와 연계시킬 수 있는 전면 접이문을 설치하는 등의 공간개념들이 필요하다.

5) 입체적인 공간 연결

그림 7-35 | 입체적인 공간 연결

병렬형의 평면배치에서 연결 브리지를 둠으로써 동선흐름의 역동적 측면을 강조할 수 있다. 보이드(void)는 위층 슬래브의 일부를 오픈하여 수직적으로 연결된 공간에 입체적인 공간감을 부여한다. 소리와 시선이 상하로 전달되며, 보이드 하부공간에서는 높은 층고로 인해 극적인 느낌을 가지게도 한다. 한편, 보이드가 열효율 면에서는 단점을 가지고 있는 것이 사실이다. 그런 점에서 목적과 효과 면을 고려하여 적당한 위치에 적합한 높이와 넓이로 결정되어야 할 것이다.

6) 자연의 변화를 감지하는 공간배치

자연의 질서와 변화를 언제든지 감지할 수 있는 공간배치를 한다. 비가 오면 빗소리를 듣고 눈이 오면 눈의 정취를 즐길 수 있으며, 낮에는 따뜻한 햇빛을 충분히 받을 수 있고 밤이 되면 달과 별을 가까이서 볼 수 있는 집이 좋은 주택이다. 관통하는 바람의 기운을 느낄 수 있고, 마당의 한그루 나무에 내려앉은 햇살과 떨어지는 낙엽을 볼 수 있는 친환경적이며 정서적인 집이 좋은 주택이다. 주변이 건물로 둘러쳐진 도심

내에서도 자연을 누릴 수 있는 내향화된 집의 형태를 취한다면, 보다 건강한 거주환경을 만들어 낼 수 있을 것이다.

그림 7-36 | 자연의 질서와 변화를 느낄 수 있는 중정공간

그림 7-37 | 심리적 중심으로서의 거실

7) 심리적 중심으로서의 거실

거실이 반드시 평면적 중심에 위치해야 할 필요는 없으나, 심리적 중심이 되는 위치에는 있어야 한다. 이를 위해서는 다른 방들에서 쉽게 출입 가능하도록 하는 배려가 필요하다. 거실을 각 방에서의 통로가 모여 있는 막다른 골목 같은 부분에 두는 것도 하나의 방법이다. 또 실제로 출입하는 통로로서만이 아니라, 거실로 집중할 수 있도록 하는 소리나 시선의 유혹도 필요하다. 집의 곳곳에서 거실의 모습이 조금이라도 보이거나 이야기 소리가 들려오거나 한다면 가족은 거실로 모이기 쉬워질 것이기 때문이다.

8) 독립된 식당

주택규모에 여유가 허락된다면 독립된 식당을 두는 것도 좋다. 여가생활이 점차 중요하게 여겨지는 추세이므로 주말 저녁에 손님을 초대해

그림 7-38 | 독립된 식당

서 간단한 디너파티를 여는 경우도 생기게 될 것이다. 그럴 때 식사와 함께 나누는 대화에 모두의 관심을 집중시키기 위해서는 거실과 주방으로부터 분리된 식사만을 위한 장소가 있는 것이 좋다. 게다가 요즘은 가족들과의 단란한 시간을 식당에서 보내는 가정이 늘고 있다. 이제 식당은 식사를 하기 위한 장소로 고정된 것이 아니라, 신문도 읽고, 술도 마시고, 때로는 차를 마시기도 하면서 가족들과 대화를 나누는 장소가 되었다. 일종의 가족실로서의 모습을 가지는 것이다.

9) 취미실의 다양화

그림 7-39 | 취미실의 다양화

독서를 위주로 하는 서재공간에는 넓은 책상과 책꽂이를 두고, 추가적으로 책꽂이의 일부에 소형 냉장고와 와인장을 비치하여 독서삼매를 돕는 방법이 있다. 또한 독서용 팔걸이의자나 소파를 비치하여 가장 편안한 느낌을 제공함으로써 정말로 읽는 즐거움을 위한 방으로 꾸밀 수도 있다. 음악감상(audio room)이나 영화감상(home theater)을 위한 방을 선택하는 경우도 늘고 있는 추세이다. 이 방의 경우 일차적으로 차음의 문제를 해결해야 하며, 스크린 및 오디오장치의 설비와 이를 즐기기 위한 소파의 배치문제를 신중히 다루어야 한다. 좀 더 적극적인 취미생활로 목공이나 도예, 유화작업 등을 위한 아틀리에를 두는 경우도 있다. 이들 방은 대체로 소음이 발생하고 어지럽혀지기 쉽기 때문에 주로 지하실 등의 독립된 공간에 배치한다.

10) 안길이가 깊은 현관홀

그림 7-40 | 안길이가 깊은 현관홀

주택의 주현관을 안길이가 깊은 형태로 설계한다. 출입 홀(entrance hall)이 좁고 긴 이 공간은 출입구에서부터 도착 목표인 거실까지 물리적 거리를 확보하여 심리적 안정과 준비를 하게끔 한다. 이 매개공간은 외부에서 내부로의 심리적 이행을 원활하게 처리해주는 것은 물론, 내부의 소리가 밖으로 새어나가는 것을 막아주고, 외부의 시선이 내부를 들여다보지 못하게 막아주는 효과를 가진다. 또한 긴 출입공간의 벽면을 이용하여 벽과 일체화된 수납공간을 만들 수도 있다. 벽장에는 안으로 가지고 들어가고 싶지 않는 물건들, 예를 들어 신발, 우산, 코트, 운동기구, 골프 가방, 스키, 낚시용품, 스노보드, 쇼핑백, 유모차 등의 수납공간으로 활용된다.

그림 7-41 | 일상성을 깨뜨리는 계단

11) 일상성을 깨뜨리는 계단

수평이동이 위주인 움직임 가운데 수직이동의 수단인 계단에 의미를 부여하면 극적인 장소가 될 수 있다. 계단을 단지 기능적인 차원에서만 사용하는 것이 아니라, 오르내리면서 거주자에게 즐거움을 느끼게 하는 것이다. 계단 상부에 톱라이트를 두거나 매달린 듯한 계단형태, 따뜻한 공간으로의 이동을 연상시키는 벽돌 조적조 마감 등의 방법이 있을 것이다.

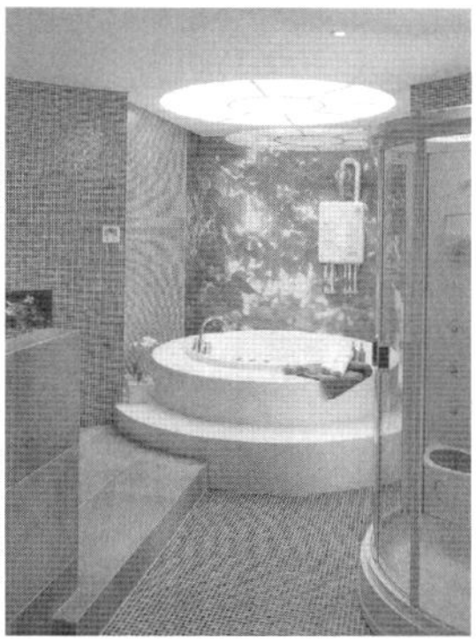

그림 7-42 | 웰빙을 위한 욕실

12) 웰빙을 위한 욕실

최근 욕실은 기능 이상의 의미가 부여되어 일상생활의 피로를 씻어낼 수 있는 여유 있는 공간구성에 심미적인 측면까지 강조되고 있다. 생활습관의 변화로 자주 이용하기 편리한 샤워 중심의 목욕방법으로 욕조의 적용이 배제되다가, 웰빙(wellbeing) 트렌드와 반신욕의 유행으로 다시 욕조가 적용되는 추세이다. 보다 고급화되어 물분사 마사지, 수치료 효과를 내는 욕조와 가정용 사우나 시설까지 도입되고 있다. 또한 장시간 입욕을 위해 독서, 음료 섭취를 의한 보조도구 혹은 수납과 TV시청까지 할 수 있는 시설을 요구하기도 한다.

참고문헌

1. 장성준, 『건축설계를 위한 부지계획』, 기문당, 2008.
2. 조광희·이홍규·정낙현, 『Process+Design』, 대가, 2008.
3. 와타나베 다케노부, 임창복 역, 『주거공간의 의미』, 도서출판 국제, 1997.
4. 허병이 외 4인, 『주택설계』, 기문당, 2003.

* 본 글에 삽입된 주택 프로젝트 사례는 필자와 라움건축사사무소(오신욱 소장)가 협업으로 진행하였던 기장 용천리 전원주택(2008-9)이다. 관련 그림은 그림 7-1, 7-4, 7-5, 7-6, 7-8, 7-9, 7-10, 7-11, 7-12, 7-15, 7-25, 7-26, 7-27, 7-28, 7-29, 7-30, 7-31, 7-40, 7-41 등이다.

제 8 장

주거공간의 공학적 이해

제 8 장

주거공간의 공학적 이해

8-1 주택설계와 인간공학

인류의 역사와 함께 시작된 주거공간은 주어진 환경에 대처하여 적응해내는 지혜에 의해 진화해 왔다. 환경에 대한 적응은 일차적으로 자연환경에 대한 것으로 온습도 · 비 · 눈 · 바람 · 태양광선 · 물 · 지형 지질과 같은 대지 주변의 조건, 그리고 인문적 환경인 생활습관 · 정치, 경제, 사회성 · 산업력, 특히 공업력 등의 우리를 둘러싼 상황에 따라 특징지어 지면서 발달해 왔다.

주택의 합리적인 설계는 부재, 부품, 구성재, 기능공간, 공간유닛 등에 대해 설계 및 시공의 각 단계에서 실제적인 사용자인 인간에게 가장 쾌적한 환경에서 주거생활을 영위할 수 있도록 맞추어 주는 노력을 통하여 이루어진다.

이를 위해서는 인간에 대한 학습(인간공학 / 모듈)과 인간을 둘러싼 공간 및 환경에 대한 학습(환경 / 설비), 그리고 발전된 기술(재료 / 구조)을 통하여 개별공간이 사용목적에 적절하도록 실현시켜 나가는 노력이 요구되어진다.

8-1-1 모듈(module)의 이해

1) 건축과 모듈

(1) 건축에서의 모듈이란

모듈은 건축용어로 고대 그리스, 로마의 건축에서 각 부의 길이의 단위와 기 비율이 이상적일 때 가리키는 모듈러스(modulus)를 어원으로 하고 있는데, 일종의 치수특정단위로 미터법과 같은 절대적, 추상적 단위가 아니라 건축, 실내가구의 디자인에 있어 그 종류, 규모에 따라 계획자가 정하는 상대적, 구체적인 기준의 단위이다.

이 모듈은 계획에 있어 일정한 최소한 단위를 설정하고, 이의 배수로서 다양한 규모를 정하는데 사용되며, 특히 건축에 있어서의 모듈의 적용은 고대 건축술에서 기둥의 지름을 기준으로 여러 종류의 모듈이 건축양식마다 각기 고유한 비율을 결정할 때 이용되어져 왔다.

(2) 모듈의 적용

모듈은 건물의 축조과정에서 여러 자재와 부품의 크기를 조정하는 기준이 된다. 그 결과 모든 건축자재들을 낭비하는 것 없이 건물에 꼭 알맞게 쓸 수 있을 뿐 아니라, 모든 설계에서 적용될 수 있는 규격품을 선별해서 대량 생산할 수 있으므로 이러한 모듈러 생산방식에 의하면 건축물의 축조비용이 절감될 수 있다.

이런 이유로 주택의 건축과정에서는 단위공간의 사용목적에 맞도록 인간 공학적 측면에서의 기본 모듈에 따른 공간계획은 물론, 배관 · 도관 · 전기배선 · 열관리 등의 설비계획 및 기초에서 주택의 형상을 이루는 구조계획, 효율적인 시공관리를 위한 시공계획에 이르기까지 각 단계별 요구조건 등을 고려하여 적절한 모듈을 선정하여 설계에 적용해야 한다.

적절한 모듈을 이용한 설계를 통해 효율적이고 쾌적한 주거환경의 확보는 물론 경제성, 시공성, 유지관리의 효율성 등 주택건축에서 요구되어지는 성능에 대한 만족스러운 평가를 득할 수 있다.

2) 건축 모듈(module)과 모듈러(moudler)

현대건축에서 설계 모듈은 설계상의 비율과 치수를 기획하는 데 이용한다. 모듈을 디자인 개념에 직접적으로 도입한 사람은 프랑스를 중심으로 활약했던 건축가인 르 코르뷔지에(Le Corbusier 1887~1965)이며, 그는 모듈을 현대 건축의 설계이론의 하나로 정립시켰다.

그는 생활에 적합한 건축을 위해 인체와 관련된 모듈의 사용에 있어 단순한 길이의 배수보다 황금비례를 이용함이 타당하다고 주장하였고, 인체를 황금비로 분석해서 고전적인 비례개념을 적용시켰으며 공업생산에까지도 적용시켰다.

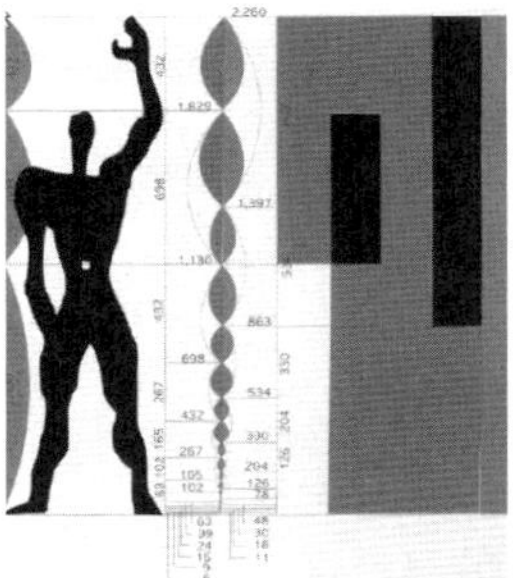

그림 8-1 | 르 코르뷔지에의 모듈러

즉, 공간 크기를 계량하는 기본으로 황금비인 1 : 1.618을 인간 치수에 적용하여 손을 올린 사람의 치수인 183cm을 모듈러로 명명하였다.(그림 8-1)

그의 모듈러에서는 자연스럽게 손을 올린 사람의 치수를 손끝에서 머리끝까지, 머리끝에서 배꼽까지, 배꼽에서 발꿈치까지를 3등분으로 구분하고 배꼽의 위치를 중심으로 전체길이를 2등분하였다. 각 부분의 상호관계는 전체에 대해 1 : 1.618 : 2의 비례로 분할되는데, 이 비는 배꼽까지의 높이 : 머리 끝까지의 높이 : 올린 손끝까지의 높이의 비례이다.

그는 모듈을 "인체의 치수와 수학과의 결합에서 만들어진 것을 계산하는 도구이며, 인체뿐만 아니라 광장에서 책꽂이에 이르기까지 다양한 디자인에도 통용할 수 있는 척도"라고 설명하고 있으며, 이러한 그의 모듈에 대한 사고는 인간의 생활양식 전반에까지 결부시켜서 생각하려고 한 데에 대한 인간 중심적 사고로서 높이 평가받아 왔다.

그림 8-2 | 유니테 다비타시옹(마르세유/프랑스), 1952

마르세유에 건설된 주거 단위아파트(그림 8-2) 모듈러 사용의 최초 실험작품이며 내부의 세세한 부분에 이르기까지 모두 황금비를 적용하여 인체와 비례적 조화를 이루고 있다.

8-1-2 건축설계에서의 모듈

1) 모듈의 사용 - 척도와 기준치수

건축에서 사용되는 모듈은 모듈러 생산의 기본이 되는 척도 혹은 기준치수로 사용되어지며, 기본모듈과 복합모듈로 구성된다. 모듈러 생산에 의해 구현되는 건축은 가능한 기본모듈의 배수가 되도록 설계하는 것이 바람직하다.

2) 건축 설계시의 단위 척도

- 단위공간의 면적을 표현하는 넓이 1평은 척관법에 쓰이는 단위이며, 여섯 자 평방으로 폭 6자×길이 6자 (1자=30.3cm)이며, 미터법으로 환산하면 약 3.3058M^2 (400/121M^2) 이다.

① 1세제곱미터(M^3) : 길이(1m)×폭(1m)×높이 1m 체적

② 1제곱미터(M^2) : 길이1m×폭 1m인 면적

③ 1坪(3.3058M^2)

8-1-3 주택설계를 위한 인간공학

주택의 설계를 위해 요구되는 기본적인 일상생활 공간의 단위치수는 인체의 동작치수를 바탕으로 설계되어져야 하며, 이 장에서는 주거공간의 치수 결정과 관련한 일상생활 속의 인체 공학적 치수를 우선으로 살펴보고자 한다.

1) 주택설계 시의 치수 결정 요인과 과정

(1) 주택 치수 결정 요인

주택의 공간이나 주택부품 치수는 주택 및 주택부품의 기획, 설계, 생산(시공), 사용(관리)이라는 건축과정에 따라 4개의 조건에 따라 결정된다.

① **기획조건** : 만들어진 주택을 포함하여 사회구조와 생산구조를 기반으로 한 사회적·경제적인 기획요구조건

② **기능조건** : 거주자의 공간에 있어서 기능적 행동적인 기능요구조건

③ **생산조건** : 생산자의 공장 등의 생산적 기능적인 생산요구조건

④ **설계조건** : 설계자의 조정을 위한 설계적·치수적 설계요구조건

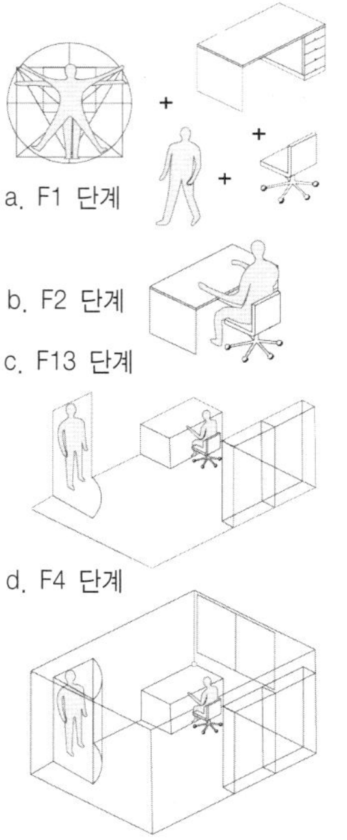

그림 8-3 | 주거공간의 기능 흐름

(2) 주거공간의 기능 시스템 흐름과 치수의 결정과정

특히 주거계획 설계 시에 사용되는 기능 시스템의 흐름에 따라 이하의 4단계 과정에 따라 설계치수가 결정된다.

① **F1 단계** : 거주자 요구조건 중 공간에 관계하는 생활이 수반되는 기본동작에 필요한 공간을 정하고, 기본생활동작의 치수구성조건 검토

② **F2 단계** : 선택된 기본생활 동작 치수로 인간과 사물과의 대응으로부터 생성된 기능공간단위(요소공간)의 치수구성조건 검토

③ **F3 단계** : 요소공간을 복수로 조합하는 것에 의해 생성되는 복합기능공간단위(실공간)의 치수구성조건 검토

④ **F4 단계** : 실내기후조건, 인간의 시각, 촉각, 후각, 청각 등의 인간에 의해 건강하고 안전한 공간을 유지하기 위한 기능조건으로부터 실공간의 치수구성조건 검토

1) 동작치수

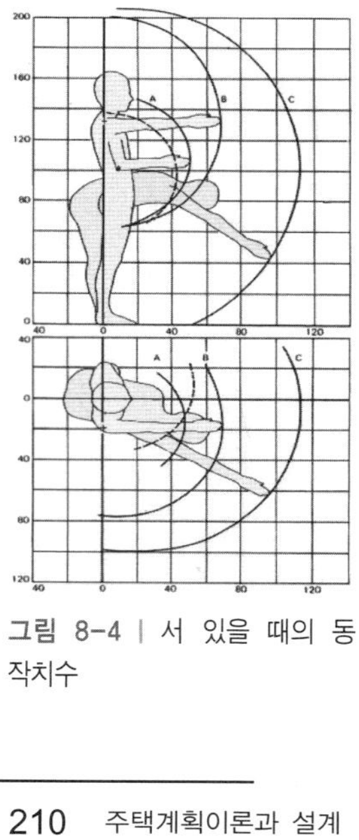
그림 8-4 | 서 있을 때의 동작치수

특히, 주거공간은 가족 구성원의 다양한 일상생활을 만족시킬 수 있도록 설계되어야 하므로, 가장 기본적인 인간의 서 있을 때와 누워 있을 때의 동작치수가 기본이 되어야 한다. 하지만 가족 구성원은 개개인의 신체조건이 다르고 영위하고자 하는 라이프스타일이 다양하여 절대적인 기준치수에 따를 수는 없으며, 가족 구성원의 요구조건과 주택설계의 특성을 고려하여 설계기준이 되는 기준치수의 결정이 필요하다. 여기서 제시하고 있는 기본치수(그림 8-4, 그림 8-5)는 신장 165cm의 성인을 기준으로 한 예시로서 주택설계 시에는 가족 구성원들의 특성을 고려하여

어린이나 노인 또는 장애인에 대한 별도의 기준치수를 적용하도록 한다.

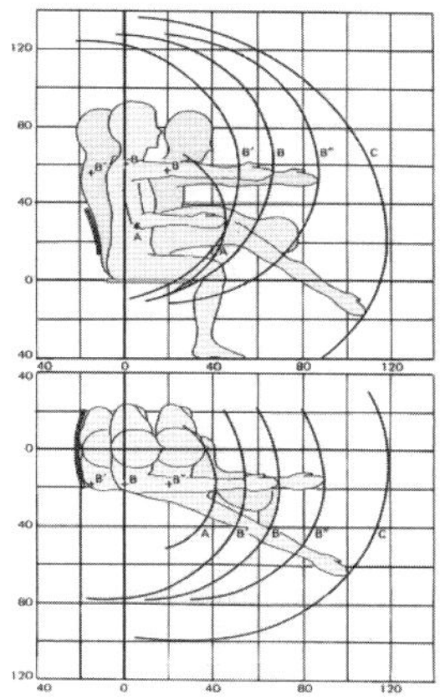

그림 8-5 | 의자에 앉아 있을 때의 동작치수

(1) 서 있을 때의 동작치수

A. 팔을 몸에 붙인 채 팔꿈치를 중심으로 팔을 움직일 때의 동작범위
B. 어깨를 중심으로 팔을 움직일 때의 동작범위
C. 발을 고정하고 상체를 숙여 움직일 때의 최대 동작범위

(2) 의자에 앉아 있을 때의 동작치수

A. 팔을 몸에 붙인 채 팔꿈치를 중심으로 팔을 움직일 때의 동작범위
B. 어깨를 중심으로 팔을 움직일 때의 동작범위
C. 발을 고정하고 상체를 숙여 움직일 때의 최대 동작범위

2) 기능치수

(1) 작업지점

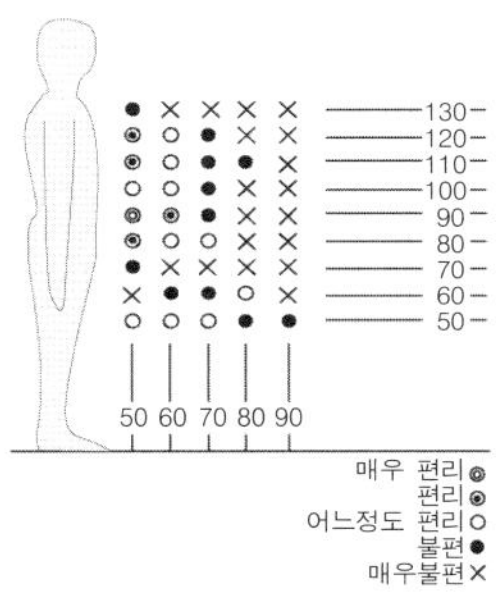

그림 8-6 | 작업지점

그림 8-6은 인체가 서있을 때의 작업지점을 표시한 그림이다. 성인남자를 기준으로 하였으므로 여성의 경우 5cm 낮추어 적용하면 된다. 작업에 따라 힘이 드는 경우에는 좀 더 낮게, 정밀한 작업의 경우에는 좀 더 높게 하는 것이 좋다.

(2) 의자나 테이블의 기능치수

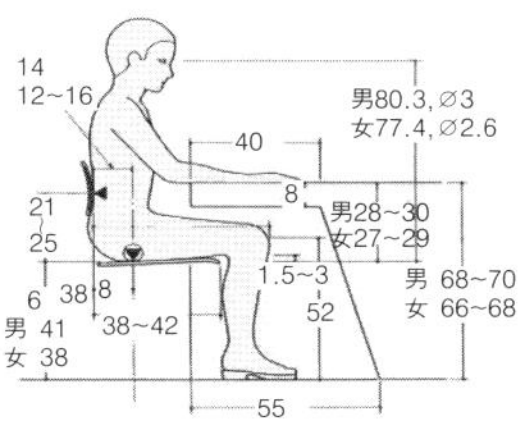

그림 8-7 | 의자기능치수

주거 내 공간 기본을 정하기 위해서는 기본가구의 치수를 정해야 하는데, 가장 기본이 되는 책상의 치수를 정하는 순서를 인간 공학적으로 살펴보면

① 사용자에게 적합한 의자를 생각하기
② 사용자와 의자에 적합한 책상의 치수 계획하기

그림 8-7의 기능치수는 성인 남녀를 기준으로 작업을 목적으로 하는 의자와 책상의 기능치수의 표준을 표시하였으며, 주거 내의 책상 또는 테이블, 가사 작업대, 서재책상 등의 치수결정의 참고가 될 수 있다. 일

반적으로는 예시 치수의 ∓2cm의 범위까지를 설계 적용 가능한 치수로 볼 수 있으며, 기능성이 요구되는 책상이나 의자의 경우에는 가능한 사용자의 신체치수에 적합하거나 조절 가능한 치수의 적용이 필요하다.

(3) 작업높이 기능치수

그림 8-8에서는 서서 수행하는 작업들의 높이 기능치수를 표시한 것으로 수납장의 경우 수납장의 위치에 따라 다양한 동작에 적합하도록 각 부분의 치수를 결정해야 하며, 가족 구성원의 신체치수 및 사용빈도에 따른 치수 결정이 요구된다.

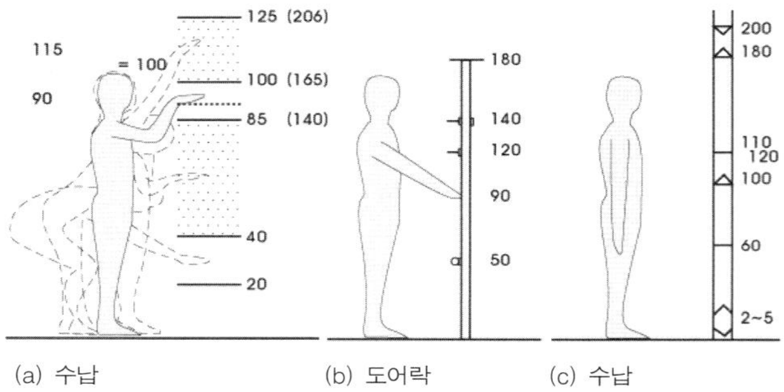

그림 8-8 | 작업높이 기능치수

(4) 작업대의 기능치수

작업대나 책상을 설계할 때에는 하체가 움직일 수 있는 공간이 필요할 뿐만 아니라 발끝의 움직임이 가능하도록 여유공간이 필요하다. 여유공간이 없을 경우에는 신체가 작업대로부터 멀어져 작업하기가 불편하다.

① **조리대의 치수**(그림 8-9 a)

조리작업의 동작분석에 의해 조리대의 높이는 85cm(80cm)로 한다.

② **세면대의 치수**(그림 8-9 b)

세면대의 표준치수를 표시한 그림을 참조하며, 세면대가 너무 높으면 사용하기가 어려워진다.

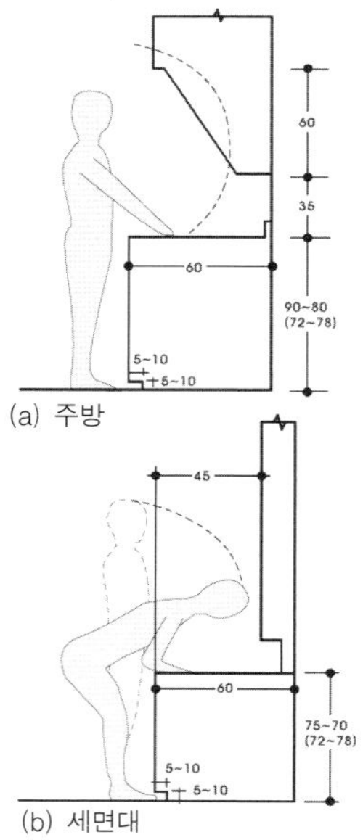

그림 8-9 | 작업대 기능치수

주거에서의 일상생활을 위해 신체의 각 부분을 움직일 경우 평면적·입체적으로 요구되어지는 영역(동작영역)이 있는데, 특히 반복될 수 있는 일상생활 속의 동작영역이 충분이 확보되지 않을 경우 불편하고 무리한 동작으로 인해 작업능률이 저하되고 피로가 가중되며 사고의 원인이 될 수 있으므로 주거계획 시 개별단위 공간에 대한 최소한의 동작을 위한 공간의 적정성 검토는 필수적이다.

8-1-4 주택 개별공간에서의 적용

개별실의 공간에 대한 구상이 결정되고 나면 세부공간으로 분리, 인체척도 및 필요 동작역에 대한 치수 검토가 필요하다. 특히 일상생활 속에 다양한 동작이 동일한 공간에 적용될 경우에는 동작 발생의 빈도 및 중요성에 대해 충분히 검토하여 치수를 결정하도록 한다. 또한 개별실 공간은 동작공간의 집합이며, 동작공간은 기기 본체와 여유공간으로 이루어진 기기공간 및 사용공간으로 구성된다.

설계 시 고려해야 하는 기기공간에서의 여유공간은 개폐 등의 기기 자체의 동작을 위한 공간, 관리상의 보수 등의 작업을 위한 공간, 그리고 기기의 특성에 따라 성능 발휘(음 또는 열)를 위해 요구되는 이격거리 등의 공간으로 기기 등의 설치 시 반드시 필요한 공간이다.

1) LDK공간

LDK공간에 대응하는 주요한 생활행위는 단란, 식사 및 거주를 위한 작업이다. 또한 주택 내의 공적공간(public space)으로서 이들을 통한 가족의 커뮤니케이션을 꾀하는 중심공간이다. 모듈 적용과 공간의 형태관계는 거주자의 생활요구에 의하여 그에 대응하여 결정되어질 수 있으며, 주택의 규모, 즉 연면적과의 관계도 중요하다.

(1) L(거실)공간

우리나라의 거실에서는 서양과 달리 편하게 쉬는 자세로 좌식의 공간이 필요한데, 거실의 계획에서 어느 공간에 어떤 형태로 좌식의 공간을 배치할 수 있을 것인가에 대한 충분한 배려가 요구된다. 거실계획에서 적용될 수 있는 동작치수는 온돌문화로 이어오는 바닥 또는 방석 위에 직접 앉는 경우와 다양한 높이의 고정된 소파 등에 앉는 경우로 구분되어 가족 구성원의 라이프스타일에 따라 적용이 달라진다.

다목적의 공간 특성상 상호 커뮤니케이션의 공간 또는 텔레비전 등의 시청을 위한 공간으로서 자세별 시선높이에 대한 고려가 필요하다.

특히 거실공간에서는 내부공간에 대한 시야 확보는 물론 외부공간에 대한 조망 및 거실에 연속되는 공간들로의 시야 확보도 고려되어야 하며, 거실 내의 고저차, 개구부의 고저차 등을 고려하여 다양한 단면이 적용되는 단위공간이다. 한편, 거실공간의 계획에서는 소파 등의 배치를 위해서는 기본적으로 가구치수 및 동작치수, 여유치수가 검토되어야 하며, 가족구성원 특성에 따른 배치형태와 소파 디자인에 따라 기본적인 거실공간의 규모가 결정된다.

(2) D(식사)공간

식사공간은 가족의 주거생활에서 중심적인 역할을 함에도 불구하고 일반적으로 독립된 실의 형태로 확보되지는 못하고, DK, LDK의 복합공간의 형태로 위치하여 부엌이나 거실에 부속되어 사용되어지고 있다.

식사를 위한 자세 역시 바닥에 직접 앉거나 의자에 앉아 식사하는 경우로 구분될 수 있으며, 계획 시 적용되는 치수는 그림 8-10과 같다. 또한 근래에는 원룸 또는 아일랜드식 주방기구의 일부에서 간단한 식음의 공간과 병용될 수 있도록 디자인되는 경우도 있으므로 식사자세 및

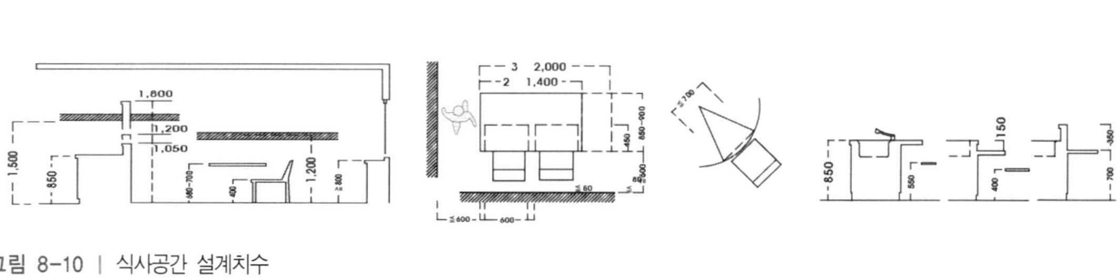

그림 8-10 | 식사공간 설계치수

주방기기의 치수, 식탁 및 의자의 높이, 창대의 높이 등이 고려되어야 하며, 인수의 증가에 대한 대응 및 다목적으로의 활용 가능성을 고려하여 적절한 여유공간의 확보가 필요하다.

(3) K(주방)공간

주방공간은 주거 내 작업밀도가 가장 높은 공간이며 불, 열, 물 등을 사용하는 작업이 중심이 된다. 각종의 기기를 사용하는 빈도도 높고 설비적인 요소가 집중된 공간으로, 작업이 효율적으로 진행될 수 있도록 계획됨은 물론이고 청결하고 쾌적한 환경을 유지하도록 해야 한다. 특히 공간면적에 비해 반복작업의 빈도가 높은 공간이므로 내부 작업동선계획이 무엇보다 중요하며, 식사공간 및 보조주방, 다용도실 등과 연계되는 동선과의 관계를 고려하여 계획되어야 할 것이다. 구체적인 평면계획을 위해서는 구체적인 작업대(배수대, 조리대, 가열대, 배선대) 및 냉장고의 배열 및 작업순서를 우선 결정해야 하며, 주부 전담, 가족들의 협조, 가사도우미 전담 등 가사작업자의 형태도 주방공간의 결정에 영향을 끼칠 수 있으므로 가능한 여유공간을 확보하도록 한다.

(4) 화장실 및 욕실

주거생활의 위생공간인 화장실과 욕실은 근래에 와서 주생활 변화로 개별실마다 독립된 공간이 설치되고, 드레스룸, 파우더룸 등 관련 공간들이 집중되면서, 과거에 비해 주택 내에서의 공간적인 비중이 높아지고 있다.

욕실의 계획 시 필요한 치수의 결정을 위해서는 욕실 내에서 일어날 수 있는 다양한 동작치수와 일반적으로 욕실 내 설치되는 양변기, 욕조, 세면기의 적용 모델별 치수의 확인이 우선되어야 할 것이다. 다른 공간에 비해 비교적 여유공간이 부족한 욕실의 계획에서는 출입문의 위치가 무엇보다 주요한데, 사용자의 움직임, 수전, 타월걸이, 조명기구 설치위치 등을 고려하여 계획해야 하며, 출입구 폭은 욕조의 통과가 가능하도록 60cm 이상의 유효폭을 확보하도록 한다.(그림 8-11)

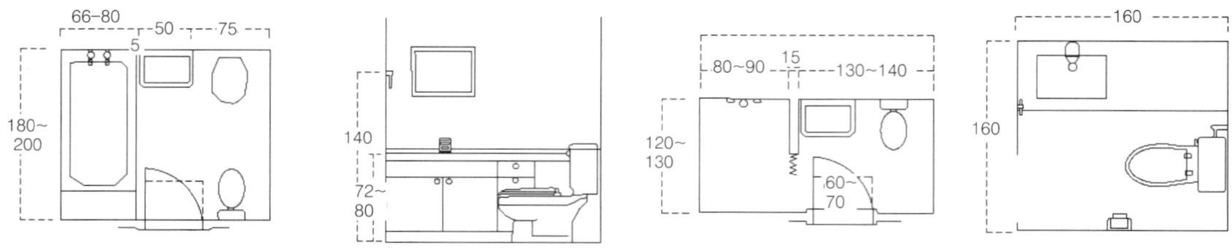

그림 8-11 | 화장실 설계치수

(5) R(개별실/침실)

개별실은 개인의 생활을 영위하는 주거내 사적영역으로, 일반적으로 침실로 대표되는 개별실의 사용인원은 1인 또는 2인이 일반적이며, 다수의 사용자가 공동으로 사용할 경우도 있다. 특히 침실의 설계 시에는 침대를 중심으로 하는 가구 배치와 고정형 가구들에 대한 고려가 필요하며, 특히 부부침실의 경우 침실공간 외에도 욕실 및 화장실, 파우더룸, 드레스룸이 부속되는 경우가 많아지고 있다. 침실의 기본치수의 결정은 취침공간(이불 또는 침대)이 단위면적이 되고, 자녀방의 공간은 학습의 공간이, 부부침실의 경우는 서재 및 부부의 개인적인 공간이 함께 고려되어져야 한다.

침실로 대표되는 개별실의 기본 모듈이 되는 침대의 배치에 따른 기본 공간치수는 그림 8-12와 같다.

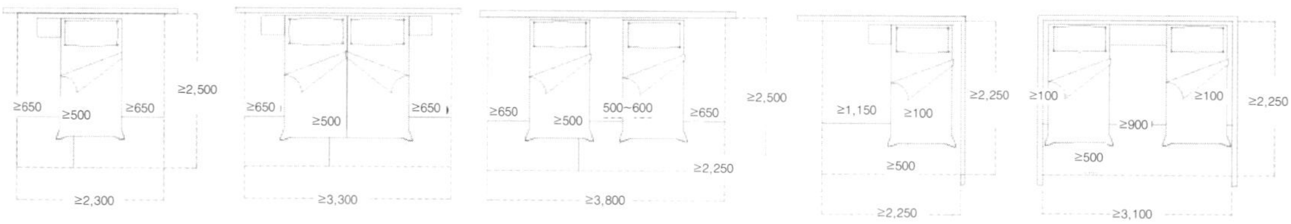

그림 8-12 | 침실 설계치수

(6) 현관, 복도

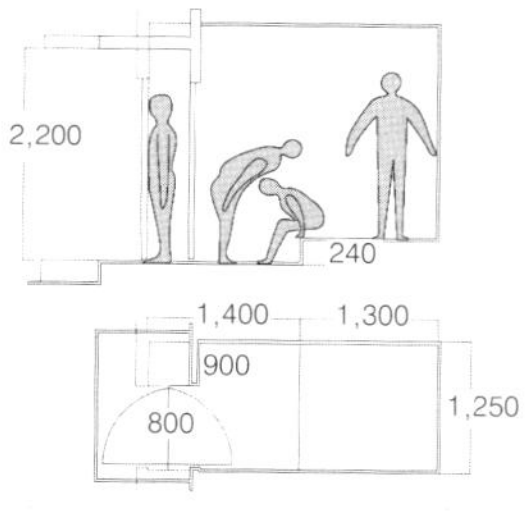

그림 8-13 | 현관 설계치수

주택계획에 있어서 현관과 복도는 주택 전체의 이미지를 결정짓는 주요한 디자인 요소로서 현관의 치수결정은 그림 8-13에서 제시되는 최소한의 동작공간을 기준하여 가능한 종방향의 여유공간의 확보가 바람직하다.

신발장으로 대표되는 수납공간의 크기 결정은 수납하고자 하는 물건에 따라 차이가 있는데, 가능하다면 외출 시에만 사용되는 물건들, 스포츠용품 등을 보건 위생적으로 수납보관이 가능하도록 계획하는 것이 바람직하다.

복도폭에 대한 최소 치수는 출입문을 복도 측으로 개폐할 경우는 안전상 문제가 우려되므로 개별실 내측으로의 출입문 개폐가 바람직하나, 경우에 따라 부득이하게 외측으로 출입문을 개폐할 경우에는 문에 의해 통행에 지장이 없도록 설계해야 한다. 특히 복도의 교차부분이나 계단과 접속하는 부분 등은 안전상의 배려는 물론 휠체어의 통행과 물건의 운반 등을 고려하여 설계되어야 하며, 주택의 설계에서는 복도공간을 통행 외의 기능을 겸하도록 하여 보다 효율적인 공간으로 계획하고, 이를 위해 부분적으로 알코브를 설치하는 등 적절한 치수 확보가 필요하다.

(7) 계단

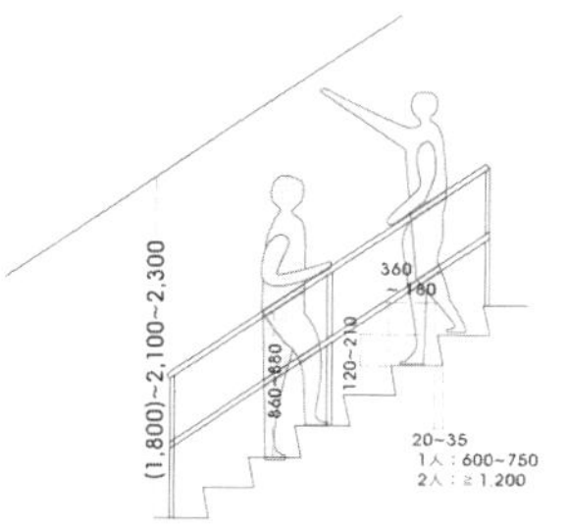

그림 8-14 | 계단 설계치수

계단은 높이가 서로 다른 두 공간을 연계시키는 기능을 하는 공간으로서 기능적으로 편리하고 안전성이 확보되도록 설계되어야 한다. 계단은 주택의 규모 및 디자인에 따라 형태나 크기가 결정되는데, 기본적으로 직통형, L형, U형, 곡선형(원형포함)의 계단이 있다.

소규모 주택에서는 직통형과 L형의 계단이 많이 이용되는데 급경가로 인한 위험이 있으므로 안전성 확보에 주의해야 하며, 특히 곡선형계단 중 원형계단은 공간적으로는 유리하나 사용상 위험이 크므로 주계단으로서 적용 시에는 많은 주의가 필요하다. 계단의 법적인 최소기준(바닥판 15cm, 단높이 23cm 이상, 계단 유효폭 75cm 이상)이나 지극히 위험한 구조이므로 그림 8-15의 치수의 범위에서 적용 가능한 치수로 설

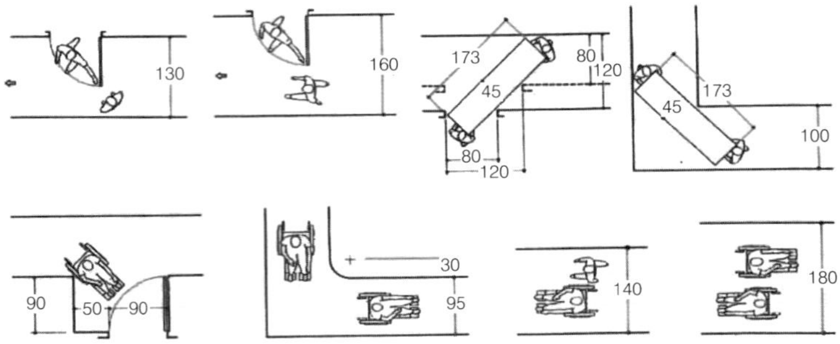

그림 8-15 | 복도 설계치수

계하는 것이 바람직하며, 계단의 구배는 사용자가 오르내리기 쉽도록 해야 하며 핸드 레일을 안전을 고려하여 설치위치를 정하도록 한다.

8-2 주택의 환경(설비)계획

인간은 오랜 역사 속에 다양한 형태로 생활권을 확대시켜 왔는데, 안전하고 보다 쾌적한 일상생활을 영위하기 위해서 집은 단순히 비바람을 피할 수 있는 공간으로서의 의미를 넘어서 일정 수준 이상의 환경을 확보하고 유지시켜 나가기 위해 다양한 환경 시스템의 개발노력이 계속되어 왔다.

주거공간에 요구되는 환경계획에서는 자연환경을 잘 이용(그림 8-16a)하거나 자연의 위해한 환경을 차단(그림 8-16b)하거나 실내의 나쁜 환경요소들을 배출(그림 8-16c)하고, 쾌적한 주거환경을 유지하기 위한 다양한 시스템을 적용(그림 8-16d)시키기 위한 노력이 필요하다.

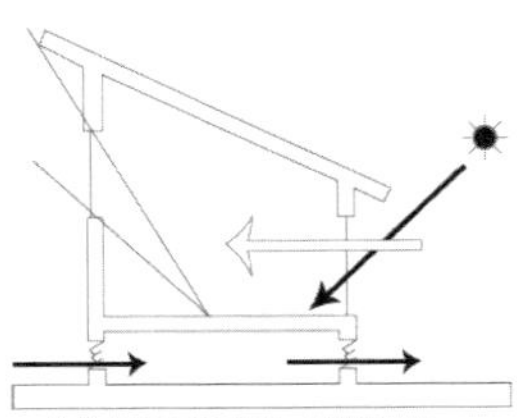

(a) 자연환경의 끌어들임

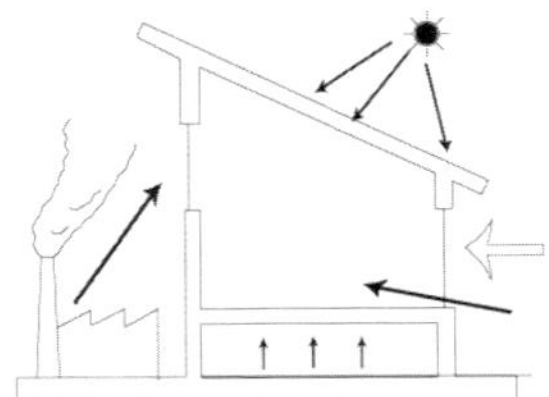

(b) 위해환경의 차단

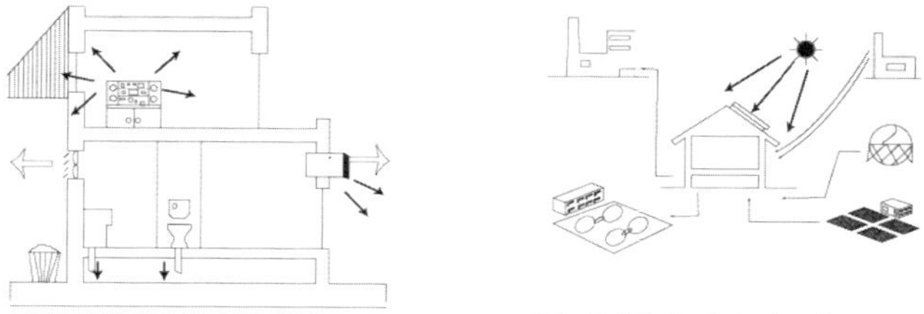

(c) 실내환경 요소의 배출　　　　(d) 실내환경 관리 시스템

그림 8-16 | 실내 환경의 형성

8-2-1 주택의 환경계획

1) 온도와 습도

주택의 쾌적한 거주환경을 확보하기 위해서 주택 내 대표적인 환경요소인 온도와 습도에 대한 기본적인 특성을 살펴보자.

(1) 열의 이동

열은 고온에서 저온으로 이동하는 성질이 있으며, 전도, 대류, 방사의 3유형으로 열이 전달된다.

- 전달 : 동일 물질 내 또는 접촉한 물질 간에 열의 이동으로 물질의 이동은 일어나지 않음.(실내마감재 선정 시 고려사항)
- 대류 : 물이나 공기와 같은 유체가 물질의 이동을 통해 열을 옮기는 현상으로, 더워지면 상부로 차가워지면 하부로 이동(냉 · 난방시스템의 선정, 자연환기 시 고려사항)
- 방사 : 공간적으로 떨어진 물질 간에 열을 주고받는 현상으로 전자파에 의해 전하는 현상

(2) 실내의 열환경

실내와 실외의 온도차가 있을 경우 건물의 벽, 지붕, 바닥 등을 통해 열의 이동이 생긴다. 또 태양의 방사열에 의해 지붕이나 벽의 열이 축적되었을 때 온도는 상승하고, 그 후 열이 재방출될 경우 실내 측에도 상당량의 열이 유입된다. 직사광이 도갈할 경우에는 더 직접적으로 실내의

기온은 상승된다. 일반적으로 주택의 경우 창이나 문틈으로부터의 열의 유출입은 전체의 절반 정도이므로, 단열만을 고려할 경우는 가능한 창을 작게 하고 기밀성을 높이는 것이 타당할 것이나, 채광, 환기, 통풍을 고려한다면 적절한 방안을 재강구해야 할 것이다.

(3) 결로

결로는 습한 공기가 자신보다 낮은 온도의 물체와 만나면 공기 내의 수분이 물체의 표면에 나타나는 현상으로, 이를 방지하기 위해서는 벽면의 표면온도가 낮아지지 않도록(단열을 철저히 하거나 따뜻한 바람이 닿도록 한다.) 하거나 실내공기의 습도를 높지 않도록 할 것(적당한 환기), 내장재에 방습성이 있는 재료를 사용할 것(벽체 내의 내부결로를 방지하기 위해) 등에 주의해야 한다.

2) 통풍과 환기

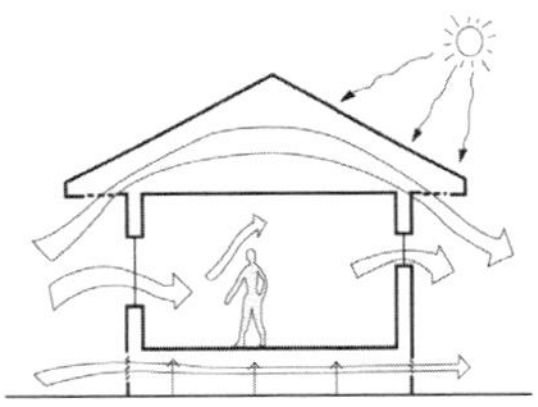

그림 8-17 | 환기, 통풍의 목적

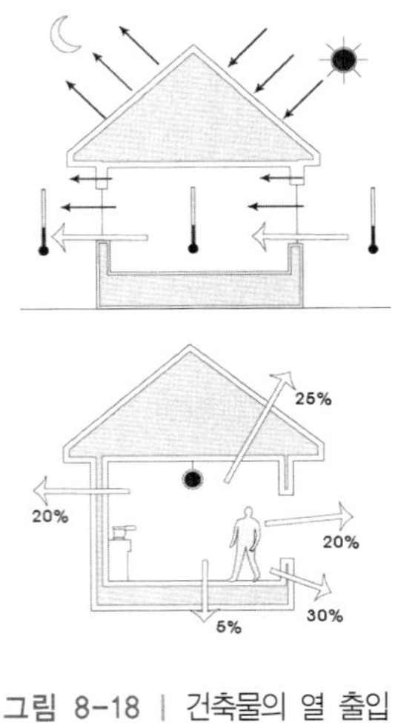

그림 8-18 | 건축물의 열 출입

환기는 실내외의 공기를 교환하는 것이며, 일방통풍은 개구부를 통해 대량의 외기를 통하게 하는 것이며, 보통은 상당한 속도의 기류를 동반한다.

환기의 목적은 실내의 열, 습도, 유해물질, 냄새 등의 제거이며, 거주부분뿐만 아니라 천장 내부의 열 제거, 바닥의 제습 등을 위해서도 필요하다. 특히 겨울에는 환기가 불충분하여 실내공기가 최악의 상태로 될 우려가 크다.(그림 8-17) 공기의 오염상태는 일반적으로 CO_2의 농도를 기준으로 한다.

최근 공동주택 화장실의 경우에는 기계에 의한 급기가 많다. 바람이나 온도차를 이용하는 환기를 자연환기라고 한다. 이 방법은 안정된 환기량을 기대할 수는 없지만 주택의 경우는 급기는 대부분 자연환기에 의하며, 화장실이나 욕실의 배기는 기계에 의한 경우가 일반적이다. 자연환기는 실의 내외에 발생하는 압력차를 이용한다. 압력차는 바람의 경우는 풍속에 비례하고 온도차의 경우는 내외 온도차에 비례하며 급기구나 배기구의 높이에도 비례한다. 또 공기의 소통은 창 등의 개구부의 상태나 위치에 따라 달라진다.(그림 8-18) 자연환기는 바람에 의한 환기와 온도차에 의한 환기가 동시에 일어나는 것이 일반적이나 바람과 개구부의 위치관계에 따라 달라진다.

통풍의 목적은 환기의 목적에 적당한 기류를 발생시키는데 있으며, 고온다습한 여름의 체감온도를 낮추는 효과가 크다. 통풍의 원칙은 바람이 통하는 길을 만들어 바람의 주방향에 따라 바람의 입구와 출구를 설치하는 것이 좋으며, 설계에 따라 통풍경로에 변화를 줄 수 있다.

3) 채광 및 조명

(1) 용어정리

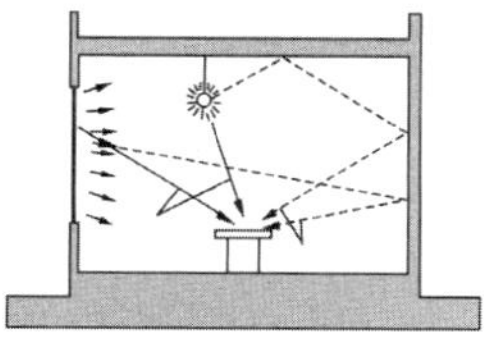

그림 8-19 | 직접조도(실선)와 간접조도(점선)

① 조도(lx) : 빛을 받는 면에 단위면적당 도달하는 빛의 양으로 점광원의 경우 광원으로부터의 거리의 제곱에 반비례한다.

② 휘도(cd/m^2) : 광원면, 반사면, 투과면 등 빛을 발하는 면을 어느 방향으로부터 볼 때 어느 정도 눈이 부시는가를 표시하는 양이다. 주택의 설계 시에는 자연채광을 적절하게 활용하되, 여름철의 직사광선은 냉방부하를 극대화시키므로 계절별 채광량을 조절할 수 있는 방안을 강구하도록 한다.

(2) 주택의 조도기준

실내에서의 작업의 능률성, 안전성 등과 경제상황 등을 바탕으로 정한 조도기준은 실제 적용 시에는 사용자의 기호에 따라 다르게 적용될 수 있으며, 에너지 절약을 위해 조도를 낮추는 경향도 있다.

또한 실내의 조도는 직접조명방식 또는 간접조명방식 등 거실의 조명방식에 따라 영향을 받는다.

간접조명의 경우는 실내 마감재의 반사율에 크게 영향을 받으며, 거실 내에서도 고조도의 작업 면과 분위기 연출을 위한 저조도의 공간이 필요에 따라 적절하게 적용되며, 균질한 조도상태가 요구되는 경우는 상대적으로 자연채광이 유리하다.

표 8-1 • 주택 내부공간별 적정 조도

조도	1,500	1,000	750	500	300	200	150	100	75	50	30	20	10 lx
거실	수예, 정밀			독서, 화장, 전화		단란, 오락				전반			
서재		학습, 독서							전반				
자녀방		학습, 독서				놀이		전반					
주방, 식당					식탁, 조리대				전반				
침실				독서, 화장									전반 (심야2~1)
욕실					면도, 화장, 세면			전반					
응접실						소파, 테이블				전반			

*1. 전반 조명의 조도에 대해 국부적으로 몇 배 밝은 장소를 만드는 것에 의해 실내공간의 필요에 따라 영역별 명암의 변화를 주어 일률적인 조명이 되지 않도록 하는 것이 효율적이다.

*2. 거실, 응접실, 침실의 경우는 가능한 빛 조절이 가능하도록 하는 것이 바람직하다.

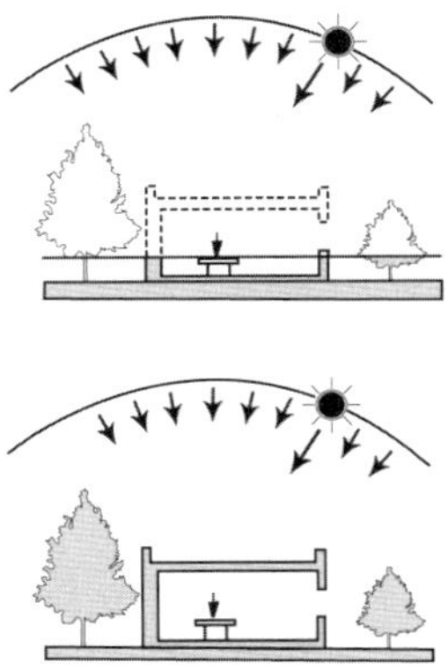

그림 8-20 | 주광률

(3) 채광

채광은 창 등을 통하여 외부의 빛을 실내로 끌어들이는 것으로, 자연채광은 기후나 계절, 시각(태양고도)에 따라 변하므로 직사광선은 직접적인 광원으로 이용하는 것은 부적절하며, 실내의 채광상태의 지표로서 주광률(그림 8-20)을 사용하는데 주광률은 창의 크기나 위치, 유리의 종류, 창의 디자인, 실내측 마감재에 의한 반사율 등의 영향을 받는다.

특히 창의 면적은 클수록 채광에서 유리하나 여름철 수열량이 커져 열환경에 대해서는 불리할 수 있으며, 창의 위치가 높을수록 실 내부 깊은 곳의 채광률이 높아져 실내를 밝게 하는데 효율적이다.(그림 8-21)

천창의 경우는 측창에 비해 채광의 효율이 매우 높고, 실내 수평면에 대한 조도분포도 비교적 균등할 수 있는 장점에 비해 최상층에 한정되며, 개폐 및 보수, 단열, 조망 등이 불리하여 일반적으로 주택에는 측창을 사용하고 있다.

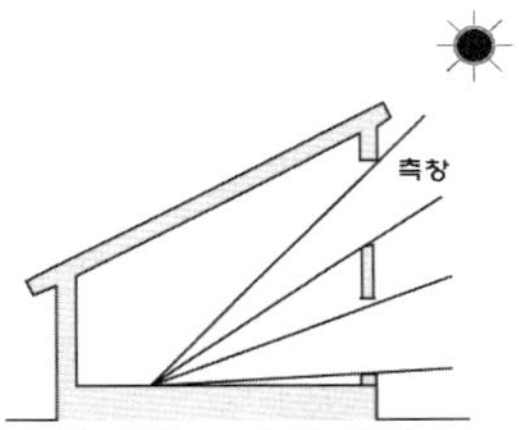

(a) 창의 크기 및 위치

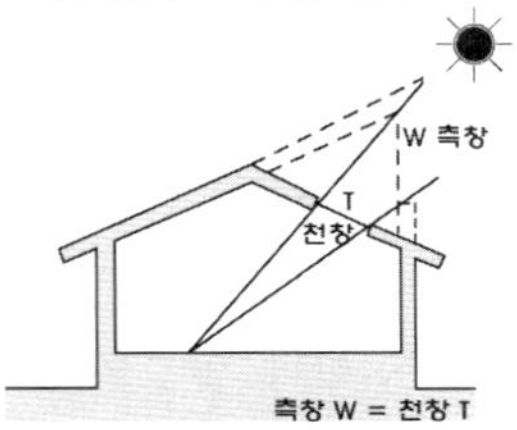

(b) 창의 실내조도

그림 8-21 | 창의 위치와 실내조도

(4) 조명

채광과 대비하여 인공조명기구를 이용하여 밝기를 확보하는 것을 조명이라 하며, 야간의 생활은 물론 주간의 활동을 위해 필요한 밝기의 확보나 조도분포의 균질성 확보, 빛의 방향성 시정 등을 목적으로, 주택의 구조나 작업의 목적에 따라 적극적인 조명계획이 필요하다. 조명에 의한 빛은 태양광과는 달리 빛의 방향성이나 광색 등을 실의 용도나 작업목적에 따라 자유롭게 연출할 수 있다. 높은 조도를 필요로 할 경우에 낮은 색온도의 광원을 이용하거나 역으로 낮은 조도에 높은 색온도의 광원을 연출하면 불쾌감을 느낄 수 있으므로 주의해야 한다. 특히 주택의 조명기구의 선정을 위해서는 일반적으로 방의 크기와 관계하여 조명기구의 개수를 정하고, 조명기구의 디자인은 실의 분위기 연출에 크게 영향을 줄 수 있으므로 공간의 이미지에 부합하는 디자인을 선정하도록 한다.

8-2-2 주택의 설비

주택의 설비는 각 공간에 공통으로, 주택 전체로서의 시스템화 되는 설비로 가스설비, 전기설비 등과 특정의 공간에 필요한 설비인 주방설비 등으로 구분된다. 여기서는 주택설계에 있어서의 기초적인 설비 시스템으로서 배관 및 공조를 중심으로 한 설비와 전기 및 기계설비에 대하여 설명하고자 한다.

1) 설비 시스템의 성능

각 설비 시스템에 필요한 성능은 그 목적에 부합해야 하는데, 공통적으로 배려해야 하는 중요한 사항은 다음과 같다.

첫째. 안전성에 대한 배려

둘째. 유지관리의 용이성

셋째. 보수점검의 용이성

2) 설비계획

(1) 청소설비

흡입부는 중앙에 설치되어 주택 내에 배관된 유형이 일반적이다. 실내배관과 청소기기부의 접합부의 위치를 실내의 적절한 위치에 배치해야 한다.

(2) 오·배수설비

오수는 인간이나 동물의 배설물이 포함된 물이며, 배수는 청소용 또는 주방에서 배출되는 물이다. 오·배수설비는 기기로부터 오수처리시스템까지의 배수, 오수 제거를 위해 사용되는 배관을 포함한 관련 지지물을 칭한다. 공공하수도가 없는 경우에는 잡배수와 우수는 도시 하수로로 배출하고, 오수는 단독정화조 또는 오수정화시설에서 처리하여 방류해야 하므로 부지 내에 단독정화조 및 오수정화시설의 설치위치 등을 우선 고려하여 배치해야 한다.

(3) 급수 급탕설비

급수방식은 상수도 본관의 공급수압이 각 급수기구에 급수되는 직접방식과 공급수압이 부족하거나 급수환경이 불안정한 경우에 대비하여 저수조와 기계적인 급수설비가 요구되는 계획이 필요하게 된다. 급탕용과 난방용을 겸하는 경우가 많다.

(4) 가스설비

조리 · 난방용으로 사용하는데 안전성의 확보에 주의를 해야 한다.

(5) 난방설비

주택에서의 난방설비는 바닥으로부터의 복사열에 의한 온돌난방이 기본적이며, 바닥난방은 온수 또는 전기코일 등의 열이 축열층을 통과하면서 바닥의 온도를 상승시키고 복사열에 의해 실내온도를 전체적으로 상승시키는 방식이다.

최근에는 온풍기에 의한 난방이나 방열기를 활용하는 난방 등이 혼용되어 이용되고 있다.

표 8-2 • 난방방식의 종류와 장·단점

난방방식 1	직접난방	실내에 방열기를 설치, 방열기에 의해 실내공기를 따뜻하게 함.
	간접난방	별도의 공간에서 더워진 온풍을 덕트 등을 통해 각 실로 공급함.
난방방식 2	대류난방	방열기로 데워진 실내공기가 대류에 의해 실온을 상승시킴.
	복사난방	바닥, 천장, 벽에 온수배관 등의 발열체를 매입하여 표면으로부터의 복사에 의해 데워짐.
난방방식 3	온수난방	중앙에서 온수가 배관을 통해 각 실의 방열기로 보내져 실내를 데움.
	복사난방	방열기로부터 열방사에 의해 따뜻해짐. 바닥난방, 패널난방 등이 있음.
	온풍난방	온풍기에 의해 가열된 공기를 덕트에 의해 각 실로 보내져 흡출구서 실내에 송풍되어 따뜻하게 함.

(6) 환기 공조설비

개별 실내공간의 온도, 습도, 공기 청정도 또는 기류의 분포를 기계적으로 조정되도록 하는 공기조정설비이다.

(7) 전기설비

주택에 공급되는 전기는 경제성을 고려하는 일반적으로 200V이다.

(8) 조명설비

전기에 의한 기구를 사용한 조명은 각 실의 목적에 부합하도록 조도 및 설치위치, 개소 등이 계획되어져야 하며, 조명기구의 선정은 인테리어 디자인의 주요한 요소가 되기도 한다.

조명방법은 각 실 전체를 균등하게 밝혀주는 전반조명과 실내의 한정된 장소에서 작업을 할 수 있도록 부분적으로 밝혀주는 국부조명이 있으며, 주택의 조명설계 시에는 두 가지 방법을 조합시켜 목적에 맞도록 사용한다. 또한 광원의 빛을 직접 비추는 직접조명과 광원의 빛을 천장이나 벽면에 반사시키는 간접조명으로도 구분할 수 있으며, 공간의 분위기 연출을 위해 적절한 방법을 선택하여 계획해야 한다.

(9) 통신설비

전화 및 인터폰, 인터넷을 설치하는 것으로부터 최근에는 기술의 발달과 함께 유비쿼터스 개념을 적극적으로 도입하여 주거의 편리성과 쾌적성을 도모하는 신개념의 주택들이 계획되고 있다.

(10) 이동설비

주택 내의 수직 수평이동을 지원할 수 있는 시설로서, 특히 유니버설 디자인의 개념을 도입하여 계단 및 노약자용 승강기 등 필요에 따라 이동을 위한 보조설비들이 고려되기도 한다.

(11) 안전설비

주택내의 방범 및 방화 등을 목적으로 화재경보기, 비상벨을 비롯하여 최근에는 전술한 유비쿼터스 공간에서 시스템적으로 구축되고 있다.

(12) 홈오토메이션(Home-automation)

주거생활에 요구되는 각종 안전유지를 위한 장치, 주거를 위한 작업 컨트롤 기기, 커뮤니케이션을 위한 기기 등을 집중제어하는 장치로서 Home-automation으로 불리는 설비시스템의 보급에서 최근에는 주거 공간 내 유비쿼터스 환경의 적극적 구축으로 한층 진보된 환경 시스템이 주택설계에 요구되고 있다.

8-2-3 단위공간의 환경계획

1) 거실

① 난방 : 개방된 공간특성상 전체적인 난방은 바닥난방을 적용하고

부분적으로 히터 또는 벽난로 등 국부적인 난방기기를 보완하도록 계획하는 것이 일반적이다. 최근에는 주거공간에 단열성능이 강화된 시스템 창호의 적용과 함께, 유비쿼터스 공간으로의 발전으로 인해 주거환경의 효율적인 운영 및 기능이 가능하게 되었다.

② **환기** : 사람들이 많이 모이는 장소로서 인원수 사용상황에 따라 적절한 환기가 이루어질 수 있도록 계획되어야 한다.

③ **음** : 개별공간과 연속된 경우, 또는 중심 홀형의 거실인 경우에는 거실에서 발생하는 소음이 개별공간에 전달될 수 있으므로, 거실 계획 시 가족 구성원의 특성에 따라 위치 및 개방의 정도에 주의해야 한다.

④ **조명** : 다목적의 공간으로서 그 사용방법에 맞추어 편리하게 조명하는 것이 필요하다. 기본적으로는 공간을 효과적으로 밝힐 수 있도록 고정형의 조명과 사용자 행위에 따라 필요한 가동형의 조명의 2종류에 의해 구성하는 것이 필요할 것이다.

2) 식사공간

① **조명** : 펜던트형의 조명기구를 사용하여 식탁을 조명하는 것이 일반적이며, 다목적 기능에 대비하여 높이 또는 위치가변형의 적용이 바람직하다. 또한 광원의 종류에 따라 식품을 변색시켜 보이게 하고, 식사 분위기에도 영향을 끼칠 수 있으므로 주의해야 한다.

② **환기** : 식탁 위에 열을 사용하는 요리를 할 경우에는 열기, 연기 및 냄새를 실내공간에 방출시키므로 환기에 적절한 대책이 필요하다.

3) 주방공간

주방계획은 작업환경으로서 작업이 능률적으로 이루어질 수 있도록 계획하는 것이 최우선이며, 쾌적성의 확보 및 청결성 유지도 중요한 요소가 된다. 또한 작업에 의해 발생할 수 있는 연기, 열기, 냄새, 소음 등이 다른 거주공간에 영향을 끼칠 수 있으므로 통풍, 환기, 채광, 조명, 음 등에 대해 적절하도록 계획되고 제어하기 용이하도록 세심한 고려가 요구된다.

① **통풍환기** : 취사 시의 열이나 증기, 연기, 냄새 등의 발생은 주거 공간 내의 공기오염원이 되며, 개방형 및 반개방형의 주방의 경우에는 특별히 통풍 및 환기를 위한 세심한 계획이 필요하다. 환기의 방법에는 오염을 실내에 확산시키지 않기 위해 후드나 환기구를 통한 기계적 강제배기와 실 전체의 환기를 병용하는 방법이 필요하다. 근래에는 다른 거주공간으로의 오염된 공기 이동을 차단시키는 에어 커튼이 설치되기도 한다.

② **채광 및 조명** : 취사작업은 서서 움직이며 섬세한 수작업이 많이 요구되므로, 전체적으로는 300 lx 정도의 밝기가 필요하고, 주간에는 자연광에 의한 채광으로 쾌적하고 위생적인 공간으로 계획되는 것이 바람직하다. 조명방법은 수납기구 등에 의해 작업대의 조도 확보가 어려울 수 있으므로 작업 면에 직접적으로 적절한 보조조명을 설치하는 것이 바람직하다.

③ **음** : 작업 시 발생하는 소음 및 기기류에 의해 발생되는 소음은 개방형의 주방의 경우 인접 거주공간에 대해 영향을 끼칠 수 있으므로 평면계획 시 충분히 검토되어져야 하며, 기기소음의 경우에는 설치위치, 설치방법, 방진대책 등을 고려하여 최소화되도록 한다.

4) 개별실(침실)

① **음향** : 외부의 소음원을 차단할 수 있도록 계획되어야 하며, 필요 시 완충공간을 고려해야 한다. 또한 벽, 천장, 바닥의 마감재료 선정 시 차음성능이 높은 재료를 사용하도록 하고, 주택의 실내소음의 허용치는 NC(noise criteria)- 30이며, 35dB로 정하고 있으나, 설계 시 요구되는 환경은 가족 구성원의 특성에 따라 차이가 있다.

② **채광 및 조명** : 자연채광을 위한 유효 창면적은 바닥면적의 1/7 이상이며, 가능한 직사일광이 가능하도록 하는 설계가 필요하나 사용자의 요구에 따라 커튼, 블라인드 등의 적절한 빛 조절 시설이 고려되어야 할 것이다.

조명계획 시 전체조명은 침상으로부터 직접 광원이 눈에 들어오지 않도록 해야 하며, 국부조명은 침상 또는 책상 주위, 출입구 등에 필요시 설치하도록 한다. 침실 전체의 계획조도는 30~10 lx이며, 학습공간과 침실공간으로 활용되는 자녀방은 150~75 lx, 서재 및 작업공간으로 사용되는 경우는 1,000~500 lx의 국부조명이 필요하다.

③ **열, 환기** : 성인에 대한 열환경조건은 행동, 착의량(침구량) 및 습도에 의해 달라지나, 습도 40~60%의 경우 취침 중에는 15~18℃, 독서 및 학습 시에는 23~25℃가 적절하다. 영유아 및 노약자가 있을 경우에는 2~3℃가 높도록 실내온도를 설정하는 것이 좋다.

5) 화장실 및 욕실

욕실의 창은 자연채광 및 환기를 위해 가능한 설치하는 것이 바람직하다. 욕실 내 욕실의 조명은 방습용으로 해야 하며, 연색성이 좋은 광원으로 100 lx 전후의 밝기가 필요하며, 조작이 용이하고 사용자의 그림자가 창에 비춰지지 않도록 설치위치를 고려해야 한다.

세면기의 설치는 일반적으로 욕실 내에 통합되어 설치되기도 하나, 근래에 파우더룸과 연계하여 독립된 세면공간(세면화장 유닛)의 설치 사례가 늘어나고 있다. 화장실의 경우 종래와는 달리 세면기와 같이 욕실 내에 양변기를 설치하는 경우가 대부분이며, 필요시 세면기를 포함하는 개별 화장실이 설치되는데, 비데 등의 사용으로 인한 전기설비, 적절한 수압의 확보를 위한 급수설비 등을 고려하여 설계되도록 한다.

6) 현관 및 복도

외부공간과 직접 연결되는 현관은 가급적 측광이나 top-light에 의한 자연채광에 의해 실내공간과 외부공간의 밝기 차이에 쉽게 적응할 수 있게 완충적인 역할을 할 수 있도록 하는 것이 바람직하며, 근래에는 센스 등을 설치하여 동작되도록 하는 것이 일반적이다. 주택에서의 복도는 순수하게 통로로서의 역할을 하는 공간으로 필요 최소한의 공간으로 계획해야 하며, 1m 전후의 최소폭의 확보와 함께 개별공간의 밝기와 대비하여 가급적이면 절약형 조명계획을 한다.

7) 계단의 실내 환경계획

계단은 상부층과 하부층을 연계시키는 공간으로서 계단설치 위치는 주택의 평면계획상 중요한 과제로서 상하부의 동선 및 주거환경에의 영향을 고려해야 하는데, 현관으로부터 상부층의 개별실로 직접 연결되는 계단과 하부층의 공적공간과 상부층의 사적공간을 중시하여 가족 구성원들이 접근하기 용이한 거실 또는 식당부분에 설치되는 계단으로 구분할 수 있다. 일반적으로 후자의 배치방법에 의한 주택이 많은데, 이는 동선상의 장점은 물론 가족 간의 자연스러운 커뮤니티 형성에 유리하나, 공적공간의 난방효율을 떨어뜨리고 소음의 차단이 어렵다.

수직공간의 연계를 대표하는 계단은 공간의 개방감을 강조하기 위해 상부층의 바닥을 일부 없애고 높은 천장을 연출하는 계획도 효과적이다.

8-3 주택의 구조

8-3-1 건축구조의 이해

건축은 물리적으로 토지에 정착하여 바닥 · 벽 · 지붕의 요소를 결합하는 공간의 구축 수단으로 이루어진다. 즉, 건축구조는 건축에 미치는 자연 또는 인위적인 여러 현상을 합리적으로 이어 짜 맞추는 방법으로서, 구조공학은 수학과 역학(力學)에서 기초로 하여 응용역학 · 재료역학 · 구조역학 등의 분야를 포함한다. 사실상 건축이란 이와 같이 여러 분야에서 모색하는 가장 안전하고 내구적이며 쾌적한 환경을 만들기 위한 종합적 수단을 통하지 않고서는 최선의 건축이란 불가능하다.

8-3-2 건축구조의 분류

건축의 구조는 구체적인 양상에 따라 다음과 같이 세분할 수 있다.

구조체의 재료에 의한 분류로서는 나무구조 · 조적조(벽돌조 · 블록조) · 철근콘크리트구조 · 철골구조 · 철골철근콘크리트구조로 나뉘고, 구성양식에 따라 조적식 구조(組積式構造) · 가구식 구조(架構式構造) · 일체식 구조(一體式構造), 그리고 특수구조로서 입체트러스 · 절판구조(折板構造) · 셸구조(shell構造) · 현수구조(懸垂構造) · 공기막구조(空氣膜構造)로 구분된다.

구조의 형식을 다시 시공과정에 의해 분류하면 건식구조(乾式構造) · 습식구조 · 현장구조(現場構造) · 조립식 구조로 구분할 수 있으나, 이러한 구조의 형식이 대부분 여러 가지 형식이 복합적으로 쓰이는 경우가 많으며, 구축해야 할 공간의 성격에 따라서 보다 다양한 응용구조형식을 취할 수 있게 된다.

역사적으로 고대 그리스 건축은 석조의 가구식 구조였으며, 르네상스 시대에 이르기까지는 석조의 조적식 구조기술의 역량이 발휘되었고, 근대까지의 건축은 주로 철과 콘크리트에 의한 일체식 구조가 주류를 이루고 있다고 할 수 있다. 현대의 구조형식은 보다 급격히 발달한 금속 · 합성수지 등의 신재료와 특수한 구조설계에 의해, 과거의 한정된 구조형식에서 벗어나 틀에 얽매이지 않고 새로운 디자인들이 구현될 수 있게 되고 있다.

8-3-3 구조별 특성

1) 목구조

목구조 주택은 목재를 구조재로 하는 주택으로, 목재 자체의 여러 가지 특성으로 매우 쾌적하고 안락하며 건강에도 유익한 주거공간을 제공하여 친환경적인 주택 축조방식이라 할 수 있다.

건축법으로 법적인 경골목조건축공법(목구조) 적용범위는

- 지붕높이 : 18m 이하

- 처마높이 : 15m 이하
- 연면적 : 3,000제곱미터 이하(관련 설비시설 설치 시 6,000제곱미터 이하)
- 층수 : 3층 이하(관련 설비 및 전 층에 스프링클러 설치 시 4층까지 허용)로 제약을 받고 있다.

(1) 전통 목구조 주택

수직으로 세워진 기둥과 수평부재인 보 등의 부재로 구성된 전통적 축조구법에 의해 지어진 집을 일반적으로 목조주택(한옥)이라고 한다. 평면계획이 외관의 디자인에 끼치는 영향이 비교적 적으므로 적용범위가 넓은 편이다. 가구부재로 커다란 단면의 목재를 사용하면 대공간을 만들 수도 있다.

(2) 경골 목조주택

종래의 목구조가 가진 한계를 극복하기 위해 단면부재의 종류를 단순화(2 inch×4 inch 각재를 주부재로 사용)하고 목재의 가공은 최소화하며 보강철물 등을 사용하여 접합하므로 고도의 기술이 필요하지는 않고 공기를 단축시킬 수 있다. 내력벽의 위치와 벽량의 확보에 주의를 요하나 평면계획에 크게 영향을 끼치지는 않는다.

2) 철골조(steel house)

주요 구조부를 강재를 사용하는 구법을 철골조(S조)라고 하는데, 목조에 비해 경량으로 강도나 내화성이 뛰어난 주택을 건축할 수 있다.

철골조의 주택에는 구조용 강재를 사용하는 경우와 경량형강을 사용하는 경우로 구분할 수 있으며, 경량형강을 사용하는 경우는 중소규모의 건물, 조립식(prefab) 주택 등에 많이 사용된다. 철골조 주택의 단점은 녹이 발생하기 쉽고 내외벽의 마감재의 제한이 있으며, 특히 경량철골조의 경우는 녹의 발생으로 인한 성능저하의 우려가 크고, 핀접합으로 국부변형이 발생하기 쉽고, 습식마감에 어려움이 있으므로 설계 시에 주의

가 필요하다.

표 8-3 • 스틸하우스의 특징

간편한 시공	가벼운 중량	1mm 전후의 용융 아연도금 강판은 중량이 목재의 2/3 정도이며 현장에서 운반이 용이.
	설비 용이	ㄷ자 형강의 내부에 전기 및 배관 설치가 용이할 뿐 아니라 고장 시 수리가 용이.
환경친화	재활용 가능	금속부재를 사용하므로 재활용하여도 질적으로 성능이 저하되거나 손실되지 않음.
경제성	가격의 안정성	부재의 가격 등락폭이 비교적 일정하며 수급이 안정적.
	공기 단축	짧은 공기로 인한 노무비가 절감.
	고강도 및 경량	자체 중량에 비하여 단면 성능이 우수하여 경제적.
융통성 있는 공간	내부 평면 변경 용이	하중을 받지 않는 부분은 쉽게 철거할 수 있으므로 필요에 따라 쉽게 공간을 변경.
	설계의 유연성	마감재 선택의 폭이 넓으며 자유로운 형태에 따른 비내력벽, 내벽의 배치가 용이.
보다 넓은 내부	얇은 벽체 두께	벽돌조나 목구조 주택보다 벽체두께를 얇게 할 수 있어 동일평형 대비 공간을 넓게 사용할 수 있음.
	넓은 공간 설계	철은 강도가 높기 때문에 비교적 넓은 공간설계가 가능.
다양한 형태 및 재료	다양한 표현 욕구 충족	구조체의 초경량 벽판과 석고보드의 유연성으로 쉽게 곡면 벽체시공이 가능.
	다양한 자재 사용 가능	다양한 지붕재, 내외벽재를 사용하여 다양한 느낌 표현.

3) RC 라멘조

철근콘크리트(RC)의 기둥과 보, 바닥슬래브 및 내력벽으로 구성되는 구조로 어떠한 종류의 건축도 가능하며 내구성이 뛰어나다는 장점이 있다. 하지만 격자형의 골격을 유지하는 것이 효율적이므로 소규모 주택처럼 다양한 단위공간을 계획하는 경우에는 다소 불리하며, 내부공간에 기둥이나 보의 형태가 일부가 돌출되는 단점이 있다.

4) RC 벽식 구조

철근콘크리트의 벽과 바닥슬래브가 일체가 되는 박스형의 구조를 RC 벽식 구조라고 한다. 이 구조는 내력벽량이 적은 대공간을 형성하기에는 부적합하며, 소규모 공간구획이 많은 주택에 적합한 구조로 라멘조에 비해 기둥이나 보가 실내에 돌출되지 않아 깔끔한 실내공간의 마감이 가능하다. 개구부의 크기 및 위치를 일정하게 조절해야 하며, 내력벽의 양과 배치에 주의하여 위층과 아래층의 벽 위치를 가급적 연속시켜야 하는 등의 평면계획 시 주의가 필요하다. 하지만 라멘조에 비해 자유로운 조형이 가능하여 공간형상에 대한 제약을 받지 않고 계획할 수 있다.

5) 혼합구조

내화성능과 내구성이 뛰어난 철근콘크리트조로 주구조체 및 외부 내력벽을 시공하고, 개별실의 벽체는 조적(벽돌 및 블록)조, 목조 또는 경량철골조로 시공하는 혼합구조는 주택을 포함한 소규모 건축에는 각각의 장점을 살린 시공법이라 할 수 있다. 특히 내부공간의 인테리어나 자유로운 공간의 변경에 유리하다.

참고문헌

1. 건축공학설계 편찬위원회, 건축공학설계개론, 기문당, 2005.
2. 小原二郎 외 2인, インテリアの計画と設計, 彰国社, 1990.
3. 岩井一幸 외 1인, すまいの寸法・計画事典, 彰国社, 1995.
4. 日本建築学会 編, コンパクト建築設計資料集成, 丸善株式会社, 1994.
5. Julia McMorrough 저, 황태주·이완건 역, 건축가가 알아야 할 설계, 구조, 설비, 재료, 도서출판 대가, 2008

제 9 장

주거의 친환경적 계획

제 9 장

주거의 친환경적 계획

9-1 지구환경의 변화

산업혁명은 생산력의 증대와 기술발전을 가져오면서 인간생활의 일대 혁신을 일으켰다. 인류는 물질적으로 과학적으로 풍요롭고 합리적이며 인간중심의 가치관을 형성하게 되었고, 급속한 산업화의 진행으로 도시개발과 편리성이 우선하게 됨으로 인해 과다한 화석연료를 사용하게 되고, 이로 인해 온실가스 배출이 증가하여 지구온난화, 오존층 파괴, 기후변화, 사막화, 생태계의 악영향 등이 더욱 심화되고 있다. 지난 1백년 동안 지구 온도가 섭씨 0.74° 상승한 데 비해, 한반도는 그 배가 넘는 1.7° 나 올랐다. 2009년 11월 정부는 유엔기후변화협약(UNFCCC) 산하 기후변화정부간협의체(IPCC)의 최대 권고치인 30% 온실가스 감축을 공표했다. 한국은 1백년 간 온실가스 누적배출 세계 22위, 온실가스의 주종인 이산화탄소 배출 세계 9위(2006년 기준)를 기록하고 있다.

친환경 주택에 있어서는 지구환경에 대한 부하 감소(low impact), 주변환경과의 친화성(high contact), 거주자의 건강성과 쾌적성(health and amenity)에 대한 '환경이념'을 구현하는 것이 중요하다. 1980년 이후 지구환경에 관한 국제적인 움직임을 살펴보면 먼저 1987년 UN브렌트랜드 보고서의 '환경적으로 건전하고 지속가능한 발전(ESSD Environmental Sound and Sustainable Development)'의 제창, 1992년 '리우선언(Rio Agenda21)', 1993년 UIA/AIA '시카고 선언', 1997년 '교토의정서', 2005년 2월 '교토의정서 발효'로 이어져 왔으며, 여기에는 온실가스 의무감축대상 39개국은 2010±2년 동안 1990년 수준보다 평균 5.2%의 온실가스를 감축해야 하는 내용을 담고 있다.

건축분야에서는 1차 오일쇼크가 발생한 1970년대 초부터 1980년대에 걸쳐 에너지절약 건축(Energy Conservation Architecture), 1990년대의 그린건축(Green Architecture) 그리고 2000년대 들어서는 지속가능한 건축(Sustainable Architecture)으로 발전해 오고 있다. 지속가능 건축은 환경친화, 장수명, 에너지 및 자원절약, 순환시스템, 전통문화의 계승 등의 건축이념을 반영하고, 이를 위해서는 지금까지의 무한환경의 세계관에서 유한환경의 세계관으로, 인간중심의 건축관에서 생태환경 중심의 건축관으로 건축 전반에 걸친 주거환경의 패러다임이 변하고 있다.

9-1-1 에너지와 온실가스

환경부하가 증가한다는 것은 CO_2 발생이 늘어나 지구환경에 악영향을 미치게 된다. CO_2 발생은 국가, 지역, 산업, 주거문화 등 다양한 요인에 따라 다르지만 지구환경 부하의 인자로서 기여하는 의미가 매우 크다. 표 9-1은 2006년 현재 각국의 CO_2 발생현황을 나타난 것인데, 여기서 보면 한국은 세계 9위로 경제규모에 비해 배출량이 많은 국가에 속한다. 아직은 개발도상국으로 분류되어 의무감축 국가는 아니지만 'POST 2012'가 시작되는 2013년부터는 온실가스 감축 요구가 더 강해질 것으로 예상된다.

표 9-1 • 각국의 CO_2 발생현황 (단위 : 100만 탄소톤, %, 2006년)

	미국	중국	러시아	인도	일본	독일	캐나다	영국	한국	이탈리아
발생량	5,697	5,606	1,587	1,250	1,213	824	539	537	476	448
%	20.3	20.0	5.7	4.5	4.3	2.9	1.9	1.9	1.8	1.6
순위	1	2	3	4	5	6	7	8	9	10

온실가스에는 6가지(CO_2, CH_4, N_2O, HFCs, PFCs, SF_6) 종류가 있으며, 한국은 1990년 대비 2006년 현재 4.5%가 증가한 것으로 나타나고 있으며, 이 가운데 CO_2가 약 90%로 대부분을 차지하고 있다. CO_2를 평가하는 데는 $LCCO_2$(Life Cycle CO_2)의 국제지표가 있으며, 이를 경제적 지수로 변환하는 LCC(Life Cycle Cost) 지표가 있다. 환경부하를 경감하는 데는 CO_2 발생을 억제할 수 있는 다양한 건축기법을 고려해야 한다. 대통령 직속 녹색성장위원회는 국내 온실가스 감축 중기 목표치로 오는 2020년까지 온실가스 배출 전망치 대비 30% 감축하며, 이는 2005년 배출량 기준으로 환산할 경우 동결 또는 4% 감축하는 수준이다. 녹색성장위가 제시한 온실가스 감축목표를 분야별로 보면, 국가 온실가스 배출의 25%를 차지하고 있는 건축물 부문에서는 온실가스를 2020년까지 배출전망치 대비 31% 감축하기로 목표를 설정하고 있다.

9-1-2 국내 에너지소비

한국은 부존 에너지 자원이 절대적으로 부족하여 2009년 현재 에너지 해외 수입 의존도는 96%에 이르고 있으며, 국가 에너지 수입 비용의 과다한 지출로 국민경제에 대한 부담이 증가하고 있는 상황이다. 건물에너지소비가 환경에 미치는 영향을 보면 세계 목재 사용량의 25%, 세계 자원 및 에너지 사용량의 40%, 탄산가스(CO_2) 배출량의 30~40%, 물 사용량의 15~20% 정도에 달하고 있으며, 이는 건물이 다량의 에너지를 소비하는 절대적인 비중을 차지하고 있다. 표 9.2에서 2020년 건물부문 에너지소비 전망은 26.3%로 예상하고 있다.

한국의 GDP대비 에너지소비량은 0.351로 미국 0.221, 영국 0.152, 일본 0.106에 비해 크게 높고 OECD 평균 0.201에 비해서도 높다. 2006년도 건물부문의 에너지소비량은 41백만TOE로 전체 에너지소비량의 24.2%를 차지했으며, 전년에 비해 8.7% 증가했다. 이는 산업부문 증가

표 9-2 • 부문별 에너지 소비 전망 (단위 : 백만 TOE, %)

		1995년	2000년	2010년	2020년
산 업 부 문		62.9 (51.6)	73.8 (51.3)	92.7 (48.5)	111.6 (48.2)
수 송 부 분		27.1 (22.3)	33.2 (23.1)	50.2 (26.2)	37.5 (16.2)
건물부문	가 정	21.9 (18.0)	25.0 (17.4)	31.1 (16.3)	37.5 (16.2)
	상업 공공 기타	9.9 (8.1)	11.9 (8.3)	17.3 (9.1)	23.4 (10.1)
계		121.9 (100)	144.0 (100)	191.4 (100)	231.3 (100)

율 2.2%, 교통부문 증가율 2.4%, 전체 증가율 3.7%에 비해 월등히 높은 실정이다. 이처럼 건물부문의 에너지소비가 증가하고 있는 이유는 주로 난방용 에너지소비가 크게 늘고 있으며, 이는 쾌적성 등의 주거편의를 선호하는 주거성향이 강해지고 있는 것으로 보며, 이로 인하여 발생하는 탄산가스 배출량도 온실가스 발생량의 약 40% 정도를 차지하고 있으며, 이를 감소시키기 위한 적극적인 방안이 요구되고 있는 상황이다.

신규 건축물의 에너지 성능 기준을 강화해 주택은 2012년부터 냉난방의 50%를 절감하도록 하고, 2017년부터는 패시브하우스(Passive House) 수준(에너지 성능 60% 이상 개선), 2025년부터는 제로에너지하우스 수준(외부에서 유입되는 에너지가 없는 수준)으로 짓도록 할 계획이다. 일반건물도 2025년부터 제로에너지 빌딩으로 의무화한다는 계획이다. 공공부문은 2010부터 신축건물에 대한 에너지 효율 1등급 설계가 의무화되고, 기존 건물은 적극적인 ESCO사업을 추진, 제도권에 귀속된다. 이와 함께 에너지소비 총량제를 2010년부터 시행하고 2011년부터는 에너지를 많이 쓰는 대형 건축물을 상시적으로 관리하도록 하며, 2012년부터는 건축물 매매 · 임대 시 에너지소비 증명서를 첨부하도록 의무화할 예정이다. 건물·가정 부문은 산업부문과 연계된 건물 목표 관리제가 도입되며, 2010년 신축 공공건물을 시작으로 공동주택(2011년), 기존건물

(2012~2015) 등 효율등급제가 단계적으로 의무화된다.

9-2 기후와 주거

9-2-1 기후구분

건축물을 둘러싸고 있는 외부기상 요소로는 강수량, 바람, 온도, 습도, 일조(일사), 증발량, 기압 등이 있다. 이 가운데 건축물 내부의 열부하나 온열환경, 공기환경, 빛환경 등에 큰 영향을 미치는 요소는 일사, 기온, 습도, 바람, 비를 들 수 있다.

기후는 그 토지 고유의 장기간에 걸쳐 발생하는 대기현상을 의미하므로 대기중에 발생하는 다양한 현상(예 : 기온, 기압, 바람, 강우 등)을 따로 분리해서 생각하는 것이 아니고 전체적으로 종합한 개념으로 보는 것이 바람직하다. 기후는 측정지역의 다년간에 걸친 연중변화를 통계적으로 처리한 평균적 상황이며, 그 토지환경과 상호 영향을 주면서 지역풍토로서 지상환경을 형성하고 있다. 이러한 환경 속에 건축물이 건축되고 그 속에서 인간이 생활하고 있다. 그림 9-1에서처럼 건축물은 외부기후로부터 많은 영향을 받고 있다. 인간이 외부기후를 잘 조정하고, 건축물의 실내기후를 쾌적한 상태로 유지하기 위해 주거환경 요소들을 검토하게 된다.

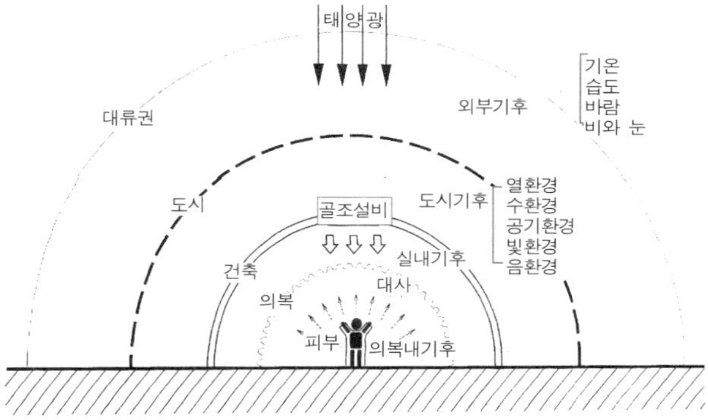

그림 9-1 | 인간 · 건축 · 기후

지구상의 다양한 기후를 공통점과 유사점 등으로 분류하고 유형화한 것을 기후구분이라 한다. 기후환경을 반영하는 여러 현상으로부터 기후를 구분하는 방법으로 러시아 기후학자인 쾨펜(W. P. Köppen)법이 많이 알려져 있는데, 표 9-3과 같이 정의한다. 이것은 크게 수목이 자라는 지역(수목기후)과 자라지 못하는 지역(무수목기후)으로 나누고, 수목기후는 생육에 필요한 기온과 강수량이 있는 기후로 기온에 따라 A(열대), C(온대), D기후(냉대, 아한대)로 구분한다. 무수목기후는 기온 또는 강수량이 있거나 둘 다 부족한 기후로, 강수량이 매우 적어 수목의 생육이 어려운 B기후(건조) 그리고 기온이 매우 낮아 수목이 생육하지 못하는 E기후(한대)로 분류하고 있다.

표 9-3 ◦ 쾨펜의 기후구분

기호	기후	정의
A	열대기후	가장 추운 날 월평균 기온이 18℃ 이상
B	건조기후	강수량이 적은 지역으로 연강수량을 P, 연평균 기온을 T℃로 할 때 다음 하나의 조건에 해당 • 연중 비가 많은 경우 P<20(T+7) • 여름비가 많은 경우 P<20(T+14) • 겨울비가 많은 경우 P<20T • 이상의 반이 되면 사막기후로 봄
C	온대기후	가장 추운 날 월평균 기온이 −3℃ ~18℃
D	아한대기후	가장 추운 날 월평균 기온이 −3℃ 이하 또는 가장 따뜻한 날 월평균 기온이 10℃ 이상
E	한대기후	가장 따뜻한 날 월평균 기온이 10℃ 이하

9-2-2 기후와 주거

건축은 인간의 생활공간을 자연의 위협으로부터 보호하기 위해 만들어진 것으로 주거생활의 근원이다. 이러한 주거는 각 지역의 기후, 풍토, 유지관리에 용이한 건축재료 특성을 고려하여 다양한 구법, 기법으로 발전하여 오늘에 이르고 있다. 기후별 주거의 모습을 살펴보면 다음과 같다.

1) 한랭지역 주거

한대기후에서는 두꺼운 건축재료를 사용하고, 외부와 차단된 폐쇄적인 주거공간이 특징이다. 극한지의 경우는 재료가 귀하여 대부분 눈이나 얼음을 사용하여 이누이족의 이글루 돔형 주거 등이다. 북유럽의 한랭지역에서 침엽수가 많은 지역에서는 목재를 사용한 로그하우스 주거를 볼 수 있다. 또 강설량이 많은 지역에서는 지붕구배가 급하고 창은 비교적 적으며 연와, 석재, 나무를 병용하고 세대별로 난로를 설치한다.

2) 건조지역 주거

흙이나 돌과 같은 열용량이 큰 재료를 이용하여 벽체를 두껍게 하고, 외부열의 영향을 적게 받기 위해 창을 작게 하며, 건축물이나 담 등으로 가로와 뜰에 그늘이 지도록 계획하는 것이 특징이다. 이와 같이 그늘은 생활공간을 감싸주며 바람과 먼지를 막아주고, 주간의 강렬한 고온환경을 슬기롭게 지낼 수 있는 생활공간을 제공하는 역할을 한다. 또 건조지역에서는 강수량과 수목이 적은 반면 흙과 돌 등은 쉽게 구할 수 있으므로 조적조 건축물이 많다.

3) 고온다습지역 주거

고온다습지역에서는 지붕이나 벽체가 축열하기 어려운 단열재를 사용하고, 통풍이 잘 되도록 하는 것이 주거의 기본이다. 바람을 이용하여 증발작용을 촉진하고 체감온도를 낮추게 한다. 가볍고 얇은 재료를 많이 사용하며, 그 지역에서 용이하게 구할 수 있는 대나무, 목재, 나뭇잎 등이 많다. 보통 수변(水邊)가 언덕이나 고지대에서는 지중주거가 많고 저지대에서는 고상(高床)주거가 많다. 한편, 곡식저장을 위한 창고는 세계 전 지역에서 고상식이 대부분이다.

그림 9-2 | 지역기후와 주거형태

표 9-4 ● 세계의 전통주거

국가	주거방법	주거모습	특 징
한국	자연 재료를 이용한 초가		• 한옥의 재료는 대부분 자연에서 채취한 것을 사용하였고, 초가지붕은 옛날 농경생활에서 생산된 볏짚을 이용하여 보온효과가 뛰어나며 가볍다. 볏짚은 자연소재로 전통주거에 잘 어울리는 친환경 재료이며, 어디서나 쉽게 구할 수 있는 재료이다. 사계절 구분이 뚜렷하여 여름에는 마루구조로 통풍을 유도하고 겨울에는 온돌구조를 이용하여 난방을 했으며, 과학적으로도 우수한 난방으로 평가받고 있다. • 벽체는 흙벽으로 구성하였으며 흙의 축열효과를 이용하여 겨울철 실온변동이 적고 습도를 조절하는 조습기능이 있어 건강에도 유익하다.
중국	땅에 구멍을 판 지하 주거		• 중국 중앙부의 해발 1,200m 고원지대, 고비사막으로부터 퇴적층이 200m 형성. • 강수량이 매우 적고 식물서식이 곤란. 건조할수록 강도가 커지는 황토를 파서 주거. • 실내 일정온도 유지, 강풍에 의한 황진 방지. 필요에 따라 주거공간을 조절 가능.

일본	사계절을 쾌적하게 지내는 주거		• 도쿠시마현은 연간 비가 많고 여름은 고온다습함. • 이 지역에서 생산되는 나무, 흙, 새를 활용하고, 새이엉지붕과 흙벽은 축단열효과가 양호하며 여름은 시원하고 겨울은 따뜻하게 지냄. • 깊은 처마는 일사차단, 큰 개구부로 통풍을 이용하며 겨울철 일조에 유리.
필리핀	수목을 그대로 활용한 주거		• 7천여 섬으로 구성되어 고온다습. 비가 많고 아열대성 식물이 무성한 지역으로 지면에서 거리를 두고 통풍을 이용하여 쾌적한 주거 실현. • 자연환경과 자원보존에 기여함.
미국	해체가 용이한 조립 주거		• 미국 북부의 대평원에는 버펄로가 살고 있으며, 이를 따라 이동하는 주거에 적합. • 지주와 버펄로 가죽의 원추형 텐트로 구성되며 티피라고 한다. • 15분 정도로 조립해체 가능. 상부는 배연을 위한 장치로 풍향에 따라 개폐조절 가능.
캐나다	극한지의 주거	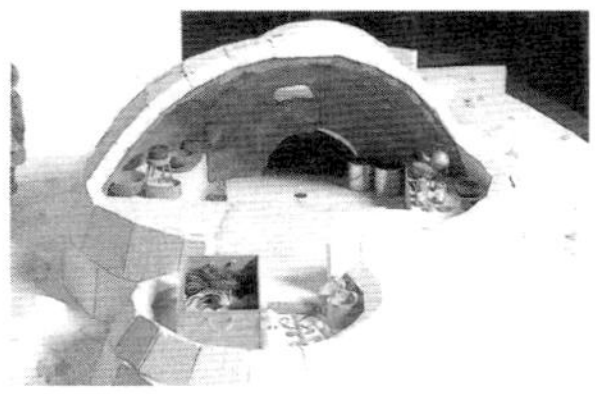	• 연중 거의 눈과 얼음인 지역으로 수렵생활을 하는 이누이족 주거인 이글루는 표면적이 최소인 반구형. • 찬바람의 영향을 최소화하고 상부가 좁아지므로 따뜻한 공기를 효율적으로 이용 • 오일램프 하나로 난방 가능.
파키스탄	손으로 만든 에어컨의 주거		• 파키스탄 남동부의 마치아리지역으로 여름 더위가 극심함. 야간은 추움. • 지붕에 바람을 유입하기 위하여 풍창을 설치하여 일정한 풍향의 자연풍을 각 실로 유입시켜 주야간 풍량을 조절함.

9-3 주거환경요소와 건축적 계획

주거환경은 건축 가운데 생활환경에서 발생하는 감각량 변화를 물리량으로 변화하고 측정하여 그 측정량을 조절하거나 건축계획에 적용해 나가는 영역이다. 그래서 인체의 감각계가 피부계와 시청각계로 다르게 작동하는 점에서 전자를 건축생리환경이라 하고, 후자를 건축심리환경으로 정의한다.

생리환경은 피부를 통해 인식되는 것으로 공기, 수증기, 열 등의 물리적 상태량을 조절해 가는 감각계이다. 이에 대해 심리환경은 눈이나 귀 등으로 파동원으로부터 직접파, 반사파로 자극받아 인체로부터 떨어진 존재를 지각, 인식, 기억, 비교, 판단하는 환경으로 정보환경이라고도 한다. 이러한 생리적, 심리적 환경요소별 문제점과 건축적 대책을 정리하면 표 9-5와 같다.

표 9-5 ● 주거환경요소와 건축적 계획

환경요소	요인	문제점	건축적 계획
열	더위 (너무 더움)	불면, 불쾌 땀흘림, 식용부진, 신체불량	통풍, 냉방계획 단열, 차열, 냉방
	추위 (너무 추움)	뇌졸중 등 발생 비능률, 불쾌	단열, 기밀, 보온난방
	외기온 저하	신체불순, 냉방병, 냉기증상	외기와 실내온도차 적당 적절한 운동
	불균일 변동 (목욕, 탈의, 화장실)	순환기 질환 열 쇼크(heat shock) 냉기증상	단열효율 향상 고효율 설비계획
	기류	냉방병 냉기증상 불쾌	복사형 냉난방 적정온도 조절 기류조절(저속, 변동기류)
	습도	결로, 곰팡이 벌레 발생 가습기병, 감기 기관지염, 정전기	실내환경 조절 난방설비(개방연소기구 지양) 제습계획
	공조방식	결핵 등의 집단발생	공기순환 개선
빛	밝음	사물을 보기 힘듦.	조명채광계획

	(너무 밝음) 글레어	불면 근시, 눈 피로	차광계획 조절성
	어두움	물체보기 힘듦.	조명채광계획
	색	피로(라이트, 색상)	색채계획(컬러코디네이터)
	일사 일조	건강 저해 냉난방부하 증가	일조계획, 일사차폐 일사의 유효이용
공기	CO	안전사고, 순환호흡기능, 자극, 능률저하	설비시스템 개선(개방연소를 밀폐식으로 검토) 환기통풍 열원시스템검토 금연, 분진방지 제거(중화, 흡착) 발생원 대책(아스베스트, 라돈, 포름알데히드 등)
	CO_2	정신작업, 능률저하, 오염지표	
	SO_2	만성호흡기질환(기관지염) 이차세균 감염 기도저항 증가	
	NO_2,O_3	폐렴, 기관지염, 폐수종	
	포름알데히드	눈 자극, 폐렴	
	끽연 (간접끽연)	CO, 발암물질	
	분진	SOx, NOx와 공존, 암, 오염지표	
	아스베스트	폐암, 아스페스트폐	
	라돈(기체, 붕괴물질)	폐암	
	미생물	암	결로방지
	세균 (곰팡이, 벌레)	알레르기, 레지오넬라증, 결핵, 천식	마감재 검토
	냄새	불쾌	환기통풍 공기청정, 탈취제
	벌레	물림	침입방지, 소독
음	소음	스트레스 불면, 불쾌 일상생활의 방해(공부, 업무 등)	차음구조, 마스킹(BGM) 흡음구조 음원대책 방음구조
	단체음 (쿨러, 엘리베이터) 진동	작업능률 저하 생리	마스킹(BGM) 발생음원대책 제진, 흡진
공간	협소 낮음	스트레스 프라이버시 노출	공간규모의 검토 공간의 수평수직배치 검토
	위생청결	전염병, 오염수	수세식, 상수 이용

9-4 친환경 건축개념

9-4-1 개념

국제환경디자인연구소(EDI : Ecological Design Institute)에서는 지속가능교육의 기본개념을 그림 9-3과 같이 정의하고 있다.

1) 보전(conservation)

보다 적은 양으로 보다 많이 움직이는 것으로 화석연료, 흙, 물, 나무 등의 천연자원 사용률을 서서히 낮추어 간다.

2) 자연과의 관계(stewardship)

관심을 가지고 장소와 자연과의 관계를 이해하는 것으로 장소에 대한 이해를 성실히 하고, 과정과 정브를 통해 나와 지역환경과의 관계를 이해한다.

3) 재생(regeneration)

복잡하게 얽혀있는 생명을 회복하여 디자인하고, 악화, 퇴화하는 생태시스템과 거주환경을 적극적으로 회복하여 자연자본의 갱신을 유도한다.

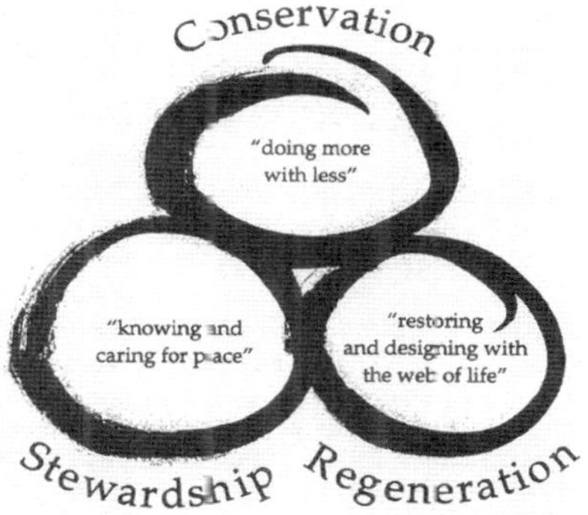

그림 9-3 | EDI(Ecological Design Institute)의 지속가능 개념도

9-4-2 지속가능한 미래를 위한 상호의존 선언

지속가능한 미래를 위한 상호의존 선언

1992년 브라질 리우데자네이루에서 개최된 지구정상회담에서 「지속가능한 발전(Sustainable Development)」에 대한 「Rio Agenda 21」에 따라, 이듬해인 1993년 국제건축가협회(UIA)와 미국건축가협회(AIA)가 연명으로 시카고 선언(Chicago Agenda)을 하였고, 이를 세계만방에 공표하여 건축분야에 있어서의 지속가능성을 최초로 선언한 것으로 UIA활동에 큰 영향을 미치게 되었다.

지속가능한 사회란 모든 생물체가 살 수 있도록 하기 위해 미래의 자연과 문화를 회복하고 보존하며 향상시키는 것이다. 건전한 사회에서는 변화와 함께 풍부하고 건강한 환경이 본질적이고 필수적인 가치를 내포하고 있다. 그러나 오늘날의 사회는 심각한 환경의 질적 저하를 초래하고 있을 뿐 아니라 지속가능한 사회와는 거리가 멀다. 우리 인간은 자연환경 전체와 생태적 상호의존관계에 있다. 또 전 인류는 사회적, 문화적, 경제적으로 상호 의존관계 속에서 존재하고 있다. 이러한 상호 의존관계 속에서 모든 관계자 간의 파트너십과 평등성과 조화는 지속가능한 사회를 구축하는데 있어 불가결한 조건이다. 인간이 자연환경과 생활의 질을 향상시키는데 있어서 건축물과 건축환경은 주요한 역할을 담당하고 있다. 자원과 에너지 효율의 배려, 건전한 건축과 재료, 생태계와 사회를 배려한 토지이용 그리고 인스피레이션과 확신으로 품위 있는 미적 감성, 이러한 것을 통합하는 것이 지속가능한 건축의 설계인 것이다. 인간이 자연환경에 미치는 악영향은 지속가능한 건축설계에 의해 대폭적으로 경감시킬 수 있으며, 동시에 생활의 질과 경제적 이익을 향상시키는 효과도 있다.

우리는 이상의 인식에 바탕을 두고 책임을 가지며, 세계만방의 건축 및 건축디자인에 종사하는 전문집단의 일원으로서 개인 또는 단체에 대해 다음 사항을 이해하고 함께 노력한다.

- ○ 환경 및 사회의 지속성을 우리의 실무 및 직능적 책임의 중요핵심으로 위치시킨다.
- ○ 지속가능한 설계를 위해 건축실무, 실시처리, 건설생산, 커리큘럼, 서비스 및 기준을 개발하고 이를 계속 발전시킨다.
- ○ 건축의 전문집단 및 건축업계, 고객, 학생 그리고 일반사람에 대해 지속가능한 설계가 지니는 결정적 중대성과 실천적 가능성에 대해 교육한다.
- ○ 지속가능한 설계가 일반화될 수 있도록 정책이나 규제 및 실시방법에 대해 행정과 비즈니스 수준 모두 확립시킨다.
- ○ 주어진 건축환경 속에서 현재 및 장래의 모든 요인에 대해 설계, 건설생산, 운용, 재이용 과정의 각 단계별로 지속가능한 설계수준을 유지하고 발전시킨다.

1993년 6월

UIA회장 Olufemi Majekodunmi
AIA회장 Susan A. Maxman

9-4-3 기존 디자인과 친환경디자인

기존 건축이념과 친환경 건축이념을 다양한 요소로서 비교하면 표 9-6과 같다.

표 9-6 • 기존 디자인과 친환경디자인 비교

구분	기존 디자인	친환경디자인
에너지원	• 비재생적이고 파괴적 • 화석연료, 원자력에 의존 • 천연자원을 고갈시키는 디자인	• 재생가능 태양력, 풍력, 수력, 바이오매스 등 • 자연에너지 이용 디자인
물질 이용	• 많은 물질을 대량으로 사용 • 결과로서는 독성이 내포되어 저질 물질이 토양이나 공기, 물속으로 유입	• 폐기물을 특정 프로세스를 통하여 순차적으로 재생 가능한 사이클 유지 • 재이용, 리사이클, 융통성, 개보수 용이, 내구성
오염	• 광범위하고 전염적	• 폐기물을 흡수할 수 있는 능력과 폐기물 규모 및 구성이 균형 유지
독성	• 일상적이고 파괴적	• 극히 특수한 경우에 한해 그 대책을 강구하면서 일시적으로 사용
생태적 배려	• 환경영향보고서는 의무적으로 하지만 타협적으로 대응	• 복잡한 과정을 거침 • 재료생산에서 최종 리사이클까지 라이프사이클 전반에 걸쳐 광범위한 생태적 영향을 고려함
생태와 경제학	• 대립한다고 봄 • 근시안적인 전망	• 양립 가능하다고 봄 • 장기적인 전망
디자인 기준	• 경제성, 관습, 편리성 • 인간중심적 패러다임	• 인간과 에코시스템의 건전함 • 에콜로지컬 경제학 • 자연생태 중심적 패러다임
생태적 감성	• 지구상의 어떤 문화나 장소에 관계없이 표준적 모델이 복제됨 • 지역에 관계없이 비슷한 고층건물 디자인	• 생물생식역에 대응 • 지역의 토양, 물질, 문화, 지형 등을 통합화한 다양한 디자인 • 장소에 기초한 디자인
문화적 맥락	• 균일하고 글로벌 문화 형성 • 공유지의 파괴	• 장소, 지역물질, 기술이 갖는 전통적 지식을 존중하고 육성 • 공유지의 조성
생물학적, 문화적, 경제학적인 다양성	• 대량의 에너지와 물질파괴를 수반하는 표준모델을 채용함으로써 생물학적, 문화적, 경제학적인 다양성이 소실됨	• 생물의 다양성, 지역에 적합한 문화와 그것을 지원하는 경제 유지
지식 기반	• 세분화된 시점	• 다양한 디자인 분야, 광범위 과학분야 통합

공간 척도	• 임시적이고 1회성	• 다양한 척도상에서 디자인을 통합 • 스케일의 대소간에 발생하는 영향과 그 반작용을 고려
전체 시스템	• 기본적으로 자연프로세스를 반영하지 않고 임의적으로 시스템을 분할	• 시스템 전체를 고려 • 가능한 내부의 일관성과 완결성을 제공하는 디자인 지향
자연의 역할	• 조절과 예측을 제공하고 인간의 좁은 요구에 대응하기 위해 자연을 억누르는 디자인	• 자연을 파트너로서 취급 • 가능한 물질과 에너지의 강한 의존을 지양하고 지연이 갖는 디자인 적 지성 대용
기본 요소	• 기계, 제품, 부품	• 세포, 유기체, 에코시스템
참가 수준	• 전문용어와 대중에서 독립하여 전문가 의존으로 중요한 디자인을 결정할 때 공동체와의 연결성이 결여	• 투명하고 대화하는 프로세스 • 누구라도 디자인 프로세스에 참가할 자격
학습 형태	• 은폐된 자연과 기술 • 일시적, 단편적 디자인	• 언제 어디서나 보이는 자연과 기술 • 최종적으로 인간을 지속시킬 수 있는 시스템으로 디자인
지속성에 대한 대응	• 문화와 자연의 상호반목 • 기본적 가설에 대해 의문을 갖지 않고 보전노력을 미미하게 하므로 더 악화	• 문화와 자연을 잠재적으로 공생 • 인간과 에코시스템의 건전함을 적극적으로 재생할 방법을 찾고 영역을 뛰어넘어 활동

9-5 국내 및 외국의 친환경 건축물 인증제도

9-5-1 한국

한국의 친환경 건축물 인증제도는 이전에 그린빌딩인증제도(GBRS), 주거환경우수주택인증제도(KOEAM), 그린빌딩등급평가가 있었으나, 1977년 건설교통부와 환경부의 친환경 건축물 인증제도의 통합작업을 거쳐 GBCC(Green Building Certification Criteria)가 발표되어 2002년 1월부터 공동주택에 대한 인증이 시행되었다. 그 후 주거복합 및 업무용 시설(2003.1), 학교시설(2005.1), 판매 및 숙박시설(2006.9)에 대한 인증제가 시행되고 있다. 현재 대한주택공사 주택도시연구원, 한국에너지기술연구원, 한국건설기술연구원, 크레비즈인증원의 기관에서 인증평가를 실시하고 있다.

9-5-2 영국

영국의 BREEAM(Building Research Establishment Environment Assessmet Method)은 1991년에 BRE(Building Research Establishment)와 민간기업이 공동으로 개발한 인증제도로서 주거, 학교, 상업, 공업시설 및 오피스 등 5가지 용도 건축물을 대상으로 하고 있다.

BREEAM에는 건물의 환경성능에 입각해서 지구환경 및 자원의 이용, 주변환경과의 친화도, 실내환경의 질과 같은 환경요소들을 다루고 있다. BREEAM은 환경적 목표달성을 위해 등급점수제로 시행되고 있으며, 평가결과를 건물에 전시하거나 공적인 목적을 위해 사용할 수 있도록 인증서를 발급한다. 건물의 용도별로 요약된 성능결과는 적절(fair), 양호(good), 매우 양호(very good), 우수(excellent)와 같이 구분한다.

9-5-3 미국

미국의 그린빌딩인증은 David Gottfried에 의해 창립된 USGBC(United States Green Building Council)가 중심이 되어 진행하고 있으며, 1998년에 LEED(Leadership in Energy and Environment Design)라는 그린빌딩 등급시스템을 발표하며 그린빌딩의 보급을 촉진하고 있다. 이 제도는 건물의 전 생애 동안의 다음과 같이 전체적 관점에서 환경성능을 평가하고 있다.

- LEED-NC : 신축과 증축의 인증평가
- LEED-EB : 기존 건축물의 인증평가
- LEED-CI : 상업용 인테리어의 인증평가
- LEED-CS : 코어와 건축물 외피의 인증평가
- LEED-H : 저층주거의 인증평가
- LEED-ND : 단지개발의 인증평가

LEED 그린빌딩평가제도는 신축 및 기존의 사무소, 호텔 등의 상업용 건물, 교육용 건물, 그리고 고층공동주택을 평가하기 위해 마련된 자기 인증시스템으로, LEED그린빌딩 평가법은 성능의 달성도에 따라 총 44점과 추가로 4점의 보너스 점수를 받을 수 있으며 인증구분은 4종류로 구성되어 있다.

9-5-4 일본

일본은 환경공생주택 인증제도와 GBTool을 기반으로 개발된 CASBEE (Comprehensive Assessment System for Building Environmental Efficiency)는 2001년4월 일본 국토교통성의 주도로 추진되었다. CASBEE의 구성은 크게 설계 전 단계에서 활용 가능한 Pre-design Assessment Tool, 환경배려 설계를 위한 Design for Environment, 결과물의 가시적 표현을 하는데 이용 가능한 Labelling Tool, 지속가능한 관리 및 재개발을 위한 Sustainable Operation and Renovation Tool로 구성되어 있다. 현재는 건축물 용도를 하나의 통합프로그램으로 운영되고 있는데, 건축물 용도(공동주택, 오피스, 호텔, 병원, 상점 등)를 선택하면 그에 따른 용도별 건축물 평가항목이 자동설정되어 설정된 항목만을 평가하도록 되어 있다. 이를 바탕으로 오사카시, 나고야시 등 지방자치단체에서도 친환경 건축물인증제도의 채택이 확산되고 있다.

9-5-5 캐나다

캐나다는 민간 컨소시엄인 GBC(Green Building Challenge)에서 개발한 GBTool(Green Building Tool)은 1995년부터 2005년까지 캐나다를 중심으로 20여 개국이 참여한 평가프로그램으로 현재는 SBTool (Sustainable Building Tool)로 명칭을 변경하고 범세계적인 통합인증시스템으로 발전하고 있다.

9-5-6 호주

호주의 친환경 인증프로그램은 이전에 LCAid, LISA, NABERS 등의 프로그램이 있었으나 2002년 결성된 GBCA(Green Building Council of Australia)에 의해 2003년부터 시행된 Green Star를 중심으로 평가하고 있다. 대상은 상업시설, 학교, 업무용 시설, 복합주거, 공업시설 및 병원 등이다.

9-5-7 GBC

GBC(Green Building Challenge)는 그린빌딩 시범인증제도에 활용되는 평가기준을 개발하는 국제연합으로서 캐나다 천연자원성(Natural Resource Canada)의 후원으로 진행되고 있다. 한국그린빌딩위원회(GBCC)가 한국대표로 참가하고 있는 GBC는 16개 국가 연합체이며, 건축물의 환경성능을 평가하는 새로운 방법인 GBTool을 개발, 실제 건축물에 적용하며 시험하고 있다.

국내외 친환경 건축물 인증제도에 관한 평가프로그램 내용을 정리하면 표 9-7과 같다.

표 9-7 • 국내외 인증평가 프로그램 개요

인증 명칭	GBCC	BREEAM	LEED	CASBEE	SBTool	Green Star
	Green Building Challenge Council	Building Research Establishment Environmental Assessment Method	Leadership in Energy and Environmental Design	Comprehensive Assessment System for Building Environmental Efficiency	Sustainable Building Tool	Green Star
국가	한국	영국	미국	일본	캐나다 외 연합	호주
개발 연도	2002	1991	1996	2002	2002	2003
인증 기관	한국그린빌딩 협의회	DEPR Department for Enviromnent, Transport and the Regions	-DOE (Department of Energy) -EPA	JSBC Japan Sustainable Building Consortium	International SB Conferences	Green Building Council Australia
인증 대상	공동주택, 주거복합, 업무,	업무, 주거, 공장, 상업	공공, 주거, 고층	공동주택, 업무, 병원, 상점	공공, 주거, 업무, 상업	주거, 업무, 상업, 학교, 공업

	판매, 숙박, 학교					
평가 항목	토지 이용	토지 이용의 생태학적 가치	부지지속가능 계획	Q1실내환경	장소, 단지계획	운영관리
	교통	건강복지	에너지효율 향상 및 대기	Q2서비스 성능	에너지 및 자원소비	IEQ
	에너지	에너지	재료와 자원절약	Q3실외환경	환경부하	에너지
	재료 및 자원	교통	IEQ	LR1에너지	IEQ	교통
	수자원	수자원	수자원 보호	LR2 자원 및 재료	Service Quality	수자원
	환경오염	재료	혁신적 디자인 및 건설프로세스	LR3단지 외 환경	사회/경제성	재료
	유지관리	오염		BEE=Q/L 건축물환경성능 효율	문화 및 지각형상	생태적 토지이용
	생태환경					오염
	IEQ					혁신성
평가 항목수	9개 부문 44개 항목	7개 부문 27개 항목	6개 부문 34개 항목	6개 부문 80개 항목	7개 부문 116개 항목	9개 부문 62개 항목
판정	최우수 =85/100 점 이상 우수 =65/100점 이상	Excellent Very Good Good Pass	Platinum =81%이상 Gold =71~80% Silver =61~70% Bronze =50~60%	-S(Excellent) BEE≧3 -A(Very Good) BEE≧1.5 -B+(Good) BEE≧1.0 -Fairly Poor BEE≧0.5 -Poor BEE>0.5	Best Practice =5 Good Practice =3 Acceptable Practice =0	6Stars =World Leadership 5Stars =Australian Excellence 4Stars =Best Practice

9-6 생태배려 공동주택

지구환경보호 및 온실가스 감축을 위한 정부의 친환경아파트 정책으로 공동주택 에너지 소비관리 및 자연환경과의 친화, 그리고 아파트의 주거환경성능을 다양한 방법을 통하여 실현시키려는 움직임이 구체화되고 있다. 미래의 공동주택에 있어서는 이러한 지구촌의 흐름과 국가의 정책에 부응하고 친환경적인 설계방법이 요구하고 있는 실정이며, 이를 구현하기 위해서는 다음 사항을 검토한다.

① **지구환경 부하삭감**(low impact) : 온난화 방지, 에너지절 감, 자원재이용, 열대림, 오존층 등 범지구적 규모

② **주변환경과의 친화성**(high contact) : 히트 아일랜드(heat island), 환경녹화, 비오톱(bio top), 실내외 소음방지, 경관 등 주변환경의 도시와 건축규모

③ **건강성과 쾌적성**(health and amenity) : 공기질(IAQ), 베리어 프리(barrier free design), 안전성, 건강성, 커뮤니티 등 주거공간 규모

9-6-1 미기후 디자인

공동주택을 신축 또는 증개축함에 있어서는 계획의 각 단계에서 표 9-8과 같이 건물의 내외에 대한 미기후 디자인 요소들을 적극적으로 배려하여 다양한 연구와 검토를 하고, 이를 위해 설계자와 시공자가 공동으로 노력해야 함이 바람직하다. 그 지역의 기후나 풍토, 부지조건을 파악하는 일이다. 공기의 흐름, 일사조절 등을 통해 지역에 순응하는 미기후 디자인(micro climate design)으로 냉난방부하를 감소시킨다.

표 9-8 • 미기후 디자인 검토내용

대항목	소항목	검토내용
물리적 요소	지역권	지질, 지형, 방위, 경사, 토양, 침식, 오염 등의 유무와 이력
	수계권	지하수, 표층수 흐름, 용수, 하천, 바다, 호수의 유무
	대기권	공기오염 유무
생물적 요소	식물요소	초지, 풀, 관목, 교목, 수종분포와 성숙도, 관리상태, 부지 내의 귀중 및 희귀수목 분포 및 유무
	동물요소	곤충, 조류 등의 생식분포, 야생동물 유무 및 생식상황, 희귀동물 유무
미기후 요소	태양	연간 일조시간, 계절별, 월별 일조시간, 방우별 일조분포, 태양고도, 일영분포
	강우	연간 월별 강수량, 태풍빈도, 집중호우빈도 상황
	온도	월별평균, 최저 최고온도, 건조지역, 고온지역
	습도	월별평균 최저 최고습도, 건조지역, 고습지역
	강설	계절 및 기간, 정도, 발생빈도, 발생장소
	바람	월별 풍향풍속, 주풍분석, 태풍빈도, 육풍, 해풍, 계곡풍, 부지 내외의 바람길
자연에너지	태양열	태양이동, 계절별 일사량 분포, 일사세기, 태양광
	풍력	계절별 풍속, 풍향, 바람의 세기
	지열	지열온도분포, 지하수 유무
	수력	수로, 수맥, 연못, 호수분포, 용수 유무
	바이오매스	목재, 유기폐기물 유무
과거요소	재해	수해, 풍해, 지진, 태풍, 토사붕괴 등 자연재해 이력
	지혜	전통주거문화 및 지혜, 에너지절약, 방풍 및 수자원 관리
	경관	주변의 거리 및 마을경관 형성
미래요소	자연환경 변화	부지 및 주위자연의 변화예측, 식물의 성장과 생물의 다양성 예측, 식물성장에 따른 미기후 변화
	인공환경 변화	부지 주위 개발계획 유무, 부지 주위의 자연환경변화 유무와 형성 예측, 미기후 형성 예측

9-6-2 정부의 공동주택 정책

국토해양부 및 환경부는 2002년 1월부터 건축물의 토지이용, 에너지, 재료자원, 생태환경, 실내환경 등의 친환경성을 평가하여 일정 기준에 적합한 건축물에 대해 친환경 건축물 인증서(Green Building)를 부여하는 제도로, 이들 2개 부처가 인증운영위원회를 구성, 건물소유자로부터 신청을 받아 심의하게 된다. 이 제도는 환경친화적인 건축물의 건설을 유도하기 위해 건축물의 설계 및 시공 그리고 유지관리 등 전 과정에 걸쳐 환경오염과 에너지 소비를 줄이고 생태성이 우수한 건축을 유도하는 것으로, 2002년 1월 공동주택(2006년 4월 개정), 2003년 1월 주거복합건축물, 업무용 건축물, 2005년 3월 학교건축물, 2006년 9월 판매 및 숙박시설(리모델링 포함)의 6종류로 확대시행하고 있다. 인증 유효기간은 5년으로 유효기간 만료기간에서 1회에 한해 인증내용 유지 여부를 심사하여 5년 연장이 가능하다. 평가점수가 85점 이상은 최우수, 65점 이상을 우수로 인증한다.

표 9-9 • 공동주택관련 정부정책 제도의 종류

	주관부처	평가항목	평가기준	대상건물	시행 연월	비고
친환경건축물 인증제	건설교통부 환경부 (2년 교대 운영)	토지이용 등 9개 부문 44개 항목 • 토지이용(8개) • 교통(4개) • 에너지(2개) • 재료 및 자원(8개) • 수자원(4개) • 환경오염(1개) • 유지관리(3개) • 생태환경(6개) • 실내환경(8개)	각 항목에 대한 점수부여 후 종합점수 • 우수등급 : 65점 이상 • 최우수등급 : 85점 이상	• 공동주택 • 주거복합건축물 • 업무용 건축물 • 학교건축물 • 판매 및 숙박시설(리모델링 포함)	2002.1	임의제도
주택성능 등급표시제	건설교통부	5개 성능 20개 항목 • 소음관련등급 • 구조관련등급 • 환경관련등급 • 생활환경등급 • 화재소방등급	항목별로 3 또는 4등급 표시 • 소음 : 경량, 중량, 화장실, 경계소음 • 구조 : 가변성, 수리용이성(전용/공용), 내구성 • 환경 : 조경(외부환경), 실공기질 일조, 열환경 • 생활환경 : 놀이터 등 주민공동시설, 고령자 등 사회약자 배려(전용/공용) • 화재소방 : 화재감지경보설비, 배연피난설비, 내화성능	• 공동주택 2,000세대 이상 • 2008년부터 1,000세대 이상 • 에너지성능은 500세대 이상	2006.1	의무제도

건물에너지효율 등급인증제	산업자원부 (에너지 관리공단)	표준공동주택대비 에너지절감률 • 환기, 외피열손실, 태양열취득 등에 의한 에너지성능 분석	에너지절감률에 따라 등급 부여 • 1등급 : 33.5% 이상 • 2등급 : 23.5~33.5% • 3등급 : 13.5~23.5%	• 공동주택 50세대 이상 • 업무시설 바닥면적 3,000m^2 이상	2001.11	임의 제도
지능형건축물 인증제	건설교통부	6개 분야 36개 항목 • 건축계획 및 환경분야 • 기계설비분야 • 전기설비분야 • 정보통신분야 • 시스템통합분야 • 시설경영관리분야	각항목별 평균성적 (총점 250점) • 1등급 : 90% 이상 • 2등급 : 80~90% • 3등급 : 70~80%	• 공동주택 1,000세대 이상	2006.7	임의 제도
초고속정보 통신건물 인증제	정보통신부 (체신청)	25개 항목 및 홈네트워크 항목 14개 항목 • 배선설비 • 배관설비 • 집중구내통신실 • 구내배선성능 • 도면관리 • 디지털방송 등	평가기준에 따라 특등급, 1등급, 2등급, 3등급으로 구분 • 홈네트워크 인증 : AA,A, 준A등급	• 공동주택 50세대 이상 • 업무시설 3,300m^2 이상	1999.4	임의 제도

9-6-3 공동주택의 친환경 인증평가 기준

표 9-10 • 공동주택 친환경건축물 인증심사기준의 평가기준 및 배점

부문	범주	평 가 항 목	구분	배점
1. 토지 이용	1.1 생태적 가치	1.1.1 기존 대지의 생태학적 가치	평가항목	2
		1.1.2 기존 자연자원 보존율	가산항목	3
	1.2 토지이용	1.2.1 용적률	평가항목	6
		1.2.2 체계적 상위계획 수립 여부	가산항목	2
	1.3 인접대지 영향	1.3.1 일조권 간섭방지대책의 타당성	가산항목	2
	1.4 거주환경의 조성	1.4.1 커뮤니티 센터 및 시설계획 여부	평가항목	3
		1.4.2 단지 내 보행자 전용도로 조성 여부	평가항목	3
		1.4.3 외부보행자 전용도로 네트워크 연계 여부	평가항목	1

2. 교통	2.1 교통부하 저감	2.1.1 대중교통에의 근접성	평가항목	2
		2.1.2 단지 내 자전거보관소 및 자전거도로 설치 여부	평가항목	2
		2.1.3 초고속 정보통신설비의 수준	가산항목	2
		2.1.4 도시중심 및 지역중심과 단지중심 간의 거리	평가항목	2
3. 에너지	3.1 에너지 소비	3.1.1 에너지소비량	평가항목	12
	3.2 에너지 절약	3.2.1 대체에너지 이용	가산항목	3
4. 재료 및 자원	4.1 자원절약	4.1.1 라이프사이클 변화를 고려한 평면개발	평가항목	3
		4.1.2 환경친화적(공업화) 공법 및 신기술 적용	평가항목	3
	4.2 폐기물 최소화	4.2.1 생활용 가구재 사용억제대책의 타당성	평가항목	1
	4.3 생활 폐기물 분리수거	4.3.1 재활용 생활폐기물 분리수거	평가항목	2
		4.3.2 음식물 쓰레기 저감	평가항목	2
	4.4 자원 재활용	4.4.1 유효자원 재활용을 위한 친환경인증제품 사용 여부	평가항목	3
		4.4.2 기존 건축물의 재사용(주요 구조부)으로 재료 및 자원의 절약	가산항목	7
		4.4.3 기존 건축물을 재사용(비내력벽)하여 재료 및 자원의 낭비 절약	가산항목	2
5. 수자원	5.1 수순환체계 구축	5.1.1 우수부하 절감대책의 타당성	평가항목	3
	5.2 수자원 절약	5.2.1 생활용 상수 절감대책의 타당성	평가항목	4
		5.2.2 우수 이용	평가항목	2
		5.2.3 중수도 설치	가산항목	4
6. 환경오염	6.1 지구온난화 방지	6.1.1 이산화탄소 배출 저감	평가항목	3
7. 유지관리	7.1 체계적인 현장관리	7.1.1 환경을 고려한 현장관리계획의 합리성	가산항목	1
	7.2 효율적인 건물관리	7.2.1 운영/유지관리 문서 및 지침 제공의 타당성	평가항목	3
	7.3 효율적인 세대관리	7.3.1 사용자 매뉴얼 제공	평가항목	3

8. 생태 환경	8.1 대지 내 녹지공간 조성	8.1.1 연계된 녹지축 조성	평가항목	2
		8.1.2 녹지공간율	평가항목	5
		8.1.3 생태환경을 고려한 인공환경녹화기법 적용 여부	평가항목	4
	8.2 생물서식 공간 조성	8.2.1 수생비오톱 조성	평가항목	3
		8.2.2 육생비오톱 조성	평가항목	3
	8.3 자연자원의 활용	8.3.1 표토 재활용률	가산항목	1
9. 실내 환경	9.1 공기환경	9.1.1 각종 유해물질 저함유자재의 사용	평가항목	6
		9.1.2 환기설계의 정도	평가항목	3
	9.2 온열환경	9.2.1 각 실별 자동 온도조절장치 채택 여부	평가항목	2
	9.3 음환경	9.3.1 층간 경계 바닥 충격음 차단성능 수준	평가항목	4
		9.3.2 세대간 경계벽 차음성능 수준	평가항목	3
		9.3.3 단지 내 음환경	가산항목	3
	9.4 빛환경	9.4.1 세대 내 일조 확보율	가산항목	4
	9.5 노약자에 대한 배려	9.5.1 노약자, 장애인 배려의 타당성	가산항목	2
합 계	평가항목 점수합계 100, 가산항목 점수합계 36, 평가 및 가산항목 합계 136			
판 정	최우수=85점 이상, 우수=65점 이상			

9-7 친환경 주거계획의 디자인 요소

친환경 주거의 계획방법과 취급범위는 넓고 다양하지만, 기본적으로 요구되는 디자인 요소들을 정리하면 다음 표 9-11~9-22와 같다. 설계자는 이 표 가운데 대상 건축물의 입지조건이나 설계개념에 적합하도록 적절하게 조합하여 구상하는 것이 바람직하다.

표 9-11 • 에너지 절감과 유효이용

계 획 요 소	검 토 예	배치계획	환경계획	설비계획
주택 전체계획과 배치계획의 부하절감	겨울철 방풍림, 주동배치에 의한 겨울철 방풍, 반지하화, 북측 성토, 경사면 이용, 지중화 등	○		

주택유지관리의 합리적 계획 및 방안 수립	LCA, LCE, $LCCO_2$ 분석 등		○	○
바닥면적당 외주부 길이가 적은 건물형태	원통형, 입방체, 직방체 등 요철이 적은 형상		○	
지붕(옥상)단열 및 차열계획을 충분히 한다.	외단열, 이중슬래브, 녹화		○	
외주벽, 바닥, 천장 등의 고단열 처리	외단열, 벽체단열		○	
주택전체의 고기밀화	기밀필름		○	
개구부의 고단열, 고기밀화	고성능필름 유리, 단열새시, 기밀새시, 이중새시, 단열문 등		○	
동향, 서향 창, 천창의 고단열화	차양, 내외 블라인드, 열선반사유리, 낙엽수식재 등		○	
급탕·난방배관을 가능한 짧게 계획	욕실, 화장실 등 물 사용공간의 집중화			○
열손실이 적은 환기방법 강구	전열교환설비, 외기 도입 억제 등	○		○
고효율형, 에너지절약형 냉난방기기, 급탕기기, 조리기기, 가전기기 채용	다기능 히트펌프 등			○
고효율 에너지 시스템으로 계획(기기집중화·공용화)	열병합(코제너레이션 시스템)검토, 냉난방급탕 시스템의 공용			○

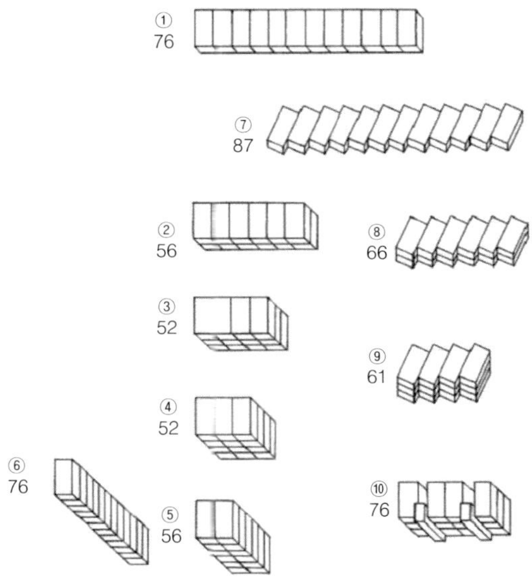

그림 9-4 | 건물형태와 표면적(바닥면적에 대한 외피면적이 적을수록 에너지절약이 유리한 형태 ③, ④번)

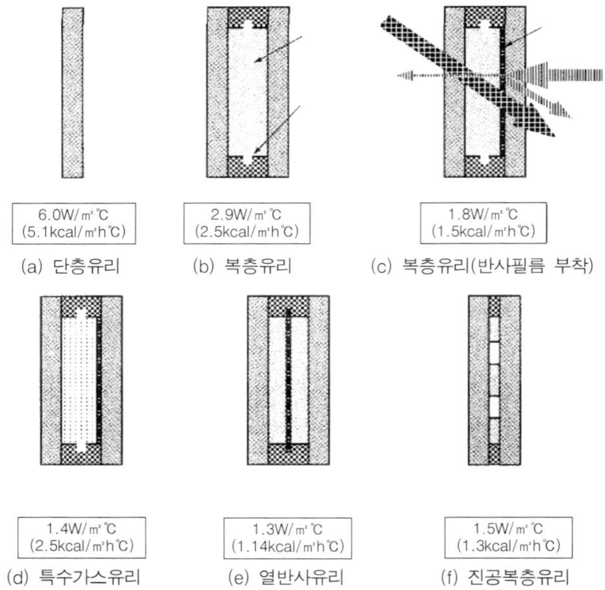

그림 9-5 | 창의 단열성능

표 9-12 • 자연에너지 유효이용

계 획 요 소	검 토 예	배치계획	환경계획	설비계획
부지 및 지역의 미기후 디자인계획(토양, 바람, 물, 녹화 등)	동하절기 태양위치 및 바람특성과 주동배치, 지에 있어서 바람을 고려, 부지 내의 인공포장을 최소한으로 하고 흙, 물, 녹화계획	○		
부지의 일조, 바람 등의 자연에너지의 활용 가능한 배치계획 및 외부계획	자연기후 요소의 분석과 응용	○		
지중냉열의 냉방 이용	쿨 튜브(cool tube) 등			○
태양열의 패시브 이용	남측 창의 확대, 온실 등 축열벽, 축열바닥, 물, 화학물질에 의한 축열		○	
태양열의 하이브리드 이용	지붕과 외벽으로 공기집열, 바닥 아래로 축열하여 팬으로 실내로 취출, 외주 전체의 통기순환		○	○
여름철 통풍 활용계획	공동주택의 통풍구조, 각 실의 통풍계획, 유입구와 유출구의 검토		○	
여름철 북측과 바닥 아래 냉기의	북측과 바닥 아래, 지하실의 냉		○	

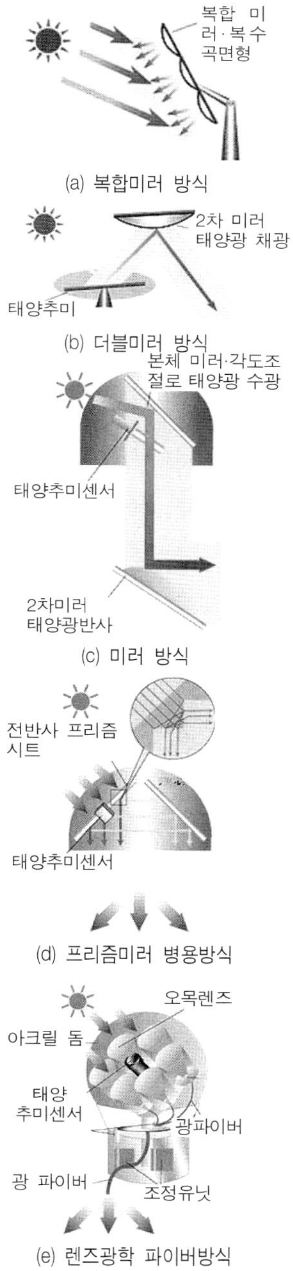

그림 9-6 | 태양광 채광시스템

실내 유입	기 활용			
태양열의 액티브 이용	태양열온수기, 집열기를 지붕, 발코니, 외벽, 외부 등에 설치			○
태양광발전 이용	태양전지를 지붕, 외벽에 설치			○
풍력발전 이용	옥상과 부지 내부에 설치, 양수 순환 등			○
지하수를 냉방 등으로 순환	지하수를 냉방으로 이용 및 순환			○
배수 · 배기로부터 열회수	욕실배수열, 조리배열, 냉난방 배열 등의 활용			○
하천수, 해수 등의 에너지 유효 활용	단지 · 지역의 냉난방으로 활용			○
배수, 배기의 열회수 이용	욕실, 부엌, 화장실, 청소용			○

표 9-13 • 내구성 향상과 자원유효 이용

계 획 요 소	검 토 예	배치계획	환경계획	설비계획
구조체의 내구성 재료 사용	콘크리트, 철, 목재 등의 고내구적 공법 · 구법 · 재료 채용		○	
라이프사이클 배려 평면입면	가변성 계획	○		
유효자원 재활용을 위한 친환경인증 건축재료 사용	친환경 건축재료 이용		○	
구조체의 장시간 사용가능 구법	구조체의 피복, 보호, 통기구법 등		○	
지붕, 외벽, 바닥, 개구 등 내구성이 높은 재료 · 구법			○	
내외장재의 유지관리 및 개보수 용이한 재료, 구법, 부분적인 교체가 용이한 구법 · 공법			○	
설비부분과 배관배선의 유지관리에 용이, 장래의 갱신을 고려한 부품과 설계	구체매설을 지양하고 플렉시블한 배관스페이스 검토			○
절수형 상수설비기기 채용	절수형 변기 등			○
배수정화 및 중수 이용	욕실배수, 싱크대 배수, 오수 등 재활용			○
우수의 다목적 이용	방화용, 비상용, 조경용, 살수용, 중수용 등			○

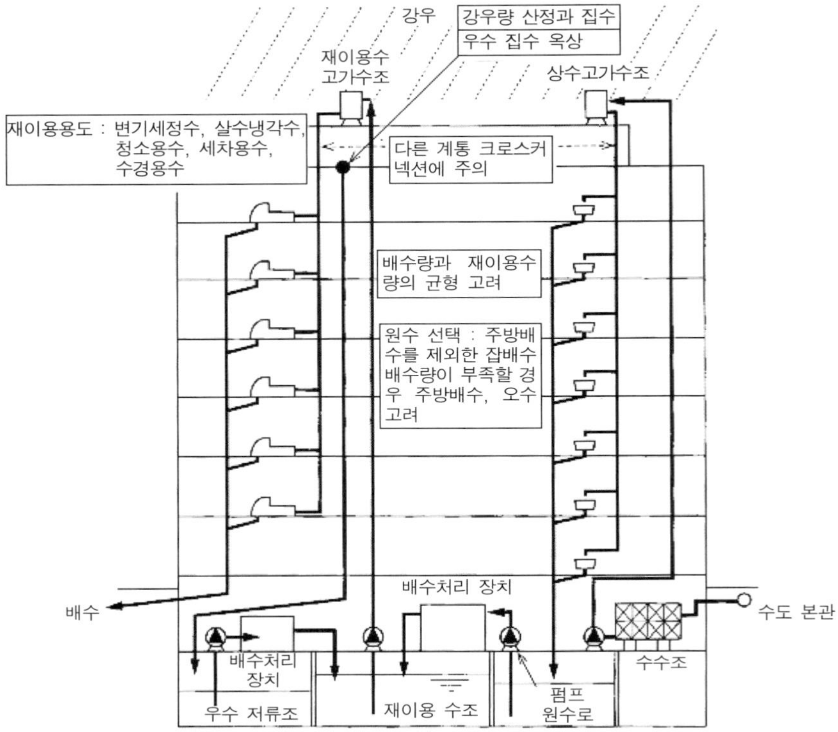

그림 9-7 | 우수배수 재이용시스템

표 9-14 ● 환경부하 저감과 폐기물 삭감

계 획 요 소	검 토 예	배치계획	환경계획	설비계획
채취로 인한 환경악화 재료 · 원료의 사용 억제	열대우림재, 재생에 장기간을 요하는 목재, 희귀재 등		○	
제조 · 생산에 필요한 에너지가 적은 건재 · 부품 사용	목재, 초재, 흙, 돌 등의 자연재, 가공에 요하는 화력과 전력소비가 적은 재료		○	
유통 · 운반에 필요한 에너지가 적은 건재 · 부품 사용	현장과 가까운 곳에서 생산되는 건재, 무게에 비해 부피가 큰 건재 지양		○	
재이용, 재생 사용이 용이한 건재 · 부품 사용	유닛화, 부품화한다. 균질재료를 우선으로 하고 복합재나 합금 등은 가능한 지양		○	
폐자재율이 적고 잔토나 잔재	형틀의 반복사용. 미리 공장에서		○	

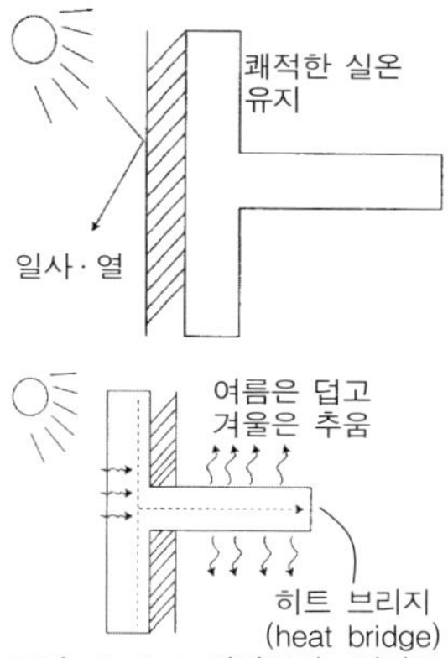

그림 9-8 | 외단열과 내단열 구법

등이 적은 공법	제작하고 현장가공을 지양하고 잔재 억제. 잔토는 부지나 현장에서 처리			
장래 교체나 분해 등이 용이한 구조, 구법 채용	SI시스템, 조립식 구조, 외단열 구법 등		○	
리사이클재나 재생부품 채용	리사이클 콘크리트, 재생목재 등		○	
폐기물의 재활용 및 분리수거 설비	세대별, 주동별 분리수거 쓰레기장 설치			○
순환이용이 낮은 생활용 가구재 사용 억제	붙박이장, 수납공간 개선	○		
폐기 시에 자연분해하는 재료, 소각 가능한 재료 등을 사용하고, 매립에 의존하는 재료 사용 억제			○	
CO_2배출 저감 시스템 적용	저에너지, 환경부하 저감 시스템		○	○
환경친화적 공법 및 신기술 적용				○
환경을 고려한 시공관리계획	CM, 친환경 시공관리		○	
생쓰레기를 회수하여 퇴비화/감량화 설비	콤포스터, 배수화 설비 등			○
기계에너지 소비가 많은 공사공법 지양			○	

표 9-15 • 생태적 배려와 순환성 확보

계 획 요 소	검 토 예	배치계획	환경계획	설비계획
주변의 녹화와 녹피율 계획	인공환경 녹화기법	○	○	
담장, 울타리는 식재로 구분하고, 가능한 완만한 자연구배를 이용하고 인공적 옹벽 등은 지양	녹화옹벽 블록, 녹호콘크리트 사용 등	○		
생태계에 유효한 개방수면의 조성	가능한 자연곡선에 가까운 연못이나 흐름, 수생비오톱 등	○		
주택주위에 흙, 녹지를 많이 남겨 우수침투를 유도	인공포장 면적의 최소화	○		
포장부분에는 투수성 포장으로 한다.	침투성 포장	○		
대지조성 시에 발생하는 표토를 보존하고 원래 위치로 환원 또는 재이용	표토 재활용	○	○	

그림 9-9 | 육생비오톱

소동물, 작은새, 곤충 등의 공생 유도	새집 설치, 작은새 등이 서식할 수 있는 환경조성, 육생비오톱	○		
옥상, 지면, 실내의 환경녹화	옥상녹화, 주차장녹화 등		○	
아파트단지 및 주변과 연계된 녹지축의 조성	바람길 확보 등	○		
외벽 면에 넝쿨성 식물 등으로 계획	벽면녹화		○	
목재 등 갱신 용이한 건재 채용	목재, 초재, 과실 등을 원료로 하는 건재 등		○	
주차장의 집중화	투수성 포장, 녹화블록, 파고라 설치, 지하주차장 등	○		

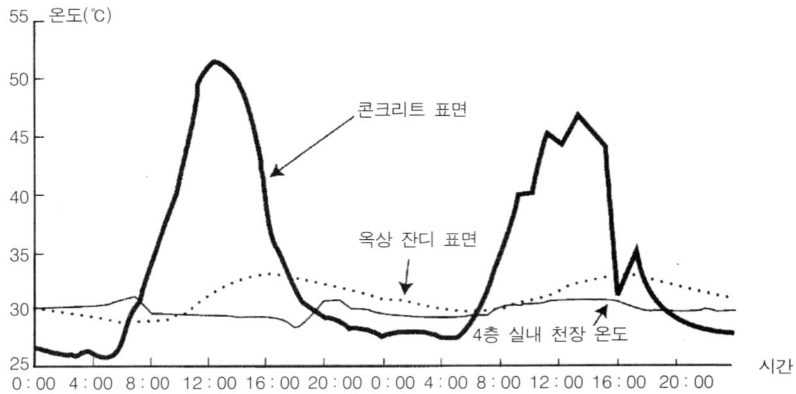

그림 9-10 | 옥상녹화 온도분포(8월 측정)

표 9-16 • 미기후와 지역성 배려

계 획 요 소	검 토 예	배치계획	환경계획	설비계획
지역기후와 부지 미기후와의 조화	온도, 습도, 우량, 강설량, 일조, 풍향, 풍량 등을 고려	○		
가능한 기존 지형을 보존하고 지형변형 억제	경사면 등을 보존하고 활용	○		
원식생 등을 보존하고 재활용	공사에 방해되는 식생은 이식, 재활용	○		
현장의 소동물의 생태를 가능한 보존	원생태계를 가능한 보존 유도	○		
지역의 수자원 보전	지하수, 표류수, 복류수 등		○	

지역자원이나 재료의 유효 이용	지역생산의 목재, 석재, 토사 이용		○	
지역의 인력과 기술 활용	지역 특화기술, 지역인력 활용		○	
지역의 역사 · 문화 · 커뮤니티와 조화된 설계	역사적 형태나 생활습관과의 조화		○	
주변과 조화된 아름다운 디자인	형상, 재료, 색채 등		○	

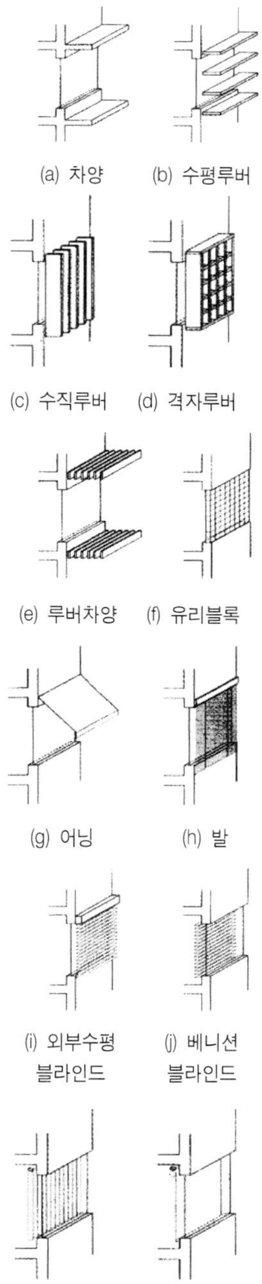

(k) 수직 블라인드 (l) 롤스크린

그림 9-11 | 자연채광 디자인

표 9-17 • 주택 내외부의 연결성

계 획 요 소	검 토 예	배치계획	환경계획	설비계획
주동배치, 울타리 등으로 내부와 연속성을 가지는 외부공간계획	공동주택 배치, 울타리 등에 의한 반옥외 완충공간(buffer zone) 조성	○		
주택형상을 검토하여 내외 연속성을 높임	외부와 접촉면이 많은 형태, 공동주택은 다면채광형(wide frontage) 등		○	
건물 가운데 중정이나 광정 검토	주택의 중정, 또는 광정(light court, light well) 등		○	
외부주 개구부를 크게 또는 넓게 하여 내외부 공간의 연결 도모	개구부 및 새시계획 등		○	
넓은 테라스, 발코니, 툇마루 등으로 내외부의 연속		○	○	
욕실, 세면소, 화장실, 부엌 등에 자연채광 유도	자연채광 이용, 외부조망		○	
온실, 선룸 등 반옥외 생활공간계획	여름철 개방 가능한 구법 등		○	
옥상을 반옥외 공간으로 설계	옥상정원, 옥상테라스 등		○	
필로티 등 외부공간과 연속성, 개방성 유도			○	
편복도형의 경우 주호의 프라이버시 확보			○	

표 9-18 • 사용자(입주자)의 공생적 활동 지원

계 획 요 소	검 토 예	배치계획	환경계획	설비계획
공용부분의 계획에 있어서는 사용자(입주자)의 의견이 반영되도록 검토	공용시설계획, 외부조경계획, 주차장, 자전거 설치장소 등		○	
공동주택 관리규약 등은 사용자(입주자)가 주체가 되어 결정	주민자치활동		○	

계획요소	검토예	배치계획	환경계획	설비계획
주호의 설계에 있어서는 어느 정도의 개별성이 실현되도록 검토	메뉴방식, 주문방식, 조합방식 등	○	○	
사용자(입주자)의 자주적인 관리 행위를 지원하는 설계와 시설을 검토	자체관리나 개보수 용이한 각부의 설계, 주민용 관리사무실, 공용실, 공용창고 등		○	
입주자에 대한 친환경적 생활교육 및 매뉴얼 제공	지구온난화에 대한 지속적인 홍보 및 교육		○	
공동텃밭이나 화단을 조성하고 주민자력활동 지원		○		

그림 9-12 | 수생비오톱

표 9-19 • 자연환경 요소의 배려

계 획 요 소	검 토 예	배치계획	환경계획	설비계획
사계절의 변화(화초, 열매 등)를 느끼고 즐길 수 있는 식재계획	시간변화의 인식, 환경조경	○		
친수공간의 조성	연못, 물순환, 수생비오톱	○		
햇볕을 즐기거나 저녁 무렵의 시원함을 즐길 수 있는 단지 내 반옥외 공간의 계획			○	
대기정화력이 강하고, 탄산가스에 잘 견디는 식재	지피성 식물, 지역토산식물		○	
주요 거실에는 겨울철 일조가 잘 되도록 계획			○	
실내에서 태양광을 즐길 수 있는 공간계획	선룸 등		○	
마감재로는 천연재료나 자연재료의 활용	조습성 재료, 친환경 및 자연재료 등		○	
청명시 개방 가능한 지붕이나 외벽	가동외벽, 가동지붕 등		○	
발코니, 창대, 벽 등에 화초용 박스 설치			○	
북측 거실의 태양광 유입장치 검토	광선반(light shelf)			○

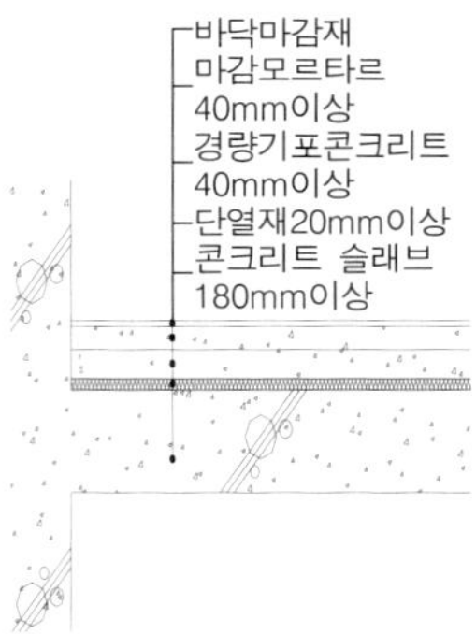

그림 9-13 | 표준바닥 차음구조(4등급)

표 9-20 • 건강하고 쾌적한 실내환경

계 획 요 소	검 토 예	배치계획	환경계획	설비계획
공간의 면적과 여유 있는 천장고 계획	높은 천장고	○		
보이드를 잘 활용하여 개방감을 주는 공간	아트리움채광, 자연채광		○	

환경마크인증

그림 9-14 | 친환경인증마크(환경부)

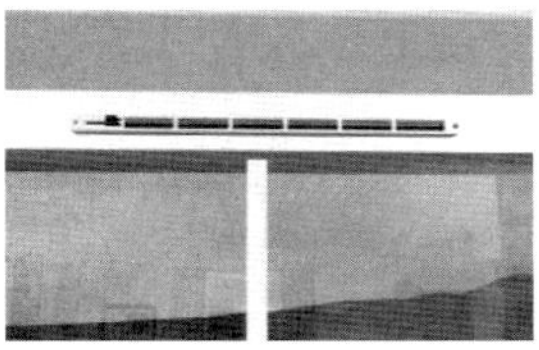

그림 9-15 | 창틀형 자연환기 예

조습성 있는 내장재 등으로 쾌적한 습도환경 조성	조습성 재료(황토, 규조토, 숯 등)		○	
외주벽, 경계벽, 바닥의 차음성 고려	바닥 벽 등 차음성능 검토		○	
아파트단지 내외의 음환경	방음녹화, 방음벽	○	○	
단지 및 주호의 일조 확보	일조분석, 법규 검토	○	○	
단지의 스카이라인 및 경관성능	도시미관 및 경관분석	○	○	
방사능, 유독가스 등 인체에 유해한 건재 사용을 억제	포름알데히드 등 오염물질 배출억제 실내공기질, 친환경재료 채용		○	
유해세균, 곰팡이에 강한 재료 채용			○	
실내 상하 온도차가 적은 냉난방 계획	복사냉난방 검토		○	○
아파트 각 주호별 실내온도조절	자동온도조절장치 등			○
공기청정도를 일정하게 유지 가능한 환기계획	계획환기, 자연환기, 하이브리드환기 등			○

표 9-21 • 안전하고 가변적 주거생활

계 획 요 소	검 토 예	배치 계획	환경 계획	설비 계획
화재나 지진 등에 안전한 설계	방재설비, 방진설비			○
라이프사이클에 대응 가능한 가변계획	가변평면, 가변단면		○	
단차해소, 손스침 등 고령자가 안심하게 생활할 수 있는 설계	barrier free design universal design		○	
주택내 안전사고 발생 억제	미끄러지기 쉬운 재료, 상처 잘 나는 재료, 크랙이 잘 가는 재료 등의 사용에 주의, 경사면과 계단의 안전사고 주의		○	
휠체어를 사용할 경우 개조가 용이한 구법 계획	복도폭, 물 사용공간 배치, 이동운반장치 등		○	
고령자가 안심하고 안전하게 사용할 수 있는 설비	안전한 열원기기, 전기기구, 작동용이한 설비 등		○	○

표 9-22 • 더불어 사는 커뮤니티 배려

계 획 요 소	검 토 예	배치계획	환경계획	설비계획
보행자를 우선하는 외부통로계획	자동차는 가능한 지하 또는 외부에 주차유도	○		
다양한 형태의 주호를 혼재시켜 복합주거(mixed community) 등의 실현	다양한 평면과 입면계획	○		
지역주민 공용공간이나 시설계획	지역에 개방된 공원, 집회시설 등	○		
집회소, 여가, 취미 등의 공용시설에 충실		○		
외부에 놀이터, 광장, 마당 등 사람들이 모일 수 있는 공간(common space) 배려	벤치, 휴게소 등	○	○	
계단실이나 공용복도 등을 여유 있게 하여 주민교류의 활성화 유도	주민 교류공간	○		

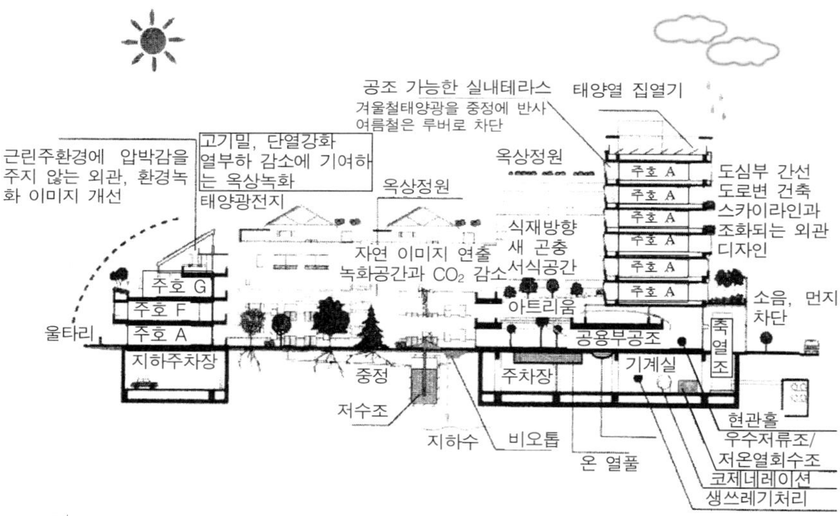

그림 9-16 | 친환경주택의 토털 컨셉

참고문헌

1. 대한건축학회 부울경지회, 친환경건축의 이해, 기문당, 2009.9
2. 박현주, 환경건축 · 환경도시, 기문당, 2007.1
3. 신용재 외, 도시공동주택의 변화와 전망, 대한건축학회 부울경지회, 2007.11
4. 용마루, 지속가능한 도시, 간향미디어, 1999.12
5. 이경회, 건축환경계획, 문운당, 2007.1
6. 전채휘, 자연환경건축디자인, 기문당, 2001.6
7. 장동찬, 건축법규, 기문당, 2006.1
8. 日本建築学会, 建築雑誌, vol.118 No.1505, 2003.5
9. 日本建築学会, 建築雑誌, vol.120 No.1532, 2005.4
10. 南雄三, 高断熱高気密バイブル, 株式会社建築技術, 2004.10
11. 日本建築学会, 地球環境デザインと継承, 彰国社, 2004.7
12. 日本建築学会, 地球環境建築のすすめ, 彰国社, 2002.8
13. 三浦昌生, 建築環境工学, 森北出版, 2006.5
14. 彰国社, Sustainable Design Guide, 1995.4
15. 環境共生住宅推進協議会, 環境共生住宅A-Z, 環境共生住宅推進協議会, 1999.12
16. 彰国社, 光 · 熱 · 音 · 水 · 空気のデザイン, 彰国社, 2000.2
17. 大野治代ほか, 住まいの環境, 彰国社, 1998.10
18. 建築テキスト編集委員会, 建築環境, 学芸出版社, 1997.6
19. 彰国社, パッシブ建築設計手法事典, 彰国社, 2000.7
20. 村上周三ほか, CASBEE, JSBC, 2005.9
21. 自然エネルギー住宅編纂委員会, 自然エネルギー住宅, 世界文化社, 2003.9
22. Brian Edwards, Green Buildings Pay, Spon Press, 2003.5
23. Paul Oliver,Vernacular Architecture of the World, Cambridge University Press, 1997.
24. Mikjenks and Rod Burgess, Compact Cities, Sustainable Urban Forms for Developing Countries, Spon Press, 2000.
25. Neil B Hutcheon and B. E, Building Science for A Cold Climate, John Wiley & Sons, 1983.
26. T. A. Markus and E. N. Morris, Building'Climate and Energy, Pitman, 1980.
27. http://www.aia.org/index.htm
28. http://www.usgbc.org/

29. http://www.lib.utk.edu/refs/arch/green.htm
30. http://eere.buildinggreen.com/
31. http://greenbuilding.ca/
32. http://www.nakatani.com/
33. http://jccca.org/content/view/1278/820/
34. http://www.kenchiku-sekkei.jp/philosophy/env.html

제 10 장

노인의 신체적 변화와 주거환경

제 10 장

노인의 신체적 변화와 주거환경

우리나라의 65세 이상 노인인구는 2000년에 7.2%로 나타나 UN이 정한 고령화 사회(aging society, 7% 이상)에 이미 진입하였고, 다가오는 2020년에는 65세 이상 노인인구가 16%가 되어 본격적인 고령사회(aged society, 14% 이상)가 도래할 것으로 추정되고 있다. 우리나라 노인의 인구 증가는 80세 이상의 후기고령자가 급증하고 있는 데 주목할 필요가 있다. 2000년 후기고령자는 1%, 2005년 1.4%, 2010년 2%, 2015년 2.7%, 2020년 3.6%로 빠른 급증이 예상된다.[1] 이러한 후기고령 인구

표 10-1 • 우리나라 연령별 추계인구[2]　　단위 : 명, %

연령별	추계인구				
	2000	2005	2010	2015	2020
총인구	47,008,111	48,138,077	48,874,539	49,227,451	49,325,689
65-69세	1,381,212	1,682,510	1,811,334	2,071,383	2,580,776
70-74세	922,213	1,246,224	1,526,896	1,653,723	1,908,063
75-79세	608,084	761,684	1,066,945	1,305,797	1,429,479
80-84세	310,114	435,722	579,110	816,604	1,012,800
85-89세	128,397	171,037	291,288	369,414	532,189
90-94세	37,139	56,982	78,391	133,595	185,637
95세 이상	7,737	12,483	20,233	30,303	52,181
계	3,394,896 (7.2%)	4,366,642 (9%)	5,374,197 (11%)	6,380,819 (13%)	7,701,125 (16%)

1), 2) 통계청 (2006) 장래인구추계

의 빠른 증가는 각종 노인성 질환의 급증과 밀접한 연관이 있어 많은 노인전문요양시설을 필요로 한다.

2007년 보건복지부 노인보건복지시설 현황에 의하면 우리나라 노인주거복지시설은 398개에 입소정원 16,579명, 노인의료복지시설은 1,186개에 입소정원 61,406명으로, 77,985명만 노인주거복지와 노인의료복지시설을 이용할 수 있는 것으로 나타나, 노인인구에 비해 노인전문시설이 부족하고, 노인전문시설에 맞는 노인주거환경 제공을 위한 자료가 부족하여 이에 대한 대책마련이 시급하다는 지적이 일고 있다.

노화가 진행되면서 노인들은 정상 성인과 다른 많은 신체적 변화를 보이는 것으로 보고되고 있다.[3] 노인전문시설 계획은 이러한 노인의 신체적 변화에 맞는 환경디자인 계획이 필요하다. 따라서 본 장에서는 노인의 신체적 변화에 맞는 어떤 주거환경들이 필요한지를 알아보고자 한다. 이를 위해 노인의 신체적 변화, 노인의 다양한 행태 특성, 그리고 노인의 주거환경을 위한 디자인 원칙들이 무엇인지 알아보기로 한다.

10-1 노인의 신체 변화

10-1-1 노인의 신체의 변화

노화가 진행되면서 노인의 신체는 쇠퇴를 가져와 피부는 더욱 건조해지고 주름이 생기며 탄력성 감소와 노인성 반점이 증가한다. 노화로 인한 콜라겐의 감소로 허리 구부러짐, 골다공증, 근육 힘의 감소, 민첩한 운동기능 둔화 등으로 이동 시 균형감각이 떨어져 낙상률이 높아지게 된다. 또한 반응시간이 길어지고 기억력 쇠퇴와 혈액이 자유롭게 흐르지 못하여 신진대사가 줄어든다.[4]

---

3), 4) Saxon, S. V. and Etten, M. J (1994) Physical change & aging, The Tiresias Press, New York.

10-1-2 노인의 감각기능의 변화

노인들은 노화로 인해 자극에 대한 민감성이 둔화하고 민첩하게 반응하지 못하며 적절한 정보를 받지 못한다. 노인은 신체적 변화와 함께 청각, 시각, 촉각, 후각 등의 감각기관 기능이 떨어진다.

노인의 감각기능 중 시각기능은 노화로 인해 그 기능이 크게 저하된다. 노화와 함께 진행되는 백내장은 수정체가 희게 보여 백내장이란 병명이 붙었다. 백내장은 노화로 생기는 경우가 가장 많고, 평균수명이 늘어남에 따라 비례적으로 백내장 환자가 증가하고 있다. 한길안과병원에 의하면 60대에는 70%, 70대 90%, 80세 이상이 되면 거의 100% 노인이 백내장에 대한 시력저하를 가져온다고 한다.[5)]

백내장과 함께 노인성 질환으로 나타나는 녹내장은 시신경 손상으로 눈에서 받아들이는 시각정보를 뇌로 전달하는데 장애가 생겨 시야가 점점 좁아지는 질환이다. 녹내장은 전 인구의 2% 정도로 가장 흔한 만성성인안과질환 중 하나이다.[6)] 노인은 안과질환 외에 노화로 눈꺼풀이나 근육이 처짐으로써 상하 시야가 좁아져 시야가 감소하여 안내표지 등의 시각적 정보에 대한 유효시야가 감소한다.[7)]

10-1-3 노인의 인지변화

노인은 일반적인 지능의 변화와 기억력의 변화가 나타난다. 특히 기억력의 변화는 최근에 일어난 일은 잘 기억 못해도 오래전에 일어난 일은 자세히 기억하는 경향을 보인다. 신체적 악화로 인한 주의력 결핍, 학습에 대한 동기 부족이나 수행의 회피, 빠른 속도의 수행능력 저하 및 이로 인한 불안 및 흥분을 나타내기도 한다. 그러나 많은 시간이 주어지거나 자유롭게 허용되면 정확하게 반응할 수 있어 충분한 시간이나 구체적인 과제 부여 등의 배려가 필요하다.

---

5), 6) www.hangileye.co.kr

7) 윤혜림 (2004) 컬러리스트 종합이론, 도서출판 국제

10-1-4 노인의 성격변화

노인들은 주변환경이나 내적(신체적) 변화에 의해 다음과 같은 성격의 변화를 겪게 된다.

① 노인은 배우자의 죽음, 가족이나 사회로부터의 소외감 등으로 인해 우울증이 생기기 쉽다(우울증 경향의 증가).

② 노화로 인한 신체기능 저하와 사회생활 위축 등으로 쉽게 포기하는 수동적인 행동을 보인다(내향성과 수동성의 증가).

③ 노인의 신체적 기능 저하는 환경 변화에 대한 적응력 감소를 가져온다(적응능력 감소).

④ 시각, 청각 등의 감각기관의 퇴화는 자신감 결여를 가져와 조심성이 증가하고 비활동적 경향을 보인다. 이러한 노인들의 소극적인 자세는 새로운 것을 받아들이길 꺼려한다(조심성의 증가, 수동적 활동 증가).

⑤ 정신적 기능의 감퇴는 노인들에게 감정적 유대관계를 중요시하여 믿고 의지할 대상을 필요르 하고, 신체적 기능의 감퇴는 자연스럽게 도움을 필요로 한다(의존성의 증가).

⑥ 그동안 살아온 인생이나 과거의 다양한 경험을 회상하며 생애에 대한 결론을 내리고자하는 심리가 나타난다(과거회생 증가, 과거회상을 위한 시간 증가).

⑦ 노인들은 오랫동안 간직했던 물건들로부터 세월의 변화를 느낄 수 있다고 생각하여 애착을 보인다(친근한 사물에 대한 애착).

⑧ 노인의 신체적 기능 저하는 새로운 것에 대한 두려움으로 인해 과거의 습관이나 태도를 고집하는 행동을 보인다(경직성의 증가, 보수적 경향, 내향성 증가).

표 10-2 • 노인의 신체변화와 이에 대응하는 건축요소

신체변화 요소		대응건축 세부요소	행태에 따른 계획요소
신체 변화	긴 반응시간	비상벨, 구체적 과제 부여 낙상방지, 화상방지, 모서리 보호, 레버 이	안전

	민첩성, 균형감 감소	용	
	보행능력 감소	이동거리 최소화, 접근성, 턱 제거, 손잡이 제공, 미끄럼방지 재료 이용	안전
감각 변화	청각 감소	방음(차음 흡음)재료 이용, 공적공간 소음이 사적공간에 침투 최소화	안전·프라이버시
	시각 감소	안내표시, 색채 이용	안내·색채
	촉각 감소	화상방지, 점자 사용, 바닥과 벽 질감 구분	안전
	후각 감소	부엌에서의 안전성 고려, 연기 경보기	안전
인지 변화	기억 변화	구체적 실별 안내표시 제공	색채
	지남력 감소	가족사진 이용	향수성
성격 변화	우울증 증가	Snoezelen 실 이용	치료
	내향성 증가	사회적 프로그램 및 공간 제공	친교성·소속감
	과거 회상	전통적 요소 활용	향수성·프라이버시·영역성·개인화
	사물에 대한 애착	개인용품 보관공간 제공	향수성

10-2 노인의 형태 특성

10-2-1 노인의 친교성

아리스토텔레스는 "인간은 사회적 동물이다"라고 하였다. 언제일지 모를 먼 옛날부터 인간은 무리를 이루고 그 무리 안에서 끊임없이 밀접하고도 유기적인 관계를 맺으며 서로 친교를 하며 살아왔다고 할 수 있다. 무리 내에서 인간은 의사소통하고 싶어 하고 대화하고 싶어 하는 것은 사회적 동물인 인간의 기본적 욕구의 발현이라고 볼 수 있다.

각기 다른 환경에서 살아온 다양한 노인들이 공동주거 내 환경에서 사회적 활동을 하기란 쉽지 않다. 더구나 노인들은 사회적 소외감과 고독감을 느끼며 자신감 상실과 역할 상실 경험, 그리고 공동주거로 이동하면서 공동주거환경에 대한 적응과 다른 노인들과의 관계를 맺는데 있어 적응을 위한 시간이 필요하게 된다. 노인들에게는 노인들만의 사회적 접촉을 통해 친분을 쌓을 수 있도록 유도해야 한다. 노인들의 친교가 자연적으로 일어날 수 있는 다양한 친교프로그램 제공과 함께 친교를 할 수 있는 다양한 공간 제공이 필요하다. 따라서 출입구에 우편함 설치나 세탁실에 친교공간 제공 등 다양한 접촉이 자연스럽게 이루어지게 고려를 해야 하고, 친교 형성에 유리한 평면계획이나 다른 공간과의 유기적 배치 등을 고려한 계획이 필요하다.

10-2-2 노인의 소속감

공동주거에 거주하는 노인은 국가라는 사회에 소속된 구성원이자 공동주거라는 집단의 구성원이다. 노인은 전자뿐만 아니라 후자에 대한 소속감을 느끼며 살아간다. 노인 자신이 거주하고 있는 사회집단이나 단체에 소속되어 있다는 느낌을 가지며 지낸다면 소속된 집단에 대한 자부심을 줄 뿐만 아니라 노인 개인의 정체성 형성에 도움을 준다. 또한 노인들이 소속감을 가질 수 있도록 할 때 확장된 가족개념이 나타나게 된다. 이는 소외감이나 외로움을 어느 정도 감소시키며 사회생활을 촉진시킬 수 있다.

공동주거 내에서 노인들의 소속감을 갖게 하는 요소로 동료와 친밀한 관계형성을 들 수 있다. 그러기 위해 노인들이 함께 할 수 있는 시간 배려, 예를 들면 생일파티 개최, 노인들의 작품(미술, 서예 등)을 노인들이 함께 보고 대화할 수 있는 곳에 전시하여 기쁨을 나누고 자부심을 갖게 하여 한 가족임을 느낄 수 있도록 한다. 다양한 전시를 위해 벽체는 쉽게 전시가 가능한 재료를 이용하고 가변벽면 계획 등을 고려해야 한다.

10-2-3 노인의 프라이버시

프라이버시(privacy)라는 용어는 '사람의 눈을 피하다'라는 라틴어 privatun에서 유래되었다. 미국의 토마스 쿨리 판사(1888)는 프라이버시를 혼자 있을 권리(Right to be let alone)로 정의하면서, 이후 민주주의에서 가장 중요한 개인의 자유로서 헌법에 반영되기도 하였고, 오늘날 건축에서의 개인공간개념에 가장 근접하고 명확한 정의로 평가되고

있다.[8)]

노인의 프라이버시란 노인 개인의 사생활이나 사적인 일을 남에게 간섭받지 않고 할 수 있는 권리라고 할 수 있다. 개인의 사적인 권리 확보는 개인공간 제공과 밀접한 관련성이 있다. 우리나라도 2008년 7월부터 '노인장기요양보험'이 실시된 이후부터 공동주거 내에서 1실당 5~6인이 허용되던 것을 3~4인으로 강화하고 있다. 이는 노인의 프라이버시를 생각한다면 아직도 부족한 면이 있으나 과밀 해소를 위한 점진적 개선이자 개인의 프라이버시 확보를 위한 노력이자 진일보한 발전이라는 긍정적 측면이라 할 수 있다. 공동주거 내에서 프라이버시는 일반인들의 프라이버시와 다름을 유념해야 한다. 노인들에게 적정 이상의 프라이버시를 제공하면 자칫 소외감이나 외로움을 느낄 수 있는 반면, 적정 이하의 프라이버시를 제공하면 노인의 인격침해와 소속감 결여 및 분노 등의 부정적인 결과를 낳을 수 있어 유의해야 한다.

노인의 프라이버시 확보를 위해 먼저 개인공간 제공이 가장 좋은 방법이나, 그렇지 못할 경우 1실당 3~4인 실에서는 개인의 프라이버시를 위해 시각적 차단장치, 예를 들면 커튼이나 칸막이 이용을 적극적으로 활용하는 것도 프라이버시 확보를 위한 방법이다(그림 10-1, 2 참조). 노인의 프라이버시 확보를 위한 시각적 차단 외에 이웃 간의 방음 고려, 발코니 같은 개인공간 제공 등을 들 수 있다.

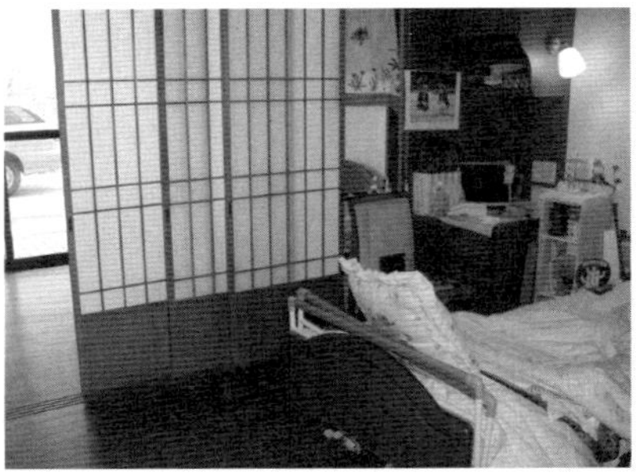

그림 10-1 | 일본요양시설에서의 칸막이 활용 예[9)]

그림 10-2 | 일본요양시설에서의 칸막이 활용 예

8) http://www.professornet.org/webbs/view.php?board=professor-15&id=684&page=1에서 재인용

9) 본 장에 사용한 사진은 저자가 직접 영국, 일본, 우리나라 치매요양소를 방문하여 촬영한

10-2-4 노인의 영역성

공간 내에서 영역이란 개인이나 가족의 구성원이 모여 살면서 자신의 것을 요구하고 방어하는 개인공간이라 할 수 있다. 개인은 영역을 통해 소유, 권리, 개인화 등을 요구할 수 있고, 영역 내에서 원하는 일을 할 수 있는 행동의 자유를 갖고자 적극적으로 방어하는 행태로도 이해할 수 있다. 따라서 공동주거 내에서는 개인별 단위 주거공간에 대한 영역성 확보가 필요하다. 주거환경에서의 영역은 주거생활의 안정감을 주는 중요한 요소이다.[10] 자신의 공간을 소유하고 안하고는 주거공간의 개인화 정도로 알 수 있다.[11] 즉, 개인의 공간에서는 비개인 공간(공적공간)에 비해 개인화가 적극적으로 나타나고 있다. 또한 능동적 방어행위와 타인에 대한 통제적 행위를 보임으로써 개인공간 유지 및 관리에 적극적인 관심을 나타내게 되므로 영역성은 매우 중요한 역할을 하고 있다. 영역성이 주는 이러한 긍정적인 효과로 인해 공동주거 내에서는 노인 개인에 대한 개인공간 제공과 각 개인별 발코니 공간을 가질 수 있게 고려해야 한다.

영역성은 개인공간과는 달리 가시적이고 고정적인 특성을 가진다. 이러한 가시적 경계는 소유감을 주어 안전감을 느끼게 하고 적극적 활동을 하게 유도한다. 이러한 특성을 이용하여 외부공간에서도 개인이 가꿀 수 있는 꽃밭을 제공하여 영역적 효과를 잘 활용할 수 있도록 유도해야 한다.

외부공간에서의 영역성 표현은 주거단지 입구에 게이트와 단지 주변에 울타리 확보를 들 수 있다. 외부인과 외부차량의 출입통제 및 울타리를 통한 영역성 확보는 노인이 노화과정을 거치면서 신체적으로 쇠약해짐에 따라 자신감 결여 및 새로운 것에 대한 두려움 등을 해소할 수 있을 뿐만 아니라, 자신이 살고 있는 곳에 대한 보호의 필요성을 느끼게 해줄 수 있다. 노인이 거주하는 거주공간 내외부의 영역 표시는 노인들이 심리적 안정감을 주므로 노인 주거디자인 계획에 적극적인 고려가 필

사진임.

10) Edney, J. J. (1976) Human territoriality, in H. Proshansky et. al., eds., Environmental Psychology, pp.189~205.

11) Greenbaum, P. E. and Greenbaum S. D. (1981) Territorial Personalization, Environment and Behavior, Vol. 13, No.5, pp.576.

요하다.

10-2-5 노인의 안전

우리나라는 매년 65세 이상 노령층의 안전사고가 크게 늘어나고 있는 것으로 나타났다. 한국소비자원[12]에 의하면 2006년 한국소비자원의 소비자위해감시시스템(CISS)에 접수된 65세 이상 노인의 안전사고는 총 787건으로 2005년에 비해 57.4% 늘어난 것으로 나타났다. 노인 안전사고는 2003년 253건, 2004년 304건, 2005년 500건, 2006년 787건 등으로 매년 급증하고 있다.

소비자보호원이 2003년 이후 노인 안전사고 발생장소를 집계한 결과 집에서 발생하는 안전사고는 1,055건(57.2%)으로 가장 많았고, 반면 실외에서 발생하는 안전사고는 공중목욕탕, 지하철역 등 공공행정 및 서비스지역 271건(14.7%), 도로 181건(9.8%) 등의 순으로 나타났다. 집에서 발생한 안전사고 1,055건을 장소별로 보면 방 · 침실이 236건(22.4%)이었고, 화장실 · 욕실 165건(15.6%), 계단 129건(12.2%) 등으로 나타났다. 우리나라 65세 이상 고령층의 노인의 실내 안전사고는 침실, 화장실, 욕실, 계단에서 대부분 일어난다고 볼 수 있다.

노인의 안전사고 원인은 노화로 인한 신체적 쇄약함, 감각능력 감소, 시력감소로 인한 반응감소 등을 들 수 있다. 또한 신체적 변화 외에 부적절한 기동성 보장기구 사용과 환경적 부적절성(젖은 바닥, 부적합한 바닥재료 사용, 부적합한 조명)에 따른 원인 등을 들 수 있다. 이 중 낙상, 미끄러짐 사고, 화상사고는 공동주거에서 가장 많이 나타나는 현상이다. 이러한 사고에 의한 긴급상황에 대처하기 위한 노인을 위한 시설로서 비상벨 이용을 활용하고 있다(그림 10-3). 비상벨은 노인이 쉽게 눈에 띄고 접근이 가능한 곳에 배치하는 배려가 필요하다.

노인 안전사고 방지를 위해 침대에서 떨어지는 사고에 대비해 푹신한 카펫 사용(그림 10-4), 모서리 부분에 대한 보호대 사용, 화장실 및 욕

12) www.kca.go.kr "가정 내 노인 안전사고 실태조사"

실에 미끄럼방지 재료 이용 및 손잡이 제공, 면도 및 탈의 시 앉아서 할 수 있도록 의자 제공, 복도 계단에 손잡이 설치 및 바닥 카펫 사용, 노인의 시력에 맞는 조명 확보 등을 들 수 있다. 낙상 시 "생명의 선"(lifeline, 공공기관에 연결된 경보장치)을 이용하여 신속한 대처를 할 수 있게 한다. 최근에는 노인을 위한 공동주거 내에 유니버설디자인을 안전시설에 대한 대안으로 건축물 계획에 적극적으로 도입되고 있다.

그림 10-3 | 노인요양시설에서의 비상벨

그림 10-4 | 노인요양시설에서의 카펫 사용

10-2-6 노인의 개인화

개인화는 개인의 공간에 개인이 선호하는 물품(예, 사진, 인형, 분재 등)을 전시를 하거나 장식적 표출을 하는 행우를 의미한다(그림 10-5, 6 참조). 또한 개인화는 마크나 표적, 경계(담, 벽)를 나타내어 개인의 소유임을 타인에게 알려 존재감을 표현하기도 한다. 이러한 개인화는 개인의 개성이나 자아표현이 가능하여 타인과 구별되는 특성이 있다. 또한 공간에서의 개인화는 일정 지역에의 귀속감을 느끼게 하여 심리적 안정감을 준다. 개인화가 표현되기 의해서는 일정한 영역과 프라이버시가 확보될 때 일어난다. 이러한 측면에서 개인화는 영역성과 프라이버시와 밀접한 연관성이 있다.

노인들의 개인화 표현을 위해 개인공간 내에 "의도적 비움 공간"을 제공[13]하거나 벽체에 장식이 가능한 재료를 사용하도록 고려해야 한다.

13) 김혜정, 고령화 사회의 은퇴주거단지 디자인, 경춘사, 2000.

실외에서의 개인화는 가능하다면 개인별 작은 개인정원을 제공하여 개인화가 적극적으로 나타나도록 고려해야 한다. 개인화를 위한 공간적 고려 외에 공공시설 내에서 벽면에 붙이거나 장식하는 행위를 못하게 하는 등 제도적 문제점과 노인을 돌보는 수발자들이 적극적으로 개인화를 돕는 인식의 전환이 함께 이루어져야 한다.

그림 10-5 | 영국 노인요양시설에서의 개인화 예

그림 10-6 | 영국 노인요양시설에서의 개인화 예

10-2-7 노인의 향수성

1984년 노벨문학상을 수상한 엘리엇(T. S. Eliot)의 우화집(지혜로운 고양이가 되기 위한 지침서)을 토대로 만들어진 뮤지컬 "캣츠"는 오래된 뮤지컬이지만 지금도 많은 사랑을 받고 있다. 캣츠에 나오는 명곡 "Memory" 가사는 "진실한 행복은 추억 속에서 찾는다"의 내용이 들어있다. 즉, 추억은 행복을 준다는 의미로, 이 곡은 지금도 우리 모두에게 마음속에 깊은 감동을 주고 있으며 애창곡으로 불리고 있다.

노인에게는 지나온 삶에 대한 다양한 추억과 향수를 가지고 있다. 노인들의 살아온 삶을 통해 자아확인과 지나온 시절에 대한 향수를 느끼게 하여 친근감을 줄 수 있는 계획을 한다면 노인들에게 큰 심리적 만족을 줄 수 있는 주거환경이 될 수 있다. 특히 공동주거의 단점은 개인의 역사성 표현 부족을 들 수 있다. 이는 공동주거 내에서는 개인의 단절된 과거 경험을 낳을 수 있다는 의미이다. 개인마다 다른 환경과 과거 역사를 가지고 있어 공동주거 내에서 개인역사를 표현하기란 매우 힘든 면이 있지만 노인들의 공통적 역사성을 찾아 표현하는 노력이 필요하다. 따라서 공동주거에서의 역사성 표현에 대한 고려와 노인만이 가질 수 있는 향수에 대한 건축적 표현계획에 노력을 해야만 한다.

노인을 위한 향수성은 개인의 살아온 환경이 다르지만 공통적 향수를 줄 수 있는 요소들을 접목한 예는 얼마든지 있다. 예를 들어 공동주거 내에 소규모의 전통마루를 제공하거나 과거회생을 위한 프로그램으로 다양한 전통 농사용 기구(키, 지게, 망태, 가마니 등), 맷돌, 항아리, 짚신, 전통악기(북, 꽹가리 등)를 시각적으로 보고 촉감으로 느낄 수 있도록 전시하는 것도 바람직하다. 우리나라 전통 난방방식인 온돌구조, 마당, 정자, 작은 툇마루 등을 노인들이 거주하는 공동주거 내에 경험할 수 있도록 제공하여 활용하고 있는 노인요양시설이 점차 늘고 있다(그림 10-7, 8, 9, 10).

그림 10-7 | 우리나라 노인요양시설에서의 전통마루

그림 10-8 | 일본 노인요양시설에서의 다다미

그림 10-9 | 우리나라 노인요양시설에서의 전통기구 활용

그림 10-10 | 일본 노인요양 시설에서의 전통기구 활용

이상에서 언급된 노인의 행태적 특성과 이러한 노인의 행태적 특성에 맞는 건축적 요소를 요약하여 표 10-3에 나타내었다.

표 10-3 • 노인의 행태와 건축적 요소

행태에 따른 계획요소	행태특성	건축적 요소
친교성	사회적 특성 환경적 특성	• 다양한 사회적 접촉공간(사교실) • 출입구 우편함, 세탁소 내 친교공간 • 친교 형성에 유리한 평면
소속감	사회적 특성 환경적 특성	• 커뮤니티 시설 • 취미활동실 • 전시벽
프라이버시 (개인공간)	심리적 특성 환경적 특성	• 단위주거공간 • 커튼·칸막이 활용 • 발코니공간 • 시각적·청각적 차단
영역성	심리적 특성 환경적 특성	• 개인별 단위주거공간 • 사적영역과 공적영역 구분 • 입구에 게이트, 단지 울타리, 외부차량 통제
안전성	신체적 특성 환경적 특성	• 매개시설에서의 안전시설 • 턱 제거 • 모서리 • 바닥미끄럼 방지·비상벨 • 바닥카펫 사용 • 적정조명 확보 • 화상 방지
개인화	심리적 특성 환경적 특성	• 개인공간에 '의도적 비움공간' 제공 • 장식가능 벽체 • 개인정원
향수성	심리적 특성 환경적 특성	• 전통기구 • 온돌, 마당, 정자, 툇마루

10-3 노인 주거환경을 위한 디자인 원칙

노인들이 공동으로 거주하는 주거환경에 대한 최적의 주거환경을 만들기 위해서는 노인들의 특성을 고려한 디자인 원칙이 필요하다. Judd, Marshall, and Pippen(1998)[14]과 Cohen and Weisman(1991)[15]이 제시한 노인을 위한 주거한경 디자인 원칙을 종합정리하면 3가지(소규모

가정 같은 환경계획, 노인의 행태특성에 맞는 계획, 거주의 연속성)로 요약할 수 있다.

표 10-4 • Cohen and Weisman(1991 과 Judd, Marshall, and Pippen(1998)의 디자인 원칙

Judd, Marshall, and Pippen(1998)	Cohen and Weisman(1991)	비고
• 소규모 단위(유닛당 13인 이하) • 친근하고 가정 같은 환경 • 가구나 노인 소지품을 보유할 수 있는 개실 제공	• 소규모 그룹 유닛 • 탈시설적 이미지 • 과거의 향수 • 가정적 분위기의 환경 • 가족방문 • 독립화장실 • 개인실	소규모 가정 같은 환경
• 노인에게 적합한 환경제공의 노력 • 노인에게 적합한 안내사인 • 개인의 다양성 고려 • 안전한 외부공간	• 턱 제거 • 감각기능 • 치료적 환경 • 외부공간	노인행태 특성에 맞는 계획
• 지역성과 문화성의 고려 • 지역의 연속성	• 노인을 위한 다양한 시설(day care, cohousing 등) • 지역의 연속성	거주의 연속성

10-3-1 소규모 / 가정 같은 환경

노인 공동주거에서 '소규모화와 가정 같은 환경' 제공이란 노인들이 가족적인 환경에서 독립적 생활을 할 수 있는 환경을 제공하는 것을 의미한다. 미국과 유럽에서 20세기 초부터 시작한 대규모 노인시설 위주의 주거환경이 1960~70년대로 접어들면서 그 경향이 소규모화로 바뀌기 시작하였다. 그 이유는 대구모 시설은 이용자들이 심리적 만족감을 주지 못하고, 개별화된 프로그램의 결여로 입주자 요구를 충족시키지 못하며, 동기유발 저하 및 지역사회와의 단절 등 부정적 결과를 유발하는

14) Judd, S., Marshall, M., Pippen, P. (1998) Design for Dementia, Journal of Dementia Care, Hawker Publication.

15) Cohen, U. and Weisman, G. D. (1991) Holding on to home. The johns Hopkins University Press.

것으로 나타났다. 이러한 부정적 측면을 어느 정도 해소할 수 있는 방안으로 시설의 소규모화와 가정 같은 분위기의 환경을 제공하여 이용자들이 가정에서 거주하던 환경을 노인시설에도 최대한 제공하여 만족스런 시설을 제공하고자 하는 것이다.

그렇다면 기존 대규모 시설을 활용할 방안은 없는 것인가? 기존의 대규모 시설은 소규모 그룹별로 거주할 수 있도록 리모델링을 하는 것도 하나의 방법이 되겠다. 10명 내외의 소그룹에 맞는 환경을 제공하기 위해 우선 1인실 위주로 하여 노인 각자가 독립적 생활을 할 수 있게 하고, 공용공간(거실, 식당, 프로그램실)은 공유하게 한다. 즉, 개인의 프라이버시 확보와 독립적 생활을 할 수 있도록 거주공간을 소규모화 하여 가정 같은 분위기를 만들어 주는 것이다.

소규모화 및 가정 같은 분위기는 이용자들에게 탈시설적 이미지를 제공하기도 한다. 탈시설적(De-institutionalization)이란 비교적 큰 규모의 건축물에서 발생할 수 있는 이미지로, 예를 들면 많은 사람을 수용하기 위해 같은 공간을 반복적으로 배치한 건축물(병원 학교 등)에서 똑같은 크기의 창문이나 실이 연속적으로 반복 배치되거나, 이러한 공간의 연속적 배치를 위해 필요한 긴 복도 등이 이에 해당된다. 소규모화 된 가정적 환경을 갖춘 노인요양소에서는 이러한 시설적 이미지가 사라져 노인들이 타 요양소나 타 공동주거로 이동하는 이주율이 낮게 나타나는 것으로 보고되고 있다.

10-3-2 노인의 형태특성에 맞는 계획

노인을 위한 주거환경이라면 노인의 신체적 조건, 노인의 행태 및 심리적 특성이 고려된 주거환경이 되어야 한다. 앞에서 이미 언급하였으나 요약하면, 노인을 위한 각종 턱 제거, 미끄럼방지, 위험요소 제거, 적정 스위치 및 안내판 위치, 각종 기기의 조작 간편 등 노인의 신체적 특성과 행태특성을 고려한 환경을 제공해야 한다. 또한 노인은 시력저하뿐만 아니라 노화로 인한 신체적 구부러짐으로 인해 일반인에 비해 시각이 수평 이하로 향하거나 바닥으로 향하므로 안내사인의 위치는 일반사인보다 낮게 하거나 바닥에 설치해야 한다. 안내사인 규모는 일반 안내사인에 비해 되도록 크게 하고 글자뿐만 아니라 사인 크기도 일반사인보다 크게 해야 한다.

그림 10-11은 영국의 요양시설에서 길찾기가 곤란한 영국의 한 할머니(June)에게 맞게 낮은 사인위치, 큰 글씨, 큰 사인 등을 디자인에 고려하여 이용하고 있는 좋은 예이다. 이처럼 노인의 행태특성에 맞는 주거환경 계획은 사소한 곳에서부터 넓게는 건축물의 지형적 위치까지 고려해야 한다.

그림 10-11 | 영국 노인요양시설에서의 안내사인

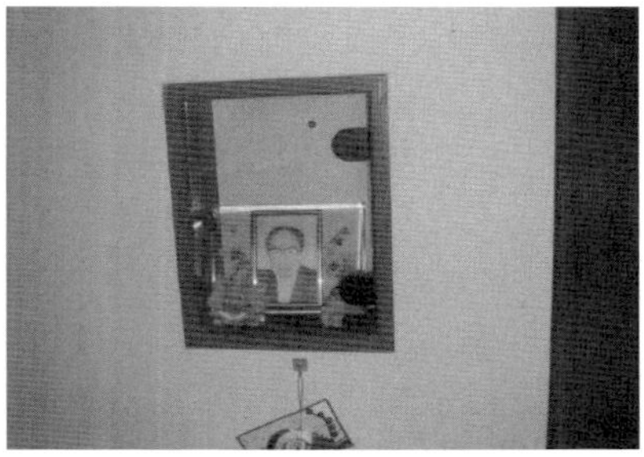

그림 10-12 | 일본 노인요양시설에서 사진을 이용한 안내사인

10-3-3 거주의 연속성

노인들은 과거부터 살아온 환경, 즉 친근한 환경에서 살아가게 하는 것이 중요하다. 신체적 쇠약으로 인해 새로운 환경으로의 이동은 적응능력이 떨어진 노인에게는 쉬운 일이 아니다. 부득이 거주환경이 다른 곳으로 이주할 경우 기존 살아온 환경과 비슷하다면 환경에 대한 거부감이나 적응기간을 단축시킬 수 있다.

노인 개개인의 존엄성을 중요시한다면 개인이 좋아하는 환경 또한 존중을 해주어야 한다. 가능하다면 생활해 왔던 주거환경이나 이와 비슷한 환경에서 노후를 보낼 수 있도록 고려해야 한다는 의미이다.

이연숙, 이성미(2002)와 상형종(1992)[16]의 연구에 의하면 많은 노인들이 자신이 살던 집에서 노후를 보내고 싶어 하는 것으로 나타났다. 'Aging in place'란 한 지역에 연속적인 간호를 제공받을 수 있도록 하는 것을 의미한다. 이는 노인이 오랫동안 거주해온 친근 지역에서 주간보호, 단기보호, 장기보호, 의료시설 등을 연계하여 연속적 거주를 할 수 있도록 제공하는 것을 의미한다.[17] 노인들은 살아온 지역이나 친근한 환경에서 생활을 선호하는 것을 의미하므로 이러한 요소들은 노인시설 디자인 시 적극적으로 반영해야 한다.

10-4 결 론

2008년 7월부터 실시되는 '노인장기요양보험제도'의 도입으로 그 간 가족의 영역에 맡겨져 왔던 노인 간병이나 노인요양문제를 국가와 사회가 일정부분 분담하게 되었다. 따라서 '노인장기요양보험제도'가 성공적으로 안착이 되기 위해서는 우선 노인전문요양시설이 이용자와 공급자에게 만족할 수 있는 수준에 도달해야 한다. 이용자 측면에서 볼 때 노인에게 적합한 주거환경이 갖추어진 노인전문요양시설이 필요하고, 공급자 측면에서는 노인의 신체적·심리적 특성과 행태에 맞는 필요한 환경을 제공하여 노인들에게 높은 만족감을 줄 수 있는 주거환경을 제공해야 한다.

최근 노인주거환경의 세계적 추세는 대규모화에서 소규모 가정적 환경을 지향하고 있는 것으로 나타났다. 각 시설마다 고유의 다양한 방법을 사용하여 가정적 분위기를 만들기 위한 마감재 선택이나 소규모 스케일 지향의 공간계획 지향으로 요약할 수 있다. 이러한 노인주거환경계획은 탈시설적 이미지 제고를 만들어주기도 한다. 또한 그 나라, 그 지역 이용자의 특성에 맞는 노인주거환경에 대한 고려가 적극적으로 이루어

16) 이연숙, 이성미 (2002) 건강주택 : 21세기 미래주택 기획을 위한 전략적 신사고, "노인복지를 위한 하드웨어와 소프트웨어" 연세대학교 출판부

17) 유엔의 권고안 (2002) 고령화 관련 국제행동계획과 노인을 위한 유엔원칙 권고 19조, 22조

져야 한다. 즉, 지역의 특성에 맞는 환경 제공은 지역 이용자들의 만족감을 높여줄 수 있기 때문에 지역 특성에 맞는 주거환경 연구가 적극적으로 진행되어야 한다.

노인들은 주거지 내부공간에서 대부분의 시간을 보내는 것으로 보고되고 있다. 이는 노인 주거환경에 대한 효과가 매우 소극적이며 비활동적 경향을 보인다고 할 수 있다. 따라서 노인을 위한 주거환경은 노인의 비활동적 특성과 비사교적 특성을 고려한 공간계획이 되어야 하고, 주거지 내부공간에서 대부분의 시간을 비활동적으로 보내는 점에 주목하여 여가 및 휴식을 위한 다양한 프로그램 개발과 이에 맞는 공간계획이 함께 병행해야 할 것이다.

본 장에서는 노인들의 행태 특성에 맞는 주거환경들을 언급하였다. 노인들에 필요한 주거환경에 대한 연구는 아직도 초기단계에 머물러 있어 노인을 위한 자료가 부족한 실정이다. 또한 우리나라 실정에 맞는 노인주거환경에 대한 연구는 아직도 부족한 실정이므로 이에 대한 연구가 더욱 필요하다 하겠다.

참고문헌

1. 김혜정, 고령화사회의 은퇴주거단지 디자인, 경춘사, 2000.
2. 상형종, 노인과 주거. 산업도서출판공사, 1992.
3. 유엔의 권고안 고령화 관련 국제행동계획과 노인을 위한 유엔원칙 권고 19조, 22조, 2002.
4. 윤혜림, 컬러리스트 종합이론, 도서출판 국제, 2004.
5. 이연숙·이성미, 건강주택 : 21세기 미래주택 기획을 위한 전략적 신사고"노인복지를 위한 하드웨어와 소프트웨어" 연세대학교 출판부, 2002.
6. Cohen, U. and Weisman, G. D. Holding on to home. The johns Hopkins University Press, 1991.
7. Edney, J. J. Human territoriality, in H. Proshansky et. al., eds., Environmental Psychology, 1976, pp.189~205.
8. Greenbaum, P. E. and Greenbaum S. D. Territorial Persona- lization, Environment and Behavior, Vol. 13, No.5, 1981, p.576.
9. Judd, S., Marshall, M., Pippen, P. Design for Dementia, Journal of Dementia Care, Hawker Publication, 1998.
10. Saxon, S. V. and Etten, M. J. Physical change & aging, The Tiresias Press, New York, 1994.

제 11 장

주택, 주택지, 도시의 관계 이해

제 11 장

주택, 주택지, 도시의 관계 이해

11-1 들여다보기, 내다보기

그림 11-1 | 도시 규모

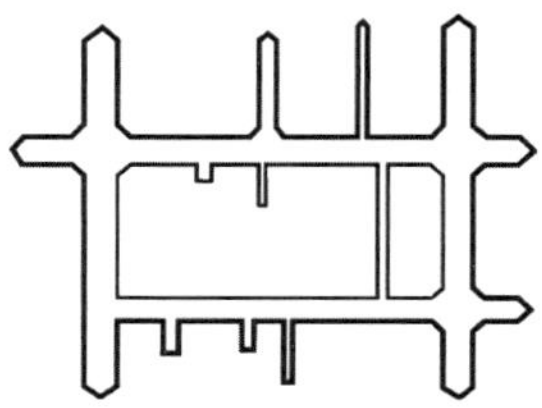

그림 11-2 | 주택지 규모

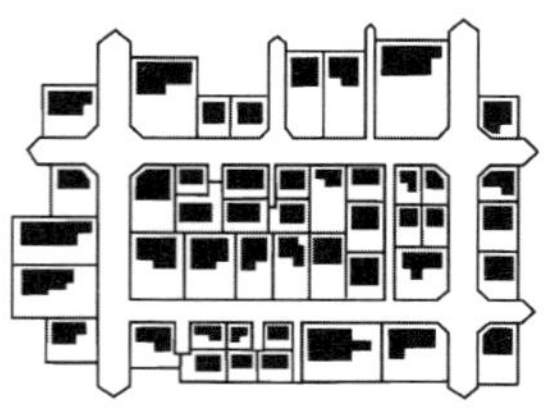

그림 11-3 | 주택 규모

본 장에서는 주택 및 주거의 의미를 주택을 포함하는 보다 넓은 영역으로서 주택지, 도시와의 관계를 통해 고찰한다. 논의의 방법은 주택, 주택지, 도시를 연결하는 각 공간들에 대한 '들여다보기·내다보기'의 개념을 통해서이다. 주요 관심대상 외부공간은 주택의 마당, 주택지의 골목, 그리고 도시의 열린 공간이다. 또 이들 공간을 연결하고 차단하는 장치물로서 창, 현관문, 대문, 담장 등을 더불어 고찰한다. 이들의 관계는 그림 11-4와 같이 상호 의존적이며 위계적으로 나타난다.

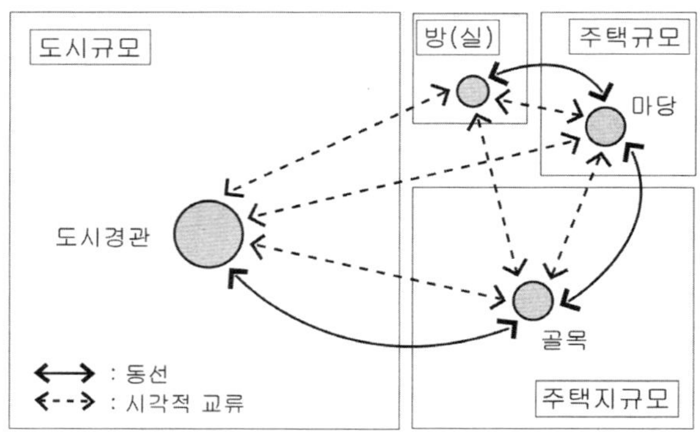

그림 11-4 | 들여다보기와 내다보기

11-2 주택 규모에서 본 주거의 이해

11-2-1 주택과 마당

1) 마당의 의미

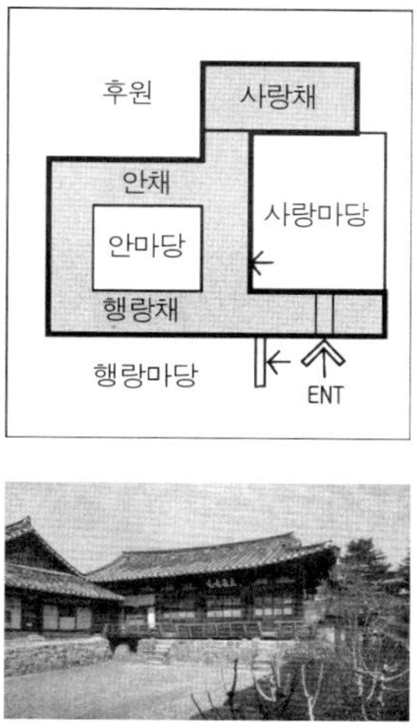

그림 11-5 | 전통한옥(양진당)

대지에 내부공간인 주택을 앉히면 나머지는 마당을 포함하는 외부공간이다. 마당의 의미는 시대적으로 문화적으로 달리 이해된다.

우리나라 전통한옥에서 마당은 그 기능부터가 다양하였다. 통과동선 공간으로서, 농사작업공간으로서, 가사노동공간으로서 주택의 외부공간으로서 일상생활을 위한 주도적 역할을 담당해 왔다. 뿐만 아니라 비일상 생활을 위한 공간, 즉 관혼상제가 있을 때 의례 및 접객을 위한 공간으로도 널리 이용되었다. 주인의 사회경제적 지위에 따라 주택의 규모가 달랐으며, 마당의 수가 늘어난다. 서민주택에서는 하나의 마당에 만족하였지만, 상류계층의 양반집은 안마당, 사랑마당, 행랑마당 등을 구분하여둠으로써 각 마당의 의미와 기능을 조금씩 달리 하였다.

개화기 이후 서울의 도시 한옥에서는 하나의 마당을 두었으며, 이 마당에서는 농작업의 기능보다 통과동선 및 가사노동의 공간이라는 일상생활을 위한 기능이 주가 된다. 그러나 오늘날 도시 한옥의 마당은 과밀화되고 있는 도시의 주거환경 속에서 일조, 채광, 환기 등의 가치가 새롭게 인식되면서 여백의 외부공간으로서 의미가 강조되고 있다. 전통주택에서 마당이 가졌던 다목적성 내지 합목적성이 여전히 요구되고 있으며, 여기서 마당은 외부공간으로서의 방(outdoor living room)으로까지 인식되고 있는 실정이다.

마당의 기능 및 분위기에 영향을 미칠 수 있는 요인들 중에는 건폐율, 마당의 배치형식, 출입구 구성방식, 주택의 향 등이 있다. 먼저 건폐율에 따른 마당의 성격이 어떻게 차이가 나는지를 살펴보자. 대지면적에 대한 건축(건폐)면적의 비율이 건폐율이다. 동일한 대지면적에서 건폐율에 따라 마당의 면적이 넓게도 좁게도 된다. 마당의 면적은 마당의 기능과 분위기를 좌우할 수 있는 가장 큰 변수이다. 예컨대 단독주택의 건폐

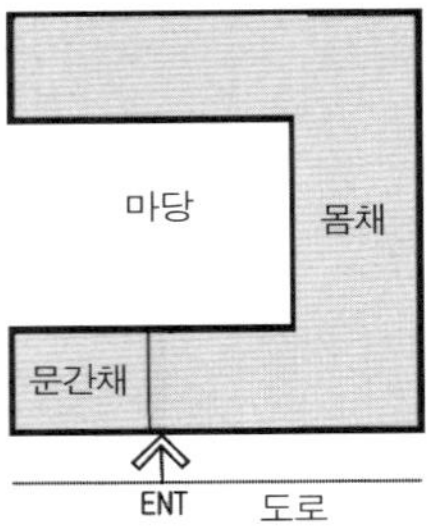

그림 11-6 | 도시한옥(서울)

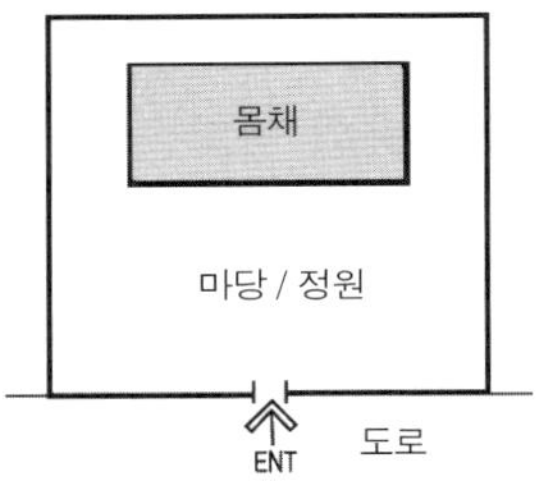

그림 11-7 | 단독주택(한국)

율 40%, 60%, 80% 등이 갖는 의미가 어떻게 다른가를 고찰할 필요가 있다. 예컨대 부산지역의 정책이주지에서는 '도시 저소득층의 주거환경 개선을 위한 임시조치법(1989)에 의해 건폐율 90%의 주택들이 재건축되었다. 건폐율 90%는 인접대지와의 경계선에서 필요한 만큼의 건축선 후퇴를 하면 마당공간 없이 전체면적에 주택을 앉히는 형식이다. 옆집과의 간격이 좁아 창문이 인접하여 나타나 프라이버시의 확보가 어렵다. 마당이 없어 채광, 환기를 기대하기 어려우며, 마당의 일부에 가꿀 수 있는 화단이 없어 나무나 화초를 가꿀 수 없어 정서적으로 메마른 주거환경이 된다.

또 마당은 배치형식에 따라 성격이 달라진다. 도로 및 마당과의 관계에서 볼 때, 마당이 도로와 접하는지 여부와 접할 경우 넓게 접하는지 좁게 접하는지에 따라 다르다. 주택과의 관계에서는 마당이 주택의 전면에 있는지 배면에 있는지, 아니면 측면에 있는지를 살피게 된다. 주택설계에서 이들 각각의 경우를 대안으로 분석해 볼 수 있으며, 실제 다양한 사례들이 나타나고 있다.

한편, 마당과 통과동선의 관계를 살펴 볼 필요가 있다. 여기서 통과동선은 대문과 현관문 사이의 통행방식을 지칭한다. 이들 통과동선은 크게 동선에 의해 마당이 완전히 분리되는 방식과 동선이 마당의 가장자리를 지나쳐 마당이 분리되지 않고 독립된 공간을 연출하는 방법이 있다. 동선에 의한 마당공간의 분리가 마당의 성격에 어떤 영향을 미칠 수 있는지에 대한 관심이 필요하다.

마지막으로 마당의 디자인적 검토로서 주택의 향과의 관계가 포함된다. 여기서 주택의 향은 개구부의 향과 상당 수준 일치하는 개념이다. 마당과 내부공간의 시각적 교류의 양과 질에 대한 적절한 수준과 조정의 필요성이 검토되어야 하기 때문이다.

2) 마당, 중정, 홀, 정원

마당은 한국의 주택에만 있는 주택 외부공간의 명칭이다. 서양에서는 이와 유사한 기능을 갖는 주택의 외부공간을 중정 또는 정원이라고 부른

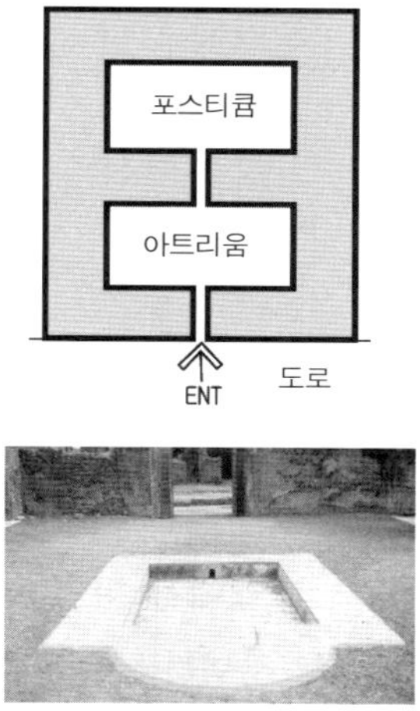

그림 11-8 | 도무스 주택(이탈리아)

다. 이들 마당, 중정, 정원은 기능이 비슷한 측면이 있지만, 주택이란 지역 및 문화에 다른 유형으로 나타나기에 그 속의 부분으로서 이들은 나름대로 차별화되는 특징을 갖고 있다. 이들 차별화되는 특징은 표 11-1에 나타낸 바와 같다.

표 11-1 • 마당, 중정, 홀, 정원의 이해

	마당	중정	홀	정원		비고
				한국	서양	
내·외부공간	외부	외부	내부	외부	외부	
지역	한국	서양 (온난지역)	서양 (추운지역)	–	–	
종류	안마당, 사랑마당, 행랑마당	patio atrium posticum	hall	전정	전정, 후정	
주변	실, 마루, 담장, 대문	현관, 실, 회랑	실, 복도, 현관	실, 담장, 대문	실, 펜스	
주차 관련	–	–	–	주차 포함	주차 포함	

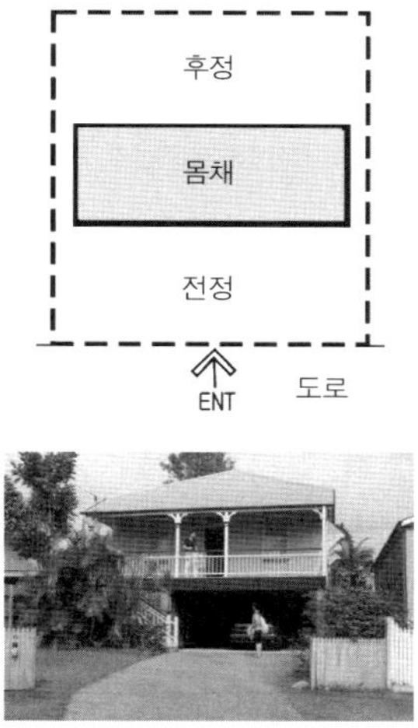

그림 11-9 | 단독주택(호주)

오늘날 한국의 대도시 단독주택에서는 화단기능을 겸비한 전정을 두는 방식이 많고 주차기능을 포함하는 경우가 많다. 마당(정원)의 배치형식은 전면에 두는 전정형과 가운데 두는 중정형이 일반적이며, 그 외 전·후면에 전정과 후정을 두는 경우를 비롯하여 다양한 형식이 나타난다. 출입구의 구성형태도 대문과 현관이 곧바로 연결되는 곧은 축 형식과 꺾인 축 형식을 비롯하여 다양하다. 또 주택의 열린 향이 일조에 유리한 남향 위주인지 아니면 조망이 유리한 쪽을 향하는 조망향인지에 따라 마당공간의 성격과 장소적 분위기는 크게 달라질 것이다.

서양의 주택에는 고대시대부터 있었던 중정형식과 근대 이후 나타난 전정과 후정을 함께 갖는 형식이 있다. 중정형식에서는 주변의 실들 개구부가 중정을 향하도록 되어 있고, 중정 주위에 열주가 있느냐 없느냐에 따라 아트리움(atrium) 또는 포스티큠(posticum)이라고 부른다. 로마시대 폼페이의 판사(pansa)주택의 경우 아트리움과 포스티큠 둘 다

조성되어 있다.

11-2-2 내부공간에서 내다보기

1) 주택에서 조망의 의미

조망은 내다보기 또는 들여다보기의 또 다른 명칭이다. 주택에서 바라볼 수 있는 조망의 대상은 점차 줄어들고 있다. 전통주택에서는 하늘과 더불어 앞산이 훌륭한 조망 대상이었으며, 마을 앞에 펼쳐진 들판과 개울이 보조적인 대상이었다. 도시화가 이루어지면서 주택에서 바라볼 수 있는 이들 조망대상이 점차 시각적으로 차단되기 시작하였다. 녹지공간이 사라지고 있고 자연환경도 주택에서 점차 멀어지고 가려지고 있다.

매스컴에서 한강 조망권, 바다 조망권, 환경프리미엄, 경관자원이라는 용어가 등장한지도 상당한 세월이 지나고 있으며, 조망을 경제적인 가치로 평가하는 경향이 두드러지고 있다. 이들 조망의 가치는 개인의 선호도에 따라 달리 느껴지는 차별적 성향이 있지만, 아파트단지에서 층수가 높은 아파트를 더 선호하고 또 가격도 비싸게 팔리는 현상에서 그 가치를 입증할 수 있다. 특히 주택 주변에 강, 바다, 공원 등이 있으면 조망의 가능성 때문에 그 가치가 크게 상승된다.

조망에 대한 만족도는 열려진 공간을 통해 표현되는 전체경관의 시각적 경험의 한 척도라 할 수 있다. 시점의 높이와 거리, 주변건물과 선호경관 등 객관적 변수와 시각적 선호도로서 조화성, 특이성, 개방성 등 주관적 변수에 의해 결정된다. 일반적으로 단위주거에서 보게 되는 조망은 자발적인 의지라기보다는 무의식적으로 창을 통해 열려진 공간을 보는 행위에 의해 얻게 되는 시각적 경험을 더 많이 포함한다. 주택의 고층화가 진행되면서 고층주거에서의 조망은 새로운 경험으로 인식되었고, 점차 더 폐쇄적 형태로 바뀌고 있는 아파트 형식에서 얻을 수 있는 시각적 개방감은 심리적으로 더 큰 만족감으로 작용하기 때문으로 보인다.

2) 1차적 내다보기

주택의 내부공간에서 내다보기의 첫 단계는 주택, 주택지, 도시규모의 공간을 향한 내다보기이다. 이들 중 1차적 내다보기의 주 대상은 마당 또는 정원이다. 이들 내다보기는 내부공간에 딸린 개구부의 성격에 따라 결정된다. 특히 거실 또는 안방 등 주요 실의 개구부의 위치, 크기, 형태 등에 따라 외부공간을 바라볼 수 있는 시각적 양과 질이 달라진다. 내다보기의 양을 높이기 위해서는 창을 많이 또는 크게 두어야 하지만, 내다보기의 질을 높이기 위해서는 외부공간인 마당에서 내부공간으로 들여다보기의 가능성과 함께 논의되어야 할 문제이다. 내다보기와 들여다보기는 시각적 소통의 문제로서 언제나 쌍방의 두 공간 간의 문제이다.

3) 2차적 내다보기

다음은 주택의 내부공간에서 주택지 골목 또는 도시의 열린 공간에 대한 조망이 가능한지의 문제이다. 대부분의 경우 옆집과 앞집이 가까이 붙어 있고 담장이 높게 둘러쳐 있어 1층에서는 집 밖을 내다보기란 쉽지 않다. 내부공간에서 하늘을 제대로 바라볼 수 있으면 다행스러울 정도이다. 이들 2차적 내다보기의 양과 질을 좌우할 수 있는 가장 큰 요인은 담장이다. 높은 담장은 밖으로 뻗어나가는 시선을 차단시킨다. 그러나 담장이 없는 주택에서는 시선이 골목까지 뻗을 수 있다. 또 경사지 주택에서는 시선이 도시의 먼 곳, 산과 바다에까지 미칠 수 있어 도시의 경관을 집안 내부공간에서 즐길 수 있는 경우도 있다.

주택설계에서 대지분석을 하다보면, 예컨대, 어느 향은 시각적으로 좋은 경관을 볼 수 있는 장점이 있지만, 그 향이 남향이 아닌 경우 거실 또는 안방을 두기가 곤란하여 향 결정에 고민하는 경우가 있다. 일조의 유리함을 택할지, 아니면 조망의 유리함을 택할지 선택의 문제이다. 이것은 건축주의 요구 또는 건축가의 가치에 따라 달리 결정될 수 있는 문제이며, 어느 쪽의 결정이 잘 했고 못한 것으로 평가될 수 없는 문제이며, 건축가의 디자인 결정이 요구된다.

11-2-3 마당에서 들여다보기

1) 들여다보기와 프라이버시

프라이버시는 나(우리)와 남(남들) 사이에서 남으로부터의 분리 또는 남의 침해로부터의 보호를 위한 개념이다. 타인과의 접촉을 피하고자 하는 폐쇄적인 심리상태, 즉 은둔, 격리, 회피 등을 추구하는 것으로서 인간의 또 다른 심리상태인 타인과의 대화, 만남 등 교류를 바탕으로 하는 사회적 상호작용을 추구하는 것과 상반되는 개념이다. 알트만(Altman)은 자신 또는 자기가 속한 집단의 입장에서 개방 및 폐쇄를 선택적으로 조절한다고 하였다.

주택설계와 관련해서 시각적 프라이버시 문제는 들여다보기와 관련이 깊다. 주택에서 프라이버시는 가족들 간의 프라이버시 문제와 외부인들에 대한 프라이버시 문제가 있다. 마당에서 들여다보기의 문제는 전자의 경우이지만, 담장이 없는 경우 후자도 포함된다. 마당의 위치와 관련하여 실, 출입구, 창의 위치를 어디에 두느냐의 문제는 모두 들여다보기의 시각적 프라이버시 문제와 관련이 깊다.

2) 프라이버시의 선택적 통제

주택은 주(住)생활과 주(住)공간의 대응관계에서 이해될 수 있다. 주생활을 개인생활, 가족생활로 구분하고, 주공간을 내부공간과 외부공간으로, 또 내부공간은 공실(公室)과 사실(私室)로 구분할 경우, 마당에 접해 있는 내부공간의 각 실은 시각적으로 마당 쪽으로 노출될 수 있다. 이때 각 실 중 침실 등의 사실은 시각적 노출에 대한 적절한 통제장치가 상당 수준 요구되며, 거실 등 공실에는 이들 통제장치가 적절히 요구된다. 시각적 열림과 닫힘의 선택적 통제가 필요하다는 뜻이다. 이것은 개구부의 크기, 창대높이 등의 건축적 장치와 함께 블라인더, 커튼 등의 부가적 장치에 의해서 조절이 가능하다.

표 11-2 • 마당에 대한 각 실의 프라이버시 요구수준

	내부공간		비고
	사실공간	공실공간	
개인생활	●	–	
가족생활	–	○	

범례 : ● : 강한 관계, ○ : 보통 관계, – : 관계 없음

이따금 주택설계 스튜디오에서 외부공간인 마당에 접하는 실을 사실 또는 공실 중 어느 쪽이 더 좋은지를 묻는다. 프라이버시 문제를 근본적으로 해결하기 위해서는 불필요한 시각적 교류의 원인이 되는 근접을 피하는 것, 즉 개인생활을 전제로 하는 사실보다는 가족생활을 전제로 하는 공실공간을 마당에 접하도록 배치하는 것이 좋은 방법이지만, 마당에 사실이 접한 경우라도 개구부로부터 노출되는 시각적 프라이버시를 선택적으로 차단 내지 확보할 수 있는 적절한 설계수법을 통해 해결이 가능하여 절대적 기준이 될 수 없다.

마당의 존재 여부 및 사용방식 등에 따라서 마당에 접하는 실의 종류가 선택될 수도 있지만, 이들 실에 개구부를 어떻게 두느냐의 결정, 즉 창이나 문의 설치 여부를 비롯하여 창의 크기, 투과성 등 내부공간의 생활을 고려한 적정한 선택을 하게 된다. 특히 실에 직접 출입하는 개구부를 둘 경우 마당의 바닥높이와 실의 바닥높이 간의 차이를 염두에 둔 설계도 프라이버시 확보에 유익한 수단이 된다. 전통주택에서의 마당레벨에서 기단높이(60cm 전후) 및 방바닥 높이(60cm 전후), 문지방 높이(20cm 전후)를 생각해 보면, 방 안의 시각적 프라이버시가 마당으로부터 적절히 보호될 수 있음을 이해할 수 있다. 주택에서 1층 바닥높이와 마당높이(G/L)의 차이가 없는 경우 실내공간의 시각적 프라이버시가 불리하다. 단 차이가 최소 1.5m 이상은 되어야 실내의 프라이버시 확보하기가 용이하다. 이처럼 내·외부공간의 바닥레벨 차이에 따라 내부공간의 성격이 어떻게 달라질 수 있는지에 대한 이해가 필요하다.

11-2-4 마당에서 내다보기

1) 마당, 담장, 골목의 구성

마당공간에서 대문을 나서면 골목으로 이어진다. 마당과 골목은 담장으로 구분된다. 담장에는 대문을 두는 경우가 많고 없는 경우도 있다. 행랑채의 한 칸을 대문간으로 만들어 대문을 달기도 한다. 전통주택의 반가나 서울의 도시한옥 등에서 나타나는 양식이다. 그러나 도시 단독주택에서는 담장에 대문을 설치하는 경우가 일반적이다.

그림 11-10 | 높은 담장(흙담)

그림 11-11 | 낮은 담장(벽돌)

그림 11-12 | 투시형 담장(높은)

2) 주택에서 담장의 의미

주택에서 담장 있음과 담장 없음은 주택의 분위기에 큰 영향을 미친다. 담장의 역할은 적지 않으며, 이런 이유로 담장은 전통주택에서부터 오늘날의 도시주택에 이르기까지 지속적으로 이어져 오고 있다. 주택에서 담장이 기능을 3가지로 나누어 살펴본다.

첫째, 담장은 내 것과 네 것을 나누어 영역으로 구획하는 경계의 기능이 있다. 영역간의 경계를 나타내는 방법 중에서 아주 강력한 효과를 나타내는 방식이다. 영역간의 경계는 경계선을 그리거나 바닥의 단 차이를 두거나 두 영역간의 바닥재료를 달리하거나 등의 간단한 구분방식이 있다. 펜스나 담장 또는 생나무 울타리를 치는 것은 보다 강력한 경계표시 방식이다.

둘째, 담장 안과 밖의 세계를 나누어 안을 바깥으로부터 보호하려는 기능이 있다. 일반적으로 안은 내부공간이며 밖은 외부공간이 되고, 내부공간의 주생활이 외부공간으로부터의 불필요한 침입을 막아주는 역할이다. 이러한 불필요한 침입은 시각적 침입과 더불어 행위적 침입 모두를 지칭한다. 골목을 지나치는 행인의 시선에서 벗어날 뿐만 아니라 방범효과의 기능까지 포함되는 개념이다. 또 도로에서 날아드는 먼지나 소음을 막아주는 역할도 하고 있다.

셋째, 담장이 갖는 상징적 기능이 있다. 앞의 둘을 물리적 기능이라고 한다면, 마지막은 심리적 기능에 해당한다. 주택에서 담장이 갖는 상징

그림 11-13 | 낮은 담장(생나무)

그림 11-14 | 투시형 담장(낮은)

그림 11-15 | 담장 없음

그림 11-16 | 부분담장

성은 집주인의 신분이나 부를 과시하는 등의 암시적 기능이다. 우리나라에서도 담장에 대한 인식의 변화조짐이 이미 나타나고 있어 주목된다. 담장을 낮추거나 투시형 담장으로 하거나, 아예 없애는 경향들이 그것이다. 또 기존의 무미건조한 담장에서 벗어나기 위하여 담장의 재료를 주변과 차별화하거나 담장에 슈퍼그래픽을 그려서 담장의 표정을 바꾸려는 시도들도 있다. 담장을 없애거나 낮추거나 투시형의 담장에 대한 일반시민의 생각은 아직 완전히 성숙된 단계는 아니다. 주택지에서 담장이 없어지면 골목의 환경이 크게 개선될 것이라고 생각은 하지만, 아직까지는 남의 집 담장을 헐어주기를 바라뿐 내 집 담장을 먼저 헐지는 망설이는 수준이다. 건축가의 사회적 역할이 요구되는 부분이기도 하다.

이러한 주택 거주주민들의 의식은 건축가의 입장에서 좀 더 깊게 들여다 볼 필요가 있다. 주민들은 현재 담장이 있는 주택에서 거주하고 있으며, 현재의 주택형식에 길들여져 있다. 현 주택에서 담장을 제거할 경우 어떤 불편함이 따를지를 알고 있다. 담장이 없어도 불편함이 최소화될 수 있는 주택은 현재의 주택형식과는 무엇인가가 달라져야 할 것이다. 무엇이 어떻게 달라져야 할지에 대한 고민이 건축가에게 요구되고 있다. 주로 보안문제, 프라이버시 문제 등을 극복할 수 있는 방안들이 제안되고 또 공감을 불러일으켜야 한다. 새로운 개념의 주택이 도입되기 위해서는 건축가의 혜안적인 제안과 사회적 힘의 도출을 위한 시간과 노력이 필요하다.

3) 담장의 종류

담장의 종류는 형태 및 재료를 통해서 구분된다. 담장은 일반담장과 울타리(펜스)로 구분된다. 일반담장 재료에는 돌, 흙, 벽돌, 블록, 목재 등이 있고 울타리는 철재, 목재, 생나무 등으로 만든다. 주택설계에서 어떤 종류의 담장을 선택하느냐는 주택의 성격과 이미지를 좌우할 수 있는 중요한 요인이다.

그 외 담장의 높이 및 투시 여부가 관심대상이다. 담장의 높이는 전통주택에서 1.8m(6자) 내외가 많으며 골목에서 집안을 쉽게 들여다 볼 수

그림 11-17 | 높은 담장(벽돌)

없을 정도의 높이다. 담장이 높으면 담장의 안과 밖은 그만큼 더 단절이 심화된다. 이것은 담장 안의 생활을 중시하는 주택에서 나타나는 담장형태이다. 담장이 낮아져 눈높이보다 더 낮아지면 담장 안팎으로 시선의 교류가 일어난다. 생활의 일부가 지나치는 행인에게 노출될 수 있는 불편함이 따른다. 그러나 골목공간은 밝아지고 담장 안 잘 가꾸어진 정원을 골목에서 즐길 수 있게 된다. 골목환경이 개선되는 효과가 있다. 투시형 담장은 이처럼 골목환경 개선효과를 낼 수 있는 하나의 방안이다.

11-3 주택지 규모에서 본 주거의 이해

11-3-1 골목의 의미 및 종류

1) 골목의 의미

골목의 의미를 5가지의 기능적 특성을 통해 살펴본다. 첫째, 골목에는 과정적 공간으로서의 기능이 있다. 주택이라는 생활공간과 일터라는 생산 공간을 연결 짓고 경계 짓는 과정적 내지 완충적 공간이다.

둘째, 서비스 공간으로서의 기능이 있다. 주택지를 골목을 중심으로 볼 때, 골목사회를 형성하는 여러 가지 인자들에는 방범초소, 방범등, 우체통, 광고판, 교통안전 표시판 내지 장치물, 등교 길을 알리는 입간판, 맹인들의 보행을 돕는 보도블록, 모퉁이 투시경, 험프 등 다양한 가로장치물 등이 있다. 또 골목을 통해 상하수도, 전기, 전화, 가스 등 주택이 필요로 하는 서비스가 제공된다.

그림 11-18 | 서비스 공간

그림 11-19 | 메시지 장

셋째, 메시지의 장이다. 골목에서 일어날 수 있는 부적합한 행위를 차단하기 위한 메시지로서 주차금지, 쓰레기를 버리지 마시오, 소변금지, 구인구직 안내문 등이 있다. 또 대나무 장대를 꽂아두고 사주나 점을 봐주는 집이 있는 골목도 있고, 옹벽이나 담장의 붕괴위험이 있거나 공사중 등으로 안전에 유의하면서 통행을 하라는 메시지, 또 주민의 집단적 행동을 선동하는 메시지도 있다. 한편, 어떤 골목에는 그 골목을 지나치면서 주택 내부에서 나오는 생활음(音)을 느낄 수 있다. 이렇듯 골목공간에서 느낄 수 있는 메시지는 시각적 메시지뿐만 아니라 청각적 메시지까지 다양함을 알 수 있다. 이러한 메시지의 내용과 양은 한 지붕 밑에 여러 세대가 살아가는 서민주택지 골목이 고급주택지 골목보다 더 다양하게 나타남을 볼 수 있다.

그림 11-20 | 이웃관계의 장

넷째, 이웃관계의 장이다. 도시화와 함께 이웃끼리의 교류는 점차 줄어들고 있다. 가장 큰 이유는 이웃과의 교류가 필요하지 않은 사회가 되고 있기 때문이다. 그러나 이웃교제는 여전히 열린사회가 지향하는 인간이 살기 좋은 사회의 표본이다. 건축가의 관심은 물리적 환경을 어떻게 디자인함으로써 이웃관계가 더 활발해질 수 있을까에 모아진다. 골목공간은 이웃간의 만남이 일어날 수 있는 가능성이 가장 높은 공간이다. 이웃간의 우연한 만남은 눈인사를 시작으로 점차 발전될 수 있으며, 공통의 관심사를 비롯하여 물건 빌리기, 아이 봐주기, 방문 등으로 이웃관계의 발전이 가능해진다.

그림 11-21 | 주생활의 연장

다섯째, 가정생활의 연장적 장이다. 서민주택지에서는 가정생활이 골목으로 연장될 수 있는 가능성이 높다. 생활의 넘쳐 나옴에는 아동놀이, 휴식, 가사노동 등을 골목에서 하는 경우이다. 평상이나 의자, 쓰레기통, 물통, 빈 상자, 손수레 등 내부공간이 비좁아 생활용품을 골목에 내어 놓는 경우도 있다.

그림 11-22 | 과정적 공간

그 외에 차고나 대문 앞에 '주차금지'라는 글씨를 흔히 본다. 주택지 골목에서의 골목주차는 이웃간에 말썽의 소지를 안고 있음은 물론 심지어 소방차의 진입까지도 막아 사회문제가 된다. 또 골목에 '화단'이 조성되는 현상이 나타난다. 이들 골목화단은 집 앞에 내놓은 화분 종류와 함께 골목의 분위기를 정서적으로 바꾸어주는 효과도 있다. 획일적 모습의 담장으로 둘러싸인 골목공간은 무미건조하게 느껴지기 십상이다. 골목화단이 주는 푸른 식물이 주는 정서적 안정감과 다양성은 골목공간을 활기찬 공간으로 만들어준다. 담장이 낮거나 투시형 담장이면 그 효과는 증대될 것이다.

2) 골목의 종류

피에르 라벤단(Pierre Lavendan)은 주택가 가로를 직장 일을 마치고 한두 시간씩 일과처럼 얼굴을 내미는 곳이라 하였다. 골목은 가로의 한 종류이며, 학술적 용어로서 '도로'에 속한다. 법규적으로 도로를 사용형태, 규모, 기능에 따라 구분할 경우, 주택지의 골목길은 각각 일반도로, 소로, 구획도로에 속한다. 주택지의 골목은 형, 깊이, 폭, 경사 정도, 향, 바닥재료 등의 측면에서 다양하게 구분될 수 있으며, 각각은 골목에 연결되어 건축되는 주택에 영향을 주고받으면서 주택지의 이미지 형성에 크게 기여한다.

골목의 평면적 형태에 따른 구분은 직선형 및 곡선형을 비롯하여 쿨데삭, 루프, 막다른 골목, 쌈지형 골목 등으로 구분된다.(그림 11-23)

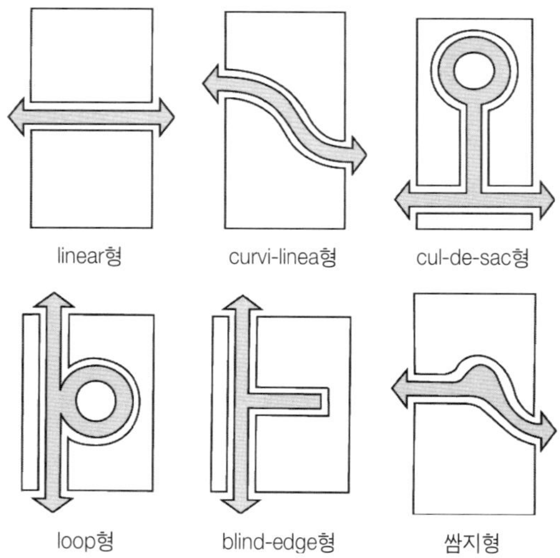

그림 11-23 | 주택지 골목의 평면적 유형

또 골목의 깊이는 막다른 골목이 10~30m 정도, 일반 골목은 50~100m 정도이며, 더 긴 골목도 이따금 나타난다. 골목의 폭은 4m 미만은 법적으로 도로로 인정을 받을 수 없는 좁은 골목이며, 무허가 불량주택지의 골목이나 막다른 골목에 있다. 그 외 4m, 6m, 8m 등의 골목이 가장 많이 존재한다. 주택지에서 10m 이상의 골목길은 드물다. 또 골목은 경사도에 따라 평지 골목, 경사로 글목, 계단 골곡 등으로 구분된다. 특히 경사로 골목이 형성될 수 없는 급한 경사지에서는 계단이 형성되어 자동차의 출입이 불가능하여 독특한 골목 분위기를 연출하고 있다. 골목은 또 방향에 따라 남북방향 골목과 동서방향 골목 등으로 구분하여 이해될 필요가 있으며, 주택의 접근성과 관련하여 배치방식에 영향을 준다.

11-3-2 골목에서 들여다보기, 내다보기

지금까지의 단독주택은 집주인의 요구가 충실히 반영된 형태였지만 골목공간은 집주인의 관심 밖이었다. 골목을 통해 본 개별주택의 이미지와 골목을 통해 본 주택가의 이미지는 유사하다. 개별주택의 이미지는 골목을 통해 모여 주택가의 이미지가 형성되기 때문이다.

주택이 개별적으로 집주인의 상징이자 거울이라면, 주택지는 주민들의 집단적 상징이자 거울이 된다는 견해이다. 개별 주택들이 모여 이루어진 주택가의 골목에서 들여다보기는 주택과 마당을 바라보는 것이며, 내다보기는 골목길을 바라보는 것을 지칭한다. 전자는 행인과 집주인이 받는 느낌에 관한 문제이고 후자는 주로 행인이 받는 느낌에 관한 문제이다. 골목에 대한 행인의 입장과 집주인의 입장은 상반적이다. 행인은 골목을 지나치면서 골목의 분위기가 단조롭고 갑갑하고 무미건조하지 않기를 바란다. 반면, 집주인은 담장 안의 주생활에서 시각적 프라이버시 측면에서 불편함이 없길 바란다. 행인의 욕구를 충족시키기 위해서는 담장을 제거하는 쪽을 선호하고, 주민은 집안의 생활보호를 위하여 담장의 필요성을 느낀다. 그러나 여기서 행인과 집주인을 분리하여 생각하였지만, 실제 집주인도 집 앞을 나서면 행인의 입장이 된다. 주거환경으로서의 골목공간을 행인의 입장에서 개선되길 바라는 쪽에 힘이 실리는 이유이다.

여기서는 골목에서의 들여다보기와 내다보기에 대한 이해를 위하여, 현실적으로 골목공간에서 발생되고 있는 문제점들을 중심으로 고찰하고

자 한다. 이들 중 다양한 형태의 담장 출현은 앞에서 언급하였고, 나머지 골목화단, 골목주차, 개성의 표출을 중심으로 한다.

1) 골목화단

그림 11-24 | 골목화단

골목화단은 무미건조한 골목환경을 개선하기 위하여 주민들 스스로 가꾸는 공동화단이다. 주민들의 자발적 의지에 의한 것도 있고, 또 도시 새마을운동 등 행정관청의 의지에 의해 조성된 것도 있다. 골목길의 가장자리에 좁게 화단을 만들어 나무와 꽃을 가꿈으로써 지나치는 행인들에게 즐거움을 주려는 노력이다. 이러한 현상은 무미건조하고 획일적인 담장에 막혀 골목환경이 지나치게 단조롭고 무미건조하였기 때문에 나타나는 골목환경 개선의 노력의 결과이다. 담장 안에는 집집마다 정성스레 가꾼 정원이 아름다움을 뽐내지만, 지나치는 행인에게는 높은 담장으로 철저히 막혀있는 현실과 함께 이해될 필요가 있다.

2) 골목주차

그림 11-25 | 골목주차

단독주택지의 주차문제는 개별차고를 통해 해결한다. 자동차수의 급격한 증가로 주택가 주차문제는 심각한 실정이다. 개별차고가 계획되지 않은 자연발생적 주택지에서는 골목에 주차를 하는 경우가 대부분이며, 토지구획정리사업에 의한 주택지에서 차고를 둔 경우에도 셋방을 주는 경우 늘어나는 주차수요를 개별차고에서 충당할 수 없어 골목주차를 하게 된다. 이들 골목주차는 골목공간이 갖는 고유한 기능들을 마비시켜 주거지의 성능뿐만 아니라 환경까지 해치는 결과를 초래한다. 주택지의 기능 및 환경 회복을 위해서 공동주차장이 필요하다.

3) 개성의 표출

자기 집 앞 골목에 내어 놓은 각종 물건들은 집주인의 개성을 나타낸다. 이들 물건들은 '넘쳐서' 나온 것과 '표출된' 것으로 나눌 수 있다. 수납부족 등의 이유로 내어 놓게 되는 쓰레기통이나 빈 상자, 세발자전거

그림 11-26 | 대문, 현관 앞(개성의 표출)

그림 11-27 | 대문, 현관 앞(개성의 표출)

그림 11-28 | 대문, 현관 앞(개성의 표출)

등은 앞의 경우이고, 거주자의 기성을 바깥 세계로 전달하고자 자기 집 안의 표정을 담은 화분이나 독특한 표찰 등을 내놓거나 거는 등은 후자의 경우에 속한다. 건축설계에서 관심을 갖는 부분은 후자의 개성의 표출이다.

이들 개성의 표출은 무미건조하고 단조로운 주택지의 골목공간이 갖기 쉬운 '획일성'을 탈피하기 위한 '식별력'을 부여하는 효과를 낼 수 있다. 획일성이 난무하는 골목공간의 일부에서 나다 놓은 생활용품을 통해 개성이 연출되기 시작하면 인접하는 이웃 주택에서도 또 다른 개성을 연출하려는 욕구가 생겨나게 되고, 결과적으로 무미건조하던 골목공간이 다양한 개성의 표출들이 어우러진 독특한 분위기의 새로운 골목환경으로 거듭 태어날 수 있다는 것이다.

이러한 생활용품의 표출을 통해 골목이라는 공적공간을 부분적으로 소유하게 되는 것과 같은 의식의 전환이 발생하며, 이는 골목공간에 대한 관심 확대와 함께 골목공간을 함께 이용하는 주민들 간에 대화가 늘어나는 계기가 될 수 있고, 나아가 '우리 의식'이 강화되는 계기가 될 수 있다. 결과적으로 집주인의 개성이 표출되고 우리 영역이라는 소유의식이 강화된 골목공간은 주민들에게 버려진 무관심의 골목이 아니라 주민 모두의 관심대상이 된다. 관심은 영역의 강화로 이어지며, 영역의식이 강화된 골목공간은 보안이나 방범효과 면에서도 유리하다는 연구결과가 있다. 높은 담장이 도둑을 막아주는데 뛰어난 성능을 갖는 것으로 알고 있지만, 일부에서는 도둑이 담장을 넘어 침입할 경우 높은 담장 때문에 길가는 외부인의 시선을 가려 오히려 방범성능이 더 떨어진다는 주장을 펼치기도 한다.

11-4 도시규모에서 본 주거의 이해

지금까지 주택과 주택지 사이의 관계를 들여다보기 및 내다보기를 통해 살펴보았다. 여기서 언급된 관계는 달리 표현하면 부분과 부분과의 관계, 부분과 부분적 전체와의 관계, 그리고 부분적 전체와 종합적 전체와의 관계 등 다양한 관계를 통해 이해될 수 있다. 도시규모에서의 관계는 전체 또는 종합적 전체와의 관계를 보여주는 것으로 여기서는 지속가능성과 도시경관의 측면을 다룬다.

11-4-1 지속가능성

주택설계는 주거의 다양한 의미를 이해하는 바탕에서 출발된다. 오늘날 가족형태, 생활방식, 주거의 가치, 사회적 요구 등이 한층 더 다양해지고 있으며, 더러는 혼란스럽다. 그러나 이러한 시대적 상황에서 주택을 주택지에서 도시로까지 넓혀서 이해하려는 시도는 미래에까지 생명력을 갖는 지속가능한 주택의 의미를 찾기 위해서이다.

지속가능성을 확보하기 위한 유익한 개념들 중 하나로서 도시를 하나의 거대한 유기체로 인식하는 방법이 있다. 모든 유기체는 부분과 부분 간에 또 부분과 전체 간에 상호 영향을 미치는 연결고리가 존재한다고 본다. 주택 및 주택지를 중심으로 살펴본 연결고리의 핵심은 마당, 담장, 골목 등이다. 주거형태가 다양하게 나타나고 독특한 주생활을 하게 되는 것은 이들 연결고리의 구성이 다양함에서 찾아진다.

초기형태 / 개발 후 형태

서민불량주택

부암동(2007)

영주동(2007)

공적제안주택

반여동(1975)

반여동(2008)

그림 11-29 | 도시규모에서 본 주거지의 지속가능성(부산시)

11-4-2 도시경관

주택 및 주택지를 도시규모에서 이해할 필요성이 커진 것은 도시 주거지 형태가 단독주택지에서 고층 아파트단지 형태로 탈바꿈하면서이다. 저층 단독주택들은 주변의 자연환경에 순응적 질서를 가졌다. 전통 마을의 형태가 그렇고, 또 도시지역의 단독주택지도 주변의 자연환경과 적절히 조화를 이루었다. 그러나 거대규모의 고층 아파트단지는 자연적 질서를 무너뜨릴 수 있는 정도의 강렬한 이미지를 담는다. 저층 아파트와 중층 아파트를 지나 현재의 고층, 초고층의 아파트는 그 자체가 주변 환경을 새롭게 바꾸고 있어, 도시의 경관관리 대상이 될 필요성이 커지고 있다.

특히 강변이나 해안가 그리고 공원 주변 등 자연경관이 좋아 보존의 필요성이 높은 곳 가까이 있는 고층의 주택단지는 주동(住棟)의 형태 및 높이를 어떻게 디자인해야 주변의 경관과 조화를 이룰지에 관심이 높아지고 있다. 건축가의 관심은 아파트단지의 입지, 규모, 시각회랑 등과 개별 아파트 주동의 형태 및 높이(층수)를 어떻게 설계하고 또 관리하느냐 등이다. 우리 사회는 주택설계를 함에 도시경관을 고려한 디자인이 요구되고 있다.

그림 11-30 | 주택유형별, 입지별 도시경관(부산)

참고문헌

1. 들여다보기 및 내다보기의 용어는 용마루5, '우리의 도시주거 들여다보기·내다보기', 미건사, 1995. 및 신용재, '해양환경과 부산의 건축·경관', 심포지엄 해양수도와 부산건축, 부산광역시, 2005 등에서 다루어진 개념임.
2. 신용재, 김종인, '도시주택지 골목공간의 장소적 의미', 대한건축학회학술발표논문집, 10권 2호, 1990.10. pp.79~280
3. 신용재, 김종인, '주택지 골목의 유형적 이해를 위한 접근', 대한건축학회논문집, 6권6호, 1990.12. p.23
4. B. Rudofsky, Street for People, Anchor Press, New York, 1969. p.112에서 재인용

제 12 장

서양 공동주택의 변천

제 12 장 서양 공동주택의 변천

12-1 서양 공동주택의 기원

역사적인 발굴 자료와 문헌에 의하면, 기원전 1~2세기부터 고대 메소포타미아, 이집트, 유럽 등지에서 집합주거지가 형성되어 있었다. 이는 도시지역을 중심으로 노예제도를 통한 대형 사업을 수행이나 상업 등이 발달되며 집합주택 형식이 필요하게 되었기 때문이라 추정된다. 집합주택은 고대 이후부터 거주자의 기거방식이나 환경에 따라 다양한 형태로 변천되어 오며 존재해 왔다.

현대적 의미의 공동주택은 산업혁명 이후부터 기술과 제도가 발전되며 체계화되기 시작하였다. 여러 세대의 공동 거주가 가능한 집합주택[1]은 공동주택 출현을 위한 건축계획의 선례가 되었던 주택유형이라 볼 수 있다. 따라서 서양의 공동주택의 발달과 기원은 고대부터 중세의 주택유형에 대한 이해를 전제로 한다.

12-1-1 고대의 집합주택

1) 이집트 카훈(Kahun)의 노동자 집합주거

카훈 유적지에는 고대 이집트 피라미드 건설에 동원된 노동자들의 집단주거지로 조성되었다. 아마르나에서 발굴된 상류계층의 주택은 중정

1) 집합주택이란 여러 가구나 한 가구에 여러 구성원이 공동으로 거주가 가능한 주택형식을 의미하고, 반면 공동주택이란 우리나라에서 법적인 의미에서 5층 이상, 연면적 660㎡ 이상 규모로서 복도, 벽, 바닥 등을 다른 거주자와 공동으로 공유하는 주택형식을 의미한다.

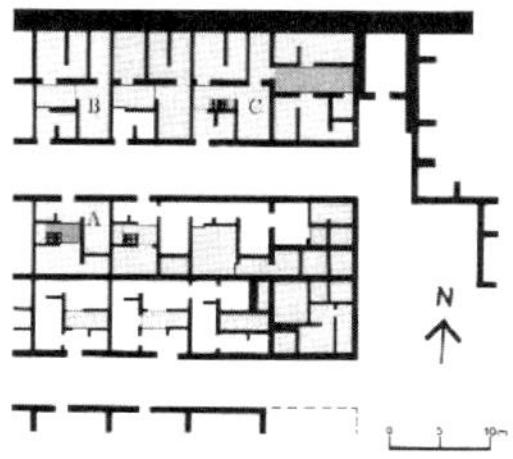

그림 12-1 | 카훈의 집단주거지에서 파악된 일반 노동자용 주택의 공간구성

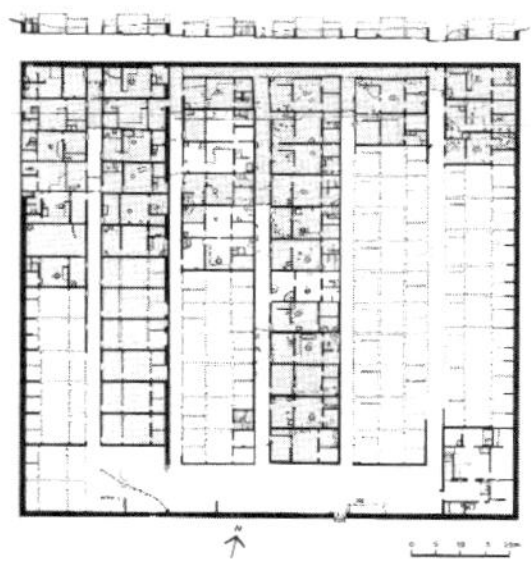

그림 12-2 | 델 엘 아마르나에서 발굴된 노동자 집단주거지 배치도

에 있는 12m×10m 규모의 정방형 평면이다. 주택 내 중정규모는 5m×5m 정도이며 현관, 창고, 식사실, 침실 등이 있다. 노동자들은 공동생활을 하고 있었던 것으로 추정된다. 중정 주위에 방이 4~5개 정도 있는 일정한 형태적인 패턴을 가지고 있다.

2) 델 엘 아마르나(Amarna)의 노동자 집단주거지

카훈의 경우처럼 텔 엘 아마르나의 주변에서 발굴된 노동자 집단주거지도 단지의 기본적인 구조는 유사하다. 단지는 한 변이 70m의 정방형으로 구성되었고, 외곽은 벽으로 구획되어 있다. 주거단지는 남북방향으로 다섯 개의 가로가 자리하고, 이 가로를 따라서 5m×10m 크기의 주호가 집합되어 있다. 주택의 외주부에 작은 홀이 있고 내부에는 거실, 침실 그리고 부엌이 있다. 부엌의 한쪽에는 옥상으로 통하는 계단이 있다. 전면 홀은 여러 가지의 용도로 사용했던 것으로 보이며, 주택의 내·외부에 우물이 설치된 흔적이 없는 것으로 보아서 식수는 외부에서 얻어 실내에서 사용한 것으로 보인다.

3) 로마의 집합주거

공동주택의 개별 주거동은 그 내부에 다수의 세대들이 집적되도록 구성하므로, 그 내부에서도 각 세대에서 전용하는 부분(사적영역)과 그 외의 공유하는 부분(공적영역)이라는 구분이 가능하다.

(1) 인슐라(Insula)

도무스 주택은 기원전 1세기경까지 로마의 가장 대표적인 단독주택이었다. 반면 로마의 여러 도시에 건축되었던 집합주택을 '인슐라'라고 부른다. 반면 인슐라는 도시화로 협소한 토지 및 토지가격의 상승 등으로 단독주택보다는 주변시설을 잘 구비되어 있고 여러 개의 방이 있는 집합주택에 거주하기 시작했다. 이 주택형식은 토지의 효율성, 지가의 앙등, 임대용 집합주택에 대한 수요, 내화구조, 재료(콘크리트 구조)의 발달로 인해 급속하게 전파되었다. 고대 메소포타미아에서 전수되어 온 중정형 주거형식은 그리스 시대를 거쳐 로마의 도무스(Domus)에 이르기까지 도시주거의 대표적인 형식으로 발전되어 왔다.

인슐라는 1층에 여러 개의 점포와 상층부에는 1개 이상의 단위주택을 수용하는 대규모 집합주택으로서 4~5층 규모 정도까지 발달된다.

(2) 오스티아 집합주거

오스티아는 로마 배후도시이므로, 로마의 집합주택과 유사한 형식이 었을 것이라고 유추된다. 이 도시 성격은 상업기능이 발달되어 발굴된 364채의 건물 중 205채가 집합주택인 인슐라로 확인되었다. 발굴된 집합주택은 100명 정도 규모가 많고, 250명 내지 300명까지 거주가 가능한 대규모 주택으로 추정된다. 주택공간은 매우 효율적으로 계획되어 있고, 건물 높이는 보통 3층 이상을 유지했다. 상층부 주택은 1층 세대와 독립적인 대등한 규모와 형태로 계획되었다.

그림 12-3 | 오스티아 유적에 남아있는 다이아나 주택 입면

12-1-2 중세의 공동주택

1) 15세기 이전 중세 서구주택

중세의 서구주택[2]은 서민이 기거하는 대부분 주택의 경우 하나의 홀(hall)에서 여러 가지 기능을 포함하는 1실형이었다. 경제적 여유가 있는 경우에는 하나는 홀, 하나는 내실(chamber)로 구분해 2실형 주택을 갖출 수 있었다.

2) 중세 라틴계와 게르만계 서구주택

중세기의 유럽주택은 유형적인 특성에 따라 라틴계와 게르만계의 주택유형으로 나눌 수 있다. 이러한 두 계열의 주거유형은 대체로 중세이후에로 계속되어 19세기 산업혁명 이전까지 지속되었다.

2) 손세관, 『都市住居 形成의 歷史』, 열화당 미술선서 67, pp.116~119 참조

(1) 라틴계 도시주택

라틴계 도시주택은 외벽은 주르 석재이며, 가로변 처마선은 평행하고, 지붕이 없는 평슬래브 주택이 일반적이었다. 로마의 집합주택인 인슐라 유형을 선례로 발전된 주택이다. 대규모 주택의 경우는 중정을 가진 口자형이었지만, 대부분은 두세 채에서 수십 채 규모의 주택이 선형으로 연결되어 있는 병렬식 형태의 집합주택이 일반화 되었다. 라틴 문화권에서는 로마제국 멸망 이후 고급주거문화는 쇠퇴했어도 도시주거 유형으로서의 서민주택 유형으로 문화적 지속성을 유지하였다.

(2) 게르만계 도시주택

게르만계의 도시주택은 주로 목재구조이다. 가로 측에서 볼 때, 박공(pediment) 면인 '뾰쪽한 지붕면'이 보이는 입면이다. 16세기 이후, 화재 방지를 위해 외벽재료를 벽돌이나 석재를 붙이게 되었다. 게르만 문화권은 고대 도시국가 단계를 거치지 않고 중세 봉건사회로 전환되었기 때문에, 중세 때 도시주택과 농촌주택의 차이가 나타나지 않았다. 대부분 홀에 벽난로를 중심으로 생활이 이루어지는 홀식 주택이었다. 따라서 홀[3]이라는 하나의 공간 내에서 접객, 취사, 취침 등 공·사적 생활이 혼재되어 있었다.

(3) 이탈리아 스키에나형 주택

이탈리아 스키에나형 주택은 중세 중후반기의 신흥 중소 수공업 장인이나 상류계층의 주택이다. 주택규모가 크고 계단실이나 중정 또는 홀을 경계로 공적공간과 사적공간 및 서비스 공간이 수평적 또는 수직적으로 기능별 공간 분화가 나타났다.

---

3) 서민들은 경제적인 이유로 벽난로 1개소만 설치해 취사와 난방, 조명까지 다기능적으로 사용하였기 때문으로 추측된다.

12-2 근대 서구주택

서구의 근대인 르네상스부터 17세기 이후의 바로크 시기 중세주택에서 19세기 산업혁명 이후 근대 공동주택이 성립되었다.

12-2-1 르네상스의 서구주택

15세기 이탈리아 상공시민 계층을 중심으로 나타난 인본주의의 세계관으로 전환된 르네상스적 이념은 인간 위주의 현실세계에서 인간의 이성과 합리성을 바탕으로 한 세계를 표현하는 것이었다.

근대 르네상스 초기의 주택변화 특성[4]은 다음과 같다.

1) 사회적 배경

당시 유럽의 대부분의 나라에서 시민계층이 전면에 나타났으나, 곧 강력한 왕권의 지배하에 들어가게 되었다. 따라서 경제적 여유가 없는 대중의 주택은 급격한 변화가 나타나지 않았다. 르네상스적인 건축적 변화는 귀족주택의 외관에 한정적으로 나타났다.

2) 도시밀도의 증가

중세말기에 비해 도시 인구가 급증되고 사회구성원이 다양화와 계층화가 심화되었지만 도시의 숫자나 크기는 증가하지 않았다. 즉, 16세기까지 르네상스의 공간은 미로형 중세도시의 도시패턴이 지속되었다. 주택의 경우도 중세기 유형이 지속적 바탕 위에 적층화, 집합화 등 입체화시켜 주거밀도를 높이거나 일부 기능적, 공간적 분화가 나타났다.

3) 집합주택 평면의 변화

(1) 서민주택의 변화

임대전용 주택의 등장에 따라 주택평면에도 변화가 나타났다. 서민주

4) 손세관, 위 책, pp.164~169 재정리

택의 경우 전면 폭은 대부분 3~6m의 규모이고, 한 가족단위에서 공간이 분화되어 가다가 가구 간에 공동면적을 갖는 공동주택으로 결합되거나 도시화 과정에서 자본을 축적한 부유계층이 재산증식이나 빈민구제 목적의 임대주택이 등장하였다. 이러한 게르만계 서민주택의 평면적 특징은 중앙의 속복도를 좌우로 하여 서적인 침실공간과 공적공간인 홀 및 서비스공간인 부엌으로 양분하여 접객과 사적공간이 분리되어 근대적인 기능분화가 이루어졌다.

(2) 귀족주택의 변화

귀족주택은 부분적인 변화가 나타났다.[5] 팔라초(palazzo)의 경우는 직주(織住)분리형 개념을 가진 도시형 주택이다. 중정을 중심으로 외부에 대해 폐쇄된 형태를 가진 방어적이고 배타적인 모습을 띠고 있었다. 중정은 생활공간이라기보다는 주거공간의 중심으로서의 상징성이나 전시적 성격을 갖고 있었다. 특히 팔라초는 이탈리아 각지의 지역적인 특성이 부가되었다. 베네치아의 팔라초의 평면구성은 중정 대신 주택의 전후 면을 관통하는 큰 홀 좌우의 공간에 각 소요실을 배치해 전체적으로 전면은 3칸(bay)이 구성된다.[6] 이 중앙 홀은 중세적 성격의 통행을 위한 중복도라는 기능을 부가시켰다.

12-2-2 바로크 시기의 서구주택

1) 주거공간의 탈중세화

유럽은 17세기 전후기에 바로크 시기에 접어들게 된다. 르네상스 시기의 연장으로서 왕과 귀족문화의 절정기이면서도, 한편으로는 18세기 이후까지 중산시민계층 세력을 확장시키는 시기이다.

---

5) 이탈리아의 경우 중정을 가진 도시형 주택인 '팔라(palazzo)'나 프랑스의 중정식 '오텔(hotel)' 그리고 영국의 홀 중심의 '컨트리 하우스(country house)'가 있었다.

6) 중앙 홀은 운하에서 팔라초 후면의 우정까지 상품을 전시하거나 반출시키는 공간이자, 사교를 위한 기능을 갖고 있었다.(陳内秀信 イタリア都市再生の論理, 1978, 鹿島出版会, SD選書 147, pp.63~81 및 손세관, 위 책, pp.177~178 및 p.221 내용 참조)

(1) 새로운 도시의 건설

새로운 도시의 건설은 요새나 궁정도시에 국한하였고, 대부분은 기존 도시의 개조와 확장작업으로 도시환경이 변화하였다.[7] 이때 중세의 미로(迷路)형의 물리적 도시구조를 근대의 효율적인 기하학적 가로체계와 광장 그리고 개방적인 공공공간으로 변화되었다. 광장 주변의 주택지는 블록 단위의 개념이 적용되면서 단위주택에도 근본적인 영향을 주었다.

(2) 주거공간과 일터의 분리

주거공간과 일터가 분리되는 현상(職住分離)이 17세기 이후부터 일반화되면서, 주택에 '가족'이란 개념이 확립되며[8] 가정은 핵가족화 되고 도시사회는 '가정 중심의 사회'로 변화되기 시작하였다. 이러한 의식의 변화로 주택의 내부공간의 세분화와 기능적인 분리현상이 나타났다. 르네상스 이후 개인감정과 취향이 중시되는 경향은 바로크에 접어들면서 보편화되었고, 가정도 독립된 하나의 사회단위로 인식된 것이 변화의 배경이 되었다. 따라서 개인의 프라이버시가 중요하게 생각되어 중세의 혼성적(混成的) 공간에서 사적공간과 공적공간, 접객공간과 가족공간, 생활공간과 취침공간, 남녀 주인의 공간 등으로 특성화되고 기능별로 분화되기 시작하였다.

---

7) 근대적인 도시의 물리적인 구조의 개편은 16세기 이후 주요 교통수단이 마차로 변경되면서 가로의 개편이 필요하였다. 이는 강력한 왕권이 바탕이 되었기 때문이다. 구체적인 사례로 로마의 경우 교황 식스투스 5세에 의해 가톨릭 중심으로서의 로마개조계획이 시행되었다. 주요건물 전면에 광장을 조성하고, 이들을 넓은 직선 가로와 연결시키고 광장의 중심에 오벨리스크 등으로 시각적 초점을 맞추는 바로크의 공간개념을 도시적인 차원으로 개조하였다. 기디온은 이를 최초의 近代的인 도시계획이라고 주장하였다.(Sigfried Giedoon, 『Space, Time and Architecture』, Combridge Mass : Harvard University Press, 1959, pp.75~106 참조.) 파리의 경우에도 나폴레옹 3세에 의해 기존 환경이 엄청난 규모로 파괴되면서 대구모의 가로계획 개념이 적용되었고, 1853년부터 1870년 사이에 오스만에 의해 시행되어, 파리는 대규모의 직선가로로 연결되는 近代的인 도시로 탈바꿈하게 된다. 런던의 경우는 1666년 런던 대화재 이후 크리스토퍼 렌(C. Wren)에 의해 기하학적 블록 개념과 방사형 가로구성을 골자로 하는 진보적인 도시계획안이 제시된 바 있다.(이상 손세관, 위 책, p.169, p.220 내용 재정리)

8) Aries, 위 책, pp.353~356(이진경, 『近代的 시 · 공간의 탄생』, 푸른숲, 1997, p.148 재인용) 중세에는 혈통(linage)이란 개념이 지배적이었고, 17세기에 와서야 가족(famille)이란 개념이 확립되었다고 밝히고 있다.

(3) 적층식 서민주택

르네상스 후기부터 도시화가 진행되며 바로크 시대에 등장한 서민용 주거공간이 적층화되기 시작하였다. 내부적으로는 개인의 프라이버시가 확보되고 공간적 분화가 나타날 수 있는 형식을 띠고 있는 것이다. 이러한 주택은 라틴계뿐만 아니라 게르만의 대도시 지역에서도 공통적으로 나타났다.[9]

(4) 프랑스 오텔형식의 주택

프랑스의 오텔은 중·상류층 주택의 변화와 관련된다. 오텔형식은 17세기 이전에는 홀과 내실로 구성되어 혼성적으로 사용되었지만, 17세기 경부터 두 공간은 분화되기 시작하였다. 홀은 갤러리, 식당, 살롱 등의 영역으로 단위공간으로 분화된다.[10] 내실은 의상실과 이웃된다. 따라서 침실도 외부에 개방된 과시적이고 형식적인 공간으로 시각적인 개방감을 의도적으로 갖게 하였다. 그 이유는 당시 귀족들의 주거공간은 사교와 모임이 행해지는 사회적인 공간이었고, 자신들의 지위나 취향이나 감각을 과시해 남다른 귀족적 자질을 표현하려는 의도가 반영되어 있다.[11]

(5) 18세기 파리 중산층 및 서민용 주택

18세기 파리의 중산층 및 서민용 주택에는 좀 다른 양상이 나타난다. 도시지역에는 4, 5층의 집합주택 유형이 일반화되었고, 단위공간에는 여러 가지 변화가 있었다. 대체로 가로변으로는 응접실과 살롱, 식당 등 사회적 공간이 분화된다. 또한 중정을 사이에 두고 배면에는 중정 쪽에

---

9) 손세관, 위 책 p.195.

10) "프랑스에서의 대규모 홀은 1625년경이 되면서 세 가지 다른 종류의 방들로 분화되기 시작한다. 즉, 갤러리는 시대의 유행에 따라 민감하게 장식해 가문의 영화를 과시하는 공간이고, 식당은 손님들을 초대해 거창한 만찬을 제공할 수 있는 경제적이고 미각적 능력을 과시하는 곳이고, 이외에 손님과 더화나 게임을 하는 활동이 이루어지던 살롱으로 구분된다." (이진경, 近代的 住居空間의 誕生, p.145, 재정리) 아파르트망이란 용도나 기능상 관련된 방들을 하나의 군집단위로 묶는 방법으로 내부공간 전체를 부분들로 분할하는 것을 뜻한다.

11) 이진경, 위 책, p.112.

주인 침실이 놓이고, 그 외의 일반 침실들의 사적공간이 있었는데 주택 내에 복도가 거의 없다. 1층 상점 뒤에 있는 부엌에서는 중정 쪽 전용 서비스 계단으로 이동이 가능한 평면구조인데 19세기에 더욱 일반화되었다.

그림 12-4 | 18세기 중반 건축가 코슈와가 계획한 자신의 아파트 평면

2) 도시집합주택, 테라스 하우스의 등장

오스망(G. Haussmann)에 의해 프랑스 파리 도시개조계획이 시행된 후 주택규모가 확대되기 시작하였다. 한 층에 2가구나 4가구가 계획되는 대규모 집합주택도 일반화되었다. 설비기술의 근대화가 일어나며 파이프로 물이나 가스가 공급되고 수세식 화장실이 보급되는 등 집합주택 형식이 보편적인 도시형 주택유형으로 정착되었다. 중정을 중심으로 수평적인 기능분화를 이룬 프랑스와는 달리 규모가 큰 영국의 주택은 수직분화를 중심으로 하는 변화가 나타났다.

18세기 영국에서는 식민지 경영과 자본의 축적으로 자본주의 사회로 전환되었다. 따라서 상류계층들이 도시 내에 생활 근거지를 확보하고자 하였다. 그들은 기존의 넓은 전원주택 생활에 익숙해 있었기 때문에 소규모 주택보다는 같은 부류의 계층이 수십 호 규모로 집합시켜 집단생활을 하기 시작하였다. 그 결과 하나의 커다란 궁전과 같은 외관과 외부공간을 공유하고, 개별적인 독립된 주거공간을 가진 프랑스식 주택유형이 성립되었다. 이후 런던을 중심으로 산업혁명기를 거치며 중산층 및 서민주택에 이르기까지 광범위하게 적용되어 오늘날 영국이나 미국의 도시에서 볼 수 있는 도시주택으로 일반화되었다. 이는 18세기부터 일반화되었던 테라스 하우스(terrace house)[12]와 같은 주택유형이 지속되며, 영국에서는 도시의 상류 주택형식으로 발전되었다.

지하층을 포함해 5, 6개 층으로 구성된 다층공간을 한 가족이 전용하였다. 주택 내부는 수직적으로 구분해 사회적 공간과 주인과 하인의 공간, 부모와 자녀의 공간이 분화되는 계기를 맞는다. 실의 수평적인 관계

12) 17세기 이전까지 영국의 귀족들은 주로 전원에 거주하며 살았기 때문에 도시형 귀족 주택은 출현하지 않았다. 손세관, 위 책, pp.208~209, 참조.

는 대개 계단실이나 홀을 통해 동선이 구분된다.

3) 근대 주거의 의미

바로크 시기의 주택의 주요변화는 혼성적인 공간에서 기능이 분화되고 규모가 커지면서 수평적·수직 방향으로 구획되었다는 것이다. 이러한 형상은 주로 귀족주택의 경우에 두드러졌다. 프랑스의 경우 사회적 공간의 중심이었던 개방적인 홀 공간은 3~4개의 세부공간으로 구분되며, 사적공간과 사회적 공간이 혼재되는 양상을 띠다가 18세기부터 중복도나 중정을 경계로 공·사적 공간이 구분된다. 영국의 경우도 테라스 주택이라는 유형을 통해 수직적인 분화현상을 보였다. 이 외 중산층 집합주택이 정착되는 시기라 할 수 있다.

이러한 현상은 가족중심의 사회로 개편되면서 주택 내부의 공간도 남녀, 상하, 공사의 기능으로 구분해 프라이버시를 확보하고 목적에 따라 분화시키고자 하는 근대적인 욕구가 주거형태로 표현되는 것이라 볼 수 있다.

12-3 산업혁명 이후의 서구주택

12-3-1 산업혁명 이후의 공동주택 형성 배경

1) 제도적 변화 위생환경 개선

산업혁명 이후 비위생적인 도시주거환경에서 야기된 1830년대에 창궐하였던 콜레라에 대한 경험으로 1340년대에는 위생개혁을 근간으로 하는 주택개량운동이 일어났다. 산업혁명기의 영국의 새로운 노동자계층의 주택은 생활능력에 따라 주택의 질과 형태가 다양하였지만, 공업도시에서의 주거환경은 대부분 슬럼(slum)화되고 열악한 수준이었다. 즉, 19세기 초 아일랜드계 이주민이 몰려들며 주택 지하층에 돼지 등 가축과 함께 살기도 하였다. 간이숙소나 셋집과 같은 주거형식에서는 1실이나 2

실 규모에서 수십 명이 기거해 공간적 부족은 물론이고 식수, 화장실, 조리 등 비위생적인 주거환경적 문제와 범죄의 증가 등 사회적 문제가 나타났다.[13)]

이를 제도적으로 개선하기 위한 법령이 정비되었다. 1842년 주택개량법을 통한 공중변소를 마련하였고, 1848년 공중위생법이 제정과 1851년 공동숙소법, 1855년 대도시 건축법, 노동자 주거법, 1866년 위생법, 1872년 공공위생법, 1885년 노동계급 주거법 등에 이어서 도시 위생환경을 개선시키기 위해 1892년 주거위생 및 정화위원회 등의 제도가 정착되어 갔다.

특히 1850년을 전후로 해서 주택 주변의 공간과 길의 폭을 규제하고, 급배수시설 규제를 강화하고 실내 채광, 환기에 대한 규제를 통한 주거의 위생적인 환경수준을 높이고자 하였다. 이 시기에 '위생' 개념이 주거의 중요한 원칙이 되는 계기가 마련되었다. 이후 주택의 설비시설 규제의 강화는 물론 각종 규제들이 만들어지며 주거환경의 획일화라는 또 다른 문제를 안게 되었다.

2) 산업기술의 변화와 적용

산업혁명의 기술적 발전으로 고층 공동주택의 건설이 기술적으로 가능하게 되었다. 그 중 콘크리트의 실용화와 유리와 철이 대량 생산되고 상용화 되었고, 승강기나 부엌 설비기술의 발전으로 주택형식과 구조의 변화가 나타나기 시작하였다.

그림 12-5 | 르 코르뷔지에가 계획의 모든 악덕을 보여주는 사진이라 칭한 런던 교외모습

영국에서는 1850년대부터 조례주택이 본격화되며 주택설비가 개량되어 가다가 20세기 초반까지 개선되었다. 즉, 1850년 이전부터 조명, 난방과 취사 겸용으로 석탄을 열원으로 하는 전통적인 벽난로 이용방법이 지속되다가, 1880년대 상류주택에 가스스토브(gas stove)가 개발되어 점차 일반 서민주택에 보급되었다. 1890년대 이후 금속제 파이프가 생산되며 수세식 위생설비가 가능해졌고, 1차 대전 이후에 서민주택에서

13) Lenardo Bennvolo, 『The history of the City』, The MIT Press, 1980, pp.754~756, p.749 그림 및 p.1075 참조. 1847년 조사내용임.

그림 12-6 | 하워드(E. Howard) 전원도시 위성도시

수세식 화장실이 등장하였다. 또한 1890년대에는 가스배관을 설치해 가스를 조명이나 조리용으로 사용되었다. 1900년대 이후에 전기를 통한 조명시설이 가능해졌다. 영국의 중산층 가정에는 거의 하녀가 있었기 때문에 부엌설비의 근대화는 비교적 점진적으로 진행되었다. 19세기 말 하녀 고용이 어려워지고 경제적인 부담이 됨에 따라 주부들의 부엌설비 개선 필요성이 나타나 종래의 지하에서 1층으로 계획되었고, 1910년경 런던에 가스레인지가 보급되어 공동주택 건설이 가능한 환경이 형성되었다.

그림 12-7 | 클라인이 제시한 아파트 단위평면의 개선 전·후

3) 도시와 주거환경의 변화

도시화[14] 현상도 급격하게 진행되었다. 교통의 발달로 가정과 일터가 공간적으로 이격되고 '통근'이라는 행위가 생겼다. 따라서 산업화 사회 내에서 주택 내의 가정생활은 사회적 공간과 분리된 휴식공간이라는 개념이 확고해지기 시작하였다. 1898년의 하워드(E. Howard)는 런던과 철도로 연결된 위성도시개념의 전원도시를 제안해 노동자들이 집합주택과 이웃한 직업장에서 노동과 문화생활이 가능한 커뮤니티 공간을 제시하였다. 이 영향으로 1899년 베리 파커(B. Parker)와 언윈(R. Unwin)의 레치워스(Letchworth)와 1909년 웰윈(Welwyn) 주거단지가 건설되었다.

12-3-2 근대주택운동

그림 12-8 | 모리스(W. Morris)와 웹(P. Webb)의 붉은 집(Red House)

19세기 후반기의 중산층 주택유형으로서 도심형 아파트와는 달리 전원주택의 경우는 퓨긴과 러스킨 등의 영향으로 고딕양식이나 그 외에 다양한 양식이 동시에 혼재되는 양식적인 절충기를 맞이하게 되었다. 동시에 평면구성도 과거의 관습에서 벗어나 기능중심의 방향으로 관심을 갖게 되었다.[15] 이러한 공간의 효용성에 대한 자각으로 관습적인 형식보

14) 영국은 1800년대까지 농업국가였고, 도시인구는 20% 정도에 그쳤다. 그러나 1851년도의 도시인구는 전체인구의 54%, 1911년에는 79%로 추정된다. 이는 1801년부터 1911년 사이의 기록으로 전체인구는 4배 도시인구는 9.5배로 증가하였다.

다는 주택의 편리함과 기능적인 변화가 일어나기 시작되었다. 1859년 모리스(W. Morris)와 웹(P. Webb)의 '붉은 집(Red House)' 등으로 구체적인 형태로 표현되기 시작되었다.[16)]

12-4 20세기 이후의 서구 공동주택

12-4-1 20세기 이후의 공동주택

1) 서구의 공동주택 형성과정

도시 중산층 주택은 증기기관이 발명됨에 따라 도시와 주거공간 간의 시간적 거리의 단축효과로 교외주택이 생기고, 도심지 내에는 임대용 아파트가 건립되었다. 하워드의 '전원도시' 개념의 영향으로 1899년 베리 파커(B. Parker)와 언윈(R. Unwin)이 레치워스(Letchworth) 고층 공동주택에는 엘리베이터의 도입이나 내부 위생설비의 개선으로 서구의 중산층의 전용 도시형 주택으로 자리잡게 되었다. 아파트는 인동간격이 확보되지 않아 채광, 통풍, 프라이버시 등에 불리한 ㅁ자형이나 ㄱ자형의 중정형 아파트가 나타났다. 미국에서는 I자형 주동형태가 나타났다. 이는 아령처럼 새긴 I자형 주동은 건폐율이 90% 이상이나 되어 마치 기다란 열차와 유사하게 주동길이가 긴 반면 전면부와 배면부에만 채광이 가능해 일조조건이 열악한 주동형태이다.

그 후 1900년대 이후 아파트가 대규모화 되며 개방된 넓은 중정에서

---

15) 건축가 스티븐슨(J. J. Stevenson)은 중산층 주택에 관심을 가지고 『현대주택의 계획원리』를 통해 각 공간의 명확한 기능적 구분과 공간적 분리, 계단실 및 통로 면적의 최소화, 부엌과 식당을 연결하는 동선의 최소화 그리고 열의 효율적인 관리에 대한 배려를 강조하였다.

16) Kenneth Frampton, 『a critical history, Modern Architecture』, thames and hudson Ltd, London, 1980, pp.43~44.
갓복도를 가진 홀식 주택평면으로서 부엌과 분리된 다이닝룸을 중심이고 2층은 사적공간인 침실로 구성되어 있다. 그러나 20세기 전후에까지 변화가 이어지며 공적공간이 개방적으로 연결되고 침실을 포함한 사적공간은 폐쇄적으로 구성되는 성향을 띠며 새로운 양상을 갖기 시작한다.

출입하는 방법으로 개선된 후, 1920년대 이후에는 아파트에 일조와 채광이 균등하고 양호한 조건을 가질 수 있는 판상형의 일자형 공동주택 주동 개념이 도입되어 도시형 주거형태로 완성되었다.

2) 유럽의 공동주택 사례

그림 12-9 | 프랭클린 25번가 공동주택

1903년 페레(August Perret)는 프랑스 파리 프랭클린 25번가에 11층 규모의 최초의 철근콘크리트 공동주택을 설계하였다.[17] 그는 콘크리트 구조를 채택하였고, 고딕적인 분절감이 생기도록 외부에 요철형의 골조미를 살려 디자인하여 의장적 가능성을 부여하였다. 세계2차대전 종전 이후 독일을 중심으로 각국에서는 전후 주택복구를 위한 주택을 재건하고자 주택단지(지들룽)를 건설하고 있었다. 1920~30년대에 독일에서는 아우드(J. P. Oud), 그로피우스(W. Groupius), 휴고 헤링(H. Haring) 등의 건축가들이 많은 공동주택 평면형을 제안하였다.

그림 12-10 | 1920~30년 독일 공동주택

17) 이는 어거스트 초이시(August Chiosy)의 역사 이론서인 『건축사(Histoire de l'architecture, 1899)』와 파울 크리스토퍼(Paul Christophe)의 저서 『철근콘크리트와 그 응용』의 Hennebique 철근구조방식의 영향을 받아 실현한 결과이다. Kenneth Frampton, 정영철, 윤재희 역, 『현대건축사 1』, 세진사, 1987, pp.187~188

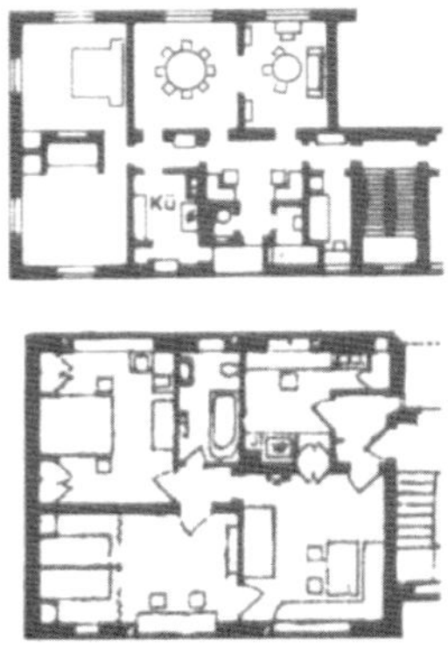

그림 12-11 | 1940년 중반이후 복층형 주동 제안 평면

1920년대에 알렉산더 클라인(A. Klein)은 일반화된 공동주택 평면에 대해 'Cluster Plans'를 제안해 편리하고 합리적으로 개선시키고자 하였다. 즉, 현관홀을 중심으로 거실 및 식당(LD)과 부엌의 위치가 평면의 전후면 방향으로 인접되고, 침실이 분산된 당시에 평면내용을 속복도를 경계로 전면부에는 침실을 배치하고 배면부에 거실과 식당 그리고 부엌을 배치해 공·사적 공간이 구분될 수 있는 다양한 개선안들을 제시하였다. 이러한 그의 평면 개선 연구성과는 현대적인 공동주택계획에 영향을 주었다.

1940년대 중반 이후에는 다양한 주동구성과 출입방식에 따라 단면과 평면을 다양화시킬 수 있는 복층형 주동에 대한 제안이 나타났다.

(1) 바이젠 호프 집합주택단지계획

그림 12-12 | 바이젠 호프 집합주택단지

이후 세계 양차대전을 거친 뒤 건축가들은 주택 복고를 위해 참여하게 되며 기능적이고 간명한 형태를 주택 개념에 도입하게 된다. 1927년 독일 슈투트가르트(Stugartte)의 바이젠 호프 집합주택단지(Weissenhof-Siedlung)에서 건축가들은 각자의 주택작품을 발표해 새로운 근대적 주거형을 구체화하였다. 평면구성의 경향은 층별로 공·사적공간으로 구분한다. 단층일 경우 거실중심의 부엌, 식당공간과 주침실의 분화 그리고 부부침실 등 사적공간 영역으로 분리한다. 거실중심의 공적공간은 개방적인 공간으로 구성하고, 각 침실이 있는 사적영역에는 방을 거쳐 출입하는 방법이 아니라 속복도를 통해 직접 접근이 가능한 평면으로 구성하였다.

미즈 반 데어 로에는 주생활형이나 기호에 따라 집합주택 평면을 조정할 수 있는 가변형 평면(flexible plans) 개념을 제안해 다양성을 부여하였다.

(2) 모스코바 나르콤빈(Narkomfin) 공동주택

슈투트가르트의 집합주택계획이 제안된 뒤 1928년 모스코바 나르콤빈(Narkomfin) 공동주택의 경우에는 더욱 복합화되고 발전된 공동주택이

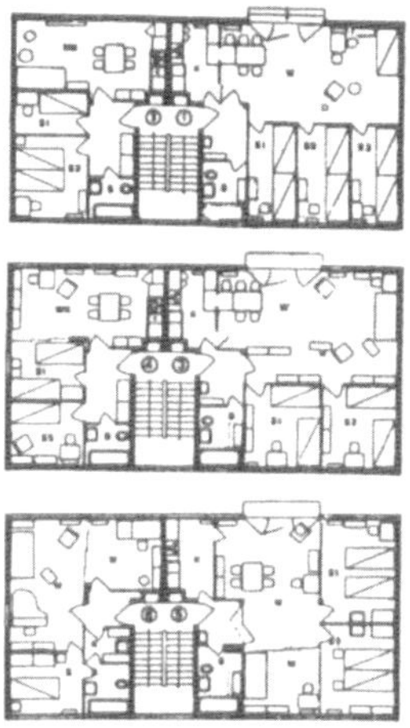

그림 12-13 | 미스 반 데어 로에 작품

건설되었다. 주동방식은 메조넷(maisonette)과 스킵(skip) 플로어형이 복합된 단면상 두 개 층마다 한 개소의 편복도를 두고 있다. 주동에 연결된 부속시설에는 상점, 체육관 도서관, 탁아소 등 커뮤니티 시설이 제공되어 있다. 1층은 필로티로 구성하고, 주호 출입 층이 되는 2층과 5층에는 복도 폭을 넓게 확보해 주거동 내에 '내부가로, inner street 개념'을 도입하였다. 이는 주동 내에 커뮤니티 개념을 도입하고 필로티에 공공공간을 제공하고 전용공간 비율을 높인 사례라 볼 수 있다.

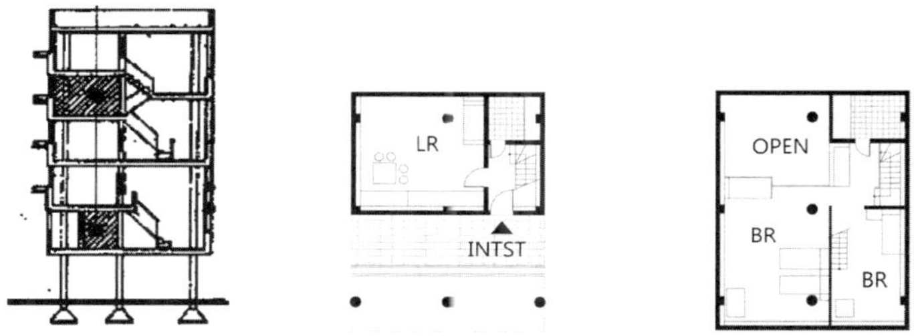

단면개념도 하층 (2층)평면도 상층(3층)평면도

그림 12-14 | 나르콤핀 집합주택(Narkomfin)

(3) 르 코르뷔지에의 건축과 도시이론

1922년 도미노(Dom-Ino) 주택이론과 '필로티(piloti) 도시'를 발표해 공동주택에서 구조체가 갖는 표준화와 적층화라는 잠재적인 가능성을 부여하였다.

그의 현대성을 도시이론과 공동주택이 포함된 건축을 통해 구현하려고 하였다. 1925년 발표한 '도시계획 : 미래의 도시'에서 필로티가 있는 공동주택을 계획해 공중도시(Open City) 개념을 발표한 뒤, 1931년 '빛나는 도시'를 통해 구체화 되었다. 또한 1925년에 '자유토지보유권 부착 교외주택, Immeuble villa unit'에서 6층 복층형(duplex) 주거단위에 세대마다 부속 서비스를 위한 여유로운 공용공간이 있고 여가시설을 갖춘 정원테라스를 가진 튼ㅁ자형 주동 계획안을 제안하였다. 1931년 '빛나는 도시' 계획안에는 태양, 공간, 녹색이라는 본질적 즐거움을 부여할 수 있는 개방형 도시를 제안하였다. 16동의 십자형 마천루와 같은 공동주택을 여유롭게 배치하였다. 그는 도시 주거형으로 공동주택계획 개념을 도시와 단지계획으로 확대시키고, 근대적인 삶의 요구를 담아내고자 하였다.

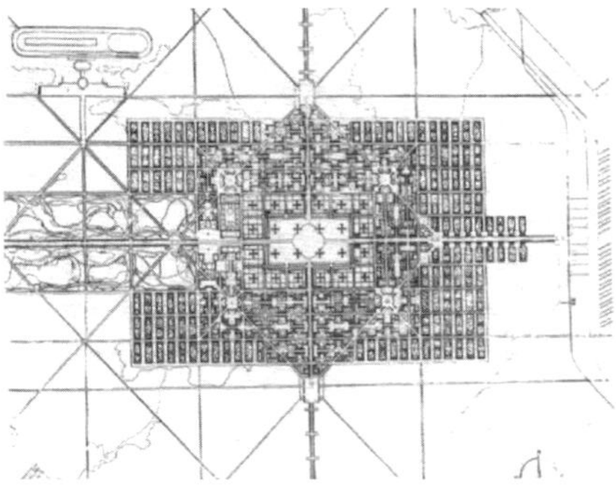
그림 12-15 | 르 코르뷔지에-빛나는 도시

그림 12-16 | 페리-근린주구

1927년에 페리(C. Arther Perry)는 뉴욕시 주변 지역계획을 추진하며 '근린주구' 이론을 제안해 공동주거지의 일조문제와 인동간격을 이론화하고, 초등학교를 근린주구의 중심에 두는 커뮤니티 영역을 제안하였다. 1928년 라이트(Henry Wright)와 스타인(C. S. Stein)은 보차분리 개념의 래드번(Radburn) 설계를 통해 슈퍼블록(super block)과 쿨데삭(cul-de-sac) 개념을 제시하였다.

그림 12-17 | 르 코르뷔지에-중층 정원아파트(1922)

(4) 유니테 다비타시옹(Unite d'habitition)

르 코르뷔지에는 공동주택에 인공지반 개념을 도입한 중층 정원아파

그림 12-18 | 유니테 다비타시옹 외관

트(1922) 전후부터 계속 제안해 왔다. 그 중에서 프랑스 마르세유 유니테 다비타시옹(Unite d'habitition, 1947~52)은 기능성과 미학이 잘 조화된 사례에 해당된다. 주동계획은 중간층의 중복도를 두어 각 출입구를 통해 세대로 진입하는 중복도식 복층형 단위세대로 구성되어 3층마다 2세대가 배치되어 있다. 출입 층에는 두 세대의 거실, 부엌, 식당 등 각 공적공간이 있는 층이 있고, 중복도 상하층에 각각 부부침실과 자녀실 2개를 가진 세장한 단위유닛(unit)으로 구성된다. 주동의 1층은 필로티이고 총 337세대, 18층 규모이다. 주택의 공간계획에서는 '모듈러 시스템'이 적용되어 길이 140m, 높이 70m의 거대한 크기이지만 인간적 모듈에 의해 계획되어 인간적인 이미지를 느끼게 해주는 건축물이다. 그리고 단위 주호의 폭은 4.5m, 내부 폭은 약 15m로 계획하였다. 옥상에는 정원과 수영장 등 놀이공간과 7층과 8층에 점포, 레스토랑 등의 편의시설을 두었다. 유람선 이미지를 은유적으로 표현한 것이다.

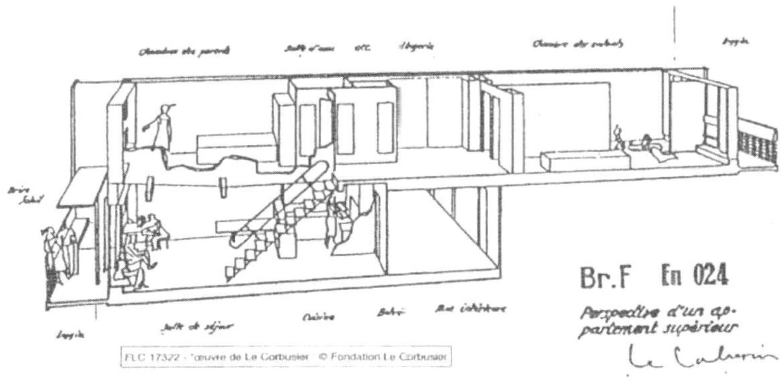

그림 12-19 | 르 코르뷔지에-마르세유 유니테 다비타시옹, 주호 단면 개념도

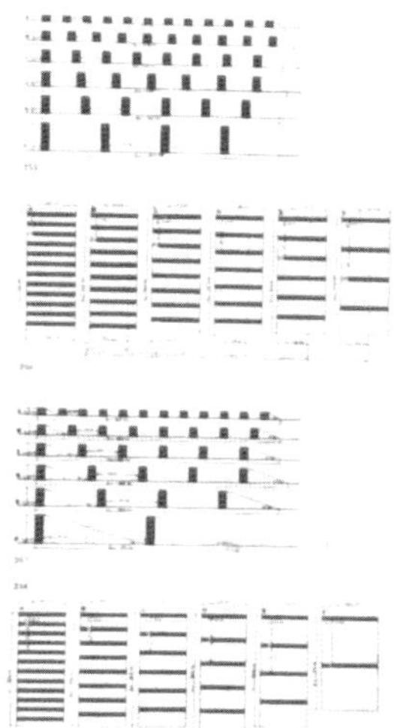

그림 12-20 | 1930년 그로피우스-동 간격과 밀도, 외부공간 사이의 관계분석도

(5) 현대 국제건축회의(CIAM) 논의

1928년 라 사라(La Sarraz) 선언 이후 1958년 드브로브니크(Dubrovnik)에서 열린 마지막 회의까지 다룬 주제들은 공동주택 개념의 보급과 이론적 성립 바탕에 큰 기여를 하였다.

독일 프랑크푸르트에서 개최된 제2차 회의 주제는 '최소한도의 생활을 위한 주거'에서 최소 생활기준과 제3차 회의에는 '합리적인 건축요령'에서 토지이용계획과 효율적인 재료이용을 위한 공동주택의 적정 높이와 인동간격에 대해 토론이 있었다. 로에의 일조조건에 대한 토의를 거쳐 일조환경이 양호한 판상의 일자형 공동주택 주동 개념이 정착되었다. 이는 국제주의 양식의 확산으로 널리 전파되었다.

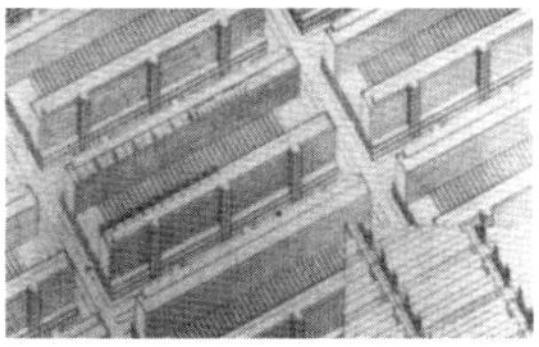

그림 12-21 | 1930년 그로피우스-동 간격과 밀도, 외부공간 사이의 관계분석도 스케치

1937년 5차 회의의 '주거와 여가생활' 등의 토론을 거치는 동안 기능적인 주거와 도시상에 대해 담론이 형성되어 공동주택에 대한 이론적 근거와 공감을 통해 공동주택을 확산시키는데 간접적인 기여를 하게 되었다.

3) 미국의 공동주택 사례

1853년 뉴욕만국박람회에서 오티스(Elisha Otis)가 승강기를 고층건물에 적용하였다. 1871년 시카고 대화재 이후 고층건축 기술의 발달로 공동주택도 많이 건설되었다.

(1) 레이크 쇼어 드라이브(Lake Shore Drive) 공동주택

그림 12-22 | 미스 반 데어 로에-레이크 쇼어 드라이브

미즈 반 데어 로에(Mies van der Rohe)의 레이크 쇼어 드라이브(Lake Shore Drive, 1948, 1951) 공동주택에는 각 층 중앙부에 두 개의 계단실 및 엘리베이터 코어 사이 중복도 주변에 부엌, 욕실 영역을 배치하고, 평면의 외주부 주변에 침식을 배치한 주동형태로 디자인하였다. 1927년 독일 바이젠 호프 집합주택단지 계획에서 시도한 부엌, 욕실, 통로를 코어로 집중화시키는 방식을 응용한 것이다. 평면적으로는 벽체와 기둥을 분리하고 외벽에 멀리온(mullion)이 설치되었다. 그는 마치 외피가 멀리온으로 짜여진 직물처럼 무주(無柱)공간의 단일한 매스로 표현되는 형태언어를 개발하였고, '구조의 골조미와 유리의 충진재'라는 건축적인 형태미학 차원으로 발전되어, 당시 국제주의적인 건축가들에게 반복 재생산되었다.

(2) 트윈 팍스 웨스트(Twin Parks West) 공동주택

미국 뉴욕 브롱스(Bronx)에 위치한 트윈 팍스 웨스트는 18층 규모이고, 출입방식은 중복도식이며, 플랫(flat)형과 스킵(skip)형의 단면이 조합된 계획이다. 중복도 층의 전면부는 플랫형, 배면부에는 스킵플로어형의 주호로 계획되어 있다. 플랫형 단위세대는 주호의 깊이보다 폭이 넓어 외기에 많이 접하게 되고, 스킵형 주호 세대마다 2칸에서 8칸까지 전면 폭(bay) 점유면적을 달리 구성해 다양한 크기와 평면계획을 선택할 수 있도록 배려되어 있다.

12-4-2 최근 공동주택 개념의 전개와 경향

현대국제건축회의(CIAM)의 기능적인 논의가 시작된 이후 다양한 단지계획 개념들이 논의되었다.

1954년 스미슨(Smith)부부는 성태학적 이론에 따라 주거는 하나의 대상으로서 고립되기 보다는 풍경 속에 통합되어야 한다는 자연과 도시 그리고 단지 내외부간의 맥락적 관계를 반영하였다. 1958년 스미슨(Smith)부부와 지그몬트(Sigmonc)의 베를린 주거 계획안에서는 공중보도 개념을 도입하였고, 1950년대에는 바케마(Bakama)는 단지 내에 공공시설, 수영장, 학교 등 근린주구 개념을 도입하는 등 기능주의적 시각에서 탈피해 장소성과 지역 커뮤니티를 고려한 개념들이 나타났다.

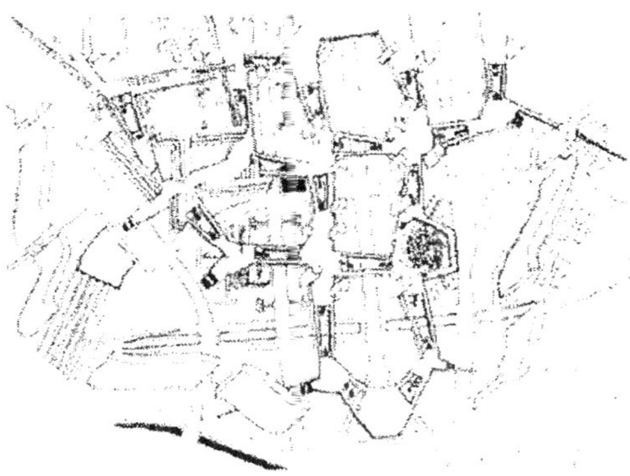

그림 12-23 | 스미슨 부부와 지그몬트-베를린 주거 계획안

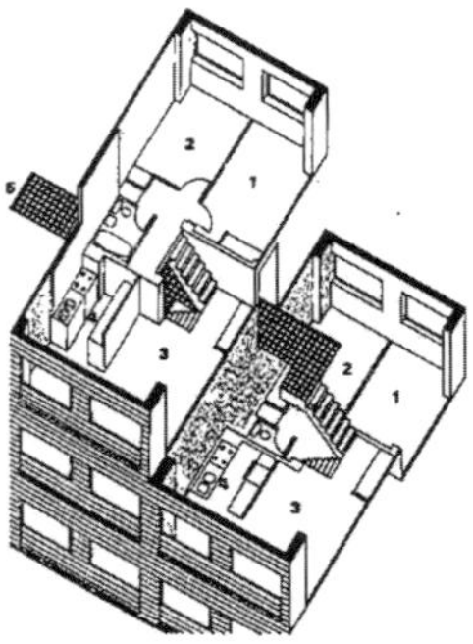

그림 12-24 | 트윈 팍스 웨스트 공동주택 내부개념도

1960년대 말에는 알트만(L. Altman), 윌스(M. Wills) 등 환경인지학의 발달로 행태심리적인 사회적 접촉과 프라이버시, 영역성, 장소성, 안전 등에 대한 인식도 공동주택계획에 반영되기 시작하였다.

1969년 이탈리아 볼뇨냐 등에서는 도시복구대책으로서 예술적, 문화적, 역사적 자원의 보호를 고려한 도심재생에 따른 도시집합주택을 실행하고 있다. 최근 유럽 각국에서는 도시재생 차원의 공동주택지는 대규모 전면개발방식을 지양하고, 지역 커뮤니티의 지속과 과거의 공간적 자원을 기반으로 주거기능을 재활성화 시킬 수 있는 개념으로 추진되고 있다.

1970년대에는 독일의 합리주의 건축가인 로보 크리에(Rob Krier)는 도시의 역사적 맥락을 고려해 포스터모던 언어를 차용한 중정형 집합주택계획방법을 제안하였다. CIAM 아테네 헌장에 이어 라나(Lima)의 마추픽추 헌장(1977) 통해 건축에 대해 새로운 지향성을 갖게 되었다. 도시와 전원의 친환경적 통합과 생태, 에너지, 식량 위기 차원에서 지속가능한 도시 성장, 효과적인 사회적 발전을 위한 수단으로서의 공동주택 건설 등에 대한 논의와 지역공동체와 생태환경과 공생을 고려한 도시·건축적 실천이 진행되고 있다.

초고층 공동주택은 초고밀화되고 있는 도시적 상황에서 지역의 장소 마케팅이나 도시의 랜드마크적인 차원에서 다양한 형태로 건립되며 진화하고 있다.

그림 12-25 | 켄양-Bishopsgate Towers

참고문헌

1. 권원형, 複層型 集合住宅에 關한 建築計劃的 硏究, 부산대학교 석사학위논문, 1999.2
2. 봉일범, 『도시 : 사건과 구조』, 시공사
3. 손세관, 『都市住居 形成의 歷史』, 열화당 미술선서
4. 이진경, 『近代的 시 · 공간의 탄생』, 푸른숲
5. 陳内秀信, イタリア都市再生の論理, 1978, 鹿島出版会, SD選書
6. GrundriBatlas Wohnunsbau / Floor Plan Manual Housing. Birkhauser
7. Kenneth Frampton, 『a critical history, Modern Architecture』, thames and hudson Ltd, London, 1980.
8. Kenneth Frampton, 정영철, 윤재희 역, 『현대건축사 1』, 세진사
9. Lenardo Bennvolo, 『The history of the City』, The MIT Press, 1980.
10. Sigfried Giedoon, 『Space, Time and Architecture, Combridge Mass : Harvard University Press,

제 13 장

한국 공동주택의 변천

제 **13** 장

한국 공동주택의 변천

13-1 우리나라 공동주택 정착과정

13-1-1 일제강점기의 공동주택

1) 공동주택의 출현

그림 13-1 | 내자아파트(1936년)

그림 13-2 | 소화장(1941) 현재모습

우리나라에서 집합주택[1] 형식은 일제강점기인 1920년대 후반부터 나타났다. 1930년대에 전국적으로 도시화가 시작되고 주택부족 문제가 심화되며, 공동주택은 경성, 대구, 부산 등지에서 본격적으로 건설되었다. 1932년에 서울 충정로에 건설된 유림아파트(5층 51가구)는 최초의 공동주택이라고 추정되는데, 현재의 공동주택 외관과 유사하다.[2] 이후 1936년 삼국(三國, 미꾸니) 석탄상사에서 사원용으로 내자(內資)아파트가 건립되었다. 당시 공동주택은 일본에서 한반도에 이주해 온 일본인이 기거하기 위해 건립되었기 때문에 서구식 외관형태 내부에 일본식이 가미된 화양식(和洋式) 공동주택이라 볼 수 있다.

1940년대에는 부산 소화장(1941, 4층 목조·조적조 혼용, 48호)과 조선주택영단(朝鮮住宅營團)[3]에서 서울 혜화동 집합주택(1942, 4층 목조,

1) 본고에서는 한 동(棟) 내에 여러 가구가 집합적으로 모여살 수 있는 주택형태 중 4층 이하의 경우는 연립주택, 다세대주택, 다가구주택 등 여러 용어를 집합주택이라 표현하고, 5층 이상의 경우를 공동주택이라 한다.

2) 임서환, 『주택정책 반세기-정치경제 환경변화와 주택정책의 전개과정-』, 기문당, 2005.

3) 1937년 중일전쟁으로 건축자재 수급이 어려워지자 공동주택 건립호수도 줄어들었다. 중일전쟁 이후에 극심한 주택부족현상과 자금난과 자재난을 타개하기 위해 1941년 조선총독부에서 조선주택영단을 설립하여 공공기관을 통해 주택을 공급하게 되었다.

34호)이 건설되었다.

이러한 화양식 공동주택 형식과 달리 일본의 나가야(長屋)형 일본식 집합주택은 주호의 종방향으로 칸(間)이 깊이방향으로 분화된 평면인데, 대도시는 물론 중소도시 등 전국에 걸쳐 건립되었다. 반면 서울에서는 행랑채에 여러 가구가 공동으로 기거할 수 있는 한옥형식의 행랑식 집합주택 형태[4]인 한옥을 수평방향으로 결합시킨 단층 모듬살이 집 형태이다. 평면은 방 두 칸, 부엌 한 칸, 마루 한 칸의 소규모의 간이주택 형태로 건축되었다.

2) 광복 이후의 공동주택 정착과정

광복 이후 해외 동포의 귀환과정에서 사회적·정치적 혼란기를 거치게 되었다. 뒤이어 한국전쟁이 발발해 많은 주택이 파괴되었기 때문에 주택문제도 갈수록 심각해졌다.[5]

그림 13-3 | 종암아파트(1958)

그림 13-4 | 개명아파트(1959)

전후 주택 복구와 주택공급사업은 국가적인 차원에서 공공기관 주도로 추진되었다. 1950년대에는 한국산업은행에서 정부에서 받은 해외 원조금으로 주택을 건설해 공급하였다. 한미재단(KAF)에서 서울 종로에 아파트(1956, 3층) 건립을 재개한 사례가 이에 해당된다. 1957년 보건사회부에서 전후 주택 재건을 위해 부흥주택관리를 맡고 건설 후 대한주택영단[6]에서 서울 성북구의 종암아파트(1958, 4층, 5층, 152호)와 개명아파트(1959, 4층 75호)를 인수해 분양하고 관리하는 방식이 채택되었다. 이 과정에서 경제적·기술적 여력을 가지게 된 민간에서도 주택사업에 참여하게 되며 부산 중구의 신창아파트(1958, 4층, 34호), 중앙아파트(1958년, 5층, 81호), 환금아파트(4층 34호) 등을 건설하였다.[7]

---

4) 이는 주택난 해결을 위해 유지들이 모여 결성한 주택구제회의 경제적 지원으로 서울 교북동(嶠北洞)에 건립되었다. 정일영, 윤인석, 『한국공동주택 변천에 관한 고찰-근대기 아파트의 정착과정을 중심으로-』, 건축역사연구 제11권 2호 2002.6, p.39

5) 전국주택 3,284,000호 중 596,000호인 약 20% 정도나 파괴되었다. 임서환, 상게서, p.13

6) 대한주택영단은 이후 대한주택공사로 확대 개편되었다.

7) 신창아파트(36평 16호)와 소화장(27평 24호)과 환금아파트(4,5,9,평형)를 제외하고는 대개 10평 규모이다. 대한주택영단에서는 1959년부터 약 12평 내외의 공동주택을 건설하기 시

한편, 대한주택영단에서는 전후 남대로와 태평로 주변 원도심 복구와 함께 도시 가로경관을 개선하기 위해 현재의 상가아파트나 시장아파트와 유사한 형태인 시범상가주택을 건립하였다. 대부분 4층 규모에 1층과 2층의 저층부는 상점이나 사무실 용도로, 3층과 4층의 상층부에는 주택으로 계획하고, 주호 내에 수세식 화장실과 다스트 슈트(dust shute)와 비상계단을 설치하였다. 시범상가주택은 철근콘크리트구조에 벽돌이나 블록 등 조적식 벽에 시멘트 미장으로 마감되고 지붕은 목조 트러스구조에 기와나 슬레이트 재료 등 근대식 구조와 재료가 적용되었다.

그림 13-5 | 마포아파트(1962)

그림 13-6 | 효창맨션아파트(1968)

그림 13-7 | 힐탑아파트(1968)

1960년대 마포아파트(1962)의 대규모 단지형 계획개념에 공원, 어린이 놀이터, 도로, 주차장 개념을 도입해 공동주택 건설이 본격화되기 시작하였다. 이를 계기로 공동주택이 당시 국민들의 주의식(住意識)에 새롭고 편리한 주거유형으로 각인되기 시작하였다. 주호 내부에는 라디에이터 난방방식을 적용해 입식생활방식 개념이 적용되었다. 이러한 공동주택은 1960년대 말 서울 외곽지역에 저소득계층 서민을 대상으로 시민아파트의 형태로 반복, 확대되며 새로운 도시경관을 형성하게 되었다. 이때 일부 민간 건설사들은 자본을 축척해 중산층을 대상으로 공동주택 건설에 참여하기 시작하였다. 민간에서 공동주택을 건설한 사례로는 저층부에 상업시설 용도를 가진 주상복합형으로서 종로구 통인동의 효자아파트(1968년경, 지하1층 지상5층, 45세대)와 용산구의 효창맨션아파트(1968, 11층 2LK형) 등을 건립하였다. 이 외에도 외국인을 대상으로 한 힐탑아파트(1968)는 일본의 건설기술과 자본을 도입해 중앙난방장치와 실내냉방장치, 전화, 승강기 등 당시로서는 최첨단 시설을 갖춘 고층주택을 선보이게 되었다.

1970년대에 민간에서 다양한 주호형태와 평면형을 제안하기 시작하였다. 즉, 편복도형 성아맨션아파트(1970, 11층), 4호 조합 타워형 하니맨션아파트, 중복도형 회현시범아파트(1970, 10층), 중정형 현대 아현아파트(1970, 6층 100세대), 계단실 판상형 고은아파트(1975, 143세대) 등 다양한 공동주택 형식을 제안하였다. 이 시기는 우리나라 공동주택 정착

작하였다. 임서환, 상게서, p.17 참조

그림 13-8 | 여의도 시범아파트(1971)

그림 13-9 | 성아맨션(1970)

그림 13-10 | 회현시범아파트(1970)

을 위한 실험기가 되었다고 평가할 수 있다. 특히 1960년대 후반부터 근대적인 도시위용을 갖추게 하기 위해 거대도시계획 정책이 도입되며 주거단지 규모가 거대화되었고, 도시 재건을 위한 가시적인 효과를 얻게 되었다. 당시의 여의도 시범아파트(1971)단지 개발방식은 도시 및 주거 정책을 뒷받침할 수 있는 대안으로 부각되었다. 이에 따라 민간기업체에서는 1970년대의 삼익아파트(1974), 대교아파트(1975), 은하아파트(1974), 한양아파트(1975), 미주맨션아파트(1975) 등 본격적으로 건설사업에 참여하게 되며 공동주택을 전국에 대량으로 공급하였다.

1980년대 후반 이러한 공동주택 유형은 전국적인 부동산 개발 열풍으로 15층 내외로 고층화된 형태로 확대 재생산 현상이 가속화되었다. 1990년대 말에도 도심 재개발이나 재건축개발로 25층 내외로 고층화, 고밀화되며 확대 공급되어 왔다. 지방 도시들에도 유사한 현상이 나타나며 주변 주거환경과 조화롭지 않은 국부적인 난개발이나 획일적인 공동주택이 양산되며, 도시의 정체성 상실이나 단조로운 경관에 대해 부정적인 의식도 나타났다. 2000년대 이후에는 도시에서는 주택보급률이 상향되고 인구의 수도권 집중이 심화되고 40층 이상의 초고층 공동주택이 등장하였다.

그러나 최근에는 수도권을 포함한 각 지자체에서는 기존의 도시 특성과 지역적 정체성을 살릴 수 있는 살기 좋은 도시주거 환경 조성을 위한 관심이 나타나고 있다.

13-2 우리나라 공동주택계획의 변화

13-2-1 공동주택 기술의 변화

전통사회에서는 자급자족방식으로 대부분 공동으로 주택을 짓고 살았으나, 광복 이후 새로운 건축재료와 기술의 산업화로 주택생산이 주택공급자와 수요자 개념으로 구분되었다. 도시화에 따른 도시인구 확대로 인한 주택부족의 영향으로 대량공급이 요구되었고, 새로운 주택재료와 기술이 공동주택 건설에 적용하며, 주택형태는 물론 주거 문화적 차원의 변화가 뒤따르게 되었다.

먼저 일제강점기의 경우, 공동주택은 대부분 2층 규모의 목구조이고, 3층 이상의 경우는 대부분 목구조를 바탕으로 조적조 또는 구조체나 바닥 슬래브 등에 철근콘크리트를 부분적으로 병용하였다.

1950년 초에 들어서는 백토에 석회 또는 시멘트를 혼합하여 기계로 압축 성형한 흙벽돌이 생산되었다. 1954년에 대한주택영단에서 8평 규모에 마루와 부엌이 있는 전(田)자 형태의 평면으로 실험적인 수준에서 흙벽돌집을 건립하였다[8]. 1958년부터는 시멘트 생산이 본격적으로 이루어졌다. 이때부터 시멘트 블록이나 증기 압축식 블록조 등 구조재료의 대량공급이 가능해졌다. 단독주택이나 저층 연립주택 형태의 조적조 주택을 대량건설이 가능하게 되었다. 1960년대 공동주택으로는 콘크리트 라멘구조의 계단형, 복도형, 타워형 등 다양한 주동형식을 갖는 5층 내외 규모로 건설되었다. 1970년대에는 콘크리트 라멘구조가 가능해지며 10층 이상의 공동주택 건축이 가능하게 되었다(1972년 철근콘크리트구조계산기준 제정, 1973년 '강구조계산기준' 제정). 1980년대에는 콘크리트 벽식 구조의 건축기술로 15층 이상의 중고층 공동주택 건축이 본격화되었다(1982년 '건축물의구조기준등에관한규칙' 제정, 1988년 '내진설계기준'이 제정). 1990년대 이후 용적률이 상향 조정되어, 25층 이상의 고층 공동주택이 등장하였다.

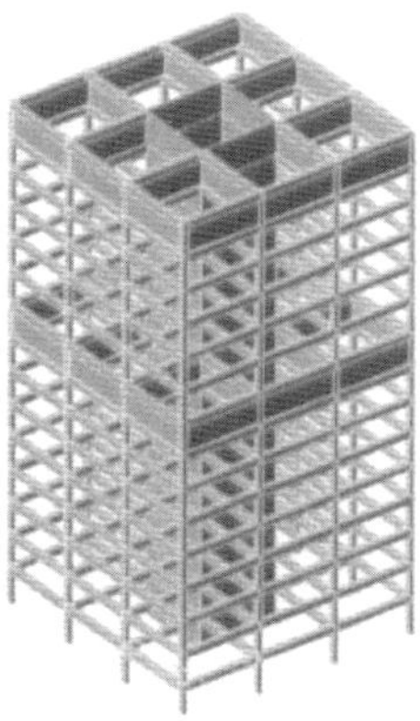

그림 13-11 | 아웃리거, 벨트월 시스템

2000년대 이후에는 고강도콘크리트 등 재료와 신공법을 포함한 시공기술과 구조공학의 발전으로 40층 이상의 초고층 공동주택이나 주상복합 건축물이 가능해졌다. 초고층 건축물[9]에서 취약해질 수 있는 수평하중에 대해서는 전단벽 시스템(shear wall system), 코어 내력벽, 모멘트 골조 시스템(core & frame system), 아웃리거(outrigger), 벨트월 시스템(belt wall system) 등의 복합구조방식을 적용시켜 100층 이상

8) 대한주택공사, 『대한주택공사 30년사』, 대한주택공사, 1996.

9) 이상호, 박수용, 윤태호, 『도시공동주택의 변화와 전망』, 대한건축학회 부산울산경남지회 설립60주년기념기획 pp.90~91

규모의 공동주택도 실현이 가능해졌다(2000년 '극한강도설계법' 제정, 2005년 '건축구조설계기준(KBC2005)' 제정).

13-2-2 공동주택 난방방식의 변화

일제강점기 일본인들은 1921년 상수도와 전기설비를 갖춘 경성부영(京城府營) 공동주택을 건립하였다. 한반도의 겨울 난방을 위해 1940년대에 단독주택에 온수방열기를 적용하였고, 이후 다다미방 중 하나를 온돌방으로 개조해 사용하였다.

광복 이후 1950년대에는 단독주택에 구멍탄 아궁이를 설치해 난방을 하게 되었다. 1950년대 후반에는 방열기 난방방식이 내자아파트와 풍전아파트에 도입되었다. 1960년대부터 공동주택 난방방식의 기술적 변화에 따라 주호 평면계획상에도 변화가 반영되며 다양한 평면형이 제안되었다. 당시 마포아파트와 한강공무원 아파트에 서구식 입식 생활을 유도하고자 라지에이터 난방방식을 도입하였으나, 입주자들은 재래식 생활에 익숙한 연유로 온돌바닥 하부에 불고래를 만들고 연탄난로를 구들 아래에 넣어 복도 바닥보다 방바닥을 30~40cm 높여 온돌방으로 개조(개량식 온돌)해 사용하였다. 그 후 연탄온수 보일러(새마을보일러)가 개발되며 난방 열매를 온수로 전환하며 1970년대까지 공동주택에 적용되어 왔다. 공동주택에 도입된 개별난방방식으로 부엌에서 아궁이가 차지하였던 공간이 확보될 수 있어 주거 내부공간의 변화와 함께 생활방식의 변화가 나타날 수 있었다. 중앙난방방식은 한남동 외인아파트(1967)와 힐탑아파트(1968)에 채택된 이후 고층아파트에 적용되기 시작하였다.

1970년대에는 기름보일러 중앙난방방식이 공동주택에 널리 적용되었다. 한편, 방열기 난방 시스템 방식이 개발되며, 거실이나 화장실 영역에 주로 적용되었다. 1970년대 후반기에 파이프 바닥매설방식이 개발되어 실내복도와 방바닥 사이의 높이 차이를 없앨 수 있게 되었다.

1980년대에는 LNG 가스난방이나 전기보일러와 같은 열매(熱媒)의 변화와 가구별로 개별 난방방식이나 온돌패널방식 등 건식 조립방식 등 공동주택을 시공할 수 있는 다양한 기술적 시도가 나타났다. 특히 공동주택에 콘크리트벽식 구조 방식을 적용해 자재의 모듈계획의 적용이나 평면계획상의 융통성을 갖게 되었다. 이 외에도 1980년대 중반 조립식 온돌패널방식, 가스보일러나 전기보일러 난방방식이 개발되었다. 이러한 기술적 변화는 당시 극심한 주택부족에 따른 대량 주택공급정책을 뒷받침할 수 있는 기반이 되었다.

2000년대에는 친환경·저에너지형 공동주택 건립에 관심을 갖게 되었다. 대규모 공동주택 단지나 신도시 개발이 시행되며, 지역난방, 열병합난방방식, 산업폐기물 소각열을 이용한 지역냉난방방식 등 도시기반시설 차원의 열관리 개념이 도입되었다. 친환경적인 에너지 절약을 위해 자연계의 태양열이나 지열을 이용한 무공해 냉난방시설 개념이 공동주택계획에 도입되기 시작하였다.

13-3 공동주택 관련 정책 및 법령의 변화[10)]

1) 광복 이후부터 1950년대의 변화

광복과 한국전쟁 후에 부족한 주택재건을 위해 외자를 유치하고 국채를 발행하였다. 1957년부터는 저·중소득층을 대상으로 구호를 위한 융자지원을 하게 되었다. 따라서 보건사회부 산하의 주택국(住宅局)에서 산업자금을 관리하고, 한국산업은행에서는 융자업무를 분담하게 되었다. 단독주택을 중심으로 주택기금 종류에 따라 명칭을 달리[11)]해 공급되었다. 1957년 건축법령 제정에 앞서 보건사회부의 부흥주택관리 요령을

10) 임서환, 『주택정책 반세기-정치경제환경 변화와 주택정책의 전개과정-』, 기문당, pp.14~29 및 신용재, 장승재, 이상준, 『도시공동주택의 변화와 전망』, 대한건축학회 부산울산경남지회 설립60주년기념기획 pp.20~26, 참조

11) 재건주택(유엔한국부흥단, UNKRA, United Nations Korean Reconstruction Agency), 부흥주택 (보건사회부), 희망주택 (입주자와 주택영단), ICA주택 (국제협력처, ICA, International Cooperation Administration), AID주택 (미국국제개발국, Agency for International Development) 등, 정일영, 윤인석, 한국공동주택 변천에 관한 고찰-근대기 아파트의 정착과정을 중심으로-, 건축역사연구 제11권 2호 2002.6, p.43

제정해 대한주택영단에서 전문 건설사에서 시공한 종암아파트와 개명아파트[12] 등을 인수해 분양, 관리하거나 복합상가 아파트를 건설하기 시작하였다.

2) 1960년대의 변화

그림 13-12 | 마포아파트

제1차 경제개발계획(1962~1966년)을 통하여 주택난 해결을 위한 정책이 수립되었다. 이를 구체화하기 위한 제도로 1962년 도시계획법, 국토건설종합계획법, 토지구획정리사업법, 건축법 등이 제정되었다. 주택영단을 대한주택공사로 개칭하고 본격적인 주택사업을 펼칠 수 있게 되며, 공공 주도로 한강변 주변과 능선 주변에 시민아파트를 건립하게 되었다. 이 시기에 고층 공동주택 의미를 갖는 12~13층 규모로 계획되었다. 32개 지구에 426동 16,963호의 공동주택을 단기간에 건립하게 되었고, 지방자치단체와 대한주택공사가 참여하며 공동주택을 전국에 건립하기 시작하였다.

3) 1970년대의 변화

그림 13-13 | 회현 제2시범아파트

1970년대에도 인구증가 등으로 주택난이 계속되었다. 이를 해소하기 위해 정부 주도로 대량주택 건설을 추진하게 되었다. 1972년 '주택건설촉진법'과 '특정지구개발촉진법'을 수립하였다. 주택건설촉진법을 통해 도시계획 수립 지역 내에서 도시계획이 결정된 대지조성사업을 대체할 수 있게 되었고, '주택건설기준에관한규칙(1979)'을 통해 구체적인 세부사항을 보강하였다. 특정 지역의 개발 촉진을 우도하기 위한 '특정지구개발촉진법(1972)'과 도시지역의 주택개발을 고층화가 가능하도록 '아파트지구법제화(1976)'를 제정하였다. '택지건설촉진법(1975)'을 마련해 도시 내부나 주변지역의 대규모 신규주택개발을 위해 제공된 토지를 확보한 뒤 주택건설촉진법에 의한 주택간지와 공동주택 건설이 가능해졌다.

---

12) 종암아파트는 조적조 편복도형 4~5층 규모로 4개동으로 건축되어 있고, 17.3평형 152세대이고 개명아파트는 4층 규모로 조적조의 편복도형이며 총 75세대(각층 15세대씩)이다.

이러한 방법으로 도시적 맥락에서의 단지계획이 가능하게 되었고, 민간 건설회사도 건설 주체로서의 참여가 가능해졌다.

그림 13-14 | 서울, 대현동아파트

4) 1980년대의 변화

1980년대에는 주택가격 폭등 등 사회적 문제가 되자, 정부는 신도시 개발과 재건축, 재개발정책을 펴게 되었다. 택지건설촉진법을 개정하고(1980) 민간사업개발자가 조합원으로 참여가 가능한 합동재개발사업방식(1983)과 이어서 민관합동개발방식(1987)이 도입되었다. 지방공사 설립(1988)에 관한 법령이 통과되어 지역에도 도시개발공사가 설립되었다.

그림 13-15 | 부산, 아시아드선수촌

5) 1990년대의 변화

도시지역에서는 고가의 지가와 부족한 택지난으로 층수 높이제한을 15층에서 30층까지 완화시키고, 인동간격을 전면 건축물 높이의 1.0배에서 0.8배로 완화시키는 등 고밀도 개발정책이 추진되었다. 반면 신도시개발 지역에서는 공공기관에서 도시설계를 통해 계획된 택지개발지구를 매입해서 개별적으로 단지 내에 공동주택을 건설하는 방식으로 개발되었다. 이로써 도시설계단계의 차원에서 주거단지계획을 제어하는 효과가 나타났다.

6) 2000년대의 변화

그림 13-16 | 서울, 목동트라펠리스

2000년대에는 기존 시가지 내 노후 아파트단지를 재건축하는 사업과 단독주택지에도 주거환경 개선 차원에서 고밀도로 재개발하는 도시적 차원의 도시재생사업이 활발하게 이루어졌다.[13] 국민들의 생활의 질에 대한 권리가 강화될 수 있도록 2002년에는 '도시계획법'이 '국토의계획및이용에관한법률'로 변경하였다. 국민의 주거환경과 교육환경에 대한 적극적인 보호를 위한 위락시설이나 숙박시설에 대한 제한과 자연환경과 수질보호, 쾌적한 주거환경을 유지하기 위한 건축물 마감재료와 실내

13) 이 과정에서 일부 도시는 난개발 현상이 발생되어 주변 지역과의 생활환경적인 격차가 심화되는 현상이 나타났다.

공기의 질에 대한 기준 등이 추가 제정되었다. 도시관리에 관한 관심이 고조되고 도시 및 주거환경정비계획이 추진되며 공동주택단지에 장착되는 초고속정보통신, 지능형 홈 네트워크 등 건축설비의 수준에 따라 인증제 등급을 부여해 주거의 질적인 수준을 강화시킬 수 있는 환경이 마련되었다.

13-4 공동주택계획의 변화

13-4-1 공동주택 외부공간의 변화

공동주택계획에 커뮤니티 개념은 1956년 '建築'誌에 처음 소개[14]된 이후 1960년대에 ICA 집합주택단지와 마포아파트에 근린주구 개념이 부분적으로 도입되었다. 동부이촌동 아파트와 여의도시범아파트 단지계획에 공원, 주차장, 보행자동선 개념이 적극적으로 활용하게 되었다. 한강아파트 개발에도 학교시설을 커뮤니티 중심으로 하는 근린주구 개념을 도입한 대규모 단지계획이 시도되었다.

1970년대에는 아파트지구가 설정되며, 12층에서 15층으로 층수제한이 완화되고 타워형 주거동과 중저층 판상 주거동을 혼합 배치해 단지 내 스카이라인 개선에 대한 개념이 반영되었다. 입주자 계층별로도 다양한 규모의 주호를 혼합 배치해 사회적 교류(social mixing)가 일어날 수 있는 커뮤니케이션 개념이 고려되었다.

그림 13-17 | 서울올림픽선수촌

1980년대에는 과천시가 도시 차원의 공간구조를 가진 신도시계획안이 최초로 제안되었다. 이어서 목동 신시가지 택지개발 마스터플랜(1984)에서의 중심축 개념과 선형도시 개념이 결합되고 일방통행(one way) 도로 동선체계와 보차분리 개념이 적용되었다. 이어 서울아시안게임 선수촌 아파트(1986)와 서울올림픽선수촌 아파트가 현상설계(1988)로 공모되었다. 기존의 획일적인 남북방향의 판상형 배치방법과 달리 주호형태를 다

14) 임서환, 상게서, p.14

그림 13-18 | 상암동 초고층 시설

양하게 조합시켜 다양한 공간 연출과 적극적인 조경 개념과 친환경적이고 입체적인 외부공간이 되었다.

1990년대에는 30층 규모의 초고층과 중층 규모의 공동주택이 혼합 배치되며 도시경관상의 변화가 나타났다. 합동재개발사업방식에 의한 민간개발업체가 적극적으로 참여하게 되자 원주민들도 노후물량주택을 개선시킬 수 있는 기회가 되었다. 2000년대에는 50층 내외의 초고층 공동주택이 건립되기 시작하였다. 최근에는 도시 이미지를 제고할 수 있는 도시 랜드마크(landmark) 수준의 초고층 건축물 건설이 이루어졌다.

13-4-2 공동주택 내부공간의 변화[15)]

전통주택은 온돌과 대청, 부엌을 포함해 농경생활방식에 필요한 마구나 광 등의 칸(間)을 가감하거나 외부마당과 채를 조합하는 방식으로 구성하였다. 주택은 남녀나 신분 차이 등 사회문화적인 배경에 따라 안채와 바깥채 등 생활에 필요한 칸과 채의 공간으로 구성되었다. 조선후기 유교적인 영향과 대가족제도 하에서 공사적인 개념보다는 성별 또는 신분이나 계절별 생활영역으로 구분해 접객(接客), 식침(食寢), 교육, 육아 등의 생활을 위해 공간을 복합적으로 활용해 왔다.

현재에는 주거공간[16)] 내에 프라이버시(privacy) 개념이 들어오며 공적공간이나 사적공간으로 구분되고 있다. 프라이버시[17)]란 '특정한 공간에 대해 개인과 외부인과의 바람직한 상호수준을 달성하는 상호관계의 조절 가능성의 여부'라는 개념으로 생각할 수 있다. 프라이버시란 과거의 물리적인 공간의 독립성, 분리나 폐쇄라는 의미보다는 거주자가 개인, 가족, 이웃 또는 타 집단 간의 상호작용에서 사회적 상황에 따른 공간이용행태상의 개방과 폐쇄를 조절하는 방식을 포함한 개인적 공간조

15) 유재우, 공영주택의 공적(公的)공간 정착과정 연구 -대한주택공사 평면형(1954년~1982년)을 중심으로-, 대한건축학회 논문집, 2009.5 논문 참조 재작성

16) 주택 내에 가족 간 식사나 대화 또는 외부인의 방문 등 상황에 따라 다양한 사회적 생활이 일어나고 있다.

17) 박지혜, 아파트 거주가구의 프라이버시 인식유형 및 행태조절에 관한 연구, 부산대학교 박사학위논문, 2008.9. p.10

절 가능성이라는 적극적인 개념이다[18]. 따라서 주택 내에서 개인침실과 같이 혼자 공간을 점유할 경우 프라이버시가 유지될 수 있는 사적공간이라 부를 수 있고, 개인적인 공간조절이 어려운 개방적인 거실과 같은 공간을 공적공간이라 한다[19]. 주택에서 이러한 거실, 부엌, 식당 등과 같은 공적공간개념이 평면에 도입되고 정착되기 시작하였다.

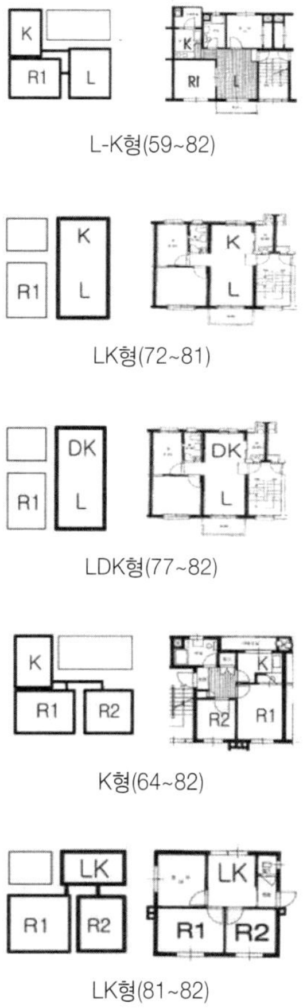

그림 13-19 | 공동주택 평면구성

1) 공동주택 공적공간 정착과정

(1) 부엌과 거실 중심의 평면형

1960년대의 전후의 초기 공동주택 중 평면 전면부가 2칸으로 구성된 평면형이 제안되기 시작하였다.

당시의 공동주택 평면구성(그림 13-19, K형)은 안방을 통해 부엌으로 출입이 가능한 계획이었다. 즉, 안방의 배면부에 인접되어 있고, 이 평면형은 아궁이 구조를 통해 안방과 부엌이 인접 배치된 계획이다. 따라서 부엌은 주부의 영역이 마루공간과 분리되고 폐쇄적인 위치에 있다. 이후 제안된 평면계획에는 부엌이 평면의 중앙부 현관 근처로 자리잡게 되며 거실과 시각적으로 통합된 평면(그림 13-19, LK형)이 제안되었다. 1959년부터 거실과 부엌이 완전 분리된 평면(그림 13-19, L-K형)이 나타나서 1982년까지 계속 제안된다. 1972년에는 부엌이 거실과 통합된 공적공간(그림 13-19, LK형) 형태로 변화가 나타났고, 1980년대부터 부엌에 식당공간이 확보되고 입식부엌이 정착되었으며 거실을 포함해 개방적인 공적공간(LDK형) 형태가 정착되었다.

한편, 1964년부터 평면 전면부가 3칸으로 구성된 계획안이 제안되었다. 1960년대 초기 평면은 재래식 아궁이 부엌과 온돌방은 전·후면부 방향으로 상호 연결된 형태로 계획되었다. 즉, 부엌을 온돌방의 후면부에 배치해 온돌방에 인접시켜 난방열을 효율적으로 관리하였다. 이러한

---

18) 박지혜, 상게서, p.10

19) 통상적인 의미에서 주택에서의 사적공간은 취침을 하는 공간인 방(R)을 의미하며, 공적공간은 취침공간과 구분되는 거실(L), 부엌(K), 식당(D) 등의 공간을 지칭한다. 개인적 공간조절 가능성 정도에 따라 반공적(半公的) 또는 반사적(半私的) 공간으로 구분되기도 한다.

영향으로 1959년부터 출현하게 된 공동주택의 평면들 역시 이러한 구성방식을 기본으로 연탄 개별난방방식을 도입하게 되었다. 안방과 부엌의 배치가 일(一)자로 인접된 형태에서 부엌규모가 확대되면서 부엌과 거실과 직접 연결된 공적공간 형태를 가진 평면형이 1971년까지 제안되었다. 1969년부터 1974년까지 부엌과 인접된 부엌방이 생기면서 부엌의 폭과 주호의 전면부에 있는 거실의 폭과 크기가 확대된 공적공간을 가진 평면형이 계속 제안되었다. 이러한 평면형 모두 부엌에서 직접 거실로 출입할 수 있도록 여닫이문을 설치하였다. 1974년에 제안된 평면형에는 거실과 부엌 공간이 통합된 공적공간 형태(LK형)가 나타났다.

1970년대 후반 아궁이가 온수배관 바닥 매설식으로 전환되었으며 안방과 부엌이 인접된 배치계획방법에서 거실공간과 연결된 개방적인 동선을 갖는 부엌이 있는 평면형이 제안될 수 있게 되었다.

(2) 식당 중심의 평면형

식당공간은 1960년에 처음 평면형(1LDK)[20]으로 제안되었다. 그 이후 식당공간은 1969년부터 1974년 사이에 몇 차례 제안되었지만 거실 등 내부공간에 개방된 부엌은 널리 받아들여지지 않았다. 당시에는 부엌 내부의 취사도구가 노출되거나 취사에 따른 아궁이의 연기나 음식냄새가 발생되어 실내로 전달될 수 있다는 불편함을 포함해 재래식 생활습관에 익숙하였기 때문이다.

LK형(74~81)

LDK1형(76~82)

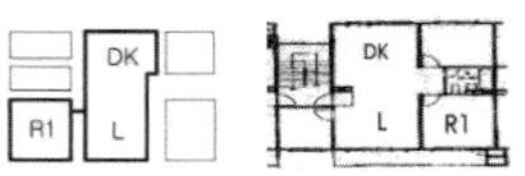

LDK2형(79~82)

그림 13-20 | 공동주택 평면 구성

1970년대 중반 이후부터 공동주택에 배관 바닥 매설식 온돌기술이 적용되며, 거실, 식당, 부엌 등의 공간이 공적공간 구성 요소로 일반화되었다. 식침(食寢)분리가 가능한 입식 주방생활이 시작된 시기라 볼 수 있다. 당시 경제적으로 여유가 생기고 독립된 식당공간을 확보될 수 있는 평면형(3LDK)이 일반화되었으며 공적공간도 확장되고 주택규모가 확대되었다.

1974년의 2LK 평면형과 달리 1976년부터 3LDK 평면형(그림 13-20)

---

20) 규모가 2LK보다 약 10m²나 넓고, 처음으로 공동주택에 식당(D)공간을 포함시킨 평면형이다.

이 제안되며 부엌에 식당공간이 부가되며 면적이 확대되는 공적공간이 개방적이면서도 영역이 분화되었다. 1970년대 후반부터 평면형의 부엌과 안방 사이 중앙영역에 화장실과 식당이 확보되면서 측면이 2칸에서 3칸으로 주호의 깊이가 확장된 평면형이 나타났다.

2) 공동주택 공적공간의 정착

1960년대 후반 단독주택계획의 경우는 주호규모가 확대되고 마루가 독립된 마루 중심형의 평면형이 정착되었다. 당시 재래식 아궁이가 있었던 단독주택계획의 경우 부엌 바닥이 다른 실 바닥 높이보다 낮아 부엌 입구의 찬마루를 통해서 마루로 진입해야 하는 단면구조를 가지게 된다. 초기 공동주택 내부에도 가사보조공간과 식사공간을 겸한 찬마루를 거쳐 거실로 진입되는 평면형 제안되었지만 1960년대 후반부터 주호 규모에 대한 자유로운 계획이 가능해져 공·사적영역과 침실영역이 구분된 평면형[21])도 제안되었다.

1970년대는 부엌과 거실이 통합되면서 대부분 식당공간이 있는 공적공간이 제안되었다. 1970년 중반부터 대부분 공적공간이 통합된 평면형은 난방방식이 연탄식 개별난방방식에서 배관 바닥 매설식 중앙집중식 난방방식으로 전환된 이후에 본격화되었다. 이로써 안방과 부엌의 인접 배치관계에서 벗어나 거실과 부엌간에 동선이 단축되고 채광, 통풍이 유리한 개방적인 거실 중심의 공적공간을 갖는 평면형이 정착되었다.

광복 이후 새로운 주거형이 형성되는 과정에서 공동주택 평면 내에 공적공간 개념이 정착되어 왔다. 공동주택 내에 공적공간은 1950년대 말부터 도입되기 시작되어 1970년대 후반기에 현재와 유사한 형태를 갖추게 되었다.

---

21) 이는 향후 LDK형 공적공간 평면계획에 선행되는 평면형이다. 이후 평면형 형성과정에 서구적인 침실중심 공간과 거실중심 공간계획 개념 간의 조정과정이 있었다고 볼 수 있다.

13-5 공동주택과 주거문화

13-5-1 광복 전후 주거문화의 지속과 변용

1) 일제강점기 근대주택

조선주택영단에서는 표준설계도에 의거해 주택을 대량으로 건설하기 시작하였다. 이 주택은 전면부와 후면부가 겹집과 유사하게 결합된 평면이다. 평면 내부에 동선의 중심이 되는 현관과 속복도를 갖는 속복도형 일식주택 형식을 띠고 있다. 전면부의 다다미의 방들은 일본식 미닫이문에 의해 상호간 구획된다. 평면 전면부에 일본식 다다미방[22]이 상호 인접되어 있다. 이는 가장(家長) 중심의 공간과 접객(接客)을 위한 공간이다. 공간의 사용용도에 따라 미닫이문으로 구획해서 가변적으로 공간을 활용한다. 평면의 후면부에는 북측 진입방식의 현관, 욕실과 화장실, 부엌 등을 포함해 물을 사용하는 서비스 영역이 포함된다. 이는 근본적으로 모두 일식주거 문화에서 나온 일본 근대기 속복도형을 바탕으로 변용된 목조주택이라 볼 수 있다. 근대적 개념의 위생공간인 욕실이나 화장실 공간을 실내에 도입하였다. 이들 위생공간은 평면 후면부에 배치되어 있어 주택 내부에 위생공간이 통합된 주거공간이었다. 가장 큰 다다미방은 접객과 가장생활 중심의 주의식(住意識)에 따른 공간적 질서가 유지되고, 가족이나 주부를 위한 공간을 인접 배치시키고, 공간 활용을 위해 미세기문을 개폐해서 공적용도와 사적용도를 선택적으로 조절할 수 있는 평면형태라 볼 수 있다.

2) 광복 이후의 주택

광복 이후 대한주택공사에서 제안한 단독공영주택도 외관상 평면의 전면부와 후면부가 결합된 겹집[23]형태로서 전통적인 홑집과는 다소 다른 형태이다. 이러한 단독주택은 대한주택영단에서 광복 이후 1954년경

22) 우리나라의 추운 겨울철을 나기 위해 온돌방을 포함해 좌식 다다미방 하나를 온돌방으로 구성하였다.

23) 한반도에는 북부 등 일부지역을 제외하고 일반적인 민가는 대부분 홑집구조이다.

부터 제안되기 시작[24]하였다. 이들 겹집형태는 외관상으로 보면, 조선주택영단에서 제안한 주택과 다소 유사성을 찾을 수 있다.

그러나 주거문화적인 차원에서 볼 때, 전통가옥과 같이 안방과 부엌 간의 연결 관계에서 본질적인 차이가 존재한다. 전통가옥의 경우 재래식 아궁이가 있는 부엌 바닥은 방바닥 높이보다 낮다. 따라서 단면구조는 부엌의 아궁이의 안방 방향 상부에 다락을 설치하고 하부의 마루와 부엌을 연결하는 부엌 입구에 찬마루가 있는 형태가 된다. 평면의 전면부를 3칸으로 구성한 평면형의 경우, 아궁이 난방을 위해 부엌을 중심으로 안방과 온돌방이 직각방향으로 연결되어 있다. 따라서 아궁이의 열관리에 불리한 속복도식의 계획방식은 지양되었다. 현관은 평면 배면부의 북측 진입보다는 측면진입방식이 일반적이다. 현관 옆 후면부에 물을 사용하는 세면실과 화장실이 인접 배치된 서비스 영역과 평면의 전면부 측의 거주영역으로 분리된 전후(前後 또는 안과 밖, 表裏) 개념을 가진 평면형이다. 특히 평면의 전면부 구성은 대개 3칸으로 구성하고 마루를 전면부의 중앙에 두고 좌우편에 온돌방이 배치된 형태이다. 따라서 전체적인 평면형은 마루를 동선의 중심에 두고 안방과 건넌방이 있는 전통 주거문화를 간직한 근대적인 평면형을 성립시켰다고 볼 수 있다.[25]

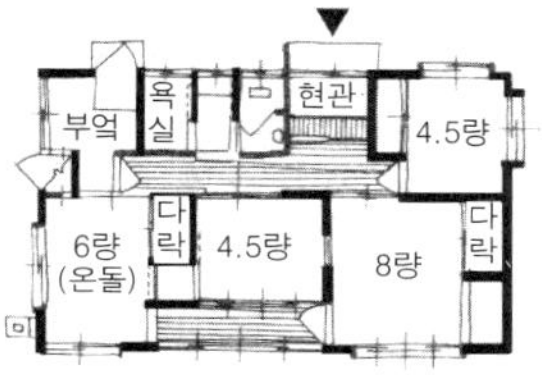

갑형 20평

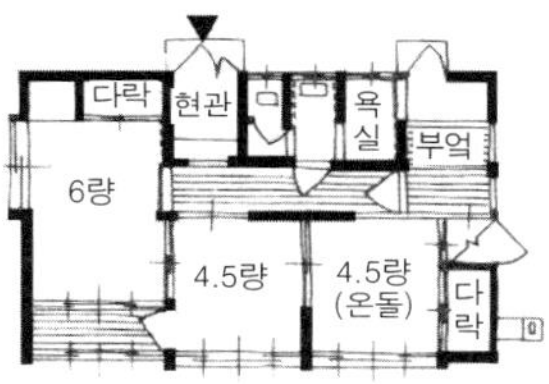

을형 15평

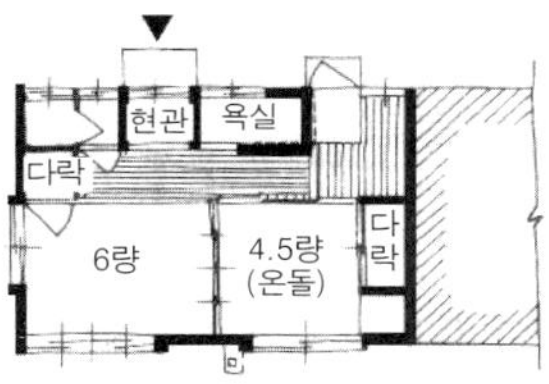

정형 10평

그림 13-21 | 조선주택영단 표준형 주택 평면도

이는 일본의 접객(接客) 중심의 생활형과 달리 유교(儒敎)식 제례(祭禮)나 가족 공적공간인 마루를 중심으로 하는 생활형이므로 조선주택영단의 표준설계방식과 달리 마루가 중심이 되는 평면형을 정착시켰다고 평가할 수 있다. 즉, 조선주택영단에서 제안한 표준주택 평면형 중에서 갑형(甲型)과 을형(乙型)에서 볼 수 있었던 다다미방이 인접되어 연속적으로 계획된 복도식 주택 평면과 달리 과거 안채와 같이 안방과 마루 그리고 건넌방으로 칸이 연결되어 주택 내에 마루가 내부공간의 중심이 되는 재래 주거공간 질서가 지속되고 있다. 주거사적인 의미에서는 마루공간이 가족 중심의 주택 내부공간이 되고, 주택 내부의 각 방들과 짧은

24) 공급 초기에는 흙벽돌 재료로 8평의 주택규모로 제안하였다.

25) 단지 전면부 구성방법이 2칸으로 구성된 평면형은 각 실을 현관홀이나 미닫이문으로 연결한 평면형이라 볼 수 있다.

동선이 유지되는 근대적인 공적공간 개념이 출현한 것이라 볼 수 있다.

13-5-2 공동주택과 주거문화의 지속

우리나라 근대기 과정에서 공동주택 평면[26]을 대상으로 현재 도시의 보편적인 주택형으로 정착되어 왔다. 이 과정에는 공공기관에서 주도적으로 근대적인 기술과 재료를 적용하고, 대가족과 다른 핵가족 가구를 전제로 우리나라 주택에서 공적공간 개념이 정착시키기 시작하였다. 광복 전후의 외래 주거문화의 영향 속에서 새로운 주거형의 모색 과정을 거쳐 현재와 거의 유사한 공적공간 영역을 가진 평면형이 정착되었다.

1) 공적공간의 성립

① **부엌공간** : 여성의 활동공간인 부엌은 온수배관 등의 설비시설과 입식 부엌가구의 도입으로 재래의 계획 질서인 안방-부엌의 연결 관계가 해체되고 마루(거실)와 부엌의 동선연결 관계로 전환되며 점차 개방적인 공적공간을 가진 현재와 같은 공적공간 형태로 변화되어 왔다. 따라서 여성의 생활공간인 폐쇄적인 연결동선을 가지고 있었던 공간부엌(K)은 주택 전면부의 거실공간과 개방된 주부중심의 공적공간(LDK)이 성립되었다.

② **거실공간** : 재래 마루는 접객이나 의례기능을 가진 위계 높은 공간이었으나, 광복 이후 핵가족 중심의 평면형을 모색하는 과정에서 점차 원래의 마루가 갖고 있었던 의미가 쇠퇴해지고, 부엌과 연결된 주부나 가족 친교와 단란을 위한 거실공간으로 변모하였다.

③ **입좌식(立座食) 공간의 혼재** : 광복 이후부터 1970년대를 거치며 공적공간의 위치와 형태에 대해 다양한 실험적 과도기가 있었다. 즉, 거실에는 마룻바닥 하부에 난방장치를 도입하며, 과거 외부로 개방된 대청과 다른 공간개념을 갖게 되었다. 여기에 소파(sofa)와

---

26) 우리나라 공동주택 정착에 주도적으로 기여한 대한주택공사의 평면형을 분석해서 정리한 내용임.

탁자, 식탁 등과 같은 입식가구를 도입하게 되었으며 입식과 좌식 생활방식이 공존하게 되었다. 부엌은 아궁이 구조를 개선해 방과의 바닥 높이차가 없어지고 상하수도설비의 내장이 가능한 싱크대를 도입하게 되었다.

2) 생활형의 변화

① **가족 중심의 공간 정착** : 주택 내에 마루가 중심이 되는 재래의 주거 질서가 지속되고 있다. 주거사(住居史)적 의미에서는 마루공간이 내부화된 공간이 되어 평면 후면부 공간들과의 짧은 동선을 유지할 수 있는, 과거와 달라진 근대적 개념의 가족 중심의 주택유형이 출현한 것이라 해석할 수 있다.

② **식침분리(食寢分離)생활의 정착** : 1970년대 중반까지 공동주택의 공적공간은 난방방식의 발전으로 부엌의 배치방법이 자유로워져 다양한 평면형이 제안되었다.[27] 또한 식당공간이 부엌 내에 확보되며 식침분리형 생활이 정착되었다.

3) 공동주택 평면형의 변화

① 공동주택 평면형의 변화 양상은 평면 제안 초기의 부엌-마루 연결형에서 주호 확대와 거실과 부엌이 주호 전·후면에 나란히 배치되고 후열부에는 찬마루나 부엌방 등 부엌영역의 분화단계를 거쳐 내부가 개방적인 공적공간(LK, LDK형)을 갖는 평면형이 반복되어 왔다.[28]

---

27) 공영단독주택의 시기별 특성으로는 1950년대에 주택 내에 부엌은 동선이 안방을 거쳐 진출입이 가능한 폐쇄적인 공간형태로 존재하였다. 1960년대에 부엌이 중앙부로 배치되며 주부동선이 단축되었고, 평면 전면부가 안방-마루-건넌방 순서로 연결된 공간계획을 갖는 단독주택 평면형이 정착되었다.

28) 공영단독주택에서의 공적공간은 재래 아궁이가 있는 부엌이 평면의 전면부의 안방 후면부에 배치되어 있었던 폐쇄형 공적공간 단계, 부엌과 마루(거실)연결 단계, 평면의 후면부의 칸의 분화와 발달 단계와 평면 내 공적공간 통합단계(LDK형)로 변화되어 왔다고 요약할 수 있다. 전체적인 평면형은 겹집이면서도 거실공간을 통해 각 실들의 동선이 연결되어 있어, 과거의 홑집과 유사한 공간적 효과를 가지게 되었다.

② 광복 이후 새로운 주거형을 모색하는 과정을 거쳐 온돌문화의 지속과 마루문화를 가족 중심 공간개념으로 주택공간 내에 변용시켜 정착시켜 왔다.

13-5-3 새로운 공동주택계획의 모색

1980년대 이후부터 공동주택이 우리나라의 보편적인 주거형으로 정착되어 가며 다양한 모색이 나타났다. 최근에는 주거의 개념이 획일적이고 양적 위주의 소유개념 차원에서 질적 차원의 거주 개념으로 전환되고 있다.

삶의 질적 수준을 제고하고자 가족 생애주기(life cycle)나 생활패턴, 거주자의 다양한 요구 변화를 수용할 수 있는 가변형 공간 개념의 도입이나 전통공간이나 분위기를 도입하려는 움직임도 나타나고 있다. 도시 자연생태계의 작용과 인간의 생활상의 상호작용으로 시각적, 문화적으로 인공물로 드러난 도시 풍경을 관리하려는 도시 공공 차원의 경관계획에 이르기까지 설계 개념상의 변화도 나타나고 있다. 21세기 지식정보화 사회에 대응하기 위해 건축물의 용도, 규모와 기능에 적합한 각종 통합 시스템을 도입하여 쾌적하고 안전하며 친환경적인 거주공간을 구현하기 위한 지능형 건축물 인증제도(2006.8)[29]가 시행되어 건축, 전기전자, 정보통신, 기계설비, 에너지, 환경분야 간의 기술적 통합 개념에서 공동주택계획에 적용되고 있다.

29) 지능형 건축물(IB, Intelligent Building) : 건축환경 및 설비, 정보통신 등 주요시스템을 유기적으로 통합하여 첨단서비스 기능을 제공함으로써 경제성, 효율성, 기능성, 안전성 등을 추구하는 건축물로서 지능형 건축물 인증제도(2006.8) 시행

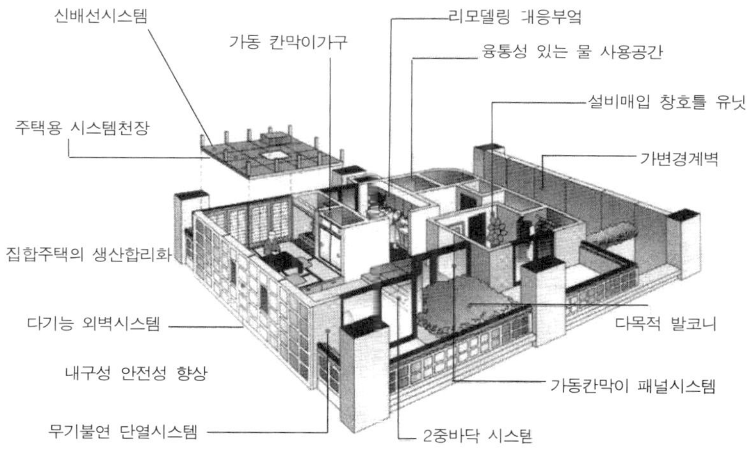

(자료 : 대한민국 건축사협회, 공동주택의 모듈정합 설계가이드북, 技文堂, 2003, p.82)

그림 13-22 | 리모델링 방식 장수명 공동주택 개념도

최근 자연에너지 이용 시스템(passive solar system)이나 에너지 및 자원절약을 위한 친환경설비(active solar system) 개념의 도입이나 옥상이나 벽면녹화 등 다양한 시도들을 통해 쾌적한 공동주택계획이 이루어지고 있다. 아울러 기존의 공동주택을 리모델링하면 기존 건축물이 지니고 있었던 유효한 자원을 재활용하고 철거에 따른 각종 환경오염 방지 효과를 위한 내구연한이 남아있는 공동주택을 증축하거나 개보수하는 재건축 개념도 일종의 리모델링 방식 장수명(長壽命, Long-life Housing) 공동주택계획도 나타나고 있다. 이러한 방식은 기존 건축물이 지니고 있었던 유효한 자원을 재활용하고 철거에 따른 각종 환경오염 방지 차원에서 추진되고 있다.

이와 같이 최근에는 삶의 질적 향상을 위한 다양한 주거환경계획이 추구되고 있다.

참고문헌

1. 대한주택공사, 『대한주택공사 30년사』, 대한주택공사, 1996.
2. 대한건축학회 부산울산경남지회, 『도시공동주택의 변화와 전망』, 대한건축학회 부산울산경남지회 설립60주년기념기획 연구보고서
3. 대한민국 건축사협회, 공동주택의 모듈정합 설계가이드북, 技文堂, 2003.
4. 유재우, 공영주택의 공적(公的)공간 정착과정 연구 -대한주택공사 평면형(1954년~1982년)을 중심으로-, 대한건축학회논문집, 2009.5
5. 박지혜, 아파트 거주가구의 프라이버시 인식유형 및 행태조절에 관한 연구, 부산대학교 박사학위논문, 2008.9
6. 이상건축, 2002.7
7. 임서환, 『주택정책 반세기 -정치경제환경 변화와 주택정책의 전개과정-』, 기문당
8. 정일영·윤인석, 한국공동주택 변천에 관한 고찰-근대기 아파트의 정착과정을 중심으로-, 건축역사연구 제11권 2호, 2002.6

제 14 장

스마트 홈

제 14 장

스마트 홈

14-1 스마트 홈이란?

스마트 홈(Smart Home)은 거주자의 인식, 거주자의 위치 정보, 거주자의 행동 등을 인식하여 그에 맞는 서비스를 제공하고, 또한 거주환경 정보를 파악하여 거주자의 상황에 맞게 자동화된 서비스를 제공하는 주거이다. 최첨단 정보통신기술에 의해 구현되는 스마트 홈은 집의 개념을 '잠자고 먹는 거주공간'에서 '자연과 가까이 호흡하며 다양한 즐거움을 누리는 문화공간'으로 확장시킨다.

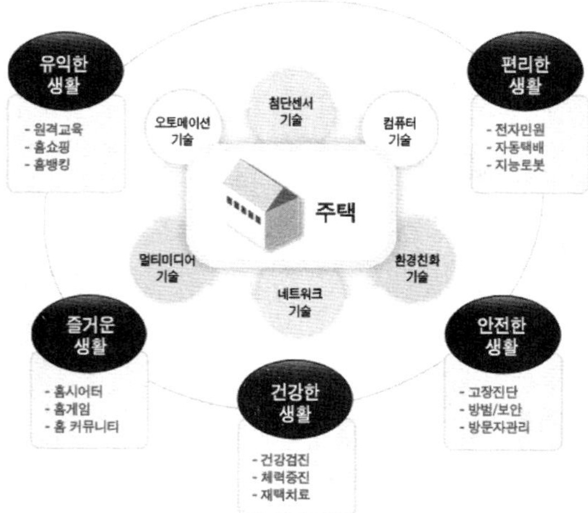

그림 14-1 | 스마트 홈 서비스 개념

홈 네트워크를 통해 모든 설비의 자동화와 원격제어가 가능하고 어떤 디바이스에서건 각종 정보와 엔터테인먼트를 마음껏 누릴 수 있는 편리하고 즐거운 공간, 방범과 방재가 철저한 안전한 공간, 원격 진료 및 간단한 건강 체크가 가능한 시스템 및 환경을 생각하고 오염을 최소화하는 가전 설비가 갖추어진 건강하고 쾌적한 공간 등 스마트 홈은 인간이 꿈꾸는 가장 아늑하고 행복한 거주공간을 현실화 하는 디지털 컨버전스를 통한 새로운 주거개념이다.

14-2 스마트 홈 건축계획 고려요소

14-2-1 미래 주거환경의 특징

유비쿼터스 컴퓨팅 환경으로 이어지는 디지털 기술의 광범위한 수용은 인간의 의사소통방식, 생활방식, 세계를 보는 시각, 그리고 사회 참여방식 등 많은 부분에서 커다란 변화를 야기하고 있다. 이러한 모든 활동은 직접적으로 주거환경 내에서 이루어지게 될 것으로 예상되는데, 이에 따라 주거환경은 가족구조의 변화, 환경문제 그리고 직업활동의 변화 등 삶의 방식의 변화에 대응해야 할 것이다. 미래 주거환경의 요구조건이 인간 중심으로 변화됨에 따라 생활공간 도처의 사물과 장소에 삽입되어 있는 컴퓨터를 이용하여 사용자와 거주환경의 정보를 수집하고, 이를 기초로 거주환경을 제어하는 유비쿼터스 컴퓨팅 기술이 미래주택 프로젝트의 핵심기술로 자리 잡고 있다. 유비쿼터스 환경에서의 미래 주거환경은 디지털 문화의 연장선상에서 다음과 같은 특징을 가질 것이다.

1) 하이브리드

물리적 환경과 가상의 환경이 현실로 연결되는 통합된 하이브리드 환경이 구축된다. 물리적 환경과 가상, 시간과 시간, 공간과 공간 사이의 모든 경계가 모호하게 해체되어 중식된 형태가 된다. 이에 따라 도시와 도시, 도시와 지역, 지역과 동네, 실외와 실내 등의 구분이 모호해지게 되고, 환경에 관련된 분야 간의 협력도 중요하게 된다.

2) 상호작용

미래의 물리적 환경은 건축물이 단순히 환경의 영향에 순응하며, 소극적일 수밖에 없었던 수용자의 입장에서 환경에 유연하게 대응하며 적극적인 입장을 보이게 되는 상호작용의 성격을 지닌다. 이는 단순히 정보를 받아들이는 수동적 입장이었던 객체의 성격이 이제는 정보를 제공하는 능동적인 주체의 성격도 동시에 가지게 되는 디지털 사회의 특성이 적용된 것이라고 할 수 있다. 이러한 건축의 능동적인 모습은 건물 내외부의 인터페이스라는 개념으로 설명할 수 있는데, 이때 인터페이스는 서로 다른 환경 사이를 교환시키며 중개하는 경계의 공간을 의미한다. 구체적으로 주위환경의 수많은 작용들을 센서 등을 통하여 감지하고, 이것들을 데이터화하여 데이터들이 환경에 실시간으로 대응하는 방식이다. 즉, 고정되어 있고 불변하던 기존의 공간은 다양한 사용자의 요구에 의해 필요나 시간에 따라 변해갈 수 있는 상대주의 공간으로 변하는 것이다.

3) 다원화

디지털 기술하의 공간은 디지털 기술환경의 핵심기술 중 하나인 네트워크상에서 누구나 행위자가 될 수 있다는 점과 행위의 내용인 정보의 구조가 다양한 선택을 열어놓고 있다는 다원성의 특성이 있다. 따라서 각 개인의 다양한 선택을 가능하게 하며 개별 수용자의 요구를 반영하고 이것의 다양성을 부각시키고 있다. 이와 같은 특징으로 공간은 각 실과 각 기능들에 동일한 가치를 부여하는 성향을 나타나게 된다. 즉, 기존의 중심이 있고 일방향적인 공간구성, 주공간을 중심으로 한 부공간들이 그것에 부속되어 배치되는 방식을 벗어나, 중심을 분산하고 분산 배치된 프로그램들 사이에 새로운 관계를 제시하게 되는 것이다. 이러한 모습은 건물 내의 다양한 기능의 공간배열에 있어서 중심을 부각시키지 않으며 또한 각 기능의 배치되는 위치나 크기 등에 있어서도 각각의 가치를 인정하는 모습으로 나타나며, 따라서 사용자가 각 기능들을 동일한 입장에서 수용할 수 있는 토대를 제공하게 된다. 또한 공간은 사용자의 요구와 필요에 의해 프로그램이 바뀔 수도 있으며, 서로의 프로그램이 반전될 수도 있다. 또한 하나의 공간에 여러 프로그램이 공존하며 상호작용을 통해 하나의 프로그램을 만들어 낼 수 있는 가능성을 내포한다. 곧 공간은 사용자가 원하는 필요한 다양한 프로그램과 다양한 요구에 상응할 수 있는 모습을 보이는 것이다.

4) 유동화

시간과 공간의 벽이 허물어지는 디지털 기술사회의 문명사적 의미는 시간과 장소에 구애받지 않는 자유로운 움직임을 의미한다. 네트워크 기술로 인하여, 이제 사람들은 어느 한 곳에 머무르는 인간이 아니라 끊임없이 움직이는 인간으로 바뀌었다. 몸이 실제로 움직이는 것은 물론이고, 이동하지 않더라도 전 지구를 마음대로 떠돌아다닐 수 있는 존재이다. 이제까지 장소의 구속을 받아왔던 것에서 벗어나 어떤 장소든 자신이 네트워크에 연결되었는가, 접속이 되었는가에 따라 자신이 머물고 있는 현재의 장소가 그 의미를 상실할 수도 있다. '특정 장소에서'라는 기존의 장소적 속성은 '언제, 어디에서나'의 속성으로 변화하는 것이다. 따라서 누가 어디에 있는가라는 공간적, 장소적 구속으로서의 절대적 위치는 무의미하거나 크게 중요하지 않는 것으로, 대신 다른 곳과 연결되어 있는가, 그렇다면 어떻게 연결되어 있는가라는 상대적 위치가 중요하게 된다.

14-2-2 디지털 라이프스타일

1) 유형 1 : 디지털 가사공간 지향형(부인 : 전업주부, 자녀 : 중등교육기)

디지털 네트워크와 디지털 기술에 따른 공간변화에 적극적인 태도를 보이고 가족단란과 가사의 편리를 도모할 수 있는 공간구성에 대한 요구가 있는 반면, 접객에 대하여 소극적이고 접대를 위한 공간에 대한 요구는 낮은 유형이다. 가사를 지원하는 디지털 서비스에 대한 요구가 매우 높고, 제반 서비스에 대하여 보통 이상의 요구를 갖는다.

2) 유형 2 : 개방적 공적공간 구성형(부인 : 전업주부, 자녀 : 성인기)

디지털 기술의 이용과 디지털 기술에 따른 공간 변화에 대해 소극저이고, 건강 및 여가생활을 즐기는 유형으로 기능별 공간의 분화보다는 거실, 부엌 등 공적공간을 넓게 계획함으로써 공간구성의 차별화를 기대하는 유형이다. 안전 및 유지관리 서비스와 의료지원 서비스 등 최소한의 디지털 서비스를 요구한다.

3) 유형 3 : 디지털 여가공간 확보형(부인 : 전업주부, 자녀 : 초등교육기)

주거공간 내에서 가족단란과 접객이 적극적으로 이루어지고 디지털 네트워크의 실제적 이용에 대한 관심이 높은 유형으로 전용공간, 개인공간 그리고 넓은 공적공간에 대한 요구가 모두 나타나는 유형이다. 건강과 여가생활, 그리고 문화, 오락생활을 지원하는 디지털 서비스에 대한 요구가 매우 높고 제반 서비스에 대하여 보통 이상의 요구를 가진다.

4) 유형 4 : 소극적 공적공간 분리형(부인 : 전업주부, 자녀 : 다양)

다양한 주택규모와 가족주기의 분포 특성을 보이는 유형이다. 가사에 대한 사회적, 경제적 지원과 건강 및 여가생활에 대하여 소극적이고, 가족단란이나 접객에 대한 보통 정도의 관심을 유지하는 유형으로 가사전용 공간, 접객전용 공간, 가족단란 공간에 대하여 긍정적 태도를 보이는 유형이다. 안전 및 유지관리 서비스와 가계관리 서비스 등 최소한의 디지털 서비스를 요구한다.

5) 유형 5 : 디지털 개인공간 선호형(부인 : 맞벌이, 자녀 : 성인기)

디지털 기술의 이용에 대한 긍정적인 태도를 보이는 반면, 가족단란과 집객생활에 대한 관심이 낮은 유형으로서 기능에 따라 전용공간을 구성하려는 유형이다. 디지털 서비스 중 가계관리지원 서비스에 대한 요구가 가장 낮은 것이 특징이다.

6) 유형 6 : 디지털 공적공간 확대형(부인 : 맞벌이, 자녀 : 중고등 교육기)

디지털 기술의 이용, 개인생활 존중, 사회적·경제적 지원에 의한 가사의 편리, 건강과 여가생활에 대하여 적극적인 태도를 가짐으로써 디지털화에 따른 공간의 변화, 기능별 공간구성, 넓은 거실과 가사 및 식사를 위한 넓은 부엌공간에 대한 요구가 있는 유형이다. 교육 및 가계관리지원 서비스와 문화, 오락생활지원 서비스에 대한 요구가 높다.

7) 유형 7 : 디지털 공적공간 중심형(부인 : 맞벌이, 자녀 : 다양)

디지털 기술의 적극적 이용에 대하여 긍정적인 태도를 가지나, 가사를 위한 사회적, 경제적 지원에 대해 매우 부정적이고 생활기능에 따라 분화된 공간에 대해서도 부정적인 태도를 보이는 유형이다. 건강 및 편의생활지원 서비스 중 일부와 문화 및 오락생활지원 서비스에 대한 요구가 보통 이하이다.

8) 유형 8 : 디지털 공적공간 분리형(부인 : 맞벌이, 자녀 : 중고등 교육기)

가족의 단란을 중시하는 반면, 접객과 개인생활에 대한 관심이 낮은 편이고 가사에 대한 사회적, 경제적 지원에 대해서도 부정적이다. 이에 따라 거실에서의 접객, 가족단란공간의 확대, 부엌을 중심으로 하는 가사전용 공간에 대한 요구를 보이는 유형이다. 건강 및 편의생활지원 서비스와 문화 및 오락생활지원 서비스에 대한 요구는 보통 이하이나, 교육 및 가계관리지원 서비스에 대한 요구는 전체적으로 높다.

14-3 스마트 홈 서비스 구성요소

이제까지 나온 연구결과들을 종합해보면, 스마트 홈에서 서비스되는 기술들은 대략 다섯 가지 범주 -편리한 생활, 안전한 생활, 건강한 생활, 즐거운 생활, 유익한 생활-로 구분된다. 이에 대한 내용들을 종합적으로 고찰하면 다음과 같다.

14-3-1 편리한 생활(convenience)

① **가전기기 제어** : 드럼세탁기, 식기세척기, 전기오븐, 김치냉장고 제어

② **자가 고장진단** : 정보가전 제품의 고장상태 사전 고지

③ **조명 제어** : TV 시청, PC 작업 중에도 거실, 안방, 침실 등의 원격 On/Off 가능

④ **블라인드 제어** : 거실 커튼, 발코니 블라인드 등을 월패드, 홈컨트롤러로 자동개폐

⑤ **에너지 관리** : 에너지 절약 옵션 작동으로 목표 초과 사용 시 안내 메시지 및 경고음 작동

⑥ **엘리베이터 호출** : 세대 안 엘리베이터의 호출 서비스 기능

⑦ **원격 제어** : 외부에서 세대 포탈에 접속하여 홈 네트워크 시스템의 가전기기들을 자유롭게 제어

⑧ **원격 검침** : 외부에서 언제라도 전력, 난방, 수도 등 에너지 사용량 확인 및 체크

⑨ **생활모드 제어** : 생활패턴에 따라 네트워크 가전기기를 맞춤 설정할 수 있는 기능

⑩ **정보 서비스** : 생활, 경제, 시사 등 다양한 분야의 정보 제공

⑪ **아파트 관리** : 게시판을 통하여 단지소식 알림, 아파트 내 건의사

항을 온라인으로 공유, 전달

⑫ **편의시설 예약** : 독서실, 노래방, 골프연습장 등 주민 편의시설 예약제 운영

⑬ **무인택배** : 택배물품이 경비실에 도착 시 가족의 휴대폰으로 문자 메시지 알림

⑭ **관리비 조회** : 관리비 온라인 조회 기능

14-3-2 안전한 생활(security)

① **세대현관 확인** : 세대 현관에서 세대 내 월패드로 화상통화하여 방문자의 ② 신원 파악 가능. 미디어 셋탑박스 사용 시 TV로도 확인 가능

③ **세대현관 제어** : 월패드와 TV에서 제어

④ **공동현관 제어** : 공동현관 방문자를 월패드나 TV화면으로 확인, 공동현관기에서 단지 내 모든 세대와 자유롭게 통화. 미디어 셋탑박스 사용 시 TV로도 확인 가능

⑤ **주차 관제 제어** : 집 안에서 방문자와 화상통화 후 주차 게이트 오픈

⑥ **부재중 방문자 확인** : 세대현관 및 공동현관에 방문자 모습과 메시지 등을 동영상 디지털 파일로 저장 보관

⑦ **공용부 모니터링** : 놀이터 등 일부 공용부의 집안에서 모니터링 가능

⑧ **노약자 보호** : 노약자 응급상황 발생 시 욕실폰 비상벨을 누르면 가족의 휴대폰으로 긴급 알림 문자 메시지 전송

⑨ **가스밸브 제어** : 외부에서 PC 휴대폰 등으로 가스상태 확인 후 가스밸브 제어

⑩ **침입 감지 비상상황 알림** : 다양한 센서 감지에 의해 비상상황 발생 시 관리실, 경비실 가족의 휴대폰에 자동통보

⑪ **출동 경비** : 침입 감지에 따른 비상상황 발생 시 출동 경비업체와

연계된 보안 솔루션으로 방범 서비스 실행

⑫ **화재경보 알림** : 자동식 소화기 시스템과 연동되어 화재발생 시 비상상황 알림 서비스 통보

⑬ **비상상황 도움 요청(공용부 지하주차장)** : 단지 공용부의 CCTV로 실시간 모니터링 및 비상상황 발생 시 비상버튼을 통해 도움 요청

⑭ **입차 이력** : 주차 관제기를 통해 입주민 및 방문차량의 입차 정보 조회

14-3-3 건강한 생활(health)

① **에어컨 제어** : 외부에서 휴대폰이나 PC로 집안의 냉방조절 및 PC 작업 중에도 홈 네트워크 에어컨 제어 화면을 통해 세부기능 제어

② **보일러 제어** : 월패드, 홈 컨트롤러 등으로 보일러를 제어하고 자동운전 시스템과 연계하여 자동운전 가능

③ **온도조절기 제어** : 월패드, 홈 컨트롤러로 난방온도 조절기 제어, 룸별 제어는 물론 휴대폰 원격 제어 및 자동운전 가능

④ **공기환기 제어** : 전열교환기의 필터링 작용으로 신선한 공기의 자동유입 및 에너지 손실 최소화

⑤ **공기청정 제어** : 공기의 질이 떨어지면 공기청정기가 자동으로 정화 운전하며 필터교환 시기까지 통보

⑥ **산소농도 제어** : CO_2 센서로 실내의 이산화탄소 농도조절 및 산소발생기를 통해 적절한 산소농도 유지

⑦ **쾌적환경 모드(자동운전)** : 집안환경 상태를 자동으로 파악하고 시스템을 자동으로 통합 제어하며 사계절 내내 쾌적한 주거환경 유지

⑧ **습도 제어** : 월패드나 홈 컨트롤러로 에어컨과 가습기를 이용할 수 있어 집안의 온 · 습도 자동 제어

⑨ **건강 측정** : 건강측정기가 혈압, 혈당, 체지방 등 가족들의 건강상태를 지속적으로 관리

⑩ 365 **홈케어 건강관리** : 댁내 건강측정기로 측정된 값을 365 홈케어 서비스와 연계하여 전문 의료진의 질 높은 건강 서비스 제공

한편, 2008년 현재 국내 건설사(삼성, 현대, 벽산)의 미래주택에서 나타나는 계획요소와 건강요소와의 관계를 종합하면 다음과 같다.

표 14-1 ◦ 국내 미래주택에서 나타나는 계획요소와 건강요소와의 관련

공간	건강	계획요소 및 서비스
현관	신체	• 스마트 도어 : 신체 크기에 맞게 문이 열리며 양손에 짐을 들었을 경우의 불편함 해소 • 스텝 라이트 : 벽체 삽입 센서로 사람을 인식하여 움직임에 반응하여 바닥조명 켜짐 • 에어샤워 : 외출 중에 몸에 묻은 먼지 등을 제거
	심리	• 얼굴자동인식 시스템 : 얼굴을 인식하여 문이 열림 • 음성인식보안 시스템 : 음성을 인식하여 문이 열림
	사회	• 디지털 문패 : 주인의 사진이나 영상으로 문패를 설정 • 디지털 메모판 : 부재중 손님의 용건 확인 및 가족들 간의 메모 전달 • 무인택배 시스템 : 택배의 안정성 보장과 주민 상호간 물건의 보관 및 전달
거실	신체	• 턴테이블 이동소파 : 거실 벽 및 창 쪽으로 자유로운 회전이 가능한 소파 • 자동방향전환 PDP : 사람의 이동에 따라 회전하면서 정보 전달
	심리	• 스마트거실TV : 자동으로 누적채널 분석하여 선호하는 채널 켜짐
	사회	• 디지털액자 : 가족사진이나 원하는 그림 등을 보여줌 • 미디어 테이블 : 원터치 스크린으로 민원서류 발급 및 다양한 멀티미디어 기능 사용
주방/식당	신체	• 높낮이 자동조절 싱크 : 사용자를 인식하는 순간 키에 맞추어 자동으로 높낮이 조절 • 자동후드 시스템 : 조리시간과 연동되어 필요시 자동으로 환기 • 자동인출 식수전 : 필요시 인출되어 사용하는 수전 • 자동인식 수납장 : 요리가 완성되면 가장 적합한 그릇이 있는 수납장에 자동으로 불이 들어와 그릇을 찾는 수고를 덜어줌
	심리	• 스마트냉장고 : 외부 모니터를 통해 냉장고 안의 내용물에 대한 정보를 제공 • 스마트 포장 : 음식물의 유효기간, 칼로리 등의 정보를 표시 • 스마트 홈바 : 자동으로 음악과 조명이 조절되고 주류정보도 표시
	사회	• 요리 도우미 : 냉장고의 식자재를 이용한 조리법 표시, 건강상태에 따른 추천메뉴 제시 • 식자재 자동주문 시스템 : 냉장고에 식자재가 없는 경우 마트에 자동주문 • 아일랜드형 주방 : 대면형으로 가족들과 함께 할 수 있는 기회 제공

침실	신체	• 체지방체크 기구 : TV와 연동되어 건강을 체크해주며 주치의와 화상 상담도 가능 • 매직미러 : 건강진단, 시청중이던 TV나 라디오 연계
	심리	• 전동커튼 : 자동인식으로 열고 닫히는 커튼 • 감성무드 시스템 : 사람의 몸 상태를 자동적으로 인식, 분석해 조명, 온도 등이 조절
	사회	• 양방향TV : 명령에 따라 음성을 인식, 쇼핑, 영화, 홈 네트워크 등 다양한 정보 제공
자녀방	심리	• 디지털 벽지 : 낮에는 스터디 스크린, 취침 시에는 야경모드 등 다양하게 변하는 벽면 • 스마트조명 시스템 : 자녀의 학습효과를 향상시킬 수 있는 다양한 색의 감성 조명
	사회	• 이러닝 테이블 : 디지털 책이 저장되고 다른 곳에 있는 부모와 연계되어 학습지도가 가능
욕실/드레스룸	신체	• 자동개폐 변기 : 사람을 감지하면 자동으로 커버와 시트가 개폐됨 • 높낮이조절 세면대 : 가족의 키에 맞게 조절되어 신체적 부담을 덜어줌 • 바닥매입 욕조 : 어린이, 노약자 누구나 쉽게 욕조에의 출입이 편리 • 매직미러 : 거울·TV로도 사용되며 건강진단은 물론 필요시 날씨, 온도 등의 정보도 제공 • 피팅미러 : 날씨와 유행에 맞춰 자동으로 코디 제안을 하며 옷을 선택하면 서랍이 자동으로 열림 • 세면대 : 색으로 물의 온도를 시각적으로 알려주어 갑작스러운 온도 변화에 따른 화상의 위험을 줄임
	심리	• 뮤직테라피 : 적절한 음악으로 목욕 중 심신의 안정을 도와줌 • 자동LED조명 욕조 –물을 만져 보지 않아도 물의 온도를 눈으로 확인
	사회	• 원격제어욕조 시스템 : 개개인에 따른 맞춤 물온도 저장 자동시스템 • 미라클 글라스 : 욕조에 물이 채워지면 투명유리창이던 욕실 벽면이 불투명으로 변해 프라이버시를 유지

14-3-4 즐거운 생활(joyfulness)

① 모바일 서비스 : 휴대폰으로 언제 어디서나 집안의 기기를 원격으로 편리하게 제어

② VOD 서비스 : DTV 포털을 이용하여 VOD, MOD의 멀티미디어 컨텐츠를 자유롭게 감상

14-3-5 유익한 생활(community)

① **단지 커뮤니티** : 아파트단지 온라인 커뮤니티를 개설하여 아파트 주민간의 동호회 활동을 통해 친목 도모 ※ 경비실 화상서비스 : 경비실과 화상통화로 정확한 의사소통 가능

② **지역상가 이용** : 월패드, PC 등에서 아파트 인근 상가를 업종별로 조회, 주변상가와 연계하여 편리한 주문서비스 가능

③ **관공서 정보** : 구청에서 제공하는 시민정보를 월패드로 받아 적극적인 시정에 참여 가능

14-4 사 례

14-4-1 지니 하우스(GiNi House)/한국

1) 개요

지니 하우스는 지난 2008년 첨단미래주택의 단독주택형을 구축하여 서비스의 체험 · 홍보를 통해 지능형 홈 산업의 초기시장 활성화를 도모하기 위해 경상남도에서 조성한 지능형 홈 홍보체험관이다. 지니 하우스의 개념은 인간과 환경과 기술을 통합하는 것이다. 즉, 인간 중심의 편안한 이미지와 자연과 공생하며 자연을 이용한 주택 이미지, 그리고 미래의 첨단기술 적용 이미지를 통합하여 구현하는 것이다. 또한 지니 하우스는 이미 상용화된 첨단미래 주택기술 및 서비스의 사용과 테스트베드 역할을 수행함으로써 산업화를 의한 기술개발 촉진 및 선도를 목표로 하고 있다. 지니 하우스의 간단한 개요는 다음과 같다.

- 위치 : 경남 마산시 봉암동 541-9 경남 지능형 홈 산업화지원센터
- 형식 : 2층 단독주택형, 전통주택(한옥) + 첨단미래주택
- 규모 : 부지 298.13m²(298평), 건평 796.2m²(241평)

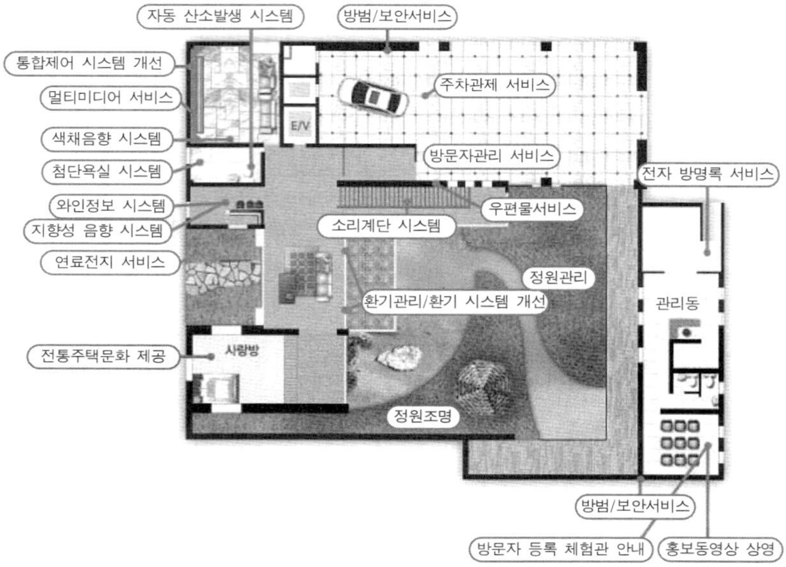

그림 14-2 | 지니 하우스 1층 평면 및 구성

2) 1층 평면 및 구성

- 전자방명록 서비스 – 홍보체험관을 찾는 방문객에게 각종 소식을 정확하게 전달하고 이해시키기 위한 고객 참여형 디지털 게시판 시스템을 구축하였다. 텍스트와 이미지 중심의 일방적인 정보제공이 아니라 다양한 UCC 등을 이용하여 사용자가 스스로 정보를 찾아 습득하고 창조하여 공유하는 형태이다.
- 방문자등록 체험관 안내 – 방문자를 등록하고 체험관을 안내한다. 등록한 정보는 체험관 시연에 활용한다.
- 홍보동영상 상영 – 경남 지능형 홈 홍보체험관에 대한 전반적인 정보를 제공한다.
- 방범/보안 서비스 – 적외선 센서와 네트워크 카메라 및 인공지능 비디오 감시 시스템(RMTS)을 통해 원격 모니터링 및 이상행동 패턴 발생 시 그 순간의 영상을 저장하고 거주자에게 SMS 또는 영상

/사진으로 통보한다. 또한 집안에서 미끄러지거나 넘어지는 행동 패턴 감지 시 거주자에게 SMS로 통보한다.

- 주차관제 서비스 – RFID카드가 부착된 차가 주차장에 들어오는 경우 RFID리더 인식을 통해 홈서버로 전송하며, 홈서버에서는 인가된 차량인 경우 전동셔터를 자동으로 개폐한 후 집안에 차량 진입 사실을 통보한다.
- 방문자관리 서비스 – 거주자가 집안에 있는 경우 월패드를 통해 방문자를 확인하고, 부재 시 거주자의 휴대폰으로 전화를 자동으로 걸어주어 방문자 확인 후 원격으로 현관문을 열어 준다.
- 우편물 서비스 – RFID가 부착된 우편물이 우편물박스(RFID리더 내장)에 들어오는 경우 RFID리더를 통해 우편물 정보를 거주자에게 SMS 및 음성으로 통보한다. 거주자는 비밀번호를 입력 후 우편물을 꺼낸다.
- 소리계단 서비스 – 1층과 2층 연결 계단을 지나갈 때 음향과 조명이 발생하는 시스템을 구성하여 이용자에게 재미와 즐거움을 제공한다.
- 환기관리/환기 시스템 개선(환기관리) – 외부 변화에 따른 실내 온습도를 알 수 있으며, 실내 오염된 공기를 환기장치를 통해 유해물질(CO_2, CO)을 배출한다. 또한 전동창호 시스템을 개폐하여 온도 조절 및 환기도 가능하다.
- 환기관리/환기 시스템 개선(환기 시스템 개선) – 환경센서를 이용하여 오염농도에 따라 환기 시스템 및 공기청정기가 자동으로 작동하도록 하여, 환기 시스템과 블라인드, 커튼 등이 통합제어장치와 연동하도록 시스템을 구축한다.
- 정원관리(정원수 및 잔디관리) – 날씨, 계절 등 외부변화에 따른 실외 온습도를 알 수 있으며, 스프링클러를 통해 정원 잔디에 물을 주어 관리한다.
- 정원관리(자동 잔디깎기) – 작업시간을 지정해 두면 평소 충전소에 있다가 작업시작 시간이 되면 가동하고 작업완료시간이 되면 작업

을 종료하고 다시 충전한다.

- 정원조명 – 정원에 어울리는 잔디등(LED 필라드 등)을 설치하여 분위기 있는 조명을 연출한다.
- 통합제어 시스템 개선 – 통합 리모트 컨트롤 및 통합 UI(User Interface)를 시스템에 적용하여 월패드, TV, PC 등 다양한 디바이스에 통합제어가 가능하도록 한다.
- 멀티미디어 서비스 – AV룸에 홈시어터 장비와 연계하여 고품질 AV 엔터테인먼트(음악/영화)를 제공한다.
- 색채음향 시스템 – 소리에 따라 반응하는 벽지를 구성하여 사람의 움직임에 따라 컬러의 컨셉과 느낌이 바뀌는 시스템을 구축하여 인터랙티브한 효과뿐 아니라 감성을 순화시켜 주는 기능을 수행할 수 있는 서비스를 제공한다.
- 첨단욕실 시스템 – 기존의 욕실과 화장실을 헬스케어 기능을 가진 시스템으로 개선 및 리모델링하며 통합시스템과 연동기능을 제공한다.
- 자동산소발생 시스템 – 산소센서를 통하여 자동으로 산소를 발생시키는 시스템을 구축하여 현재 산소농도 및 발생량에 대한 모니터링이 가능하도록 한다.
- 와인정보 시스템 – 와인셀러에서 태그가 부착된 포도주 병을 꺼내 와인정보 기기에 갖다 대면 해당 와인에 대한 정보를 보여주며, 외부의 와인 콘텐츠와 연계하여 다양한 와인정보를 제공한다.
- 지향성음향 시스템 – 와인바, 식사테이블 등 나만의 공간을 필요로 하는 장소에서 지향성 스피커를 이용하여 타인에게 소음 피해를 주지 않고 내가 원하는 소리(음악, 음성)를 듣게 해주는 서비스를 제공한다.
- 연료전지 서비스 – 1kW급 연료전지(LNG) 2기를 이용하여 전기발전 또는 생활 및 난방온수 등에 사용한다.
- 전통주택문화 제공 – 첨단의 주택공간 안에서 전통주택문화를 체험할 수 있는 공간을 제공함으로써 전통과 첨단의 만남을 체험한다.

3) 2층 평면 및 구성

- 음식물쓰레기처리 서비스 – 아침저녁으로 발생되는 음식물쓰레기를 모아 두거나 물기를 빼서 음식물쓰레기 집합장에 가지고 갈 필요가 없이 원터치로 간단히 처리할 수 있으며, 음식물쓰레기를 보관할 때 발생되는 부패로 인한 악취 또는 각종 유해세균과 벌레의 서식을 원천적으로 차단한다.

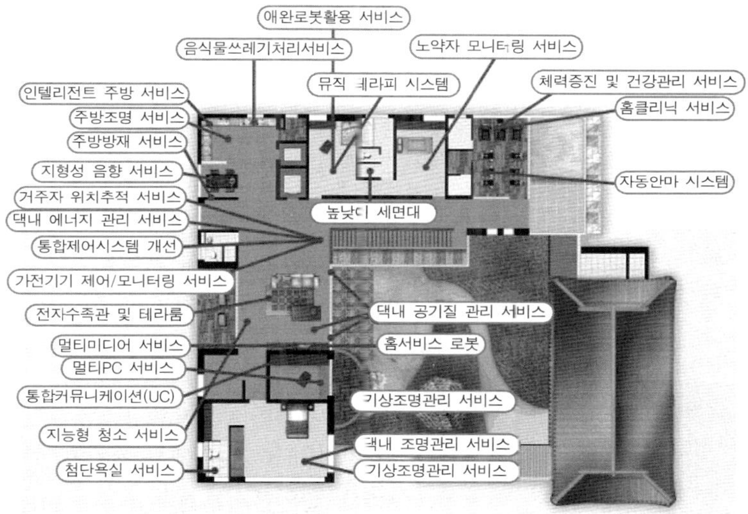

그림 14-3 | 지니 하우스 2층 평면 및 구성

- 애완로봇 활용 서비스 – 애완견 로봇은 혼자 놀기, 음성명령에 응답하고 이에 따른 행동을 보여주며 사용자에게 애교도 보인다.
- 뮤직 테라피 시스템 – 사용자별 바이오리듬 분석 및 결과에 따른 뮤직 테라피 및 사용자 감성 분석결과에 따른 조명 및 음악(숙면, 집중, 기분)도 함께 한다.
- 높낮이 세면대 – RFID리더에 의해 키가 큰 사람인지 작은 사람인지 인식하여, 필요에 따라 세면대의 높이를 조절할 수 있으며 음성명령으로 제어가 가능하다(상하 높낮이 조절).
- 노약자 모니터링 서비스 – 노약자 및 환자의 상태를 네트워크 카

메라를 통해 실시간으로 모니터링 및 행동패턴 감지를 통해 거주자에게 SMS 또는 영상/사진으로 통보한다. 패닉버튼을 누르면 지정된 전화번호로 전화를 걸어 위급상황을 알려주며 집안에 음성으로 통보한다.

- 체력증진 및 건강관리 서비스 - 헬스기기를 이용해 개인별 맞춤식 운동 프로그램을 제공하고 운동 중 다양한 멀티미디어를 이용한다.
- 홈클리닉 서비스 - 체지방측정기에 발목전극과 신장계를 설치하여 사용을 용이하게 하였으며, 전자동혈압계와 연동 및 건강관리 전문 프로그램을 통해 거주자의 건강상태를 종합적으로 체크하고 처방한다.
- 자동안마 시스템 - 음악과 마사지를 조합하여 몸과 마음이 전체적으로 휴식할 수 있는 시스템을 구성한다.
- 인텔리전트주방 서비스 - 똑똑한 주방을 실현함으로써 주방생활을 즐거움과 편리함을 제공한다.
- 주방조명 서비스 - 음식물의 종류에 따라 더욱 맛있게 보이게 하거나 식사 분위기에 맞게 조명을 제어한다.
- 주방방재 서비스 - 주방에 가스 누출이 감지되면 가스밸브를 자동으로 차단하고, 원격에서 가스밸브 상태 확인 및 제어가 가능하다. 또한 불꽃감지 센서에 불꽃이 감지되면 거주자에게 통보하여 조기에 화재를 진화한다.
- 지향성 음향 서비스 - 와인바, 식사테이블 등 나만의 공간을 필요로 하는 장소에서 지향성 스피커를 이용하여 타인에게 소음피해를 주지 않고 내가 원하는 소리(음악, 음성)를 듣게 해주는 서비스를 제공한다.
- 거주자 위치추적 서비스 - 댁내 공간별 설치된 RFID리더와 RF카드를 통해 거주자의 위치를 확인하고 위치별 서비스를 제공한다(스피커시스템-스피커 응답).
- 댁내 에너지관리 서비스 - 전력·수도·가스 통합 검침기를 통해 댁내 에너지 사용량을 계측하여 DB에 저장하고, 거주자가 음성 또는

GiNi매니저를 통하여 에너지 관리를 하게 도움을 준다. 또한 설정된 에너지양을 초과하였을 경우 거주자에게 이 사실을 통보하고 절전모드로 설정한다.

- 통합제어 시스템 개선 - 통합 리모트컨트롤 및 통합 UI(User Interface)를 시스템에 적용하여 월패드, TV, PC 등 다양한 디바이스에 통합제어가 가능하도록 한다.
- 가전기기 제어/모니터링 서비스 - 댁내에 있는 다양한 정보가전기기들을 원격으로 제어하거나 모니터링 할 수 있는 지능화된 서비스이다.
- 전자수족관 및 테라륨 - 환경센서를 활용한 지능형 전자수족관 및 테라륨 시스템을 구성하며, 운영상태가 모니터링되도록 중앙제어 시스템과 연동하여 구축한다.
- 멀티미디어 서비스 - 이용자가 IP-STB를 통해 TV로 원하는 시간에 원하는 다양한 콘텐츠의 시청이 가능하며, 홈시어터를 이용하여 고품질 음악/영화 시청이 가능하다.
- 멀티PC 서비스 - PC본체 한 대에 출력장치 및 입력을 그룹핑하여 5개의 스테이션을 구성한 후 각 스테이션에서 사용자별 PC를 사용할 수 있는 서비스이다.
- 통합커뮤니케이션(UC) - IT인프라 내에서 메신저, 블로그, 전화, 인터넷 전화, 휴대전화 등을 하나로 묶는 통합 커뮤니케이션 환경을 구축하여 어디서든지 업무 시스템에 접근할 수 있는 체계를 구축한다.
- 지능형 청소 서비스 - 음성명령이나 통합리모컨으로 2층 전체를 자동으로 돌아다니며 청소하는 로봇이다.
- 첨단욕실시스템 - 기존의 욕실과 화장실을 헬스케어(소변분석, 자동산소 발생, 체질량지수) 기능을 가진 시스템으로 구성하며 GiNi 매니저와 연계하여 다양한 음성 서비스를 제공한다.
- 댁내 조명관리 서비스 - 조명의 ON/OFF 및 밝기 조절이 가능하며 RGB & SIH(Sun In House)를 이용하여 다양한 장면을 만들 수 있

으므로 개개인의 라이프스타일과 취향을 고려하여 격조 있고 품격 있는 조명을 연출한다.

- 기상조명관리 서비스 - 기상모드 시 조명과 연계하여 신체에 무리가 가해지지 않도록 서서히 불이 밝아오며, 모닝콜 시간에 조명이 최고조로 밝아지며 모닝콜 음악을 제공한다. 동시에 전동커튼과 전동창호가 열리고 취침모드 시에는 모든 조명이 일괄 소등되면서 전동커튼과 전동창호가 닫힌다.
- 홈서비스 로봇 - LCD 터치패널을 통해 멀티미디어 콘텐츠를 제공한다.
- 댁내 공기질관리 서비스 - 이산화탄소 센서에 의해 전동창호 및 전동커튼을 자동으로 제어한다.

14-4-2 파피 하우스(PAPI House)/일본

1) 개요

파피(PAPI) 하우스는 일본 도요타시에 위치하며, 도요타 자동차에서 미래에는 가정의 필수품인 자동차와 주택이 결합될 수밖에 없다는 개념으로 야심차게 선보인 것이다. 이 집의 명칭은 친근하다는(friendly) 의미의 Pal과 에너지가 넘친다(energetic)는 pizazz가 합성되어 만든 것

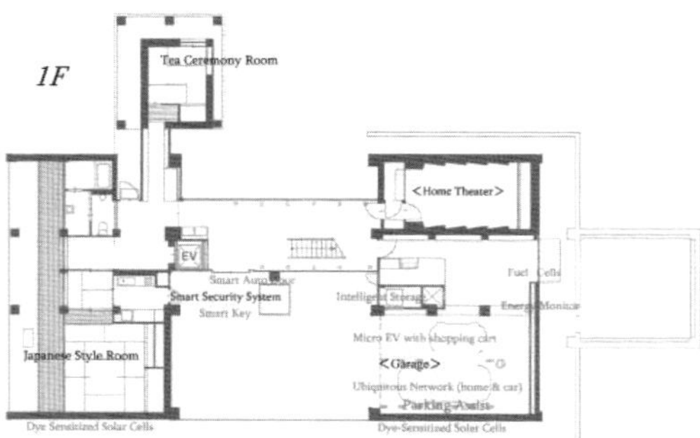

그림 14-4 | 파피 하우스 1층 평면도

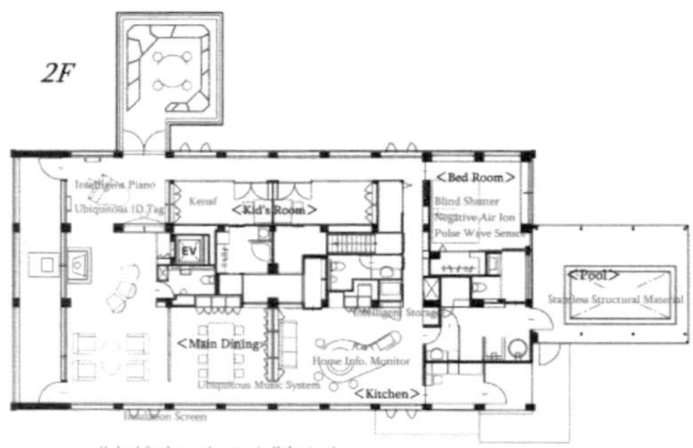

그림 14-5 | 파피 하우스 2층 평면도

이고, 연면적 633㎡, 2층 규모로 지난 2005년 완공되었다. 전체적으로 파피 하우스는 집의 구성을 모듈화, 부품화하여 주택의 수선은 물론 모듈의 증감을 자유롭게 할 수 있는 개념이 적용되고 있다.

2) 외장재

외벽면은 100% 재생 가능한 스테인리스 스틸과 유리로 구성된다. 자동세척이 가능한 남측 면 유리두에는 최고성능의 태양열집열판이 설치되고 있다. 또한 파피 하우스는 연료전지, 태양광, 태양열 등을 이용하는 에너지 하이브리드 주택이다. 식물의 광합성 작용에 착안, 미래지향적인 태양전지를 전력 생산의 미답의 영역인 건물 외벽에 통합 설치하였으며, 이를 가정 전체의 에너지원으로 사용한다. 이 같은 차세대 에너지 시스템으로 에너지의 보전과 비용의 최소화가 가능하다.

3) 입구부

그림 14-6 | 파피 하우스 남측외관

필로티 공간인 입구부는 센서와 카메라와 같은 다양한 형태의 보안장치로 보호되고 차가 직접 들어가기에 충분한 크기의 다목적 입구마당이 형성된다. 출입문은 열쇠 대신 조작키트를 사용하고 집주인이 집으로 올 때, 집에 어떠한 이상상태가 발생하게 되면 '유비쿼터스 커뮤니케이터'를 통해 즉시 통보한다.

4) 차고

그림 14-7 | 파피 하우스 1층 입구마당

파피 하우스의 주제 중에 하나는 주택과 차량의 결합(fusion)이다. 집과 차량이 하나의 통합유닛으로 작동하는 공간에서, 차량관리와 짐을 부리는 작업들은 보다 편리해진다. 정전 시에는 도요타의 하이브리드 차인 프리우스에 장착된 배터리가 비상용 발전기 역할을 담당하고(시간당 3.5 kW 발전), 유비쿼터스 네트워크가 형성되어 자동차에서 집을 관리할 수 있으며, 홈서버와 차량 네비게이션 시스템이 자동으로 연결되어 프로그램 업그레이드도 가능하다.

그림 14-8 | 파피 하우스 2층 식당

5) 주방

주방은 식탁 주위로 설치되어 가족 구성원들이 쉽게 접근하고 음식 준비 중에 대화할 수게 하였다. 그리고 이곳은 냉장고 안의 식품과 '인텔리전트 창고'에 저장되어 있는 물품에 대한 정보의 중심지이다.

그림 14-9 | 파피 하우스 2층 거실

6) 거실

거실에는 전통적인 그랜드 피아노가 위치한다. 이 인텔리전트 피아노는 악보를 데이터 파일로 입력할 수 있으며, 이를 통해 자동으로 생음악 연주가 가능하다. 사람의 이동과 함께 같이 이동하는 유비쿼터스 음악 시스템도 설치되며, 분위기에 따라 조명도 변화를 줄 수 있다. 또한, 내부에 사용되는 커튼들은 매우 기밀하여 외벽과 내부공간 사이에 공기층을 형성하여 에너지를 절약한다.

그림 14-10 | 파피 하우스 1층 홈시어터

7) 홈시어터

사람이 들어오는 것을 센서가 감지하면 감미로운 음악으로 환영을 해준다. 영화가 시작되면 음향과 조명이 자동적으로 최적의 시청환경으로 조정된다. 가장 좋아하는 영상이나 음악을 쾌적한 상태에서 즐길 수 있도록 홈시어터의 다양한 기기들은 유비쿼터스 커뮤니케이터로 쉽게 작동된다.

그림 14-11 | 파피 하우스 2층 부부침실

8) 침실

침실의 조명, 소음레벨, 공기질 등이 모두 최적으로 안락하게 조절된다. 감미로운 배경음악이 부드럽게 수면을 유도하고 침대는 몸이 가장 편안한 수면을 취하도록 디자인된다. 더욱이 수면 깊이를 측정하는 생물정보센서가 설치되어 빛의 조절은 물론 수면주기에 따라 거주자가 자연스럽게 잠을 깨도록 해준다. 이러한 방법으로 수면부터 기상까지 건강한 삶이 유지되도록 도와준다. 또한, 자녀방에는 습도조절이 가능한 인도네시아 산 목재로 내부마감을 하고 있다.

그림 14-12 | 파피 하우스 2층 욕실

9) 기타

차를 먹는 다실, 일본 전통의 다다미방, 전통목욕실의 설치와 정원의 구성에서 전통적인 일본의 주거개념을 적극적으로 도입하여 전통과 정보기술과의 결합을 추구하고 있다. 한편, 수영장의 물은 화재 시 비상용수로 사용한다.

14-4-3 스마트 홈(Smart Home)/네덜란드

그림 14-13 | 네덜란드 스마트 홈 전경

1) 개요

네덜란드의 스마트 홈은 비영리단체인 스마트 홈 재단(Smart Homes Foundation)에 의해 2001년에 지어진 것으로, 노인인구가 전체 인구의 약 50%에 달하는 네덜란드의 인구 특성상 노인을 주 대상으로 한다. 스마트 홈은 스마트 기술과 홈 네트워크가 구현된 연면적 160m², 단층 규모의 전시용 주택으로 거실과 식당·주방, 세 개의 침실과 두 개의 욕실로 구성된다. 또한 주택 지붕에 설치된 태양열 저장탱크는 주택이 필요로 하는 에너지원을 태양열 에너지로 대체하는 중요한 역할을 한다.

그림 14-14 | 스마트 홈 진입부

2) 공간구성

스마트 홈은 중앙의 거대한 공동공간(식당/주방, 거실, 데크), 개인공간의 거실 지향적 배치, 시각적인 상호작용이 가능한 공간 배치, 공업화(IFD : Industrial Flexible Demountable)공법의 적용, 무장애 건축이념에 의한 이동성 등의 특성을 지닌다. 이를 통해 프라이버시는 지키면서 가족의 단란과 상호작용을 더욱 증진시킴으로써 가족간의 유대관계를 강조하는 공동생활을 지향하고 있다. 특히, 주 사용자인 노인들이 편리하게 모든 주생활 공간이 하나의 큰 영역에서 일어나도록 하였고, 공간을 쉽게 인지하고 이동, 관찰 및 관리가 될 수 있게 구성되었다.

그림 14-15 | 현관 출입구

3) 계획특성

현관은 노약자의 이동이 용이하도록 경사로와 자동조명등을 설치하였다. 현관문 왼쪽에는 배달용 냉장고를 설치하여 안전하게 물건이 배달되도록 하였다. 또한, 방문자 자동확인 및 문의 자동개폐 기능이 구현되고 있다.

거실은 외부 데크와 전면 창을 통해 연결되며 인접한 식당·주방과는 연속성과 함께 개방감을 갖는다. 주방은 식당과 거실 사이에 아일랜드 형식으로 구성되고, 따라서 주방의 작업대는 거실과 식당방향에 수직으로 위치해 있다. 작업대는 낮은 수납장을 가짐으로써 공간이 전체적으로 하나로 인식 및 기능하게 하며, 작업대의 한쪽에는 요리지원 프로그램을 지원하는 컴퓨터와 전화가 설치된다.

거실과 반대방향에 위치하는 재택근무 공간에는 한쪽에는 식탁을 두고 다른 한쪽에는 재택근무 공간을 형성해 놓고 있어 두 개의 다른 기능을 동시에 수용하고 있다.

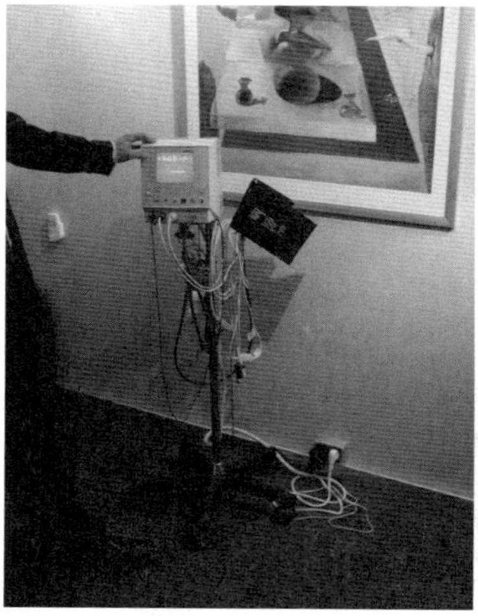

그림 14-16 | 원격진료장치

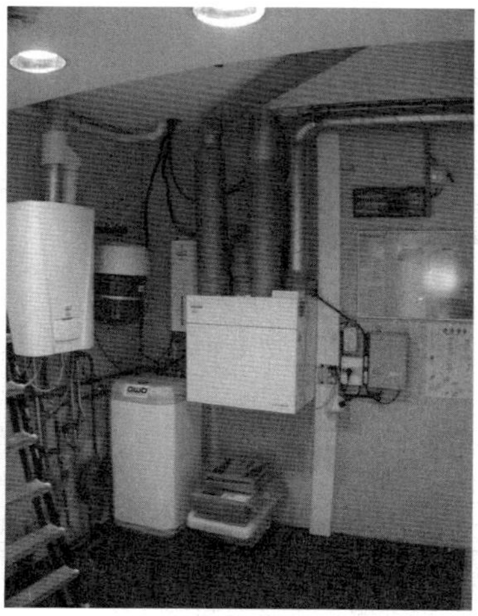

그림 14-17 | 태양열발전실

참고문헌

1. 김미영, 인터페이스 관점에 의한 유비쿼터스 주거공간에 관한 연구, 건국대 건축전문대학원 석사학위논문, 2006.
2. 박수빈, 지능형 주거디자인을 위한 거주자 주요구에 관한 연구, 대한건축학회논문집, 22권2호, 2006.
3. 이선민·이연숙, 국내 미래주택에서 나타난 건강관련 계획요소에 관한 연구, 대한건축학회학술발표대회논문집, 28권1호, 2008.
4. 이연숙, 오고 있는 미래 · 반응하는 세계주택, 연세대학교출판부, 2005.
5. 장애리, 생활양식의 변화에 따른 스마트 홈의 디자인 방법에 관한 연구, 건국대 건축전문대학원 석사학위논문, 2003.
6. http://www.sisc.or.kr
7. http://ginihouse.u-cluster.net/index.do
8. http://www.smart-homes.nl

제 15 장

새로운 주거개념

제 15 장 새로운 주거개념

15-1 삶의 양태 변화와 주거

주거건축의 다양한 장르 중에서 개인주거는 규모 면으로도 크지 않고 변화의 측면에서도 주도적이지 않은 분야이지만, 건축의 시공간적 변화의 단면을 잘 읽어내는 바로미터로 작용한다. 역설적으로 주거건축은 소규모 건축으로서 세상 변화의 여러 흐름과 다양한 삶의 모습으로 채색되어지는 또 하나의 작은 세상이라고 이야기할 수 있기 때문이다.

이런 측면에서 프랑스 출신의 건축장인이며 저술가인 장 엘리용(Jean Helion)은 "모든 건축은 주거의 문제로 귀결되어진다"고 말하였다. 이 말에는 건축 전반에 대한 변화양상과 현안의 문제가 주거건축을 통해 가장 잘 표현되어진다는 의미가 함축되어 있는 것이다. 이러한 정의가 가능한 이유로는 첫째, 개인주거는 건축규모가 비교적 작은 편에 속하므로 설계 및 시공에 있어서 새로운 시도나 변화의 실행이 용이하다는 점이다. 그리고 두 번째로 그러한 특징으로 인하여 다른 장르의 건축보다 먼저 건축적 변화나 새로운 방향에 대해 민감하게 반응하고 대응을 보여줄 수 있다는 사실 때문이다.

일반적으로 개인주거의 변화는 프라이버시, 가족구성, 일 등의 주거공간을 형성하는 주요인자들의 변화양상과 긴밀히 연관되어 나타난다. 그러므로 주거건축의 변화경향을 파악하여 새로운 구체적 건축으로 나아가는 지표로 삼기 위해서는 이 같은 주요요인들에 대한 변화양상의 파악이 전제되어야 한다. 특히, 이 중에서 프라이버시란 개념은 주거를 단순한 피난처의 역할에서 개인주의, 핵가족제도의 발달 등으로 인한 개인의 주관적 욕망을 상징하는 요소로 작용하게 하는데 중요한 인자로 작용하여 왔다. 여기서의 프라이버시란 공공영역이나 타인의 주택의 거주자나 활동으로부터의 명확한 분리로 정의될 수 있다. 다시 말해, 개인주거의 변천과정에는 건축적 유행이나 사조보다는 프라이버시 개념의 성격변화가 훨씬 더 많은 영향을 미쳐 왔다. 그리고 변화하는 가족구성 형태, 증가하는 재택근무자의 수와 같은 사회적인 제 현상 역시도 개인주거의 변화에 직접적으로 관련되어졌다. 개인주거의 개념이 정치적, 도덕적, 사회적 그리고 경제적인 상황들과 떼어놓을 수 없는 관련성을 가지며, 주거문화의 발상 전환에 주요인자로 작용하였음을 의미한다.

개인주거의 변화에 영향을 미치는 다른 주요요인은 건축과 관련된 새로운 기술문명의 발전이다. 복잡한 위상기하학적 형태로부터 개방적인 주거환경의 형성에 이르기까지 새롭게 등장한 구성기술과 미디어장치들은 건축의 새로운 방향성을 이끌어 왔다. 이러한 신기술과 미디어의 등장과 더불어 주거건축도 급격한 변화의 바람을 타게 된다. 이에 따른 변화들 중 가장 특징적인 것의 하나는 전자 미디어의 등장이다. 그것은 단순히 주거 속의 미디어나 이미지가 아닌, 미디어로서의 주거, 이미지로서의 주거라는 새로운 주거개념으로의 변화를 낳고 있기 때문이다.

15-1-1 이미지 시대의 주거

그렇다면 먼저 이미지란 무엇인가라는 정의에 대해 생각하여 보자. 이미지가 그 어떤 객관적 혹은 물질적 대상에 대한 개념적 혹은 추상적인 의미 규정과는 달리 대상을 구체적이고 감각적으로 재현해 낸 것이다. 언뜻 자명한 듯이 보이지만, 실제로는 대단히 복합적으로 이루어져 있는 이미지라는 용어의 개념을 파악하기 위해 우선 그 어원을 살펴보기로 하자. 아이콘(icon)이라는 것은 이미지(image)를 이해하는 핵심적 단어로서 어원적으로 닮음의 뜻을 갖는다. 실재를 닮은꼴로 재생해 내는 것을 의미한다. 그리고 이와 유사한 라틴어 어원인 이마고(Imago)가 있지만, 이 용어는 오늘날의 이미지와 거의 동의어로 쓰인다. 현대적 의미의 이미지는 위와 같은 용어의 정의로부터 더 나아간다. 즉, 원본을 모사하는 재현으로부터 그 자체가 하나의 새롭게 생성되는 원본으로 변화하는 것이다. 다시 말해, 이미지는 존재세계에 잠재적 상태로 존재하는 실재이지만, 감각으로만 직관되는 지속의 순간적 상이라 할 수 있다.

2000년대에 접어든 오늘날 우리는 이미지의 시대에 살고 있으며 또한 디지털 혁명의 시대에 살고 있다고 흔히들 말한다. 영화, 텔레비전, 만화, 현란한 광고물 등 우리가 눈을 뜨는 순간부터 온갖 이미지들이 우리의 눈을 현혹하고, 정신을 물들이고, 욕망을 자극하고, 우리들을 세뇌하고 유혹한다. 한마디로 우리는 이미지들의 홍수와 범람에 함께 휩쓸려 가고 있다 해도 틀린 말이 아닐 것이다. 그리고 인간의 과학기술 문명의 첨단이라 할 수 있는 디지털 정보화 기술은 이미지들의 신속한 대량생산, 유포를 더욱 용이하게 해준다. 그래서 우리는 우리가 살고 있는 오늘날을 일반적으로 새로운 정보 이미지 시대라고 규정한다.

그러면 여기서 이미지와 건축, 특히 주거건축과의 관계를 살펴보자. 근대건축에서의 시점은 영화 또는 도시에서처럼 항상 움직인다. 대중들, 백화점의 쇼핑객들, 기차 여행자들 그리고 르 코르뷔지에(Le Corbusier) 주택의 거주자들은 이미지를 고정할 수 없다는 점을 영화관객들과 공유한다. 큰 창문은 그 위에 그림이 그려지는 종이 벽, 그림 벽, 스크린이다. 외부는 창의 일루전 중첩되는 이미지를 제공하는 배경이 된다. 그리고 합성된 이미지는 현실세계를 벗어난 이미지, 가상현실의 이미지를 지향한다. 또한 그들은 안도 밖도 아닌, 공적이지도 사적이지도 않은 공간에 살고 있다. 공간은 벽으로 만들어지는 것이 아니라 이미지로 만들어진다. 벽으로서의 이미지. "우리가 지금까지 일상생활의 근거로 삼고 있던 유클리드 공간이 실은 복잡하게 구성되어 있으며, 생리학적인 구성에 의하여 유지되는 일종의 착각이고, 우리가 조립한 하나의 이미지에 지나지 않음"을 보여준다.

15-1-2 미디어 시대의 주거

우선 디지털 기술의 폭발적 발달에 따른 주거에의 영향을 살펴보도록 하자. 독일의 철학자 마르틴 하이데거는 그의 저서인『시학, 언어, 사상』에서 "시간과 공간상의 모든 거리가 줄어들고 있다."라고 썼다. 이 말의 뜻은 20세기 말, 일상생활에서의 디지털 기술의 우위 속에서 사건과 사물에 대한 새로운 종류의 관계를 의미한다. 이러한 시공간에 대한 미디어의 잠재적 영향력은 현대건축의 실험 및 혁신의 촉매제가 되었다. 여기서 우선 미디어의 사전적 정의를 살펴보면, 많은 사람에게 정보와 사상을 전달하는 매체로, 신문, 잡지, 영화, 라디오, 텔레비전 따위, 많은 사람에게 접하여 영향을 주는 의사소통의 수단으로 특히 신문, 잡지, 라디오, 텔레비전 등을 일컫는다. 따라서 대중매체란 메시지 운반체이며 동시에 불특정 다수에게 메시지를 전파할 수 있는 매체라는 의미에서 매스미디어 또는 대량전달매체라고 부르는 것이다.

그리고 또한 주거건축에서의 미디어의 출현에 따른 변화를 파악해 볼 필요가 있겠다. 건축 평론가며 저술가인 베아트리츠 꼴로미나는 "주택이 미디어를 점유하는 방식은 미디어가 주택을 점유하는 방식과 직접적으로 관련되어 있다."고 주장하며 주택과 미디어의 상호관련성을 강조하였다.

주택의 근대적 변형은 이미지의 벽에 의해서 정의되는 공간을 생산한다. 이것은 미디어의 공간이며 선전의 공간이다. 이 공간의 내부에 있다는 것은 단지 보는 것이다. 외부에 있다는 것은 이미지 안에 있는 것이며, 사진, 잡지, 영화 속에서는 텔레비전에서든 혹은 창문에서든 보임을 당하는 것이다. 이는 더 이상 공공 포럼, 광장 혹은 그러한 장소에서 연설가의 주변에 모이는 대중과 같은 전통적인 의미에서 공적공간과는 상관이 없다. 오히려 공표의 매체가 도달하는 청중들과 관계가 있지만, 실제로 청중이 점유하고 있을 장소와는 또한 독립적이다. 그러나 물론 이 청중들이 실제로 주택에 있다는 사실이 중요하지 않은 것은 아니다. 이러한 의미에서 사(private)는 공(public)보다 더욱 공적이다.

이제 주택은 매체의 공간이며 선전의 공간이 되는 것이다. 여기서

publicity라는 이 영어 단어는 묘하게도 이중적인 의미를 가진다. 공공성이라는 뜻과 함께 선전, 광고라는 의미가 동시에 함축되어 있다. 이것은 근대성의 한 단면을 보여주는 용어가 아닐까? 광장에 사람이 많이 모이고, 장소를 공공이 소유하고 있다고 해서 공적이라고 하는 것은 이 시점에서 더 이상 의미를 갖지 못한다. 따라서 주거건축은 새로운 미디어의 발달로 인해서 하이데거가 이야기한 소위 거리 없음의 상황에 이르게 된다. 이 거리 없음은 미디어의 건축화가 아닌, 건축의 미디어화로 진행되어진다. 미디어화 된 건축은 이미지를 주고받는 속성을 가지게 된다. 결국 이미지화 된 주거건축은 사적인 프라이버시와 공적인 공공성의 경계가 모호해지며, 따라서 이러한 바탕적 변화는 현대 주거건축이 새로운 모습으로 전개되고, 새로운 건축적 가능성 탐구의 선도자가 되도록 하는 토대가 된다.

15-2 현대주거의 변화요인

"일찍이 하이데거는 건축한다는 말이 거주 내지 주거와 관련된 말이며, 그것이 독일어에서 존재를 뜻하는 sein 동사와 결부되어 있다고 말한 바 있다. 비슷하게 노베르그 슐츠(Norberg Schulz)는 주거공간을 인간의 실존에 필수적인 조건으로서 서술하였다. 인간과 공간의 관계를 좀 더 깊이 추적하려고 했던 볼노브 역시 집을 '세계의 중심'이라고 말하며, 보호와 은폐의 공간으로 서술하고 있다. 이러한 입장에 따르면 거주공간으로서 집이란 인간의 실존에 필수적인 조건이며, 그런 점에서 존재가 기거하는 공간이다. 또한 프랑스의 철학자 가스통 바슐라르(Gaston Bachelard)는 그의 저서 『공간의 시학』에서 "우리의 주택은.....우리의 첫 번째 세계이고, 어떤 면에서 실제적 우주이다."라고 서술하였다.

이러한 주거건축은 필수적 요구인 피난처로서의 기능이 최우선시 되었다. 그러나 반면에 이러한 필요조건 외에 인간의 주관적 욕구의 상징이기도 하였다. 이런 주택의 기본적 성격의 하나인 프라이버시의 성격이 변화의 도상에 서게 된다. 프라이버시란 사전적 의미로 집단이나 다른 이의 시선으로부터 자유로운 상태를 이야기한다. 또한 개인주택이란 개인이나 가족의 피난처가 되는 어떤 형식의 주거에도 적용될 수 있다. 이러한 개인주택의 수는 20세기의 도시화의 증가와 더불어 폭발적으로 늘어나게 된다. 어떤 형태의 주택이건 전통적으로 지켜져 온 주거의 특성을 관습적으로 유지하게 된다. 이런 주거가 가지는 특성에도 불구하고 진보적인 건축가와 건축주들은 괄목할만하게 변화된 주거건축 작품들을 선보이고 있다. 이러한 작품들의 새로운 구성과 탈구조화된 사유의 변화들 밑에는 여러 가지 사회적, 문화적, 그리고 제도적 바탕요인들이 깔려 있다. 이 같은 바탕요인들의 변화가 작용하여 주거개념의 변화 및 구체적 변화로서의 주거작품들이 출현하게 된다. 이런 주거건축의 변화 뒤에 깔려있는 요인들, 즉 공공성의 발현, 프라이버시의 성격변화, 가족의 구성, 직주분리의 원칙의 변화 등을 항목별로 분석하여 보고 주거개념의 변화를 재규정해 본다.

15-2-1 프라이버시와 주거

산업혁명의 과정에서 형성된 대규모의 산업들은 직주분리가 이루어지지 않은 상태로 주거 내부에서 일하던 많은 사람들을 주거 외부의 작업장으로 끌어들임으로써 직주분리의 상태가 발생되고, 따라서 대규모의 임금노동자가 창출되었다. "가정과 일터의 분리는 근대 가족생활을 특징짓는 가장 중요한 변화 중의 하나였다. 주거는 더 이상 생산의 장소가 아니었기 때문에, 집 안의 사람들 중 많은 사람들이 주거에서 나가 외부에서 일하게 되었다. 일과 주거생활이라는 공적 행위와 사적 행위가 혼재하던 넓은 방에는 이제 사적 행위만이 남게 되었다."

표 15-1 • 공공성과 프라이버시의 관계도

구 분	공공성과 프라이버시의 관계	성 격
근세 이전	공공성과 프라이버시의 혼재	nor private no public
근대 이후	공공성과 프라이버시의 분리	private
현대 주거	공공성과 프라이버시의재결합	un-private

즉, 구분 없이 공존하던 공적영역과 사적영역이 공적영역의 외부화와 함께 주거공간이 더욱 사적으로 변화되면서, 소위 프라이버시가 탄생되어 공적이지도 사적이지도 않았던 개인주거의 사적화가 더욱 진행되게 된다. 이러한 공공성과 프라이버시의 관계변화는 표 15-1처럼 정리될 수 있겠다. "근대 이후 시공간에 대한 과학의 진보로 인해 차이에 기반을 둔 장소의 개념이 약화되고 대신 균질적이고 연속적인 공간의 개념이 확산되었다. 이와 함께 산업과 사회의 성장으로 인해 전근대 주거의 내부에 속했던 것들이 점차 외부의 영역으로 이전되었으며, 공적영역을 작동시키는 원칙들이 주거의 내부를 지배하게 된다. 주거의 내부에 공적인 영역과의 차이를 확보하기 위해 근대가족들은 가족중심성과 프라이버시를 이상화하며, 그것들을 안전하게 보존할 수 있는 주거를 확보하려 하였다."

"특히 17세기 이후부터는 부를 축적한 시민계급의 등장으로 비로소 개인주택의 개념이 발현되게 된다. 따라서 이때부터 19세기 초까지 개인주택과 공적영역이 동시에 공존하는 이중성이 유지, 발달하게 된다. 그리고 이때부터 교외와 도시, 수공업과 산업화, 일과 휴식을 분리해 생각하는 이분법적 사고가 발달되기 시작한다. 특히 현대에 들어서는 개인주택의 발달을 유도한 사회적 조건과 구조들은 가족단란과 일, 가정을 분리시킨다."

이런 급격한 변화의 이면에는 미디어의 증가에 따른 영향이 숨겨져 있다. 미국의 건축비평가 테렌스 라일리(Terence Riley)의 주장에 따르면, "프라이버시의 개념은 사람들의 일상생활에서의 전자적 미디어의 사용의 증가에 따라 더욱 더 급격히 변화하고 있다."고 한다. 산업혁명의 가속화와 함께 주거공간의 사적화가 진행되었지만, 이젠 반대로 미디어의 보급 증가와 함께 주거공간의 공적화가 진행된다. 빅 브라더가 나오는 조지 오웰(George Owell)의 소설 "1984년"을 보면 개인주의와 프라이버시가 사라진 익명사회가 나오면서 프라이버시의 개념변화를 예언하는 듯하다.

15-2-2 일과 주거

20세기 들어 엘리베이터에 응용되었던 전기기술의 결과물인 주택과 건물에서의 다양한 변화에 대해 사람들은 익숙해 있다. 조명에 이용된 것과 동일한 에너지는 우리의 생활공간과 작업공간들을 훨씬 더 철저하게 변화시켜 놓았다. 예를 들면 전등은 밤과 낮, 실내와 실외, 지상과 지하의 구분을 없애 버렸다. 다른 전기미디어가 사회의 시공간적 체험을 바꿔놓았듯이 그것은 작업과 생산을 위한 공간에 대한 일체의 고려를 변화시켰다. 따라서 외부의 공적 시설로 정립된 대규모 직장들은 많은 사람들을 요구했고, 점점 더 많은 사람들이 주거 내부 혹은 근처의 일터에서 불려나와 직장에서 근무하게 되었다. 앞 장에서 살펴본 바와 같이 주거가 가졌던 가정과 일터라는 이중기능이 차츰 사라지게 되었으며, 주거의 이중적 기능 중 이제 남은 것은 사적인 거주였다.

그러나 프라이버시의 개념 대두와 함께 직장과 주거가 확실히 분리되고 시간개념이 변화하면서 현대인들의 재택근무 비율은 빠르게 늘고 있다. 따라서 공적인 행위로서의 업무를 위한 공간과 사적인 행위로서의 주거를 위한 공간 간의 경계가 파괴되며, 동일한 주택 안에서 공간적 측면으로 상호간의 혼합과 교차가 이루어지고 있다. 여기서 프라이버시 개념의 변화와 업무 및 작업공간과 주거공간의 관계변화를 비교해 살펴보면 중세의 넓은 홀 형식에서는 직장과 주거의 구분이 존재하지 않는 직주혼합(職住混合) 상태였고, 현재까지의 개인주거에서는 프라이버시가 극대화되면서 직장과 주거의 분리가 명확한 직주분리(職住分離)의 상태이며, 현대주거의 새로운 경향은 주거 내부에 직장과 주거가 혼합된 직주공존(職住共存)의 상황이 나타나고 있다. 이러한 직장에 관련된 주거 개념의 변화, 즉 "직장과 주거의 잠재적 재결합은 디지털 혁명의 빠른 변화가 없었다면 불가능했을 것이다. 디지털 기술은 어떤 환경에서도 일과 주거 서로를 상호 교직시키며 일을 주거 속으로 다시 집어넣는데 큰 역할을 하였다."

표 15-2에서 직주혼합은 직장과 주거가 아직 분리되지 않아 그 구분이 아예 존재하지 않는 상황이다. 반면에 직주공존은 분리된 다른 직장과 주거가 다시 한 공간, 또는 주택 안에 동시에 존재하게 되는 상황을 이야기한다.

표 15-2 • 작업과 주거의 관계변화도

구 분	작업과 주거의 결합상태	유형
근세 이전	작업과 주거공간의 구분 없음	직주혼합
근대 이후	작업과 주거공간의 분리구분	직주분리
현대 주거	작업과 주거공간의 재 결합화	직주공존

그림 15-1은 반 벤 버클의 뫼비우스 하우스의 작업과 휴식의 상관도이다. 이 그림에서는 내부에서 외부로, 또 외부에서 내부로 향하면서 연속적으로 이어지는 뫼비우스 띠의 속성처럼 일과 휴식이 연속된 곡선을 그리면서 서로 교차하고 있다. 즉, 일과 삶이 상호 교직되어 흐르는 공간이 된다.

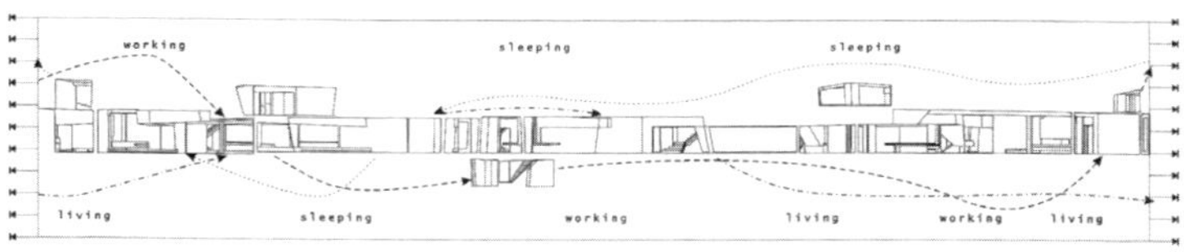

그림 15-1 | 유엔 스튜디오/ 뫼비우스 하우스

15-2-3 가족과 주거

전통적 가족의 기본적인 요소는 육아와 양육이었다. 그러나 프라이버시 개념의 변화 및 개인주의의 발달과 함께 가족구성의 형태도 같이 변화하게 된다. 이에 따라 가족구성의 변화에 따른 주거건축에서의 변화도 수반되게 된다. 자녀들을 둔 부부로 구성된 가족이 전통적인 가족형태였다면, 현대는 자녀 없는 부부, 동성연애자 부부, 1인 가정 또는 독신자 가정, 결혼하지 않은 남녀 독신자 가정, 이혼녀와 성장한 자녀의 가족, 재혼가정 등의 다양한 가족형태가 나타나게 된다. 1990년대에 나타난 딩크(dink)족은 자녀는 없고 둘 다 직업을 가진 부부, 즉 수입은 남들의 두 배의 수입이면서 아이를 가지지 않는 부부를 의미하는데, 이런 가정도 여러 다양한 가족형태 중 한 종류이다.

이러한 다양한 가족형태의 발생에도 불구하고 개인주택은 전통적 개념의 주택형태에만 천착하여 왔다. 새로운 주거유형들은 여러 가지 다양한 가족형태에 부합되는 다채로운 주거건축을 시도하고 있다. 예를 들면, 자녀 없는 부부를 위한 방과 방 사이의 칸막이벽을 굳이 설치하지 않은 주택, 이혼녀와 장성한 자녀가 동거하는 가족을 위한 독립공간 확보를 위한 가변식 벽체를 설치한 주택, 전문직업인을 위한 비즈니스 룸, 또는 미디어 룸이 설치된 주택, 예술가 부부를 위한 각각의 전용 작업공간이 있는 주택 등이 있다. 가족구성의 변화에 따른 주거개념의 변화가 주거건축에 적용되면서 새로운 주택유형과 주거개념이 시도되고 있다.

15-3 현대주거의 새로운 경향

15-3-1 공간적 경향 : 로프트

현대 주거건축에서 드러나고 있는 건축적 경향들 중 특히 중요한 변화의 하나는 종전의 근대건축에서 찾아보기 힘든 주거 내의 크고 넓은 공간의 재등장이다. 이러한 크고 넓은 공간은 이전의 근대 주거건축에서는 잘 나타나지 않았던 공간유형으로서 현대주거의 변화를 읽는 중요한 단초가 된다. 이러한 크고 넓은 또는 막히지 않고 트인 열린 공간을 지칭하는 데 로프트(loft)라는 용어가 사용된다.

그림 15-2 | 공간적 변화사례-홀리 로프트

로프트의 사전적 의미는 다락, 다락방, 맨 위층, 창고나 사업용 건물의 맨 위층 등을 의미하는 단어이다. 그러나 건축의 영역으로 들어오면 그 본래의 사전적 의미와는 다르게 사용되고 있는 것을 발견할 수 있다. 로프트, 로프트 공간, 로프트 스타일 등의 단어가 건축적으로 아직 명확히 정의되어 사용되고 있는 현실은 아니다. 그 배경을 살펴보면, 우선 주거공간의 변천 및 그 역사 속에서 정확한 자신의 영역을 할당받은 적이 없다. 또한 국부적인 사례나 예외를 제외하고는 주거건축의 측면이나 건축, 도시적 측면에서 이론적으로 독립된 새로운 범주로 분류되어진 전례도 없다. 현재 통용되고 있는 로프트의 건축적인 정의를 살펴보면 원래 공장이나 창고로 사용되던 넓고 트인 공간을 일반적으로 의미하며, 여기에다 주거용이나 작업장용, 또는 이 두 가지 용도가 복합되어 사용되는 공간으로 변용되는 경우를 의미한다. 그러나 이러한 로프트에 대한 일률적인 정의가 이 어휘가 가지고 있는 복잡한 변천사 및 배경이 되는 사건들과 주거건축의 새로운 대안으로서의 가능성은 담아내지 못하고 있다.

공장이나 창고로 사용되거나 사용되지 않고 버려져 있던 넓고 트인 공간이, 본격적으로 아틀리에나 스튜디오 같은 작업장이나 새로운 형태의 주거형식으로 전환되기 시작한 것은 1970년대 미국 뉴욕에서부터이다. 미국의 전설적인 전위 예술가인 앤디 워홀(Andy Warhol)의 작업장인 팩토리는 다른 예술 이벤트와 전위문화운동에 영향을 주었고, 로프트 형식의 작업 및 주거공간을 확산시키는 촉매제가 되었다. 이러한 예술적 창조행위와 작업장소간의 변화된 상호의존성은 맨해튼 관할 행정당국이 창고나 공장을 주거형태로 용도변경을 할 수 있도록 법령을 재정비해 주는 계기가 되었다. 이에 따라 변화하는 주변요건들 및 요구에 따라 로프트라는 공간의 쓰임새는 단순히 주거나 작업장의 용도뿐 아니라 상업시설, 식음료점, 미술갤러리 등의 용도로까지 그 사용범위가 확대되고 있는 중이다. 그러나 이러한 공간형식은 창조적인 변용의 여지가 아직도 남아있으며, 사적인 공간으로서 각 개인에게 보급될 수 있는 여지 또한 많이 남아있는 상황이다.

무엇보다도 구획 없는 열린 영역으로서의 로프트 공간은 주거건축의 각 기능들 간의 다채롭고 다양한 새로운 조합을 가능하게 해 주었고, 또한 거실과 작업장 같은 전혀 통합될 수 없는 주거의 상대적 기능들 간의 공존도 가능하게 해 주었다. 즉, 직주공존이라는 직장 또는 작업장에서의 행위와 주택에서의 주거행위가 같은 한 장소에서 동시에 일어나는 사회적 변화현상과 가족 또는 가정의 형태적 변화를 잘 담아낼 수 있는 특성을 갖추게 된다. 따라서 이 새롭게 제안된 공간형식은 종전의 전형적이고 전통적인 주거의 구성원칙과 구조를 거부하고 새로운 주거환경을 창출해 낼 수 있는 여지(餘地)를 제공해 주고 있다. "가족구조의 변화는 생활양식을 변화시키고 가치관의 변화를 가져온다. 각각의 영향요인들은 상호 독립적이기보다는 서로 연관되어 복합적으로 우리의 생활과 가치관을 변화시키면서 주거공간을 변화시키는 요인으로 작용한다."

전통적으로 부모와 자녀들로 구성된 전형적인 일반적 가족구조를 제외하고, 앞에서 언급한 가족구조의 변화사례를 들면, 1인 가족 또는 독신자 가정, 자녀 없이 부부만 사는 무자녀 가정 등을 고려해 볼 수 있다. 전형적인 가족구조, 즉 자녀가 있는 가족의 주택에서는 시각적인 프라이버시와 청각적인 프라이버시의 확보가 최우선이 된다. 따라서 자연스럽게 주택 안에 상이한 기능에 따른 공간의 분리를 위한 칸막이들이 설치하게 되고, 기능적 분리가 이루어져 공적인 영역과 사적인 영역이 엄격히 분화된 평면형의 주택이 형성된다. 이러한 전형적인 주택은 기능에 따라 실들이 나누어지고, 또한 부부군과 자녀군의 영역분리도 이루어져 전통적인 부부자녀 동거형의 가족구조에 적합한 주거형태로 부합되게 된다. 그러나 자녀가 없는 독신자 가정이나 무자녀 가정의 가족형태에서는 이런 전형적인 주택의 공간구조가 맞지 않게 된다. 그들에겐 전통적 가족구성의 가족에 비해 시각적 프라이버시나 청각적 프라이버시가 그렇게 강조되지 않는다.

그리고 공적인 영역과 사적인 영역의 경계도 그렇게 명확하지 않고 모호해지는 지경이 된다. 이러한 가족구조의 변화에 따른 다양한 상황에 적절히 부합될 수 있는 공간형태가 로프트 공간이라고 볼 수 있다. 로프트 공간은 전통적인 주거공간이 가지는 구조화된 관습과 대비되어, 기능적 실 분리나 칸막이의 막힘이 없는 전용성과 소통성을 내포하는 '유연성과 개방성'을 가진다. 이런 유연성과 개방성의 공간형식은 모호성의 공간, 무경계의 공간, 그리고 중첩의 공간으로 변화되게 된다. 그러므로 거주자는 기능적 분리에 구애됨이 없이 변화된 그리고 변화하는 자신의 필요와 욕구에 따라서 공간의 용도를 선정할 수 있는 선택권을 가지게 된다. 따라서 더 이상의 개실로의 구분 설정은 사라지고 거주자의 요구와 욕망, 그리고 상황에 따른 구분만 남게 된다.

결국 로프트라는 공간형식은 다양한 종류의 거주자나 가족구성 각각의 특정한 요구에 대해 훨씬 더 적합하게 대응하는 거주의 새로운 패러다임이 될 가능성을 내포하고 있다. 그러므로 전통적 주택이 구조화된 주거형식으로서 안정성과 유한성을 가지고 있다고 본다면, 로프트 공간은 탈구조화된 주거형식으로서 역동성과 무한성을 취득하게 된다. 따라서 주거의 일조, 통풍, 프라이버시, 그리고 주거로서의 친숙성 측면에서의 조건이 변화하게 되어 유동성과 개방성이 창조적으로 구사되고, 공적영역과 사적영역이 모호하게 혼합되는 주거형식으로 자리매김하게 된다.

15-3-2 형태적 경향 : 블랍

현대주거 작품들이 가진 시각적 특징 중 하나는 종전의 주거 건축물과는 확연히 차별화되는 유기적이며 비유클리드 기하학적인 과격함과 박스형태에 안주하지 않는 다양한 형태적 실험성이다. 이러한 물방울 형태나 늘여진 고체왁스 같은 모양은 높은 지붕을 가진 종전의 주거 및 박스형태가 주류를 이루었던 근대건축의 주거의 이미지와 많은 차이를 보여주는 형태를 박스모양의 형태와 대비되어 블랍(blob)이라고 칭한다. 우선 블랍이 가지는 사전적 의미를 살펴보면 걸쭉한 액체의 방울, 양초의 녹은 덩어리, 형태가 뚜렷하지 않은 것 등을 의미한다. 이러한 형태들 속에 내재되어 있는 의미는 '획일성'이라는 근대 모더니즘 건축이 가졌던 한계를 극복하고 다양성의 문제에 접근하고자 하는 여러 시도들의 결과물이다.

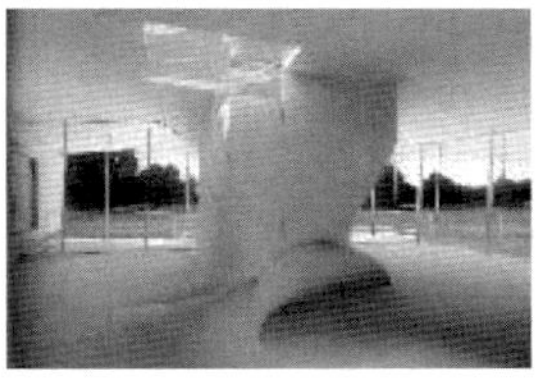

그림 15-3 | 형태적 변화사례-토러스 하우스

같은 맥락에서 블랍이라는 형태적 결과물의 이면에는 다양성이라는 화두가 잠재되어 있다. 그리고 이 다양성이 구체적인 형태화로 표현된 사례를 블랍으로 볼 수 있다. 다시 말해 블랍은 내인적 그리고 외인적 영향에 의해 무한한 변화가 가능한 잠재적 형태라는 것이다. 그러므로 블랍은 어떤 형태로도 변환이 가능한 탈중심적이고 비위계적인 현상으로 보인다. 이러한 비물질적, 비현실적, 유동적 특성을 보여준다. 건축적 범위 안에서 사용되는 블랍의 의미를 살펴보면 "다양한 기하학적인 모델들에 대한 새로운 건축적인 탐구의 결과물을 의미한다. 전통적인 건축형태의 요소들을 거부하면서, 이러한 탐구행위는 원환체, 뫼비우스의 띠, 클라인 씨의 병, 그리고 투영평면 등에 관련된 기하학과 관계있는 수학의 한 장르인 위상기하학에 그 기반을 두고 있다"고 테렌스 라일리는 주장한다.

형태를 생성시키는 도구로서의 컴퓨터의 사용과 파이버글라스제 셸 구조의 구법은 이러한 복잡한 곡면을 구사할 수 있게 해준다. 특히, 이 파이버글라스라는 재료는 블랍 형상의 주거건축물이 적극적으로 지어지게 하는 데 적극적인 공헌을 했다. 그 이유는 첫째로 종전에는 몇몇 대규모 프로젝트에만 적용되었으나, 이제 주택 같은 소규모 건축에도 적용될 수 있는 가용성의 폭이 넓어졌다. 두 번째로 파이버글라스라는 재료의 물성이 복잡하고 굴곡진 형태의 제작에 매우 적합하다는 사실이다. 이런 특성들이 복잡한 기하학의 비틀어지고 굽어진 표면형태를 소규모 건축물의 설계에도 적극적으로 채택되게 하는 바탕요인이 되었다. 이런 조건들이 미학적이고 기술적으로 새로운 형태를 가능케 하는 참신함과 놀랄만한 형태를 창조할 수 있게 하는 장치이다.

그런데 이런 소규모 주거와 블랍 같은 복잡한 기하학이 어떤 의미로 상호 관련되는지를 살펴보자. 19세기의 전형적 주거형식에는 남자와 여자, 자연과 인간, 내부와 외부, 공적영역과 사적영역간의 분리가 화석화되고 관습화되어 있다. 블랍의 토대가 되는 "위상기하학은 이런 구분에 대한 도전 및 초월에 적극적이고, 공간적 분리(spatial distinction)를 만들어 내기보단 공간적 상호연결성(spatial interconnection)을 창출해 내는 속성을 가지고 있다." 마치 뫼비우스의 띠처럼 내부도 아니고 외부도 아닌, 명확하지 않은 모호한 상호관계를 만들어 낸다. 따라서 블랍에서는 건축적으로 내부와 외부의 구분도 불분명해지게 된다. 내부공간이 외부공간으로 향해 열려있는 공간적 연속성은 현대건축에 잠재되어 있는 많은 가능성을 열어주게 된다. 이렇게 내부와 외부공간이 모호해지는 현상과 같은 맥락에서 공적영역과 사적영역과의 구분도 변화되게 된다. 블랍의 속성적 바탕인 위상기하학의 구분에 대한 도전적이고 상호연결적 특성은 공적영역과 사적영역과의 구분을 모호하게 만든다. 따라서 사적영역의 공적화가 두드러지면서 상호연결성의 공간이 형태화 된다.

15-3-3 평면적 변화경향 : 모호성

현대주거의 가장 중요한 평면적 특징 중의 하나는 전통적 주거에서 볼 수 있는 구조화된 평면이 아닌 모호성을 가진 평면으로의 전환이다. 근대주택의 특징 중의 하나인 구조화된 평면은 우선 안정성, 유한성, 기능성, 그리고 친밀성 등의 특징을 가지게 된다. 따라서 기능적으로 분리된 개실과 프라이버시가 보장되는 칸막이, 그리고 폐쇄적인 실들의 조합이 되게 된다. 이에 반하여 모호성을 가진 평면은 유연성, 개방성 그리고 비경계성 등의 특성을 가지게 된다. 이러한 특징들은 막히지 않고 넓고 경계가 모호한 평면을 구성하게 되어 구조화된 주거와 다른 차이를 보이게 된다. 구조화된 평면에서는 기능적 구분이 분명하고 실의 전용이나 용도의 변경이 잘 되지 않는 고정적인 용도와 분화된 기능의 전용성(專用性)의 공간이 만들어지게 된다. 이에 반하여 모호성의 평면에서는 기능간 구분이 모호하고 확정적이지 않고 용도가 가변적인 전용성(轉用性)의 공간으로 변하게 된다. 즉, 공간적 구분에서 공간적 상호연결성으로 그 성격이 변화하는 것이다.

이러한 공간 및 평면의 변화에는 가족구성의 변화와 일의 성격변화가 바탕으로 깔려있다. 무자녀 부부, 동성애자 부부, 그리고 독신자 가정 등이 증가하면서 종전의 전통적인 주거가 필요로 했던 시각적이고 청각적인 프라이버시의 보호가 더 이상 필요 없는 상황으로 변한 것이다. 따라서 이러한 프라이버시의 확보를 위한 분리된 개실들의 집합이 아닌, 넓고 경계가 모호하고 유동성과 개방성이 존재하는, 끊임없이 이어지고 변화하는 공간평면이 된다. 기능적 분리 또는 용도의 고정이 사라진 평면에서는 기능간의 구분, 용도구분이 사라지고, 내부와 외부와의 경계가 허물어지며, 공적영역과 사적영역의 구분이 모호해지게 된다. 따라서 사적영역의 공적화가 진행되며 근대주택에 비하여 현대주택은 이러한 특징을 더욱 강하게 가지게 된다.

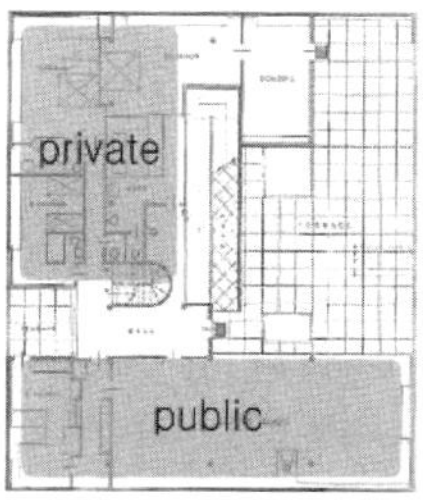

그림 15-4 | 빌라 사브와 평면

그림 15-4는 근대주택의 표본이라고 할 수 있는 르 코르뷔지에의 빌라 사브와다. 이 주택작품은 근대건축의 특징을 모두 갖추고 있다. 이 평면에서도 드러나듯이 공적영역과 사적영역의 완벽한 분리가 이루어지고 있다. 이와 같이 구조화된 평면은 우선 안정성, 유한성, 기능성, 그리고 친밀성 등의 특징을 가지고 있다. 따라서 평면의 유연성이나 전용성(轉用性)보다는 기능적 분리와 전용성의 속성을 드러내고 있다.

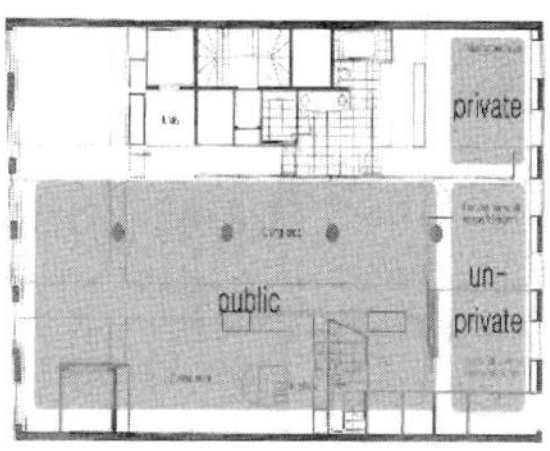

그림 15-5 | 홀리 로프트 평면

꼬르뷔지에의 주택에 비하여 그림 15-5의 홀리 로프트의 평면은 전혀 다른 특징을 보여주고 있다. 우선 근대주택의 개실과 칸막이의 조합이 아닌 넓게 확장되고 연속되는 평면을 보여주고 있다. 고정된 용도나 기능 대신에 변화하는 쓰임새에 대응할 수 있는 전용성을 보여준다. 유연성과 개방성을 가지고 탈구조화된 모호성의 평면이다. 역으로 모호성의 평면으로 인하여 용도의 변화나 기능의 변경에 쉽게 대응하도록 되어 있다. 그리고 그림 우측의 침실부분은 단절적이지 않고 유연한 칸막이의 실로 구성되어 있다.

그림 15-6 | 평면적 변화사례 : 뫼비우스 하우스

이러한 근대주택 사례와 현대주택을 비교분석하여 봄으로써 모호성의 특징을 더 잘 파악해 볼 수 있다. 즉, 평면적 특성인 모호성은 변화하는 가족구성과 직주공존의 상황과 부합되는 주거의 변화일 것이다.

15-3-4 물성적 변화경향 : 투명성

그림 15-7 | 물성적 변화 사례 : 디지털 하우스

앞 항의 개념적이고 형태적인 변화에 대한 분석에 이어 물성적인 변화로서 투명성에 대하여 고찰하여 보자. 이 물성적 차원은 공간적 차원과 형태적 차원 어느 곳에도 모호하게 속하지 않으면서 상호 관련되는 건축의 한 층위이다. 이러한 물성적 차원에서의 투명성을 검토하여 볼 때 가장 먼저 언급될 수 있는 건축소재는 역시 유리일 것이다. 우선 유리가 가진 광학적 성질과 그 효과에 대해서 검토할 필요가 있을 것이다. 유리라는 물질은 그 성질상 단절적이고 은폐적인 경계벽의 한계를 넘어서 내부와 외부 및 자연과 실내를 소통시키고 둘 사이의 시각적인 연속성을 부여하며 공간과 공간 사이에 연결성을 부여하는 특질을 가지고 있다. 따라서 실내와 실외의 시공간적 연속성과 동시성을 확보해 준다. 이러한 유리의 건축적 개념 확장은 투명성이라는 경계벽의 새로운 차원을 열어준다.

미디어의 발달에 따른 주거의 미디어화 또는 이미지화의 현상에 관련하여 미디어 또는 전자매체에 의해 프라이버시가 침해되고 보장받지 못하는 현상을 가상적 투명성 또는 전자적 투명성이라 한다. 현대의 전자미디어의 발달은 거주의 문제에도 현저한 변화를 몰고 오고 있다. 결과적으로 하이데거가 새로운 미디어의 도래에 따른 상황에서의 인간의 삶의 조건에 대한 우려를 표명했지만, 주거와 미디어는 거리 없음의 현실 속에서 이미지, 음악, 문자, 그리고 데이터를 주고받는 상호 침투적인 구조가 되어버렸다. 주거의 미디어화 경향에 따라 다르게 표현하면, 주거 영역에 대한 미디어의 침입 정도에 따라 개인의 프라이버시 및 정보가 그 내밀성을 보장받지 못하고 드러남으로 인하여 공적화되는 현상을 말한다. "주거에 있어서의 노출 또는 드러냄의 의미는 공적인 세상과 사적인 세상 사이의 가상적이고 실제적인 투명성을 뜻한다." 이러한 현상은 "단순한 자기도취증의 현대적 증상으로 해석할 수도 있지만, 이를 통하여 일상의 생활은 관음증과 노출증 사이의 끊임없는 반영"이 되어가고 있다. 또한 주거는 도시 이벤트의 한 연장 또는 정보의 디지털적 변환의 일시적 휴지(休止)로 보이게 된다. 따라서 가상적 투명성으로 인해 프라이버시와 공공성간의 경계가 더욱 모호해지게 된다.

15-4 변화하는 현대주거

현대주거 작품사례들에서 드러나는 다양한 새로운 건축적 경향들을 살펴보면, 기존의 전통적인 주거형식에 대한 반작용과 새로운 대안의 제시라는 의미를 함축하고 있음에도 불구하고 새로운 건축적 시도로써의 한계와 불합리성을 동시에 지니고 있다. 이러한 새로운 시도에 대한 검증 및 비판을 진행해 봄으로써 주거건축의 바람직한 대안 제시 및 새로운 방향성의 모색을 가능케 하는 바탕 사유 및 자료로써 활용될 수 있을 것이다.

주거양식의 구조화의 극단에 서있는 현대 주거건축의 상황에서 일방적인 탈구조화의 시도만이 대안일 순 없다. 유동성, 개방성, 그리고 불안정성이 주요특징인 탈구조화의 경향은 반작용으로 또 다른 구조화를 부를 위험의 소지가 있다. 같은 맥락으로 근대건축의 오점인 삶의 추상화, 즉 기능적 및 형태적 추상화의 반발로써 삶에 대응되는 구체화의 과정이 또 다른 추상화의 계기가 될 수 있다.

그리고 프라이버시가 구분되지 않던 시대에서 프라이버시와 공공성이 명확히 구분되는 시대를 거쳐, 이지 사적공간의 공적화 과정에 있는 현대 주거건축은 어떤 의미에서 또 다른 방향성의 상실상태일지도 모른다. 과도한 공적화는 주거환경의 쾌적성과 안락감을 침해하고 근원적인 주거건축에 대한 회의를 발생시킬 수 있다. 예를 들면 미스 반 데어 로에(Mies van der Rohe)의 작품인 판즈워스 주택의 여주인은 자신의 집이 마치 엑스레이를 들여다보는 것처럼 투명했다고 혹평하였다. 다양한 삶에 대한 부적합성의 개선에도 불구하고 또 다른 생경함과 불편함으로 삶을 구속하고 억압을 줄 위험성이 상존해 있는 것이다. 따라서 주거건축에서 공적영역과 사적영역의 전통적 구분에 의한 디자인보다는 상황과 거주자의 필요에 의한 주거형식의 채택이 바람직하겠다.

근대 이후 기능적 분화의 가속화와 함께 주거의 사적화 경향이 더욱 두드러지며 공적영역과 사적영역의 분리가 더욱 심화되었다. 따라서 이 두 영역의 관계가 재규정되고 프라이버시와 공공성의 '경계 흐려짐'이 발생하였다. 이 현상은 일방적으로 추상화의 길로만 치닫던 주거의 사적화에 대한 반작용을 유발시킨다. 따라서 추상화와 구체화, 공적화와 사적화를 초월하여 삶의 재구체화 과정이 아니라, 비결정적이고 모호하여 거주자의 필요와 요구에 부응할 수 있는, 즉 다양한 필요조건에 부합되는 주거공간으로의 성격변화가 필요하게 되었다. 다양한 가족구성에 따른 요구사항과 주거의미의 변화에 따른 희망사항의 변화에 따라 즉시 대응할 수 있는 유연성과 전용성을 확보한 주거건축의 형식이 도모되어야 한다. 또한 이런 각 방면의 변화 및 시도는 개별적이고 독립적인 현상이 아닌 통합적이고 상호 관련적인 주거건축의 변화현상이 되어야 한다.

따라서 주거형식의 고착화에 대한 반작용으로 로프트 공간 같은 공간적 변화경향과 블랍 등의 형태적 변화 및 투명성 같은 물성적 변화경향이 두드러지게 되었다. 삶의 구체화 방향으로의 변화경향은 프라이버시에서 공적인 것과 사적인 것의 획일적, 또는 단순한 통합이 아닌 공적인 것과 사적인 것의 구분을 초월하여 기능적 구분이 아닌 상황에 따른 구분만이 존재할 것이며, 이에 따른 주거계획이 이루어져야 할 당위성이 상존한다.

또한 주거공간의 형식 및 구성에 있어서 관습화되고 화석화된 구조화(structured)의 경향과 유동성과 전용성(轉用性)의 탈구조화(unstructured)의 경향으로 구분해 볼 수 있다. 전통적인 주거형식인 구조화된 정형성에서 탈피하여 비결정성과 무한성이 수용되는 탈구조화된 주거형식으로의 전환이라는 새로운 방향성 모색이 필요하다.

그러므로 주거건축의 새로운 방향성을 정의한다면 우선 변화하지 않고 영속되는 3차원의 고정체가 아닌 시공간을 흐르며 끊임없이 변화하고 새롭게 생성됨을 반복하는 질적인 공간이 주택의 본질적인 특성임을 파악해야 할 것이다. 시간의 차원 속에서 주택은 고정적이고 유한하지 않고 지속적인 변화와 생성을 반복하는 주거의 특성에 대한 인식의 전환이 모색되어야 한다. 따라서 주거건축에서는 공적인 것과 사적인 것, 자연과 인공, 주체와 객체, 내부와 외부의 구분을 뛰어넘어 개개인의 욕망 및 필요에 실제적으로 부합되는 주거로의 전환이 새로운 방향성으로 제시된다.

참고문헌

1. 존. 버거, 『이미지 : 시각과 미디어』, 박범수 역, 동문선출판사, 2000.
2. 우신구, 『근대주택의 전시성에 관한 연구 : 건축사진을 통해 본 근대주택』, 대한건축학회, 18권 12호(통권 170호), 2002.
3. Beatriz Colomina, 『Privacy and Publicity: Modern Architecture as Mass Media』, The MIT Press, 1996.
4. Terence Riley, 『Un-Private House』, The Museum of the Modern Art, New York, 1999.

집필진

제1장	강영환	울산대학교 건축학부 교수
제2장	강영환	울산대학교 건축학부 교수
제3장	유재우	부산대학교 건축학과 교수
제4장	우신구	부산대학교 건축학과 교수
제5장	오기환	동서대학교 건축설계학과 교수
제6장	홍성민	부경대학교 건축학부 교수
제7장	이승헌	동명대학교 실내건축학과 교수
제8장	서금홍	동아대학교 건축학부 교수
제9장	전채희	인제대학교 건축학과 교수
제10장	조영행	부경대학교 건축학부 교수
제11장	신용재	부경대학교 건축학부 교수
제12장	이상준	동서대학교 건축설계학과 교수
제13장	유재우	부산대학교 건축학과 교수
제14장	이강주	창원대학교 건축학부 교수
제15장	황덕훈	신라대학교 건축학부 교수

주택계획이론과 설계

2010년 3월 15일 1판 1쇄 발행
2015년 2월 15일 1판 2쇄 발행

저 자	대한건축학회 부산·울산·경남지회 강영환 외 12인
발 행 인	강희작
발 행 처	도서출판 기문당
주 소	서울시 성동구 무학봉 28길 4-1 (왕십리동 966-22)
전 화	2295-6171(代)~5
팩 스	2296-8188
출판등록	1976. 10. 7 (1-44)
홈페이지	http //기문당 http //www.kimoondang.com
I S B N	978-89-6225-238-5 93540
정 가	22,000원